Schlüsselwerke der Science & Technology Studies

Diana Lengersdorf • Matthias Wieser
(Hrsg.)

Schlüsselwerke der Science & Technology Studies

Springer VS

Herausgeberschaft
Prof. Dr. Diana Lengersdorf
Universität zu Köln
Deutschland

Ass.-Prof. Dr. Matthias Wieser
Alpen-Adria Universität Klagenfurt –
Wien Graz
Österreich

ISBN 978-3-531-19454-7   ISBN 978-3-531-19455-4 (eBook)
DOI 10.1007/978-3-531-19455-4

Die Deutsche Nationalbibliothek verzeichnet diese Publikation in der Deutschen Nationalbibliografie; detaillierte bibliografische Daten sind im Internet über http://dnb.d-nb.de abrufbar.

Springer VS
© Springer Fachmedien Wiesbaden 2014
Das Werk einschließlich aller seiner Teile ist urheberrechtlich geschützt. Jede Verwertung, die nicht ausdrücklich vom Urheberrechtsgesetz zugelassen ist, bedarf der vorherigen Zustimmung des Verlags. Das gilt insbesondere für Vervielfältigungen, Bearbeitungen, Übersetzungen, Mikroverfilmungen und die Einspeicherung und Verarbeitung in elektronischen Systemen.

Die Wiedergabe von Gebrauchsnamen, Handelsnamen, Warenbezeichnungen usw. in diesem Werk berechtigt auch ohne besondere Kennzeichnung nicht zu der Annahme, dass solche Namen im Sinne der Warenzeichen- und Markenschutz-Gesetzgebung als frei zu betrachten wären und daher von jedermann benutzt werden dürften.

Lektorat: Dr. Cori Mackrodt, Daniel Hawig

Gedruckt auf säurefreiem und chlorfrei gebleichtem Papier

Springer VS ist eine Marke von Springer DE. Springer DE ist Teil der Fachverlagsgruppe Springer Science+Business Media
www.springer-vs.de

Inhaltsverzeichnis

Teil I Einleitung

Über die (Un-)Möglichkeit eines Schlüsselwerks der Wissenschafts- und
Technikforschung 3

„Wir saßen alleine am Katzentisch" – Zur Hervorbringung der
Techniksoziologie in Deutschland 9

Teil II Referenzen

Die Logik der Wissenschaft, die Höhle des Metaphysikers und die
Leitern der Philosophie: Kurzes Portrait einer schwierigen Beziehung 23
Hajo Greif

Erkenntnis durch Handeln: John Deweys Erneuerung
der Philosophie 39
Arno Bammé

Klassiker der deutschen Technikphilosophie 53
Wilhelm Berger

Technik im Wissen: Zur wechselseitigen Hervorbringung von
Wissen, Technik, Geschichte und Gesellschaft in der französischen
Wissenschaftsgeschichte und -philosophie 67
Monika Wulz

Technik, Politik und Gesellschaft: William F. Ogburn, Lewis Mumford,
Langdon Winner und Thomas P. Hughes 85
Cornelius Schubert

Teil III Schlüsselwerke

Michel Callon und Bruno Latour: Vom naturwissenschaftlichen Wissen zur wissenschaftlichen Praxis 99
Joost van Loon

„Geplante Forschung": Bedeutung und Aktualität differenzierungstheoretischer Wissenschafts- und Technikforschung 111
Marc Mölders

Karin Knorr Cetina: Von der Fabrikation von Erkenntnis zu Wissenskulturen 123
Heiko Kirschner

Ian Hacking: Auf der Suche nach der Realität der Naturwissenschaften 133
Peter Hofmann

Wiebe Bijker und Trevor Pinch: Der sozialkonstruktivistische Ansatz in der Technikforschung 145
Jens Lachmund

Donna Haraway: Technoscience, New World Order und Trickster-Geschichten für lebbare Welten 155
Jutta Weber

Michael Lynch: Touching paper(s) – oder die Kunstfertigkeit naturwissenschaftlichen Arbeitens 171
Björn Krey

Paul Rabinow: Jenseits von Soziobiologie und Genetifizierung. Das Konzept der Biosozialität 181
Thomas Lemke

Andrew Pickering: Wissenschaft als Werden – die Prozessperspektive der Mangle of Practice 191
Cornelius Schubert

Werner Rammert: Wider technische oder soziale Reduktionen 205
Valentin Janda

**Hans Jörg Rheinberger: Experimentalsysteme und
epistemische Dinge** 221
Kevin Hall

**Geoffrey C. Bowker und Susan Leigh Star: Pragmatistische Forschung zu
Informationsinfrastrukturen und ihren Politiken** 235
Jörg Strübing

Wendy Faulkner: Feministische Technologiestudien 247
Felizitas Sagebiel

**Helen Verran: Pionierin der Postkolonialen Science & Technology
Studies** 257
Josefine Raasch und Estrid Sørensen

Annemarie Mol: Multiple Ontologien und vielfältige Körper 269
Daniel Bischur und Stefan Nicolae

**Karen Barad: Agentieller Realismus als Rahmenwerk für die Science &
Technology Studies** 279
Sigrid Schmitz

**Sheila Jasanoff: Wissenschafts- und Technikpolitik in zeitgenössischen,
demokratischen Gesellschaften** 293
Melike Şahinol

Nikolas Rose: Biopolitik und neoliberale Gouvernementalität 305
Martin G. Weiß

Teil IV   Perspektiven

**Reassembling Ethnographie: Bruno Latours Neugestaltung
der Soziologie** 319
Joost van Loon

„Rote" Biowissenschaften, Biotechnologie und Biomedizin 331
Barbara Prainsack

Perspektiven der Infrastrukturforschung: care-full, relational, ko-laborativ 341
Jörg Niewöhner

The Sound (Studies) of Science & Technology 353
Stefan Krebs

Cultural Studies und Science & Technology Studies 363
Matthias Wieser

Verzeichnis der Autorinnen und Autoren 377

Teil I
Einleitung

Über die (Un-)Möglichkeit eines Schlüsselwerks der Wissenschafts- und Technikforschung

Die Wissenschafts- und Technikforschung oder auch Science & Technology Studies sind ein interdisziplinäres und vor allem internationales Forschungsfeld, das sich mit den Wechselverhältnissen von Wissenschaft, Technik und ‚Gesellschaft' beschäftigt. In Theorie und Empirie verhandelt sie die zunehmende Verwissenschaftlichung von Technik und Gesellschaft, die Technisierung von Wissenschaft und Gesellschaft und die Vergesellschaftung von Wissenschaft und Technik. Beeinflusst von der anti-positivistischen Wende in der Wissenschaftsphilosophie, entstand sie in den 1970er Jahren und hat die *Produktion* von Wissenschaft und alsbald von Technik ins Zentrum des Forschungsinteresses gerückt, anstatt deren normativen und institutionellen Rahmenbedingungen. Dadurch wird die Aufmerksamkeit von der Funktion von Wissenschaft und Technik und deren Folgen, hin zur Prozesshaftigkeit von Forschung verschoben. Anstatt der Struktur, Funktion und Logik von Wissenschaft oder gar eines a-historischen wissenschaftlichen Ethos, interessiert nun der soziale und kulturelle Prozess der Wissensproduktion und des wissenschaftlichen Handelns.

Die Herausbildung der Wissenschafts- und Technikforschung erfolgte in zwei Schritten: Zunächst durch die Etablierung der Soziologie wissenschaftlichen *Wissens*, zu welcher sich alsbald sowohl in Fortführung als auch Abgrenzung ein Verständnis von Wissenschaft und Technik als *Praxis* gesellte (vgl. Pickering 1992). Neben den Naturwissenschaften im engeren Sinne, kamen schon früh auch die Technikwissenschaften, Innovationsprozesse und die Medizin in den Blick. So wandelte sich die Wissenschaftsforschung in die Wissenschafts- und Technikforschung, die sich inzwischen auch mit eigenen Fachgesellschaften und Fachzeitschriften etabliert hat.[1]

---

[1] Der Begriff *Science & Technology Studies* (STS) scheint sich unserer Beobachtung nach international durchgesetzt zu haben, während sich aber auch Bezeichnungen wie *Science Studies, Social Studies of Science, Technology and Medicine* oder *Science, Technology and Society*

Das Forschungsgebiet zeichnet sich durch eine hohe Selbstreflexivität des eigenen Wissenschafts-Betreibens aus. In den Blick kommen dabei nicht nur Atomkraftwerke oder Kampfdrohnen, sondern auch Mikroskope und Bakterien. Das Forschen selbst ist durch inter-, immer häufiger sogar von multidisziplinären Forschungsperspektiven geprägt, die maßgeblich durch transdisziplinäre Persönlichkeiten hervorgebracht werden. Personen, die häufig bereits im Studium verschiedene Disziplinen, Erkenntnistraditionen und Verfahrensweisen miteinander in Kontakt brachten und dies in ihrem weiteren akademischen Werdegang systematisch fortsetzten. Auch wenn ‚Interdisziplinarität' der heutigen Forschungspolitik als Zeichen von Innovation und Exzellenz gilt, sollte dies nicht darüber hinwegtäuschen, dass es sich um einen gewaltigen Kraftakt handelt, der sich nicht nur in mangelnden Möglichkeiten der Finanzierung von Projekten und der erschwerten Publikation von Forschungsergebnissen niederschlägt, sondern vor allem auch in der Schwierigkeit, sich in disziplinär ausgerichteten akademischen Laufbahnen zu etablieren und schließlich Professuren besetzen zu können. Daher erstaunt es auch wenig, dass sich gerade in den USA mit seiner spezifischen universitären Tradition Science & Technology Studies als Forschungs- und Lehrgebiet etablieren konnten. Viele Prominente der gegenwärtigen Wissenschafts- und Technikforschung haben in den USA oder Großbritannien geforscht, zentrale Publikationsorgane sind fest in anglo-amerikanischer Hand wie auch der Großteil der Fachorganisationen. Dennoch lässt sich nicht von einer uneingeschränkten Hegemonie anglo-amerikanischer Forschungen sprechen, da gerade aus Frankreich, den Niederlanden und Skandinavien wichtige Forschungsimpulse kamen und weiterhin kommen. Gleichwohl soll diese territoriale Verortung nicht in die Irre führen, denn Forschende der Science & Technology Studies sind in der Regel sehr gut international vernetzt und Erkenntnisse werden über nationale Grenzen hinaus entwickelt.

In Deutschland ist die Wissenschafts- und Technikforschung stark von der Soziologie beeinflusst, wobei lange Zeit institutionalistische, differenzierungs- und systemtheoretische als auch Technikfolgen-Ansätze dominierten. Bildete damals die Universität Bielefeld den zentralen Ort für Wissenschaft- und Technikfor-

---

finden lassen. Erste Informationen zum Feld geben die Webseiten der Fachgesellschaften *Society for Social Studies of Science* (4S), *European Association for the Study of Science and Technology* (EASST), *Gesellschaft für Wissenschafts- und Technikforschung* (GWTF) und *Swiss Association for the Studies of Science, Technology and Society* (STS-CH). Gute Einführungen in das Gebiet geben Felt et al. (1995), Hess (1997), Yearley (2005), Rheinberger (2007), Bammé (2009), Sismondo (2010) und Beck et al. (2012).

schung,[2] lässt sich aktuell eine deutliche Verschiebung der Aktivitäten in Richtung Berlin erkennen. Insbesondere einer jüngeren Generation von Soziolog_innen und Sozialanthropolog_innen ist es zu verdanken, dass die Wissenschafts- und Technikforschung sich erhöhter Sichtbarkeit erfreut. Dennoch konnte die Wissenschafts- und Technikforschung bis dato nicht als selbstverständlicher Teil disziplinärer Lehre verankert werden, mit allen Konsequenzen für die Ausbildung des eigenen Nachwuchses. In den beiden deutschsprachigen Nachbarländern Österreich und Schweiz hingegen sieht die Situation schon anders aus: hier ist die Wissenschafts- und Technikforschung in Form von Professuren, Instituten und Studienprogrammen in Relation zur Größe deutlich besser verankert als in Deutschland. In der Schweiz ist sie beispielsweise in allen größeren Universitätsstädten fest etabliert; in Österreich besonders in Wien und Klagenfurt bzw. Graz international sichtbar. Die angesprochene Diskrepanz zwischen Institutionalisierung und Praxis der Wissenschafts- und Technikforschung – insbesondere in Deutschland – lässt sich beispielsweise an der hohen Anzahl deutscher Mitglieder in den beiden internationalen Fachgesellschaften EASST und 4S ablesen, die aber im Gegensatz zu ihren US-amerikanischen, britischen, niederländischen und skandinavischen Kolleg_innen viel stärker in disziplinär organisierten Instituten und Studiengängen beispielsweise der Soziologie, Sozialanthropologie, Medien- oder Kulturwissenschaften eingebunden sind. Vgl. auch Steward/Piterou (2010) zur Institutionalisierung und Sichtbarkeit von STS in Europa anhand der Teilnahmedaten an EASST-Konferenzen von 1983 bis 2008.

Somit will auch diese Publikation einen Beitrag leisten, Perspektiven der Wissenschafts- und Technikforschung sichtbarer zu machen und inhaltliche Impulse für Studium, Lehre und Forschung bieten. Der Band gibt anhand einzelner Beiträge einen orientierenden Überblick über zentrale Werke und Autor_innen der Science & Technology Studies, ihre ideengeschichtlichen Einflüsse, theoretisch-methodologische Verortung sowie aktuelle Tendenzen und Perspektiven. Mit der Fokussierung auf ‚Wissenschaft und Technik in Aktion' ist die Wissenschafts- und Technikforschung gegenüber der Einhegung diverser Erkenntniszugänge skeptisch und sensibel gegenüber der In- und Exklusion verschiedener Gruppen innerhalb fachlicher Diskurse. So ist das Publikationsvorhaben „Schlüsselwerke der Wissenschafts- und Technikforschung" im Grunde ein unmögliches Unterfangen, da ja gerade mit solchen Werken machtvolle Kanonisierungen vorangetrieben werden. In der Folge haben wir zwei Wege gewählt: Erstens haben wir die Auswahl

---

[2] In diesem Zusammenhang sei auf die inzwischen schon fast legendäre 4S-EASST-Konferenz „Signatures of Knowledge Societies" 1996 in Bielefeld hingewiesen. Vgl. URL: http://web.archive.org/web/19990220185237/http://www.uni-bielefeld.de/iwt/easst/ (06.12.2013).

des jeweiligen Schlüsselwerks den einzelnen Autor_innen überlassen. Sie legten fest, was ihnen je ein ‚Schlüssel der Erkenntnis' war. Des Weiteren haben wir die Auswahl der Autor_innen möglichst vielfältig angelegt: unterschiedliche Geschlechter, Altersgruppen, Statusebenen, disziplinäre Herkünfte und Erfahrungshorizonte sind vertreten.

Die Struktur des Buches ist in drei Abschnitte unterteilt. Zunächst wird ein Referenzraum eröffnet, der auf frühe Erkenntnisse verweist und zugleich zentrale Entwicklungsbewegungen aufzeigt. Es werden Diskussionszusammenhänge aufgezeigt, die wichtig für die Herausbildung der Wissenschafts- und Technikforschung sind. Diese sind vor allem in der Philosophie zu verorten, aber auch in der Wissenschaftsgeschichte und in den Analysen gesellschaftlichen und technischen Wandels. Neben den wissenschaftstheoretischen Debatten der 1960er Jahre um Falsifikation, Paradigmen und Methodenzwang und ihre Empirisierung in der *sociology of scientific knowledge* wird auch die französische Tradition der *histoire et philosophie de sciences* sowie die stärker politischorientierte frühe US-amerikanische Wissenschafts- und Technikforschung dargestellt. Darüber hinaus wird auch die Technik- und Wissenschaftsforschung *avant la lettre* (etwa von Heidegger, Dewey und Fleck) Beachtung finden. Daran anschließend werden ausgewählte Schlüsselwerke besprochen. Die Beiträge sind durch die spezifische Perspektivierung der Autor_innen geprägt und schlagen damit eine Brücke zwischen verschiedenen Erkenntnisräumen. Sie erläutern den Entstehungskontext, die zentralen theoretischen Bezüge, Thesen, Konzepte und die Rezeptionsgeschichte der Schlüsselwerke im Sinne eines einführenden Überblicks. Dabei ordnen sie das Werk sowohl in die Arbeit der jeweiligen Autor_innen als auch in die Wissenschafts- und Technikforschung ein. Die Beiträge des letzten Abschnitts thematisieren ausgewählte, aktuelle Tendenzen der Wissenschafts- und Technikforschung, die inzwischen auch auf Felder außerhalb der Naturwissenschaften und Technik verweisen. Eröffnet wird das Buch allerdings durch ein Gespräch, dass wir mit Karl H. Hörning führten. Er gehört zu den Pionieren der Techniksoziologie in Deutschland und gibt uns so einen kontextualisierten Einblick in Institutionalisierungs- und Etablierungsprozesse.

Dieses Werk wäre ohne das Engagement der einzelnen Autor_innen nicht möglich gewesen. Wir danken ihnen allen ganz herzlich und freuen uns zugleich auf die Fortführung all unserer Diskussionen, die mit der Entstehung dieses Buches angestoßen wurden. Zugleich möchten wir Manuel Weuffen (Universität zu Köln), der nicht nur die Korrektur eingehender Texte übernommen, sondern immer wieder den Überblick über die zahlreichen Dokumente und Dateiversionen behielt, herzlich danken. Ferner möchten wir dem Verlag Springer VS danken, insbesondere Cori Mackrodt für die Realisierung des Buchvorhabens. Unser abschließender Dank gilt Karl H. Hörning, der sich zu der in akademischen Kreisen unüblichen Publikation unseres inspirierenden Gespräches bereit erklärte und –

ganz grundlegend – unser Interesse an der Wissenschafts- und Technikforschung geweckt hat.

Köln und Klagenfurt im Dezember 2013　　　　　　　　　Diana Lengersdorf
　　　　　　　　　　　　　　　　　　　　　　　　　　Matthias Wieser

Literatur

Bammé, Arno. 2009. *Science and Technology Studies. Ein Überblick*. Marburg: Metropolis.
Beck, Stefan, Jörg Niewöhner, und Estrid Sörensen. 2012. *Science and Technology Studies. Eine sozialanthropologische Einführung*. Bielefeld: transcript.
Felt, Ulrike, Helga Nowotny, und Klaus Taschwer. 1995. *Wissenschaftsforschung. Eine Einführung*. Frankfurt a. M.: Campus Verlag.
Hess, David J. 1997. *Science studies: An advanced introduction*. New York: New York Univ. Press.
Rheinberger, Hans-Jörg. 2007. *Historische Epistemologie zur Einführung*. Hamburg: Junius.
Sismondo, Sergio. 2010. *An introduction to science and technology studies*. 2. Aufl. Malden: Wiley-Blackwell.
Steward, Fred, Athena Piterou. 2010. 25 Years of EASST conferences (1983–2008). Patterns of participation and their strategic implications. *EASST Review* 29 (3): 1–6.
Yearley, Steven. 2005. *Making sense of science. Understanding the social study of science*. London: Sage.

„Wir saßen alleine am Katzentisch" – Zur Hervorbringung der Techniksoziologie in Deutschland

Ein Gespräch mit Karl H. Hörning[1]

Lengersdorf: Vielleicht können Sie zum Einstieg erzählen, wie Sie zum Forschungsgegenstand „Technik" gekommen sind. Gab es da eine Art Ausgangspunkt? Eine Begegnung? Oder eine Publikation?

Hörning: Ich bin sehr von der Hervorbringung von Technik fasziniert. Gerade habe ich eine wunderbare Biographie über Steve Jobs gelesen, in der die Entstehungsprozesse von IPad und IPhone so aufregend geschildert werden, wie dies eigentlich die Franzosen mit ihrem Begriff der „Assemblage", mit dem Begriff des „Equipment", mit all jenen Begriffen, mit denen wir in den letzten Jahren von Latour und anderen konfrontiert worden sind, so passend erfassen. Wir haben viele Beispiele, mit denen wir die gesamte französische Diskussion nachvollziehen können, die wir lange abgelehnt haben, weil wir Bruno Latour falsch oder zu starr verstanden haben. Diese Hybrid-Geschichte, die haben wir immer so gesehen: da wird Mensch und Ding gleichgesetzt. Auch mein guter Freund Bernward Joerges, der ja eng mit Latour zusammenarbeitete, war diesbezüglich immer recht skeptisch. Aber wenn man die französische, aber auch englische und amerikanische Diskussion genau anschaut, ist das nie so eng aneinander gepackt. Es waren immer sehr dynamische Prozesse gemeint. Also „Assemblage" ist ein ständiges Mischen. Michel Serres hat das schon früh beschrieben. Lange Zeit, vor allem in den 1980ern, gab es bei uns aber noch viele Hemmnisse. Uns Soziologen galten diese Diskussionen als nicht ganz seriös, als

---

[1] Das Gespräch wurde im Januar 2013 von Diana Lengersdorf in Berlin geführt. Das audioaufgezeichnete gesprochene Wort wurde transkribiert und dann durch die Interviewerin redaktionell bearbeitet.

exotisch. Die ganze Diskussion um den Poststrukturalismus – mit dem sich ja Matthias Wieser beschäftigt hat: mit Latour und den Poststrukturalismen – das ist uns zwar heute alles so klar, aber da waren doch gerade in den 1980ern, als wir begannen über Technik nachzudenken, sehr viele Barrieren aufgebaut. Weithin war die Abwehr gegen die wilden französischen Philosophen zu spüren, teilweise bewirkt durch die Frankfurter Schule, durch Habermas, die uns eigentlich doch, in Anführungszeichen, verboten haben, so wild zu denken. Wir sollten nicht so wild denken. Und das ging so weit, dass sogar der Suhrkamp Verlag viele Texte nicht veröffentlichte. Glücklicherweise hat sie dann der kleine Berliner Merve Verlag gedruckt und uns damit viele Zugänge eröffnet. Ich hatte das Glück, dass ich in Aachen einen klugen Assistenten hatte, Theo Bardmann. Und der hatte überhaupt keine Hemmnisse und hat mit Michel Serres – mit dem er auch ein langes Interview geführt hat –, einfach den „Parasiten" in die Diskussion eingebracht und sich dann auch dazu habilitiert. Etliche in der Fakultät waren gegen seine Habilitationsarbeit, weil er einfach Gedanken einbrachte, also den „Parasiten", den Dritten, der da stört, der Aufregung schafft. Seine Habil.-Arbeit hieß „*Wenn aus Arbeit Abfall wird*", und die war schon sehr infiziert, in Anführungszeichen, von all den französischen Gedanken.[2]

Lengersdorf: Und inwiefern ist das IPad ein gutes Beispiel?

Hörning: Ich komme deshalb darauf, weil dieses IPad jetzt gerade wieder bei mir diesen Begriff der „Assemblage" hervorruft. Den fand ich so passend für Mischungen, bei denen viel zusammen kommt. Und dann war auch in der Biographie sehr interessant, dass das prachtvolle Design, das uns bei Apple so fasziniert, von einem englischen Designer ist, der ein Bewunderer des „Braun"-Designs ist. So geht dieser Purismus von Apple teilweise zurück auf den Designer Dieter Rams, der bei „Braun" diese Strenge reinbrachte. Rams ist ein ehemaliger „Ulmer". Nach dem 2. Weltkrieg sollte das Bauhaus ja nochmal entstehen, und so kam es zur „Ulmer Schule". Ich komme darauf, weil mich solche Technikgeschichten, Technikkonstruktionen, also dieses Hervorbringen von etwas sehr interessiert. Dieser Prozess, der eben nicht so linear ist und nicht so, wie die Tech-

---

[2] Theodor M. Bardmann. 1994. *Wenn aus Arbeit Abfall wird. Aufbau und Abbau organisatorischer Rationalitäten.* Frankfurt a. M.: Suhrkamp.

	nikhistoriker uns das oft schildern. Die Technikgenese-Diskussion war da eigentlich sehr hilfreich, auch für mich später, weil sie auch kulturelle und soziale Aspekte bei der Technikproduktion berücksichtigte. Es gab dann eine holländisch-englische Verbindung, Bijker und Pinch, mit einem berühmten Sammelband über „*Social Construction of Technology*".[3] Und dieser Ansatz nahm die kulturellen, politischen und sozialen Einflüsse für wichtig, die in die Konstruktion von Technik eingehen. Das war für mich, der diese kulturelle Seite so betonte und Technik nicht immer so einseitig deterministisch wahrnahm, sehr gut.
Lengersdorf:	Und wie sind Sie zum Forschungsgegenstand „Technik" gekommen?
Hörning:	Also wenn Sie mich danach fragen, wie man Technik als Soziologe angeht, als Forschungsgegenstand, was eigentlich das Interessante daran ist: dass man darüber sehr kontrovers nachdenken und auch diskutieren kann. Was mir immer Spaß machte: auch gegen den Strich zu bürsten. Das ist eine ganz besondere Lust, die ich habe. Und was war der Strich? Der dominante Strich? In den 1980er Jahren, als wir allmählich – ich komme gleich darauf zurück, wie – zu diskutieren begannen, war die dominante These doch eine sehr einseitige. Es waren die Rationalisierungsimperative, die Übergriffsthesen, die dominierten, also die Vorstellung, dass das ökonomisch-industrielle Kernsystem alles unterwirft. Wir haben uns dann auf die Fragestellung „Technik im Alltag" konzentriert. Und da dominierte diese Vorstellung, dass die Technik doch einen solchen Anpassungsdruck im Alltag mit sich bringt und so viel Rationalisierungsdruck ausübt, dass der Alltag dadurch verarmt und letztlich verschwindet. Gegen solche Verarmungsthesen hatte ich immer Lust zu argumentieren, weil ich mir sagte: ich bin doch Soziologe, ich möchte mir jetzt Technik mal soziologisch vorstellen. Denn wenn ich von der Technik aus starte, wenn ich Technik als Explanans nehme, wenn ich Technik als das, was mir jetzt alles erklären soll, nehme, dann komme ich sofort in die Falle des Technikdeterminismus. Also meine Frage war immer: Technik, wie mach ich sie mir handhabbar? Ich mache sie mir besonders da-

---

[3] Wiebe E. Bijker/Thomas P. Hughes/Trevor J. Pinch (Hrsg.) (1987): The Social Construction of Technological Systems. New Directions in the Sociology and History of Technology. Cambridge, Mass.: MIT Press.

durch handhabbar, dass ich nicht mit Technik beginne, also nicht mit Technik *und* Gesellschaft, Technik *und* Alltag. Denn dann starte ich mit Technik als unabhängiger Variable, lass' Technik voll auf die abhängigen Variablen sausen. Also nehme ich Technik nicht als Explanans, sondern beginne mit irgendwas Sozialem. Für mich war immer was dagegengesetzt: soziale Umgangsweisen, Sozialstruktur, Sozialität. Also irgendetwas Soziologisches wollte ich dagegensetzen. Das andere war mir zu technisch, war mir zu rationalistisch. Das konnte ich nicht akzeptieren. Der Ehrgeiz war also immer: eine soziologische Perspektive.

Lengersdorf: Diese Haltung, wie hat die sich ergeben?

Hörning: Man war ja sehr breit ausgebildet. Ich hatte das Glück, dass ich in Harvard ein ganzes Jahr Postdoc war und mich unglaublich breit bei vielen fantastischen Soziologen, Psychologen und Ethnologen umschauen konnte. Und hatte auch schon davor in Mannheim bei Rainer Lepsius und anderen eine so gute soziologische Ausbildung genossen, dass ich eigentlich nicht einsah, dass wir diese Soziologie mit der großen Tradition und mit den großen Ansätzen, zum Beispiel Handlungstheorien, Kulturtheorien, später dann Praxistheorien, dass wir uns mit all diesen Ansätzen so schnell diesen rationalistischen Thesen unterwerfen. Das hab ich nicht akzeptieren wollen. Meine Vorstellung war auch, dass sich die Soziologie besonders bewähren muss und kann, gegenüber dieser härtesten aller Herausforderungen. In meinen Augen war die Technik die härteste Herausforderung, mit der es die Soziologie zu tun hatte. Also wenn Sie sich mit Familie, Kindern, Jugend, Stadt oder dem Betrieb beschäftigten, auch mit Kriminalität, das alles ist immer noch nicht so hart wie Technik. Ich empfand das immer als besondere Herausforderung. Die Technik war in meinen Augen eigentlich die schwierigste Nuss, die die Soziologie zu knacken hat. Und damit hat sie sich eben auch ganz ungern beschäftigt, auch historisch nicht. Wir haben lange Zeit von der Dingvergessenheit der Soziologie gesprochen. Die Dinge, die technischen Dinge, die materiellen Dinge wollte sie nicht. Vor allem der soziale Interaktionismus, der sich immer nur mit Mensch-zu-Mensch oder Face-to-Face beschäftigte und nicht viel da zwischen ließ, schon gar keine Dinge. In dieser Hinsicht fand ich immer besonders aufregend – auch gerade als theoretischer Soziologe, der in meinen Augen wirklich viele Ansätze schon kennengelernt hatte –, dass die Soziologie sich gegen den Ansturm dieser harten Technik besonders bewähren kann. Also da musste sie sich überlegen, wie sie damit zu Rande kommt. Denn wenn ihr das nicht gelingt, ist sie sofort diesen berühmten Übergriffthesen ausgeliefert, dem technischen System oder dem politischen System oder dem ökonomischen System, und die greifen über – die berühmten Kolonisierungsthesen, die ja damals noch dominierten, von Habermas und anderen vorangetrieben. Die Technik als Forschungsgegenstand war eben auch eine theoretische Herausforderung. Und ich setzte dagegen, – auch schon sehr früh – dass wir es mit Mischungen zu tun haben, dass wir nicht diesen Dualismus haben, das Gegeneinander, sondern dass wir es mit Kontingenzen zu tun haben – ein sehr schwieriger theoretischer Begriff.

Lengersdorf: Gab es oder gibt es da etwas Konkretes, an dem Sie dieses „nicht zu Rande kommen" festmachen?

Hörning: Also besonders habe ich mich geärgert, wenn meine Kollegen – allen voran Peter Weingart – immer den Laienbegriff benutzt haben. Und nicht von ungefähr habe ich dann später ein Buch herausgebracht „Experten des Alltags".[4] Sie haben das so dargestellt: Hier der Wissenschafts- oder Techniksoziologe, er begreift die Wissenschaft als Institution und die Technik als institutionalisiert gefestigt und formalisiert und kommt nun in ein Feld voller Laien. Die „Laien", das sind die Nicht-institutionalisierten, die Nicht-formalisierten, die Nicht-gefestigten. Als Laie bist du einfach hilflos, musst dich dann doch letztlich der Technik anpassen. Dazu gibt es sicher genug Beispiele. Bernward Joerges hat oft Recht gehabt. Er hat sich öfter mit mir gestritten. Sagte er: „Das stimmt doch gar nicht, Du mit Deinen Mischungen und den vielen Möglichkeiten, den Deutungsmöglichkeiten und Handlungsmöglichkeiten, die Du immer bringst. Da gibt's ne Waschmaschine, da kannst Du gar nichts anderes machen als diese Waschmaschine genauso zu bedienen, wie es vorgegeben ist", und da sagte ich: „Da hast Du natürlich recht. Es gibt sicherlich eine ganze Fülle von technischen Vorrichtungen und technischen Gegenständen, da ist nicht viel Interpretationsspielraum". Das ist völlig klar, da gibt es Anpassung. Aber ich kann nicht die gesamte Theorie entlang eines sehr eng formulierten, sehr

---

[4] Hörning, Karl H. (2001): Experten des Alltags. Die Wiederentdeckung des praktischen Wissens, Weilerswist: Velbrück.

eng gefassten Instruments oder Geräts entwickeln. Es gibt nicht nur Anpassung, sondern es gibt auch immer Eigensinn, und dies müssen wir offen halten. Wir können es nur dadurch offen halten, dass wir Spielräume einbauen, dass wir Spielräume ermöglichen, dass wir uns auch multiple Rationalitäten vorstellen. Da ist hier die technische Rationalität, aber es gibt auch viele Alltagsrationalitäten. Das war sehr schwer. Das war eigentlich immer unsere große Diskussion, den Eigensinn, wenn man so will oder das Eigenständige des Alltags zu betonen oder das herauszuarbeiten.

Später kam mir dann sehr viel stärker die Idee, dass die Technik selbst herausfordert. Anfänglich war ich immer noch der Meinung: also hier ist der Alltagsmensch, der Interpret, der der Technik ganz bestimmte Bedeutungen zuweist. Im Laufe einer ganzen Reihe von Arbeiten hat sich dann etwas anderes gezeigt. Die *„Zeitpraktiken"* haben mir das besonders nah gebracht, tatsächlich durch die empirische Forschung.[5] Davor hatte ich mich mit Symboltheorie beschäftigt, mit der ich dem Individuum eine große Kraft zur Interpretation und zum Zuweisen symbolischer Bedeutungen gab. Im Zusammenhang mit dem empirischen Projekt der *„Zeitpraktiken"* ist mir dann immer klarer geworden, dass das so nicht stimmt, oder dass diese einseitige Sicht korrigiert werden muss. Die Technik selbst fordert heraus, sie bedrängt uns und lässt uns nicht los. In ganz bestimmten Zusammenhängen kommen wir mit solchen Techniken in Kontakt, und dieser Kontakt ist dann nicht ein temporärer, sondern diese Technik findet Eingang in Praktiken, die wir die ganze Zeit ausüben, die wir schon fortlaufend ausgeübt haben. Wir weisen nicht jeweils eine Bedeutung zu, im Sinne von: hier handelt das Subjekt und weist dabei dem Objekt eine Bedeutung zu. In dieser Richtung hatte ich noch im Aufsatz *„Technik und Symbol"*, der viel diskutiert worden ist, argumentiert.[6] Diese Sicht musste und wollte ich dann verschieben, weg von einer einseitig verstandenen Kulturtheorie, hin zu einer breit gefassten Praxistheorie. Es wurde mir deutlich, dass im Alltag permanent soziale Praktiken ablaufen. In diese Praktiken sind ständig auch Techniken involviert.

---

[5] Ahrens, Daniela/Gerhard, Anette/Hörning, Karl H. (1997): Zeitpraktiken. Experimentierfelder der Spätmoderne, Frankfurt am Main: Suhrkamp.

[6] Hörning, Karl H. (1985): Technik und Symbol. Ein Beitrag zur Soziologie alltäglichen Technikumgangs. In: Soziale Welt (26), S. 186–207.

Und nun findet diese Technik Eingang in solche unterschiedlichen sozialen Praktiken und gewinnt dort erst im Zusammenhang mit diesen ständig ablaufenden Praktiken an Bedeutung – im Falle der Zeitpraktiken: Bedeutung für die Zeitgestaltung.
Wir hatten uns vor allem zwei technische Geräte vorgenommen: den Computer und das Videogerät. „Videogerät" ist auch nicht mehr so aufregend – aber ich bitte Sie, wir sind Anfang der 1990er. Wir hatten uns vorgestellt, dass der Computer und das Videogerät viele Möglichkeiten und vielfältige Umgangsweisen eröffnen, aber irgendwie auch Unruhe. Dass sie kulturelle Unruhe hervorbringende Geräte sind, die Eingespieltes irritieren. Erst indem diese technischen Geräte Eingang in bestimmte soziale Praktiken finden, gewinnen sie unterschiedliche Bedeutung für die Zeitgestaltung. So fanden wir unterschiedliche Zeitpraktiken, die deutlich machten, dass der praxistheoretische Zugang besser geeignet ist, dieses Phänomen „Technik im Alltag" zu behandeln, weil wir damit ein Immer-schon, ein Schon-vorab des Umgangs mit Technik erfassen können. Der Mensch wird nicht plötzlich damit konfrontiert, sondern er ist schon eingeübt. Sehr Vieles deutet sich hier bereits an, was ich später dann mit dem impliziten Wissen gefasst habe.

Lengersdorf: Empirische Arbeiten hatten demnach eine große Bedeutung auch für Ihre Theorieentwicklung?

Hörning: Ich war immer auch Empiriker, obwohl ich natürlich theoretisch immer sehr interessiert war. Das habe ich übrigens schon von meinem Doktorvater Hans Albert gelernt. Der hatte eine sehr spezielle wissenschaftstheoretische Haltung, die darauf aufbaute, dass, wenn wir überhaupt eine wissenschaftliche Erklärung verfertigen wollen, wir das immer durch Sammlung von, ja es hieß damals, erfahrungswissenschaftlichen Daten tun müssen, also wir müssen streng empirisch arbeiten, um überhaupt Hypothesen solide überprüfen zu können. Er war und ist Popperianer. Was ich bald nach meiner Promotion irritierend fand, war, dass damit eine sehr extreme Norm, wie Wissenschaft stattfinden soll und wie Wissenschaft richtig ist, aufgestellt wurde. Glücklicherweise kam für uns bald der Befreier. Ein ganz wilder Hecht: Feyerabend. Und der killte – er war regelrecht ein Vatermörder – seinen „Vater" Popper. Feyerabend war für uns sehr befreiend. Daneben kamen dann noch Thomas Kuhn, Ludwik Fleck und andere in den Blick. Die sagten uns, Wissenschaft findet gar nicht so statt wie die Wissenschaftstheorie das behauptet. Sie findet unter sehr vielen sozialen und kulturellen Einflüssen statt. In dieser Hinsicht kam ich zu der Überzeugung, dass man sich auch die Hervorbringung von Wissenschaft sehr genau anschauen muss. Deshalb fand ich es oft sehr schlecht, dass unsere Wissenschaftssoziologen Wissenschaft so sehr institutionalisierten. Das ist eigentlich eine wichtige Erklärung, warum wir eine sehr spezielle Wissenschafts- und Technikforschung in Deutschland hatten. Es gab Wenige, die Alternativen boten. Und beim Themenfeld „Wissenschaft als Institution" hat man eben ganz andere Interessen als wenn man eine Laborstudie macht. Also wie die klassischen *Science Studies*, wie auch Latour begann...

Lengersdorf: Knorr Cetina

Hörning: Ja, Karin Knorr Cetina. Sie blieb in Deutschland allein. Sie entwickelte auch keine eigene Schule. Dieser ganze wunderbare ethnographische Ansatz, die vielen Diskussionen, die in Amerika, in England, in Frankreich dann loslegten, um sich die Wissenschaftspraxis sehr genau, im Detail anzuschauen, blieben hier außen vor. Sie wurden abgewehrt. Die breite Rezeption der Arbeiten von Knorr Cetina fand vor allem unter den englischsprachigen Kollegen statt.

Lengersdorf: Können Sie einmal erzählen, wie es dann auch zu einer institutionalisierten Techniksoziologie in Deutschland kam?

Hörning: Dass wir jetzt eine allgemeine Techniksoziologie haben, die hätte es nicht gegeben, wenn nicht damals – es war wohl 1982 oder 1983 – im Zusammenhang mit der „Krise" (*lachen*) die DFG einen Schwerpunkt zur „sozialwissenschaftlichen Technikforschung" etabliert hätte. Denn 1980 passierte etwas ganz Ungewöhnliches: Plötzlich kam die These vom „Ende der Arbeitsgesellschaft" auf. Sie entstand maßgeblich auf Grund der stark zunehmenden Arbeitslosenzahlen, die als Modernitätskrise in Deutschland wahrgenommen wurden und gleichzeitig kam noch der so genannte Japan-Schock hinzu. Und da würde ich sagen, hier liegt der Beginn dessen, was wir heute mit Techniksoziologie beschreiben. Auf dem ersten Treffen in Bonn bei der DFG wurde gleich deutlich, wer das Sagen hatte. Das Sagen hatte erst einmal doch die klassische Industriesoziologie um Burkart Lutz. Und dann gab es noch eine zweite Gruppe um die Organisations- und Verwaltungssoziologie mit Renate Mayntz. Die beiden Gruppen beanspruchten den größten Teil dieser neuen Forschungsressourcen für sich. Am Ende saßen Bernward Joerges und ich alleine da, weil wir nicht mit denen mitmachen wollten.

Wir saßen alleine und haben uns gefragt: „Ja, was machen wir jetzt?". Ich hatte keine Lust mehr, Industriesoziologie zu betreiben, er war sowieso nie Industriesoziologe. Joerges war am ehesten derjenige, der aus der Tradition einer älteren Techniksoziologie kam, also von Freyer und Linde kommend. Wir saßen also nun quasi am Katzentisch, und da kam uns beiden dieser Restbegriff „Technik und Alltag". Also haben wir plötzlich die Kategorie des „Alltags" benutzt, weil wir uns weder mit Arbeit und Betrieb, noch mit Organisation und Verwaltung beschäftigen wollten. Das führte natürlich dazu, dass wir uns später unendlich lange über den Begriff des Alltags stritten, das war ganz schrecklich. Aber immerhin entstanden im Gefolge zwei Kolloquien-Reihen. Die eine wurde von Bernward Joerges mit dem Suhrkamp-Band „*Technik im Alltag*"[7] und die andere von Peter Weingart mit dem Band „*Technik als sozialer Prozess*"[8] abgeschlossen. Was wir da in den 1980er Jahren gemacht haben, das war schon die Etablierung einer neuen deutschen Techniksoziologie. Die kam tatsächlich durch, ich würd's mal behaupten: durch den kleinen Katzentisch. (*Beide Lachen*)

Lengerdorf: Gab es denn – auch im Hinblick auf den französischen und US-amerikanischen Diskurs – eine für Deutschland spezifische Entwicklung?

Hörning: In Deutschland gibt es zwei Dinge, die ich nennen möchte, die uns erklären, warum wir jetzt hier eine bestimmte Ausprägung von Technik- und Wissenschaftsforschung haben, die uns ja nicht immer so erfreut. Einmal haben wir die Wissenschaftsgeschichte. Die war in England immer sehr stark, und auch in Amerika hatte sich die Wissenschaftsgeschichte sehr entwickelt. Die deutsche Wissenschaftsgeschichte hat sich weniger für die Hervorbringungsprozesse interessiert, sondern sie war eigentlich mehr an den Ergebnissen dessen interessiert, was sie historisch vorfand. Es gibt wenige, wenn eigentlich nur einen Wissenschaftshistoriker, den ich nennen kann, der sich wirklich für die Konstruktionsprozesse und auch für uns Soziologen interessierte: das ist Hans-Jörg Rheinberger. Jeder Konstruktivismus ist immer auch problematisch für die Institution, wenn du fragst, wie sie eigentlich entstanden ist.

---

[7] Joerges, Bernward (Hrsg) (1988): Technik im Alltag, Frankfurt am Main: Suhrkamp.

[8] Weingart, Peter (Hrsg.) (1989): Technik als sozialer Prozess, Frankfurt am Main: Suhrkamp.

Deshalb waren ja auch solche Leute wie Foucault so aufregend für uns, weil sie uns die Genese dessen, was wir heute als so selbstverständlich nehmen, aufrollten – wie Foucault sagt: Archäologie. Jetzt kommt noch was speziell Deutsches hinzu: wir haben etwas ganz Ungewöhnliches in Deutschland, wir haben eine sehr starke Systemtheorie. Luhmann hat hier in Deutschland einen solchen Einfluss, den er nie woanders fand. Weder die Engländer, noch die Amerikaner, noch die Franzosen haben sich je einer solchen systemtheoretischen Frage so gestellt wie wir Deutschen. Ich weiß noch, als ich 1984 in Stanford war, da haben sich nach dem Vortrag von Luhmann etliche von Kollegen um mich geschart. Sie schauten mich völlig verständnislos an und sagten: „I don't know what he wants, I don't know what he is talking about". Dabei hatte Luhmann einen wirklich schönen englischsprachigen Vortrag gehalten. Diese Systemtheorie, die ist speziell, und sie hat dazu geführt, dass dann sehr schnell Technik als Medium gefasst wird, dass der Mediencharakter in den Vordergrund rückt. Damit kommt eine ganz andere Fragestellung rein: Technisierung als Verstärkung, als Optimierung, Wissenschaft als ein System, das Techniken entstehen lässt. Da wird sehr schnell wieder was fixiert. Und es war dann auch recht verführerisch, sich mit großtechnischen Systemen zu beschäftigen, und damit bist du natürlich sofort auf einer ganz anderen Ebene.

Lengersdorf: Gab es für Ihre Perspektive auf Technik noch ein weiteres zentrales empirisches Projekt?

Hörning: Ja, „Metamorphosen der Technik"[9]. In den Design- und Konstruktionsabteilungen von Maschinenfabriken haben wir uns die Computertechnik angeschaut und sie als eine Art von Ausstattung genommen, die kommunikativ bearbeitet werden muss. Wir gingen davon aus, dass die Technik herausfordert: sie provoziert, sie stört, sie unterwandert. Also diese These, die mich auch immer wieder sehr beschäftigt hat, dass wir durch die Technik dazu gebracht werden, Dinge zu tun, die wir ohne sie nicht tun würden, sie lässt uns nicht los. Der Computer ist natürlich ein besonders schönes Beispiel, und ich war froh, als dann der Computer voll in den Mittelpunkt trat, weil er eben diesen Spielraum und diese Flexibilität doch besser ermöglicht als so eine Waschmaschine. Wir

---

[9] Hörning, Karl H., und Karin Dollhausen. 1997. *Metamorphosen der Technik. Der Gestaltwandel des Computers in der organisatorischen Kommunikation.* Opladen: Westdeutscher.

haben in der Untersuchung zum ersten Mal eine videogestützte Beobachtung durchgeführt, und da wird deutlich, dass die Technik eigentlich ständig Teil hat an der Herstellung und Veränderung von Sozialität. Der Computer ist besonders – und da haben Sie sich ja nochmal stärker mit beschäftigt – kommunikativ auffällig. Diese kommunikativ ablaufende Behandlung eines solchen technischen Gegenstandes zeigt, wie Technik ständig Teil hat an dem, was wir Aufbau oder Veränderung von sozialen Zusammenhängen nennen – Sozialität könnte man auch sagen. Die Macht der Dinge ist dann auch so zu erklären, dass sie immer dabei und eben nicht nur Instrumente sind. Deshalb finde ich den Pragmatismus so besonders interessant. Der Pragmatismus, der davon ausgeht, es kommen permanent Probleme auf, und um diese Probleme zu lösen, fangen wir immer wieder an, nach neuen Lösungen zu suchen, und bei diesem ständig neuen Lösungssuchen spielen natürlich die technischen Dinge eine große Rolle. Dabei sind sie keineswegs nur Mittel zur Zielerreichung, sondern nehmen auch teil an der Zieldefinition. Die Ziele sind nicht so fest von vornerein, wie die klassischen Handlungstheorien es annehmen. Es sind Ziele, die in Reichweite sind. Es sind Ziele, die immer wieder revidiert werden. Das ist das, was der Pragmatismus in den Vordergrund rückt, und da spielt die Technik als Mitspielerin eine entscheidende Rolle. Die „Metamorphosen der Technik" arbeiten das ganz gut heraus.

Wir haben einen Weg durchlaufen, für den viele Lockerungsübungen notwendig waren, und die Technik hat es uns manchmal schwer gemacht, uns zu lockern. Du kannst es mit der Familiensoziologie leichter haben oder mit der Geschlechtersoziologie. In dieser Hinsicht war die Technik eigentlich ein ganz gutes Trainingsfeld.

Lengersdorf: Ich finde auch, es hat das höchste Irritationspotential. Man muss halt die soziologischen Grundkategorien nochmal anders denken.

Hörning: Ja, das hat immer viel Spaß gemacht, das anders zu denken.

Lengersdorf: Das lassen wir jetzt einfach genau so stehen! Vielen Dank für das nette Gespräch.

Die Logik der Wissenschaft, die Höhle des Metaphysikers und die Leitern der Philosophie: Kurzes Portrait einer schwierigen Beziehung

Hajo Greif

Nach vorläufigen Ergebnissen des OPERA-Neutrino-Experiments am CERN, die im September 2011 veröffentlicht wurden, schienen Neutrinos mit Überlichtgeschwindigkeit zu reisen.[1] Gemäß allen etablierten Standards der modernen Physik wäre dies eine physikalische Unmöglichkeit, da es das Einsteinsche Prinzip der speziellen Relativität verletzen würde. So die Messungen korrekt wären, stellten die Ergebnisse eine überraschende neue Tatsache dar, die ein vollständiges Neuschreiben der Gesetze der Physik verlangen würden. Zur großen Erleichterung der meisten Physikerinnen und Physiker hat sich nach eingehender Analyse der ursprünglichen Daten und einer detaillierten unabhängigen Replikation des Experimentes herausgestellt, dass eine Verbindung zweier recht trivialer technischer Fehler – ein fehlerhaftes Kabel und eine zu schnell gehende Uhr – für eine Reihe falscher Messungen verantwortlich war, die zum Artefakt des schneller als das Licht reisenden Neutrinos führten.[2]

---

[1] Das Akronym OPERA steht für „Oscillation Project with Emulsion-tRacking Apparatus" (vgl. http://operaweb.lngs.infn.it/). Das Kürzel CERN, abgeleitet von „Conseil Européen pour la Recherche Nucléaire", steht für die Europäische Organisation für Kernforschung (vgl. http://public.web.cern.ch/public/). OPERA Collaboration (2011) ist der Originalbericht über die vermeintliche Neutrino-Anomalie; vgl. hierzu auch Jordans und Borenstein (2011); Matson (2011); Seife (2011).

[2] Der offizielle Bericht über die Wiederholung des Neutrino-Experimentes und dessen Ergebnisse findet sich in Antonello et al. (2012). Die ersten Berichte über die technischen Probleme im ersten Experiment sind Cartlidge (2012a, b); Reich (2012).

H. Greif (✉)
Munich Center for Technology in Society, TU München,
Arcisstr. 21, 80333 München, Deutschland
E-Mail: hajo.greif@tum.de

Wenngleich eine größere wissenschaftliche Revolution somit zumindest vorläufig abgesagt werden musste, werfen Fälle dieser Art eine Reihe interessanter philosophischer Fragen auf: Der Erkenntnistheoretiker oder die Erkenntnistheoretikerin kann fragen, ob das, was wir vor dem September 2011 für solides physikalisches Wissen gehalten haben, tatsächlich Wissen im Sinne wahrer gerechtfertigter Überzeugungen darstellt und wie es sich bei der zwischenzeitlichen, eigentümlich in der Schwebe befindlichen Lage der Dinge verhalten hat. Innerhalb dieser kurzen Periode könnte niemand mit Gewissheit die Möglichkeit ausgeschlossen haben, dass sich die Theorie der speziellen Relativität von Beginn an auf der falschen Fährte befunden hat. Die Wissenschaftsphilosophin oder der Wissenschaftsphilosoph wiederum kann, je nach Neigung, fragen, ob diese Ereignisse starke Argumente für Karl Poppers Falsifikationsprinzip liefern (Popper 1959). Oder vielleicht sollten wir mit einem Paradigmenwechsel der Kuhnschen Art rechnen in einem Moment, indem die normale Wissenschaft ihre Fundamente erschüttert findet (Kuhn 1962). Oder wir können jene Ereignisse als weitere Belege für die Hypothese ins Feld führen, dass die Tatsachen der Physik nicht unabhängig von technologiebasierten „Inskriptionen" vorstellbar seien. Diese Annahme würde unter der stärksten Lesart implizieren, dass Wissenschaft[3] ein hochentwickeltes Spiel der Konstruktion ist, in dem Theorien und Modelle keine natürlichen Tatsachen und Ursachen repräsentieren (Latour und Woolgar 1979; Latour 1987). Zumindest jedoch würde jene Annahme implizieren, dass Wissenschaft eine Praxis ist, in der technologiegeladenes experimentelles Eingreifen in die Natur gegenüber der genauen aber technisch weit weniger raffinierten Naturbeobachtung Vorrang genießt, die uns als das Ideal der Wissenschaft überliefert worden ist (Hacking 1983).[4]

Zuallererst jedoch geben Fälle wie die besagte Neutrino-Anomalie einem traditionsreichen und normativ gefärbten Komplex von metaphilosophischen Fragen erneuerte Dringlichkeit: Wird das philosophische Denken durch die Wissenschaft und deren empirische Inhalte affiziert? Wenn ja, was könnte es daraus lernen, und welchen Beitrag könnte es andersherum zur wissenschaftlichen Forschung leisten? Wenn nein, sollte die Philosophie überhaupt irgendetwas über die Wissenschaft zu sagen haben? Diese Fragen sind zu komplex und zu grundlegend, um in einem Überblicksaufsatz beantwortet zu werden, aber ich möchte einen kurzen Umriss der Antworten präsentieren, die in der jüngeren Philosophiegeschichte auf diese

---

[3] Der Begriff „Wissenschaft" wird hier und fortan stets synonym mit den Naturwissenschaften, ihren Methoden und ihren erkenntnistheoretischen Normen verwendet – nicht zuletzt weil ein Gegenstand dieses Beitrags der Anspruch ist, dass dieselben das Ideal für jegliche Form von Wissenschaft bieten.

[4] Vgl. hierzu die Beiträge von Van Loon und Hofmann i.d.Bd.

Fragen gegeben worden sind – vor allem im logischen Positivismus in der Wissenschaftsphilosophie und in den Reaktionen auf diesen. Das Spektrum der in diesen Debatten eingenommenen Positionen reicht von der Idee der Selbstaufhebung der Philosophie überhaupt durch die Naturwissenschaften bis hin zu einer Metaphysik der Technowissenschaften.

1 Die Logik der Wissenschaft und die Therapie philosophischer Irrtümer

Vielleicht die pessimistischste, aber eine sehr aufschlussreiche Antwort auf die mögliche Rolle der Philosophie gegenüber den Wissenschaften wurde von Otto Neurath gegeben:

> [...] „philosophy" does not exist as a discipline, alongside of science, with propositions of its own: the body of scientific propositions exhausts the sum of all meaningful statements. (Neurath 1959, S. 282)

Neuraths Version des logischen Positivismus zufolge würde die Philosophie tatsächlich von den Ergebnissen wissenschaftlicher Untersuchungen affiziert – indem sie letztendlich von der Logik der wissenschaftlichen Forschung erübrigt wird. Für seine Kollegen innerhalb des Wiener Kreises, insbesondere für Rudolf Carnap, aber auch für einen so lose mit dieser Gruppe verbundenen Philosophen wie Ludwig Wittgenstein (zu Zeiten seines *Tractatus*), bliebe dennoch eine Rolle für die Philosophie in Bezug auf die Wissenschaft bestehen, nämlich, „to clarify meaningful concepts and propositions, to lay logical foundations for factual science and for mathematics." (Carnap 1959, S. 77).

Da diese Methode, wenngleich sie eine notwendige Vorbedingung für eine vollständige und in sich geschlossene Einheitswissenschaft ist, weder bereits hinreichend sein wird, um solch eine Wissenschaft hervorzubringen, noch dazu in der Lage sein wird, das philosophische Denken umgehend von allen metaphysischen, das heißt ‚sinnlosen' Begriffen zu befreien, würde die Aufgabe der Philosophin und des Philosophen darin bestehen, sie in Wittgensteins Sinne zu „erläutern". Seinem berühmten „Leiter"-Argument zufolge würde die Rolle der Philosophie in der Anwendung genau jener metaphysischen Begriffe liegen, die man schließlich aufgeben will, um Einblick in ihre Unsinnigkeit zu erlangen. Ihre Sätze (das heißt Wittgensteins Sätze) „erläutern dadurch, dass sie der, welcher mich versteht, am Ende als unsinnig erkennt, wenn durch sie – auf ihnen – über sie hinausgestiegen ist. (Er muß sozusagen die Leiter wegwerfen, nachdem er auf ihr hinaufgestiegen ist." (Wittgenstein 1933, § 6.54). Ob diese Selbstüberwindung der Philosophie, so wie in seiner „Traktarischen" Periode nahegelegt, durch das Abstecken der Grenzen dessen erreicht werden soll, was mit logisch-mathematischen Mitteln gesagt werden kann, oder ob im Spät-Wittgensteinschen Sinne der Weg der Untersuchung des Gebrauches der natürlichen Sprache gewählt wird (vgl. Wittgenstein 1953, vor allem § 126–128) – der Zweck der Philosophie kann in beiden Fällen als ein therapeutischer gesehen werden, indem die Philosophie dazu beiträgt, verbreitete linguistische Täuschungen zu überwinden.[5]

Im Gegensatz dazu soll die Neurathsche Idee einer Einheitswissenschaft ohne solche Übungen auskommen: „*We have no need of any metaphysical ladder of elucidation*" (Neurath 1959, S. 284). Was bleibt, ist ein empirisches Aufzeigen der Art und Weise, wie die Wissenschaft, allein aufgrund der systematischen Anwendung ihrer eigenen Methoden, ihren Anwendungsbereich erweitert „by augmenting the body of scientific propositions" (Neurath 1959, S. 285, Hervorhebung im Original). Eine Einheitswissenschaft würde so aus der Mitte der Wissenschaften selbst erwachsen, und sie würde gleichsam von selbst in den Begriffen einer physikalistischen Sprache formuliert werden und somit letzten Endes jegliche phänomenale oder anderweitig wissenschaftlich ungenaue Sprache überwinden – so wie auch jeglichen Bedarf an einer Erkenntnistheorie.

Allerdings räumt Neurath ein, dass solch eine Einheitswissenschaft, so viele Vorhersagen zu tätigen sie auch in der Lage sein mag, und so viele Erweiterungen des Korpus der wissenschaftlichen Aussagen sie auch ermöglichen mag, ihren eigenen zukünftigen Stand *de facto* nicht antizipieren kann. Es gibt weder einen vorherbestimmten und vollständigen, aber bisher teilweise unbekannten Bestand wahrer wissenschaftlicher Aussagen, den es im Zuge der wissenschaftlichen Praxis aufzudecken gälte, noch gibt es andersherum irgendetwas, das sich prinzipiell *nicht* unter einen einheitlichen Korpus wissenschaftlicher Aussagen subsumieren ließe (Neurath 1959, S. 284 ff.). Jegliche Beschränkung des Wachstums dieses Korpus wäre somit von einer praktischen, vorübergehenden Art, während zugleich jeder Versuch der Überwindung der aktuellen praktischen Beschränkungen des Wissens und jeder Versuch einer Beurteilung des weiteren Vorgehens auf einer Meta-Ebene durch die wissenschaftliche Methode selbst nicht gedeckt wäre und somit dem Projekt einer Einheitswissenschaft zuwiderliefe.

Folglich ist man auf die Annahme verwiesen, dass das Wachstum der Domäne der wissenschaftlichen Aussagen ein Prozess ist, der, gänzlich innerhalb der Logik der wissenschaftlichen Forschung verbleibend, für sich selbst Sorge trägt. Falls jemals herausgefunden werden sollte, dass Neutrinos doch schneller reisen als das

---

[5] Dieser therapeutische Ansatz sieht die Arbeit von Wittgenstein, über ihre gesamten zwei oder drei Phasen hinweg, als ein zusammenhängendes Ganzes an – eine Ansicht, die von Crary und Read (2000) in den Rang eines interpretativen Paradigmas erhoben wurde.

Licht, müssten zwar einige Stockwerke im Gebäude der Wissenschaft niedergerissen und neu aufgebaut werden (und vielleicht eine beträchtliche Zahl davon), aber dies würde weder die Fundamente dieses Gebäudes untergraben noch irgendeine Art von philosophischem Problem aufwerfen.

Doch bei allem antiphilosophischen Habitus verbliebe Neuraths Position immer noch innerhalb des Rahmens einer, wenngleich ausgesprochen szientistischen, Philosophie der Wissenschaften. Seine antimetaphysische Vorannahme ist, dass jegliche Wissenschaft ohne Rückgriff auf metaphysische Begriffe, das heißt ohne Begriffe, die einer logischen Analyse unzugänglich und in ein physikalistisches Vokabular unübersetzbar bleiben, auskommen kann, soll – und dies in der Tat auch tut.

2   Die Metaphysik der Wissenschaft

Neuraths antimetaphysische Prämisse geht jedoch sowohl an der Praxis als auch am Selbstverständnis der modernen Wissenschaften vorbei. Sie ignoriert vielleicht sogar einige notwendige und systematisch relevante Ingredienzien wissenschaftlichen Forschens. Zum Beispiel versucht Gerald Holton (1998) die systematische Rolle dessen zu erläutern (nicht notwendigerweise im Wittgensteinschen Sinn), was er im Kontext der Herausbildung einer wissenschaftlichen Theorie die „wissenschaftliche Einbildungskraft" nennt. Diese Einbildungskraft lässt sich nicht ohne weiteres auf ein physikalistisches Vokabular reduzieren. Als seinen Zeugen ruft Holton (1998, S. 94) niemand Geringeren als Albert Einstein auf, der geschrieben hat:

> [...] die allgemeinsten Gesetze, auf welche das Gedankengebäude der theoretischen Physik gegründet ist, erheben den Anspruch, für jegliches Naturgeschehen gültig zu sein. Aus ihnen sollte sich auf dem Wege reiner gedanklicher Deduktion die Abbildung, d. h. die Theorie eines jeden Naturprozesses einschließlich der Lebensvorgänge finden lassen, wenn jener Prozeß der Deduktion nicht weit über die Leistungsfähigkeit menschlichen Denkens hinausginge. [...]
> Zu diesen elementaren Gesetzen führt kein logischer Weg, sondern nur die auf Einfühlung in die Erfahrung sich stützende Intuition. [...] Mit Staunen sieht er das scheinbare Chaos in eine sublime Ordnung gefügt, die nicht auf das Walten des eigenen Geistes, sondern auf die Beschaffenheit der Erfahrungswelt zurückzuführen ist [...]. (Einstein 1918, S. 30 f.)

Dieser intuitionsgeleitete Weg zu den Naturgesetzen gilt Einstein somit als empirisch verankert. Wenn nun jedoch der Korpus der wissenschaftlichen Aussagen gemäß Neuraths Beschreibung der wissenschaftlichen Weltanschauung tatsächlich die Summe aller bedeutungsvollen Aussagen umfasst, und wenn sich alle Aussagen innerhalb dieses Korpus mit den Mitteln der Logik der Wissenschaften generieren lassen, scheint Einsteins Vorschlag aus der Domäne der wissenschaftlichen Weltanschauung herauszufallen und wäre folglich sinnlos. Wenn, wie Neurath vorgeschlagen hat, es im Sinne dieser Weltanschauung weder möglich noch notwendig ist, den weiteren Kurs und die zukünftige Gestalt der wissenschaftlichen Forschung vorauszusehen, wird die von Einstein so hoch geschätzte Intuition bestenfalls keinen systematischen Beitrag zur wissenschaftlichen Weltanschauung leisten.

Das von Einstein vorgebrachte Argument scheint bei genauerer Betrachtung jedoch folgendes zu sein: Intuition und Einbildungskraft liefern nicht eine systematische theoretische Erklärung eines Phänomens, sondern dienen dazu, zunächst versuchsweise die Domäne des Explanandums einer Theorie oder mehrerer Theorien auszuweiten, die in einem bestimmten Anwendungsbereich bereits hinreichend bestätigt sind, und sie dienen dazu, Vorschläge zur Anpassung jener Theorien zu machen und Gesetze zu formulieren, welche die neu hinzugekommenen Bereiche abdecken. Das ist ein Erfordernis für die Erweiterung des Wissenskorpus, da die Richtung, das Ziel oder die Reichweite der Erweiterung der betreffenden Domäne weder vermittels der Logik der wissenschaftlichen Forschung im Sinne des logischen Positivismus abgeleitet werden, noch die erforderlichen Anpassungen auf diesem Wege antizipiert werden können. Wenn jedoch die auf dem Einsteinschen Wege erweiterte Theorie innerhalb dieses neuen Anwendungsbereichs genaue Voraussagen zu machen erlaubt, wird ihr im Rahmen genau derjenigen Logik Geltung verschafft, welche von Einstein für unfähig erachtet wird, die Erweiterung der Domäne mit eigenen Mitteln zu erlangen.

Die Erweiterung des Korpus wissenschaftlicher Aussagen erfolgt demzufolge in einem wichtigen Stadium auf eine Art und Weise, die genau jener Logik nicht unterworfen ist, die das System dieser Aussagen regelt. In diesem besonderen Stadium werden Intuitionen und die „Einfühlung in die Erfahrung" zu einem systematisch notwendigen Bestandteil des Erkenntnisfortschritts. Nichtsdestotrotz werden sie für ihren spekulativen Charakter und ihrer Unzugänglichkeit gegenüber einer logischen Rekonstruktion von den logischen Positivisten als Philosophie im schlechtesten Sinne (das Urteil Carnaps) oder als Philosophie per se (das Urteil Neuraths) verschmäht.

Ein anderes Beispiel philosophischer Furchtlosigkeit eines Wissenschaftlers findet sich bei Warren McCulloch, der ein berühmtes Diktum mit einer ähnlich berühmten Aussage erwidert hat:

> [...] sogar Clerk Maxwell, der nichts lieber getan hätte, als die Beziehung zwischen Gedanken und den Molekularbewegungen des Gehirns zu verstehen, [tat] diese Suche mit dem denkwürdigen Satz [ab]: „Aber führt nicht der Weg dorthin geradewegs durch die Höhle des Metaphysikers, in der die Knochen früherer Erkunder herumliegen und vor der jeder Naturwissenschaftler zurückschreckt?" Wir wollen die erste Hälfte seiner Frage ruhig mit Ja beantworten und die zweite mit Nein, um dann gelassen fortzufahren. (McCulloch 2000, S. 68)

McCullochs Versuch, durch die Höhle des Metaphysikers zum Licht des Wissens zu gelangen, war Teil einer wissenschaftlichen Annäherung an philosophische Fragen – und in dieser Hinsicht so etwas wie eine genaue Umkehrung von Einsteins (quasi-)philosophischer Annäherung an wissenschaftliche Fragen. McCullochs Ziel war es, sowohl die Fragen nach den Grundlagen der menschlichen Erkenntnis als auch das Handwerkszeug für mögliche Antworten dem Zuständigkeitsbereich der Philosophie zu entreißen und sie in die Domäne der Naturwissenschaften einzugliedern – und somit in die Domäne eines wissenschaftlichen Weltbildes, das sich auf logische Präzision und ein physikalistisches Vokabular stützt.

Obgleich dieser Ansatz somit auf den ersten Blick weitgehend in Übereinstimmung mit der Agenda des logischen Positivismus zu stehen scheint, zeigen sich Abweichungen in zumindest zwei Punkten: Erstens besteht McCullochs Ziel nicht darin zu zeigen, dass sogenannte philosophische Fragen – in diesem Falle Fragen des Geistes, des Wissens und des Bewusstseins – in Wirklichkeit sinnlos sind und in einer physikalistischen Einheitswissenschaft *aufgelöst* werden können, sondern darin, diese Fragen aufrichtig zu beantworten und sie somit zu *lösen*. Die selbstzugeschriebene Ketzerei des McCullochschen Wegs zu einer Antwort liegt darin, das Reich der metaphysischen Spekulation ohne Abstriche im Anspruch der Welterklärung zu Gunsten einer Betrachtung der Operationen des menschlichen Gehirns zu verlassen, die in Analogie zu den logischen Operationen einer Rechenmaschine erfolgt. Obwohl er diese Analogie nicht auf dieselbe Weise wie klassische Künstliche Intelligenz (KI) versteht, ist sein Ansatz später in die Theorien neuronaler Netze eingegangen, und sie weist eine bemerkenswerte, wenngleich nicht immer offensichtliche Ähnlichkeit mit Teilen der Arbeit von Alan Turing auf. Zweitens begründet sich dieser computationale Ansatz der Erklärung des menschlichen Geistes wiederum nicht auf der Methode strenger, in sich geschlossener logischer Deduktion, sondern stützt sich in erster Linie auf Metaphern und Analogien. Auch wenn hier keine quasi-mystische „Einfühlung in die Erfahrung" im Spiel ist, und auch wenn alles, was auf diese Metaphern und Analogien aufbaut, sich eine streng logische Form gibt, ist der ketzerische Anfangsgedanke selbst nicht Bestandteil dieses Erklärungsapparats.

3 Die Gesellschaft der Wissenschaft

Orthogonal zu Fragen der Metaphysik und der Intuition vs. Logik in der wissenschaftlichen Forschung, und in heretischer Manier gegenüber beiden Seiten der zuvor genannten Debatten wurde ein weiterer Angriff nicht nur auf der Autorität der Philosophie gegenüber den Wissenschaften, sondern auch auf die Autorität der Wissenschaften selbst formuliert – zuerst vom Philosophen und Arzt Ludwik Fleck im Jahre 1935:

> Es ist ein Wahn zu glauben, die Geschichte des Erkennens habe mit dem Inhalte der Wissenschaft ebensowenig zu tun wie die Geschichte etwa des Telephonapparates mit dem Inhalt der Telephongespräche: Wenigstens drei Viertel und vielleicht die Gesamtheit alles Wissensinhaltes sind denkhistorisch, psychologisch und denksoziologisch bedingt und erklärbar.[6] (Fleck 1935, S. 32)

Gemäß dieser Kritik ist keine reine Erkenntnistheorie möglich, da es keine reine Logik der Wissenschaften gibt – wobei „Reinheit" als die Abwesenheit jeglicher Faktoren in der Erzeugung von Wissen zu verstehen ist, die nicht selbst der Logik der wissenschaftlichen Forschung unterworfen sind. Solche externen Faktoren sind jedoch dem Wissen als solchem nicht notwendigerweise abträglich – auch wenn dies vorkommen mag, etwa in Fällen, in denen von außen politischer oder ökonomischer Druck auf Wissenschaftlerinnen und Wissenschaftler und deren Arbeit ausgeübt wird oder wenn, innerhalb des sozialen Systems der Wissensproduktion, ein normativer *bias* hin zu groß angelegter, quasi-industrieller Forschung auf Kosten individueller und kleinmaßstabiger Forschungsvorhaben besteht. Jenseits solcher Effekte sind soziale, kulturelle und historische Faktoren jedoch notwendige und produktive Bestandteile der Erzeugung von Wissen. Es würde ohne diese Faktoren kein Wissen geben. Sie gehen in die Grundlagen der wissenschaftlichen Beobachtung, des Experimentierens und der Theoriebildung ein. Das Denken und wissenschaftliche Forschung sind kollektive und somit soziale Unternehmungen, so dass sie ohne eine Untersuchung ihrer sozialen Dynamik und ihrer kulturellen Hintergründe gar nicht angemessen verstanden werden könnten.

In diesem Sinn befindet sich die Logik der wissenschaftlichen Forschung weder in einer besseren noch in einer schlechteren Position als Wirtschaft, Politik, die

---

[6] Man kann durchaus argumentieren, dass die Geschichte des Telefons in der Tat etwas mit dem Inhalt von Telefongesprächen zu tun hat. Es war ein langer Weg – technologisch, praktisch und semantisch – vom ersten Gebrauch des Telefons als Sendemedium oder als schwer zugängliches Medium der offiziellen Kommunikation zum zeitgenössischen Alltagsgebrauch des Mobiltelefons. Der Inhalt der übermittelten Nachrichten wurde durch die Technologie ermöglicht oder zumindest mit geprägt.

Künste oder jede andere menschliche Praxis – einschließlich der Philosophie im allgemeinen und der Erkenntnistheorie und der Philosophie der Wissenschaften im besonderen. Nichtsdestotrotz ist das Ziel von Flecks soziologischer und historischer Untersuchung der Natur der wissenschaftlichen Forschung ein erkenntnistheoretisches: Es geht ihm um die Bedingungen der Erzeugung und der Rechtfertigung von Wissensbehauptungen – wobei diese Bedingungen soziale und historische Faktoren einschließen.

Eine ähnliche Position wird im *Strong Programme* in der Wissenssoziologie vertreten (Bloor 1976; Barnes und Bloor 1982).[7] Dieses geht von der Annahme aus, dass die Naturwissenschaften eine soziale Praxis wie jede andere seien, und es nimmt sich die sozialen Bedingungen der Erzeugung und des Aufrechterhaltens wissenschaftlichen Wissens zum Gegenstand. Was zuvor lange als einer soziologischen Untersuchung prinzipiell unzugänglich galt, wurde nun Thema genau solch einer Untersuchung. Dies war das in den 1970er Jahren radikale (und in diesem Sinne „starke") Ansinnen des *Strong Programme*. So wie Neurobiologie und Kognitionspsychologie – oder die „logischen Neurone" McCullochs – die Funktionsweise kognitiver Mechanismen auf individueller Ebene zu erklären versuchen, und so wie die Anthropologie Berichte und Analysen zu allen denkbaren Arten von kollektiven Praktiken in allen Arten von Kulturen liefert, ist es das gute Recht der Wissenschaftssoziologie, die Muster sozialen Verhaltens und die Rolle der Institutionen zu untersuchen, die in der kollektiven Produktion und Geltendmachung wissenschaftlicher Wissensbehauptungen am Werk sind. Anstatt auf diesem Wege zu versuchen, die gegenständlichen Wissensbehauptungen zu verteidigen oder zu diskreditieren, nimmt das *Strong Programme* eine ausdrücklich unparteiische Haltung gegenüber Fragen der Wahrheit oder Falschheit des Gehalts dieser Behauptungen ein. Somit wendet es, anstatt sich einer „Soziologie der Irrtümer" zu widmen, in symmetrischer Manier ein und dieselben Erklärungsmuster auf alle Arten von wissenschaftlichen Wissensbehauptungen an.

Trotz all dieser intendierten Analogien zu anderen Gebieten der wissenschaftlichen Forschung ist das *Strong Programme* danach bestrebt, mindestens drei verschiedene Dinge zugleich zu erreichen: Während es sich auf eine recht konventionelle empirischen Methodik verpflichtet, mit der es sich innerhalb des Rahmens der modernen Wissenschaften verortet sah, liegt sein letztendliches Ziel in einer genuin wissenschaftlichen Kritik der Wissenschaften, und diese Kritik wiederum soll als ein unkonventioneller Beitrag zur Erkenntnistheorie verstanden

---

[7] Ich habe eine ausführlichere Analyse sowohl des *Strong Programme* als auch der Akteur-Netzwerk-Theorie in Greif (2005, Kap. 2) vorgenommen, auf dem die gegenwärtige Darstellung teilweise basiert.

werden. Genauer gesagt: Indem unter Anwendung der wissenschaftlichen Methode oder zumindest *einer* wissenschaftlichen Methode eine Untersuchung der sozialen Herausbildung und Verfestigung von Wissensbehauptungen unternommen wird, und indem dieses Vorhaben in reflexiver Manier durchgeführt wird, so dass die epistemische Position der Wissenschaftssoziologie im eigenen Forschungsfeld selbst Berücksichtigung findet, wird eine relativistische Erkenntnistheorie etabliert, welche den wohlbekannten Fallstricken der Selbstwiderlegung entgehen soll.

Dieser Relativismus will als Gegenspieler nicht des wissenschaftlichen Realismus, sondern von Formen eines szientistischen Absolutismus verstanden werden, wobei „Absolutismus" hier analog zu seiner politischen Bedeutung als nicht rational gerechtfertigte Machtausübung zu lesen ist. Diese Kritik ist nicht so sehr gegen die Wissenschaften selbst gerichtet als gegen eine Philosophie der Wissenschaften, die szientistischer verfährt als die Wissenschaften selbst. Sowohl in Anlehnung an Wittgenstein als auch in Anwendung der Durkheimschen Soziologie religiöser Glaubenssysteme auf die Wissenschaften hat der Relativismus des *Strong Programme* jedoch die weitere Annahme zum Gegenstand, dass es in einem Kollektiv stets einen allgemein geteilten Kern von Wissensbehauptungen geben wird, der einer weiteren rationalen Ergründung nicht zugänglich ist, während er zugleich die Grundlage für alle weiteren Wissensbehauptungen liefert. Es gibt keine Wissensbehauptungen, ob wissenschaftlicher, metaphysischer oder anderer Art, die jemals letztgültig und ohne Einschränkungen rational gerechtfertigt sein werden.

4 Die Rückkehr der Metaphysik und die Therapie moderner Irrtümer

„One More Turn after the Social Turn" wurde der sozialwissenschaftlichen Untersuchung der Wissenschaften von der Akteur-Netzwerk-Theorie (ANT) hinzugefügt, mit Bruno Latour (1992) als ihrem Hauptvertreter (siehe auch Latour 1988, 2001). Mit einem ganz bewusst und demonstrativ radikaleren Gestus als das *Strong Programme* behauptet die ANT, in der Tat zwei Wenden vollzogen zu haben.

In einer ersten Wende wird die Aufmerksamkeit von Fragen des wissenschaftlichen *Wissens* auf die wissenschaftliche *Praxis* gelenkt. Im Versuch, empirisch zu verfolgen, was von wem im Laboratorium und in den Institutionen der Wissenschaften getan wird, werden die in erster Linie erkenntnistheoretischen Ziele des *Strong Programme* und von Ludwik Fleck als dessen Vorläufer *prima facie* aufgegeben. Der Gegenstand der ANT ist die soziale Formung der Gesamtmenge von Praktiken, welche unter anderem Wissensbehauptungen hervorbringen – nicht die

Wissensbehauptungen selbst. Die Emphase auf eine Untersuchung der Praxis als solcher geht so weit, dass Fragen der Gültigkeit von Wissensbehauptungen gar nicht mehr thematisiert werden.

In einer zweiten Wende wird die Unterscheidung zwischen der Erklärung natürlicher und sozialer Tatsachen suspendiert und ein und derselbe, und zwar ein semiotischer, Analyseapparat auf beide Seiten angewandt, in Übereinstimmung mit einem Grundsatz der „verallgemeinerten Symmetrie". Soziale und natürliche Tatsachen werden somit in denselben Begriffen und auf derselben Ebene erklärt. Das Symmetrieprinzip des *Strong Programme* wird dahingehend radikalisiert, dass nurmehr Kräfteverhältnisse analysiert werden, von denen angenommen wird, dass sie hinreichend für eine Entscheidung darüber sind, welche wissenschaftlichen Praktiken und Aussagen sich durchsetzen. Der Begriff der Kräfteverhältnisse ist in diesem Kontext in einem sehr weiten Sinn zu verstehen, der soziale Macht ebenso umfasst wie die Kausalkräfte der Naturwissenschaften, und der diese in analoger Manier behandelt. Diese Kräfteverhältnisse umfassen das Gewinnen von Verbündeten und das Niederringen von Gegnern in der wissenschaftlichen Gemeinschaft, in der Wirtschaft und der Politik ebenso wie das Ausüben von Kontrolle über die Laborapparaturen und die natürlichen Untersuchungsgegenstände, aber auch die Widerständigkeit genau dieser Gegenstände gegenüber einer solchen Untersuchung.

Nicht immer explizit und manchmal in recht kryptischer Weise wird dieser zweifachen Wende eine dritte hinzugefügt: eine Rückkehr zur Metaphysik. Eine radikal symmetrische Ontologie, in der natürlichen Tatsachen, technologischen Artefakten, Menschen und Organisationen gleichermaßen eine eigentümliche Art von Handlungsfähigkeit zugeschrieben wird, begleitet die symmetrischen Erklärungsziele und die symmetrische Methodologie der ANT. Es werden Entitäten und Prozesse in die Theorie eingeführt, die sich gezielt jeglicher Untersuchung unter den Begriffen und Methode der modernen Wissenschaft entziehen. Letztlich wird, unter dem Vorwand der Analyse der modernen Wissenschaft, das gesamte Unterfangen derselben grundsätzlich in Frage gestellt – inklusive der sozialwissenschaftlichen Untersuchung der Wissenschaften. Wo sich Einstein darum bemühte, nicht analysierbare Intuitionen systematisch in den Dienst der Wissenschaft zu stellen, bemüht sich Latour, die Wissenschaften selbst systematisch zu mystifizieren, in dekonstruktiver erkenntnistheoretischer und emanzipatorischer politischer Absicht.

Latours Bild der Wissenschaften beinhaltet eine genaue Umkehrung der Rolle der Metaphysik in Bezug auf die Wissenschaften, die der logische Positivismus diagnostiziert hatte. Carnap und seine Anhängerschaft waren darum bemüht, solche Konzepte als Abweichungen von der wissenschaftlichen Methode aus dem Reich der Wissenschaften zu verbannen. Die einzige mögliche und legitime Rolle für die Metaphysik wurde in ihrem möglichen Beitrag zu einer allgemeinen Lebenseinstellung oder einem „Lebensgefühl" gesehen, welche ein geeigneter Gegenstand künstlerischer Ausdrucksformen anstatt theoretischer Erwägungen und eine Domäne expressiver anstatt faktischer Aussagen seien (Carnap 1959, S. 78). Auf dieser Grundlage wurde der philosophischen Metaphysik, insofern sie sich der Wissenschaften annimmt oder in sie eingeht, ein unrechtmäßiges Intervenieren in das ureigenste und exklusive Territorium der Wissenschaften vorgeworfen. Diese Unterscheidung absichtsvoll ignorierend, ist Latour nicht nur bestrebt, dem Gedanken einer mystischen Handlungsfähigkeit der Natur wieder zur Geltung zur verhelfen, wie er für eine vormoderne Weltanschauung charakteristisch war und in der philosophischen Metaphysik ein Echo hat. Latour behauptet darüber hinaus auch, dass genau diese vormoderne Weltanschauung in Wirklichkeit eine unterbewusste, da verdrängte, aber zugleich konstitutive Unterströmung der wissenschaftlichen Praxis insgesamt bildet (siehe Latour 1995).

In diesem Licht würden die Versuche der logischen Positivisten, die Sprache der Wissenschaft analytisch zu klären, als diagnostisch, wenn nicht gar als paradigmatisch für das Streben der Moderne erscheinen, ihre eigene, eigentliche Identität durch Akte der „Reinigung" der Wissenschaften zu unterdrücken. Die gesamte Existenz des modernen Selbstverständnisses ist wiederum von genau jener ursprünglichen, mystischen Einheit der Subjekte und Objekte des Wissens abhängig, die, unerkannt und doch systematisch, die Wissenschaft durchdringt. Dies ist freilich eine Behauptung von genau der metaphysischen Art, welche die logischen Positivisten zuallererst aus dem Reich der Wissenschaft verbannt wissen wollten, da sich solch eine Aussage jeglicher empirischen Untersuchung entzieht.

5 Wo steht die Philosophie?

Ich habe eine Reihe von sehr unterschiedlichen Ansätzen gegenübergestellt, die erklären sollen, wie wissenschaftliches Wissen erzeugt und gerechtfertigt wird. Ich habe meine Darstellung entlang der folgenden Linien organisiert:

(i) die Autonomie versus Heteronomie der Logik der wissenschaftlichen Forschung;
(ii) die Wichtigkeit versus Irrelevanz anscheinend außerwissenschaftlicher Faktoren in der Erklärung der Funktionsweise der wissenschaftlichen Forschung;

(iii) der gegenüber wissenschaftlichen Wissensansprüchen produktive versus verzerrende Charakter von Faktoren, die außerhalb der Logik der wissenschaftlichen Untersuchung operieren;
(iv) ein Anspruch auf Wissenschaftlichkeit versus ein dekonstruktives Selbstverständnis der Untersuchung der Funktionsweise der Wissenschaften.

Nur Latour und die ANT verfolgen (ad iv) eine dekonstruktive Strategie in der Betrachtung der Wissenschaften, während nur die logischen Positivisten und Positivistinnen (ad i bis iii) ohne jede Einschränkung von einer Autonomie, Geschlossenheit und Vollständigkeit der Wissenschaften und ihrer Logik ausgehen – mit einer ironischen Wendung, auf die ich umgehend zu sprechen kommen werde. Ein fast allen hier verhandelten Ansätzen gemeinsames Motiv liegt in der Annahme, dass es kein Fundament der Wissenschaft gibt, das über das hinausgeht, was die Wissenschaften wirklich *tun* – was durchaus davon abweichen kann, was sie gemäß einer Logik der wissenschaftlichen Forschung tun *sollten*. Entweder verpflichtet man sich der Logik der wissenschaftlichen Forschung und macht sich, so wie die logischen Positivistinnen und Positivisten, ein unvollständiges, idealisierendes Bild der Wissenschaft zu eigen, oder man entscheidet sich, um den Preis der Unreinheit, für die systematische Inklusion aller Arten von Faktoren in ein vollständigeres Bild der Wissenschaften, so wie Fleck und das *Strong Programme* es getan haben. Alternativ zu beiden Ansätzen steht die Annahme, dass es für die Funktionsweise der Wissenschaften grundlegende Faktoren gibt, die, obwohl systematisch im Effekt, der Logik der wissenschaftlichen Forschung letztlich unzugänglich sind, so dass man den Geltungsanspruch dieser Logik zumindest zeitweise oder teilweise suspendieren wird, um jene Faktoren zu erfassen. In diesem Fall verpflichtet man sich entweder auf ein romantisches (das Einsteinsche) oder ein dekonstruktives (das Latoursche) Bild der Wissenschaften.

Es mag auf den ersten Blick ironisch scheinen, dass genau die Tradition der logischen Analyse in der Philosophie, die am meisten auf eine formalen Beweisführung und wissenschaftliche Glaubwürdigkeit bedacht ist, sich durch einen tief verwurzelten Antinaturalismus auszeichnet, insofern sie nicht bereit ist, die Methoden und Erkenntnisse der empirischen Wissenschaften, so wie sie *de facto* Bestand haben, als einen Teil ihrer philosophischen Grundlagen zu akzeptieren. Die Beziehung zwischen Philosophie und Wissenschaften sollte aus dieser Sicht nur in einer Richtung funktionieren: Die Anwendung der logischen Analyse auf die stärker formal orientierten Varianten der empirischen Wissenschaften sollte zumindest als eine Demonstration der Leistungsfähigkeit dieser Methode dienen. Im Maximalfalle würde die logische Analyse jedoch ganz offen normativ der wissenschaftlichen Praxis die angemessenen formalen Methoden vorschreiben. Nur und genau in diesem letzteren Falle findet sich eine Annahme, dass es ein Fundament der Wissenschaften gebe, welches über das hinausgeht, was die Wissenschaften tun. Auf dieser Grundlage sollte eine Emanzipation der Philosophie von der Wissenschaft erreicht werden, die nicht wissenschaftskritisch vorgeht, sondern sich auf eine besondere Weise idealisierend wissenschaftlich versteht – mit einer Konsequenz, die sich in den Einzelwissenschaften selbst kaum finden wird. Auf diesem Wege wurde eine Domäne für die Philosophie gesucht, die sie nicht nur auf Augenhöhe mit den Einzelwissenschaften platziert, sondern es ihr auch erlaubt, eine autonome Meta-Perspektive auf genau jene Wissenschaften einzunehmen.

Die Bedeutung dieser autonomen philosophischen Meta-Perspektive auf die Wissenschaften und ihre Implikationen könnten allerdings immer noch unterschiedlich interpretiert werden – geradeheraus szientistisch oder ernsthaft meta-wissenschaftlich, so wie von Wittgenstein formuliert:

> 4.11 Die Gesamtheit der wahren Sätze ist die gesamte Naturwissenschaft (oder die Gesamtheit der Naturwissenschaften).
> 4.111 Die Philosophie ist keine der Naturwissenschaften. (Das Wort „Philosophie" muß etwas bedeuten, was über oder unter, aber nicht neben den Naturwissenschaften steht.)
> 4.112 Der Zweck der Philosophie ist die logische Klärung der Gedanken. Die Philosophie ist keine Lehre, sondern eine Tätigkeit. Ein philosophisches Werk besteht wesentlich aus Erläuterungen. Das Resultat der Philosophie sind nicht „philosophische Sätze", sondern das Klarwerden von Sätzen [...]. (Wittgenstein 1933, S. 74, 76)

Unabhängig davon, ob sie im Wittgensteinschen oder im Carnapschen Sinn verstanden wird, wird die Vorstellung eines Meta-Standpunktes oder einer ‚Gottesperspektive' in Hinblick auf den Korpus der wissenschaftlichen Aussagen die Position der Philosophie gegenüber den Wissenschaften problematisch machen (auch wenn dies im Fall von Wittgenstein wahrscheinlich absichtlich geschieht). Eine logische Analyse in Carnaps Sinn mag einen Teil der Grundlage dafür bilden, wissenschaftliche Aussagen zu artikulieren und zu bewerten. Sie könnte auch ein gemeinsames formales Idiom für eine Vielzahl von Wissenschaften bieten. In der Praxis jedoch könnte es sich jederzeit erweisen, dass, abgesehen von den elementaren logischen Operationen, zahlreiche der für empirische Forschungsansätze grundlegenden formalen Konzepte und Theorien im Laufe der Untersuchung revidiert werden müssen. Schließlich können empirische Tatsachen, so wie unsere berühmte Neutrino-Anomalie (wenn sie nicht das Ergebnis experimenteller Unzulänglichkeiten gewesen wäre), uns und unsere bestetablierten Theorien immer wieder überraschen.

Die Möglichkeit solcher Überraschungen macht eine weitere Annahme problematisch, die von der aprioristischen Natur des Unternehmens der logischen Analyse impliziert wird – die Annahme nämlich, dass eine solche Analyse zwar nicht in der Praxis, aber hypothetisch und idealiter durchaus in der Lage wäre, den vollständigen Korpus aller wissenschaftlichen Aussagen zu antizipieren. Folglich stünde der logischen Analyse eine enger umrissene, rekonstruktive Rolle besser zu Gesicht. Anders jedoch als in Wittgensteins Vorschlägen zu solch einer beschränkten Rolle der Philosophie würde ein tatsächlich rekonstruktiver Ansatz weder die Autonomie der Philosophie noch den apriorischen Charakter der logischen Analyse bewahren. Stattdessen würde die Philosophie zu einem genuin empirisch verankerten Unterfangen werden.

Somit würde die Philosophie, wenn sie diesen naturalistischen Schluss nicht bereit ist zu ziehen, und wenn ihre Aufgabe tatsächlich darin bestünde, eine Position oberhalb und außerhalb der wissenschaftlichen Theorie und Praxis einzunehmen, entweder einem irreführenden szientistischen Wissensanspruch verfallen, der nur scheinbar in einer wissenschaftlichen Weltanschauung verwurzelt ist, oder sie würde sich auf eine Selbstüberwindungspraxis im Wittgensteinschen Sinne verpflichten und sich damit jeglichen Anspruchs auf den Status einer akademischen Disziplin begeben, die ohne weiteres auf Augenhöhe mit den Wissenschaften funktionieren könnte. Wenn die Aufgaben der Philosophie hingegen von den Wissenschaften völlig unabhängig wären, würde sie sich in ein Reich der wissenschaftlich unfundierten Spekulation verabschieden – und letztlich genau jener Metaphysik verfallen, die von den logischen Positivisten und Positivistinnen verabscheut und die von Einstein als ein wesentlicher Baustein bestimmter phasen wissenschaftlicher Theoriebildung begrüßt wurde. Oder die Philosophie müsste sich damit bescheiden, zu den Wissenschaften überhaupt zu schweigen und in diesem Sinne ‚unterhalb' derselben ihre Wohnstatt zu finden. Auf jedem dieser Wege würde sich die Philosophie allerdings insgesamt im Abseits einer Reihe von relevanten Diskursen positionieren, die einen wesentlichen Bestandteil der modernen Gesellschaft und ihrer Weltanschauungen bilden – welche man ohne Bezugnahme auf jene Diskurse nicht verstehen könnte.

Literatur

Antonello, M., et al. 2012. Measurement of the neutrino velocity with the ICARUS detector at the CNGS beam. *Physics Letters no.* B713:17–22. doi:10.1016/j.physletb.2012.05.033.

Barnes, Barry, und David Bloor. 1982. Relativism, rationalism and the sociology of knowledge. In *Rationality and relativism*, Hrsg. Martin Hollis und Steven Lukes, 21–47. Oxford: Blackwell.

Bloor, David. 1976. *Knowledge and social imagery*. London: Routledge.

Carnap, Rudolf. 1959. The elimination of metaphysics through logical analysis of language. In *Logical positivism*, Hrsg. Alfred Jules Ayer, 60–81. New York: Free Press.
Cartlidge, Edwin. 2012a. Official word on superluminal neutrinos leaves warp-drive fans a shred of hope-barely. ScienceInsider. http://news.sciencemag.org/scienceinsider/2012/02/official-word-on-superluminal-ne.html?ref=hp.
Cartlidge, Edwin. 2012b. Superluminal neutrinos: Loose cable may unravel faster-than-light result. *Science* 335 (6072): 1027.
Crary, Alice, und Rupert Read, Hrsg. 2000. *The new Wittgenstein*. London: Routledge.
Einstein, Albert. 1918. Motive des Forschens. In *Zu Max Plancks sechzigstem Geburtstag. Ansprachen, gehalten am 26. April 1918 in der Deutschen Physikalischen Gesellschaft, Berlin*, Hrsg. Emil Warburg und Max Planck, 29–32. Karlsruhe: C.F. Müllersche Hofbuchhandlung.
Fleck, Ludwik. 1935. *Entstehung und Entwicklung einer wissenschaftlichen Tatsache*. Basel: Benno Schwabe.
Greif, Hajo. 2005. *Wer spricht im Parlament der Dinge? Über die Idee einer nicht-menschlichen Handlungsfähigkeit*. Paderborn: Mentis.
Hacking, Ian. 1983. *Representing and intervening: Introductory topics in the philosophy of natural science*. Cambridge: Cambridge Univ. Press.
Holton, Gerald. 1998. *The scientific imagination*. Cambridge: Harvard Univ. Press.
Jordans, Frank, und Seth Borenstein. 2011. Roll over Einstein: Law of physics challenged (Update 3). PhysOrg.com. http://www.phys.org/news/2011-09-cern-faster-than-light-particle.html
Kuhn, Thomas S. 1962. *The structure of scientific revolutions*. Chicago: University of Chicago Press.
Latour, Bruno. 1987. *Science in action*. Cambridge: Cambridge Univ. Press.
Latour, Bruno. 1988. *The pasteurization of France*. Cambridge: Harvard Univ. Press.
Latour, Bruno. 1992. One more turn after the social turn. In *The social dimensions of science*, Hrsg. Ernan McMullin, 272–294. Notre Dame: University of Notre Dame Press.
Latour, Bruno. 1995. *Wir sind nie modern gewesen*. Berlin: Akademie Verlag.
Latour, Bruno. 2001. *Das Parlament der Dinge. Für eine politische Ökologie*. Frankfurt: Suhrkamp.
Latour, Bruno, und Steven, Woolgar. 1979. *Laboratory life*. Beverly Hills: Sage.
Matson, John. 2011. Faster-Than-Light Neutrinos? Physics Luminaries Voice Doubts. Scientific American. http://scientificamerican.com/articleAt1-neutrinos
McCulloch, Warren S. 2000. *Verkörperungen des Geistes*. Wien: Springer.
Neurath, Otto. 1959. Sociology and physicalism. In *Logical positivism*, Hrsg. Alfred Jules Ayer, 282–317. New York: Free Press.
OPERA Collaboration. 2011. Measurement of the neutrino velocity with the OPERA detector in the CNGS beam. ArXiv.org. http://arxiv.org/abs/1109.4897v1
Popper, Karl Raimund. 1959. *The logic of scientific discovery*. London: Hutchinson & Co.
Reich, Eugenie Samuel. 2012. Timing glitches dog neutrino claim. *Nature* 438:17.
Seife, Charles. 2011. CERN's gamble shows perils, rewards of playing the odds. *Science* 289 (5488): 2260–2262.
Wittgenstein, Ludwig. 1933. *Tractatus Logico-Philosophicus*. 2. Aufl. (Hrsg. C. K. Ogden). London: Routledge.
Wittgenstein, Ludwig. 1953. *Philosophische Untersuchungen*. Oxford: Blackwell.

Erkenntnis durch Handeln: John Deweys Erneuerung der Philosophie

Arno Bammé

> ... die drei bedeutendsten Philosophen unseres Jahrhunderts: Wittgenstein, Heidegger, Dewey.
> Richard Rorty (1987)

John Dewey (20.10.1859–1.6.1952), US-amerikanischer Philosoph und Pädagoge, war Professor an Universitäten in Chicago und New York, ferner Präsident der *American Psychological Association* und der *American Philosophical Association*. Ursprünglich beeinflusst von Kant und Hegel, wendete er sich schließlich dem Pragmatismus zu bzw. dem, wie er ihn selbst nannte, Instrumentalismus, dessen Hauptvertreter er neben Charles S. Peirce, William James und George Herbert Mead wurde.

1 Von der Statik zur Dynamik

Dewey hat zentrale Argumentationsmuster, wie sie heute von Bruno Latour in seiner *symmetrischen Anthropologie* (1998) oder von Paul Feyerabend in seiner *Naturphilosophie* (2009) vertreten werden, vorweg genommen. „Erkennen" heißt für Dewey „umgestalten", ist also nicht so sehr kontemplative Anschauung, sondern praktisches Tun, Machen, Handeln. Nur in einer schon fertigen, in einer statischen Welt könnte ihm zu Folge Erkennen auf bloßes Anschauen reduziert

A. Bammé (✉)
Institut für Technik- und Wissenschaftsforschung,
Alpen-Adria-Universität Klagenfurt, 9020 Klagenfurt a.W, Österreich
E-Mail: arno.bamme@aau.at

werden. In einer dynamischen, durch Technik und Wissenschaft ständig umgeformten Welt, in einer Welt des Werdens hat Erkennen hingegen eine vermittelnde Funktion: Weil der Gegenstand der Erkenntnis kein fertiges Objekt ist, sondern in den Konsequenzen einer Handlung besteht, bekommt der Erkenntnisvorgang Experimentalcharakter.

Für Dewey ist die typisch abendländische Vorstellung, die eine Trennung zwischen dem betrachtenden Subjekt einerseits und einer an sich bestehenden objektiven Welt – die erkannt werden soll – andererseits vollzieht, Ausdruck einer dualistischen Ideologie vorwissenschaftlicher, vorindustrieller und vordemokratischer Klassengesellschaften, die ihre Wurzeln im frühen Griechentum hat. Aus dieser dualistischen Tradition heraus, die nicht zu vermitteln vermag zwischen Subjekt und Objekt, Geist und Körper, Zweck und Mittel, Vernunft und Erfahrung, speisen sich letztlich alle wesentlichen Probleme abendländischer Philosophie. Zu ihrer Lösung kann sie nichts beitragen, weil sie selbst das Problem *ist*. Es geht heute deshalb nicht mehr darum, sie zu widerlegen, sondern sich von ihr zu verabschieden. Für Dewey ist klar: „In der langen Perspektive der Zukunft gesehen, ist die Gesamtheit der europäischen Philosophie eine provinzielle Episode" (Dewey 2001, S. 213).

2 Eine verfehlte Rezeptionsgeschichte

Der damit einhergehende „intellektuelle Skandal" hat bei Dewey eine Entwicklung ausgelöst, die zu dem führte, was er „in Ermangelung eines besseren Begriffs" *Instrumentalismus* nannte (ebd., S. 209). Es war vor allem dieser Begriff, der ihm im deutschen Sprachraum eine weitgehend auf Missdeutungen beruhende Kritik eingetragen hat, der es fast zwanghaft darum ging, die absichtlich, bei Dewey aber zu Unrecht herausgelesene „Identifizierung von Mensch und Unternehmer zu widerlegen" (Marcuse 1959, S. 140). Kaum ein_e Philosoph_in und Sozialwissenschaftler_in ist in diesem Zusammenhang so lange ignoriert bzw. negativ konnotiert worden wie John Dewey. Wenn er zustimmend wahrgenommen wurde, dann allenfalls als Pädagoge (vgl. Dewey 2000). Schuld daran mag zum einen sein, dass die Mehrzahl seiner Werke erst sehr spät ins Deutsche übersetzt wurden (vgl. Dewey 1954, 1980, 1989, 1995, 1989, 2002, 2003, 2004, 2010), zum anderen die vernichtende, wenngleich völlig unberechtigte Kritik Max Horkheimers (1947). Bei ihr handelt es sich keineswegs um ein persönliches Missverständnis, sondern vielmehr um eine strukturell bedingte Fehlwahrnehmung traditioneller deutscher

Bewusstseinsphilosophie, möglicherweise gar um ein uneingestandenes Ressentiment gegenüber Deweys Kritik an Inhalt und Form solcher Philosophie (vgl. Suhr 1994, S. 179 ff.)

3 Mythos und Logos

In seinen zentralen Schriften, die von der deutschsprachigen sozialwissenschaftlichen Kritik in ihrem *Mainstream* nach wie vor noch kaum zur Kenntnis genommen worden sind, geht es Dewey darum, die Ursachen der Fehlentwicklung zum abendländischen Dualismus zu analysieren. Dabei unterscheidet er drei sozialhistorische Zäsuren: den Übergang vom Mythos zum Logos (vgl. Nestle 1941) in der nachhomerischen Epoche des frühen Griechentums, die Geburt der exakten Naturwissenschaft im Gefolge der europäischen Nachrenaissance des 17. Jahrhunderts sowie die Umwälzungen des physikalischen Weltbildes zu Beginn des 20. Jahrhunderts (vgl. Bammé 2013).

Ausgangspunkt der Analysen Deweys ist zunächst ein anthropologischer Sachverhalt: das menschliche Streben nach Sicherheit, das Bedürfnis des Menschen, Kontrolle über seine Umwelt zu erlangen. Sozialgeschichtlich lassen sich grundsätzlich zwei Möglichkeiten, Sicherheit zu erlangen, ausmachen. Die eine besteht darin, die Mächte, die den Menschen umgeben und über sein Schicksal entscheiden, gütig zu stimmen. Dieser Versuch findet seinen Ausdruck in Bittgesuchen, Opfern, zeremoniellen Riten und magischen Kulten. Insbesondere die Menschen der Vormoderne, denen die Werkzeuge und Fähigkeiten fehlten, die in späterer Zeit entwickelt wurden, bedienten sich ihrer. Dewey spricht in diesem Zusammenhang von der „religiösen Disposition" des Menschen. Im Gegensatz dazu besteht die zweite Möglichkeit darin, „Künste" zu erfinden, um sich mit ihrer Hilfe die Umwelt nutzbar zu machen. Während die erste, die phantasmagorische Methode lediglich das „Gefühl und Denken des Ich" tangiert, ist die zweite tatsächlich geeignet, die „Welt durch das Handeln zu verändern" (Dewey 2001, S. 7).

4 Die Metaphysik des Parmenides und ihre Folgen

Zentrale Verfahrensvorschriften und Charakteristika dessen, was wir heute „Wissenschaft" nennen, die Vorstellung des mit sich selbst identischen Subjekts und Objekts, die Grundlagen der formalen Logik und des abstrakten Denkens, der Kritik und des systematischen Zweifels sowie die Prinzipien und Mechanismen, nach denen sie funktionieren und die ihnen zugrunde liegen, Abstraktion und Isolation, Deduktion und Reduktion, Kausalität und Wahrscheinlichkeit, all jene Denkformen und -methoden haben ihren Ursprung im Denken der Vorsokratiker, insbesondere des Parmenides. Das Verfahren der isolierenden Abstraktion und die Argumentationsfigur des Beweises, wie sie die nachhomerischen Griechen entwickelt haben, sind zentrale Erkenntnismittel und Konstruktionsprinzipien der zeitgenössischen Wissenschaft und Technologie geworden. Allerdings verblieb das griechische Philosophieren, dem Klassencharakter der *Polis* geschuldet, auf einer kontemplativen, vom unmittelbaren Reproduktionsgeschehen der Gesellschaft abgehobenen Ebene des Wissens, ein Sachverhalt, der sich erst im Gefolge der europäischen Renaissance ändern sollte, in der sich das „griechische Mirakel" als „europäisches" zu wiederholen begann. Die Denkfigur des Beweises etwa, so wie wir sie heute kennen – als Instrument der Wahrheitsfindung – war bei den Griechen, die dieses Instrument erfunden haben, ein rhetorisches Mittel der Überzeugung, nicht so sehr der Wahrheitsfindung. Dementsprechend handelte das „lang andauernde Symposion" der griechischen Philosophie weniger von den Verhältnissen zwischen Menschen und Dingen als von den Beziehungen der Menschen untereinander. Nicht die Techniken der Bearbeitung der natürlichen Welt, sondern die Verfahren der Kommunikation, mittels derer die Menschen Einfluss aufeinander nehmen, waren ihr Thema. Der Beobachtung von Naturerscheinungen haben die griechischen Philosophen nur wenig systematisches Wissen entnommen. In ihrem Denken haben sie sich der physikalischen Wirklichkeit der Natur nicht sehr weit angenähert. Es blieb eng mit ihren sozialen, mit ihren politischen Vorstellungen verbunden. Der Begriff des Experiments etwa ist ihnen fremd geblieben. Sie haben eine Mathematik geschaffen, ohne sie bei der Erforschung der Natur anzuwenden. Es bestand für sie auch überhaupt keine Notwendigkeit, sich empirisch mit der Natur zu befassen, weil ihr Dasein als Vollbürger der *Polis* durch Sklavenarbeit sichergestellt wurde. Die sich daraus ergebende Erkenntnisschranke bildet einen der thematischen Schwerpunkte in der Argumentation Deweys.

In der einschlägigen Literatur wird dieser Sachverhalt durchaus widersprüchlich diskutiert. Auf der einen Seite werden sozialstrukturelle Faktoren für die stagnierende Technikentwicklung verantwortlich gemacht (vgl. Lee 1973, S. 192): Ein Produktionsprozess, der auf Sklavenarbeit beruht, bietet kaum Anreize, die Produktionsmittel zu revolutionieren (vgl. Finley 1960, S. 234; Perkin 1969, S. 105). Auf der anderen Seite sei es eine rückständige Technologie gewesen, die den sozialen Wandel behinderte und zur Stagnation der griechischen Gesellschaft beigetrug (vgl. Momigliamo 1975, S. 9 ff.).

5 Hellenisiertes Christentum: Europas Rückkehr zum Mythos

Die Pointe der Argumentation Deweys besteht darin, dass nicht der zeitbezogene spezifische Inhalt des griechischen Denkens für die moderne Philosophie und Wissenschaft von Bedeutung und somit zum Verhängnis geworden ist, sondern „dessen Insistenz, dass Sicherheit sich an der Gewissheit des Erkennens bemisst, während die Erkenntnis selbst durch die Treue zu unbewegten und unwandelbaren Gegenständen gemessen wird, die deshalb unabhängig von dem sind, was Menschen praktisch tun" (Dewey 2001, S. 33 f.). Entscheidend ist, dass dieser Sündenfall, die Flucht in die Transzendenz, das Fortschreiten abendländischer Vernunft, das im griechischen Denken seinen Anfang genommen hatte, vermittelt über die Religion des Christentums, zwei Jahrtausende blockierte. Institutionalisiert in der katholischen Kirche des römischen Weltreichs gewann ein orientalischer Mythos wieder Macht über das Denken der Menschen und eine christliche Theologie legte sich wie Raureif auf das in ersten Ansätzen entstandene wissenschaftliche Denken. Die im Christentum aufgehobene orientalische Gnosis entzog sich der Vernunft. Sie ist übernatürlicher Art. Sie wird dem irrenden und vergeblich den Heilsweg suchenden Menschen durch einen Gnadenakt, durch Offenbarung, von der Gottheit gewährt. Sie verlangt willenlose Unterordnung und Hingabe. Nicht der Verstand, der nur auf hoffnungslose Irrwege, aber niemals zu richtiger Erkenntnis führen kann, ist das Maßgebende, sondern das Gefühl und das mystische Ahnen des Gemüts, das vom „Geist" der Gottheit ergriffen wird. Mit seiner Ausbreitung „gewannen die ethisch-religiösen Züge allmählich die Oberhand über die rein rationalen. Die höchsten autoritativen Maßstäbe, die das Verhalten und die Zwecke des menschlichen Willens bestimmten, und die Maßstäbe, die den Forderungen nach notwendiger und universaler Wahrheit genügten, wurden vereinigt" (Dewey 2001, S. 254). Erst die wissenschaftliche Revolution des 17. Jahrhunderts bewirkte hier eine einschneidende Veränderung.

6 Newtons experimentelle Empirie und ihre Folgen

Als einer der ganz Wenigen hat Dewey, abgesehen von Ernst Cassirer (1991),[1] schon sehr früh auf die überragende Bedeutung Newtons nicht so sehr als Entdecker des Gravitationsgesetzes, sondern als Begründer einer neuen Erkenntnistheorie

---

[1] Vgl. hierzu den Beitrag von Berger i. d. Bd.

hingewiesen. Newton vollzieht die Integration von mathematischer Methode und sinnlicher Empirie, indem er beide Momente durch Messregeln miteinander verknüpft: im Experiment, handlungspraktisch. Der Status, den die Mathematik im Rahmen der Naturerkenntnis bei Newton einnimmt, ist nicht mehr, wie noch bei Galilei, grundlegendes Prinzip der Natur selbst, sondern ein Hilfsmittel der Darstellungsweise. Und anders als bei Bacon wird die Empirie im Experiment, systematisch unter die Bedingungen apriorischer Annahmen gestellt. Im messenden Experiment quantifizierender Naturerfassung wird die Theorie, und das ist das alles entscheidende Novum in der Synthese, die Newton vornimmt, nicht als Mittel zur Bearbeitung fertiger Tatsachen verwendet, sondern, umgekehrt, durch theoretische Kriterien wird allererst ermittelt und entschieden, was als empirische Tatsache anzusehen ist. Durch die messende Vermittlung von theoretischer Physik und empirischem Experiment verliert die Theorie ihren ontologischen Begriffsapparat und das Experiment seine Abhängigkeit von den Sinneswahrnehmungen. Es geht nicht mehr so sehr um das „Warum", sondern um das „Wie". Darin besteht die gemeinsame Basis sowohl der exakten Naturwissenschaften als auch der industriellen Produktionstechniken, die, zunächst noch organisatorisch und institutionell getrennt, etwa ab 1880 begannen, auch real miteinander zu verschmelzen (vgl. Jones 1992; Mokyr 2002). Die Natur hat als reales Phänomen Eingang in die wissenschaftliche Analyse gefunden in einer Weise, dass durch die angewandten Messregeln jene empirischen Grundlagen erst erzeugt werden, die eine identische Reproduktion von Naturerscheinungen als Naturgesetze theoretisch formulierbar und mittels Maschinen praktisch anwendbar werden lassen (vgl. Tetens 1987; Pulte 2005). Durch sie entstehen überhaupt erst die absolut gültigen, „objektiven" Naturgesetze (vgl. Dingler 1952, S. 21). Damit sind die Basiskriterien der technisch-instrumentellen Verfügung über die Natur formuliert, die in der Technologie des ausgehenden 19. Jahrhunderts dann umfassend zur Anwendung gelangen (vgl. Dewey 2001, S. 82). Das messende Experiment Newtons ist, so gesehen, die modellhafte Antizipation industrieller Produktionspraxis, ein Phänomen, das, als „europäisches Mirakel" bezeichnet, seinen Ausgang in England genommen hat (vgl. Perkin 1969; Crafts 1977). Es ist an zwei sozialökonomische Voraussetzungen gebunden, die im frühen Griechenland nicht gegeben waren: 1) Es entsteht ein „innerer" Warenmarkt, in den auch die menschliche Arbeitskraft sowie Grund und Boden einbezogen sind. Sklaverei, Kolonentum (Grundhörigkeit) und Leibeigenschaft haben ihre sozialhistorische Bedeutung verloren. 2) Geld wird nicht mehr thesauriert bzw. unproduktiv konsumiert, sondern Profit bringend investiert. In der „ursprünglichen Akkumulation" (Marx 1967, S. 741 ff.) schafft sich das Kaufmannskapital seine eigene technologische Grundlage und mutiert zur „großen Industrie".

Die erkenntnistheoretische Revolution, die mit Newton zu einem vorläufigen Ende gekommen ist, bezeichnet Dewey als Übergang von der *empirischen* zur *experimentellen* Erfahrung. Erstere umfasste

> „die in der Erinnerung an eine Vielzahl vergangener Taten und Leiden angehäuften Resultate, die man ohne Kontrolle durch die Einsicht besaß, wenn dieser Erfahrungsbestand beim Umgang mit aktuellen Situationen sich als praktisch tauglich erwies. Sowohl die ursprünglichen Wahrnehmungen und Verwendungen wie die Anwendung von deren Ergebnis auf das gegenwärtige Tun waren akzidentell – das heißt, keines war durch ein Verständnis der Beziehungen von Ursache und Wirkung, von Mittel und Folge, die dabei im Spiel waren, determiniert. In diesem Sinne waren sie nicht-rational, unwissenschaftlich" (Dewey 2001, S. 84).

So war die ästhetische Einstellung der Griechen auf das gerichtet, was schon da war, auf das, was vollendet, beendet war. Die empirische Erfahrung, derer sie sich bedienten, war eine Kunst, Dinge so hinzunehmen, wie sie genossen und erlitten wurden. Die moderne experimentelle Erfahrung hingegen ist eine Kunst der Beherrschung. Sie ist durch drei herausragende Merkmale charakterisiert: 1) Experimente bewirken Veränderungen in der Umwelt oder in unserem Verhältnis zu ihr. 2) Experimente sind keine Zufallsaktivitäten, sondern problem- und lösungsbezogen. 3) Das Ergebnis von Experimenten besteht in neuen empirischen Situationen, durch die Erkenntnisse gewonnen werden, welche es zuvor nicht gab (vgl. Dewey 2001, S. 89). So wie das „griechische Mirakel" einen kulturellen Epochenbruch darstellte, so markiert das „Newtonian Age" in vergleichbarer Weise einen grundlegenden Wandel im Verhältnis der Menschen zu ihrer Umwelt: „eine Revolution des Lebensgefühls, der gesamten Einstellung zur Wirklichkeit als ganzer" (ebd., S. 102).

Dewey anerkennt, dass Newton mit seiner experimentellen Empirie die Wissenschaft auf eine neue Stufe der Erkenntnis gehoben hat. Aber er kritisiert ihn zugleich vehement dafür, dass er diesen Schritt nur halbherzig vollzogen hat, dass er in seiner Metaphysik, ganz im Gegensatz zu seinem praktischen Tun als Naturforscher, der tradierten Vorstellung verhaftet blieb, Erkenntnis sei eine Enthüllung der Realität, einer Realität, die der Erkenntnis vorangeht und von ihr unabhängig ist. Durch Newton wurde zwar das niedrige Reich der Veränderungen, das Gegenstand der Meinung und Praxis gewesen war, endgültig zum einzigen und alleinigen Gegenstand der Naturwissenschaft. Aber trotz dieser Revolution, die er faktisch vollzog, behielt er die alte Auffassung bei, die ihre Wurzeln im griechischen Denken hat und durch die Kirche des Abendlandes tradiert worden war: „dass Erkenntnis sich auf eine vorgängige Realität beziehe und die moralische Lenkung von den Eigenschaften dieser Realität abgeleitet sei" (ebd., S. 98). Der für die abendländische Philosophie so typische Dualismus von Theorie und Praxis, von Geist und Körper, von Vernunft und Erfahrung blieb weiterhin bestehen.

Tatsächlich aber war die „Zuschauer-Theorie des Wissens" seit Newtons messenden Experimenten am Ende. Sie mochte, historisch gesehen, unvermeidlich gewesen sein, solange man das Denken als Ausübung einer vom Körper unabhängigen „Vernunft" ansah, die mittels logischer Handlungen Wahrheit erlangte. Nun aber, wo experimentelle Verfahren des Erkenntnisgewinns zur Verfügung standen und die Rolle der organischen Akte in allen mentalen Prozessen zunehmend ins Bewusstsein drang, wurde sie zum Anachronismus.

Hinzu kommt ein Weiteres. Im Gefolge und im Zusammenhang mit der wissenschaftlichen Revolution Newtons entstand eine technische Industrie und eine Geldökonomie, durch die sich die nun anbrechende Epoche fundamental von den früheren abhebt.

Dewey wird nicht müde, immer wieder darauf hinzuweisen, dass sich „die Geschichte der Konstruktion zweckmäßiger Operationen auf wissenschaftlichem Gebiet im Prinzip nicht von der Geschichte ihrer Evolution in der Industrie unterscheidet" (ebd., S. 116 f.). Die Methode der Wissenschaft ist dieselbe, die in der Technologie angewendet wird. Beide „sind dadurch charakterisiert, dass sie Beziehungen enthüllen" (ebd., S. 127), dass „dieselbe Art bewusster Herstellung und Beherrschung von Veränderungen, die im Laboratorium stattfindet, auch in der Fabrik, auf der Schiene und im Kraftwerk angestrebt wird" (ebd., S. 87 f.). Wenn es überhaupt einen Unterschied gibt, dann ist er „lediglich praktischer Natur; er liegt in der Größenordnung der verrichteten Handlungen, dem geringen Grad an Kontrolle durch Isolierung wirksamer Bedingungen und besonders in dem Zweck, um dessentwillen die Beherrschung der Modifikationen natürlicher Realitäten und Energien angestrebt wird; besonders, da das beherrschende Motiv für die umfassende Regelung des Ganges der Veränderung materieller Komfort oder finanzieller Gewinn ist" (ebd.). In diesem Punkt trifft Dewey sich mit Heidegger (1962), für den die Technik nicht nur der letzte Ausläufer und Vollender der abendländischen Metaphysik ist, sondern zugleich ihr innerster Wesenskern.[2] Und er zeigt sich verwundert: „Angesichts dieses Wandels in der Zivilisation ist es erstaunlich, dass immer noch dieselben Vorstellungen vom Geist und seinen Erkenntnisorganen bestehen, zusammen mit der Vorstellung von der Unterlegenheit der Praxis gegenüber dem Intellekt, die sich in der Antike angesichts einer gänzlich anderen Situation entwickelt haben" (Dewey 2001, S. 88). Die Gesellschaft selbst, als Ganzes, ist inzwischen zum Labor geworden (vgl. Latour 1998). Handeln besteht heute nicht mehr so sehr „in der Verwirklichung oder Umsetzung eines Plans, sondern in der Erkundung unbeabsichtigter Folgen einer provisorischen und revidierbaren Version eines Projekts" (Latour 2001, S. 31). Im Gegensatz zum klassischen Labor

---

[2] Vgl. hierzu den Beitrag von Berger i. d. Bd.

zeichnen sich die Fragestellungen, die heute im Rahmen der Verwissenschaftlichung gesellschaftlicher Problemfelder einer „sozial robusten" und „nachhaltigen Lösung" bedürfen, durch zwei Kerneigenschaften aus: Ungewissheit und Wertorientierung. „Infolge dieser Transformation (muss) der Maßstab des Urteils von den Vorbedingungen auf die Folgen übergehen, von der trägen Abhängigkeit von der Vergangenheit auf die bewusste Konstruktion der Zukunft" (Dewey 2001, S. 290). Eine dem entsprechende empirische Philosophie hätte „eher prophetisch als deskriptiv" zu sein (ebd., S. 80). Deweys weitere Ausführungen sind unmittelbar anschlussfähig an zentrale Kernaussagen Bruno Latours (1998, 2001), denen zu Folge Gesellschaft und Natur, vermittelt durch Technologie, zu einem Hybrid verschmelzen. Es gibt kein „Außerhalb" mehr, das den Dualismus abendländischen Denkens rechtfertigen könnte.[3]

Für Dewey ergibt sich hieraus die Notwendigkeit eines Denkens, das sich auf der Höhe der Zeit befindet: das ernst macht mit dem Wandel, der durch Newtons experimentelle Empirie stattgefunden hat. Im Vollzug dieses Vorhabens, worin für Dewey die wirkliche „kopernikanische Wende" besteht, findet eine intensive Auseinandersetzung mit der „Halbherzigkeit" Kantischer Dualismen statt. Damit gibt er einen Weg vor, den Bruno Latour (1988) in seiner berühmten Philippika knapp sechs Dezennien später wieder aufgreifen wird: „Down with Kant! Down with the Critique! Let us go back to the world still unknown and despised". Bereits für Heidegger bestand der „Skandal der Philosophie" nicht darin, dass der Beweis für das „Dasein der Dinge außer mir" bislang noch aussteht, sondern *„darin, daß solche Beweise immer wieder erwartet und versucht werden.* Dergleichen Erwartungen, Absichten und Forderungen erwachsen einer ontologisch unzureichenden Ansetzung *dessen, davon* unabhängig und ‚außerhalb' eine ‚Welt' als vorhandene bewiesen werden soll" (Heidegger 1986, S. 205). Deutlicher könnte es auch Dewey nicht formulieren, wenn er schreibt: Es ist nicht die Aufgabe des Denkens, sich den Merkmalen anzupassen, welche die Gegenstände schon besitzen, sie in Worte zu fassen und zu reproduzieren, sondern sie „als Möglichkeiten dessen zu beurteilen, was sie durch eine angezeigte Operation werden" (Dewey 2001, S. 140). Denkt man die Welt in Gestalt mathematischer Formeln von Raum, Zeit und Bewegung, so bedeutet das nicht, ein Bild des unabhängigen und festen Wesens des Universums zu haben, wie es die Metaphysik Newtons unterstellt. Vielmehr bedeutet es, wie Newton es in seiner experimentellen Empirie faktisch vollzogen und demonstriert hat, erfahrbare Gegenstände als Material zu bezeichnen, an dem gewisse Operationen durchgeführt werden.

> „Eine Erkenntnis, die lediglich eine Verdoppelung dessen, was ohnehin schon in der Welt existiert, in Gestalt von Ideen ist, gewährt uns vielleicht die Befriedigung,

---

[3] Vgl. hierzu die Beiträge von van Loon i. d. Bd.

die eine Photographie bietet, aber das ist auch alles. Ideen zu bilden, deren Wert danach zu beurteilen ist, was unabhängig von ihnen existiert, ist keine Funktion, die (selbst wenn dies überprüft werden könnte, was unmöglich scheint) innerhalb der Natur weiterführt oder dort irgendetwas verändert. Aber Ideen, die Pläne von zu vollziehenden Operationen sind, sind integrale Faktoren in Handlungen, die das Gesicht der Welt verändern" (ebd.).

7 Die Welt als Labor – Das Ende der „Zuschauertheorie"

Als es den Griechen gelang, natürliche Phänomene mit rationalen Ideen zu identifizieren, und sie von dieser Identifikation entzückt waren, weil sie sich wegen ihres ästhetischen Interesses in einer Welt von Harmonie und Ordnung zu Hause fühlten, zu der diese Identifikation führte, nannten sie das Ergebnis euphorisch „Wissenschaft", obwohl es in Wirklichkeit über fast zweitausend Jahre falsche Auffassungen von der Natur in Europa festschrieb. Auch die Newtonsche Erkenntnistheorie nahm trotz der methodischen Revolution, die sie durchführte, weiterhin an, dass ihre Objekte unabhängig von unserem Erkennen, von unseren Experimenten und Beobachtungen in der Natur da seien und dass wir wissenschaftliche Erkenntnis in dem Maße besitzen, in dem wir sie exakt ermitteln. Zukunft und Vergangenheit gehören ihr zufolge in dasselbe vollständig determinierte und fixierte Schema. Beobachtungen, vorausgesetzt, sie werden korrekt durchgeführt, registrieren lediglich diesen fixierten Status gesetzmäßiger Veränderungen von Gegenständen, deren wesentliche Eigenschaften feststehen. Auf diese Weise hielt die Newtonsche Metaphysik uneingeschränkt an der Vorstellung fest, dass Erkennen einen Prozess der Identifikation bezeichne. Es bedurfte mehr als zweier Jahrhunderte, bis die experimentelle Methode einen Punkt erreichte, an dem die Menschen dazu *gezwungen* waren zu erkennen, dass der Fortschritt der Wissenschaft von der Wahl der vollzogenen Operationen abhängt und nicht von den Eigenschaften der Gegenständen, die als so sicher und unveränderlich galten, dass alle detaillierten Phänomene auf sie reduziert werden konnten. Einsteins spezielle Relativitätstheorie und Heisenbergs Unschärferelation haben diese „Philosophie" endgültig umgestürzt (vgl. Dewey 2001, 186 f., S. 202 f.). Folgerichtig verwendet Dewey viel Mühe darauf, die Theorien Einsteins und Heisenbergs als Konsequenz, die notwendigerweise aus der experimentellen Empirie Newtons folgen musste, darzustellen.

Newton hatte von Henry More, dem Führer der Cambridger Schule, nicht nur dessen religiösen Platonismus übernommen, sondern auch dessen Auffassung vom Raum als „Sensorium Gottes", des Organs der Wirkung Gottes in der Körperwelt.

Aus ihr entwickelte er seine in die Physik übergegangene Lehre vom absoluten Raum und von der absoluten Zeit, die im Großen und Ganzen bis zur Relativitäts- und Quantentheorie Geltung beanspruchen konnte. Durch diese letzte Entwicklung zu Beginn des zwanzigsten Jahrhunderts wurden die metaphysischen Auffassungen Newtons weitgehend fallengelassen, während seine methodischen Grundsätze experimenteller Empirie im Großen und Ganzen beibehalten wurden.

Für Dewey ist entscheidend, dass die durch Einstein und Heisenberg bewirkte Veränderung im Weltbild der Physik „zu dem Zeitpunkt, als sie stattfand, trotz ihrer revolutionären Wirkungen auf die Grundlagen der newtonschen Philosophie der Wissenschaft und der Natur, unter logischen Gesichtspunkten nur eine klare Anerkennung dessen war, was schon die ganze Zeit über das treibende Prinzip der Entwicklung der wissenschaftlichen Methode gewesen war" (Dewey 2001, S. 129). Die Wissenschaftler_innen hatten nur aufgehört, etwas zu leugnen, was ohnehin jeder wusste (vgl. Prigogine 1981). Mit anderen Worten: Das, was in der Welt experimenteller Empirie tagtäglich passierte, nämlich Gegenstände nicht als Substanzen, sondern als Ereignisse in ihren Relationen und Konsequenzen wahrzunehmen, war erkenntnistheoretisch nicht länger zu ignorieren, sondern wurde zum methodischen Standard erhoben.

Das Problem, das der modernen Philosophie so viele Sorgen bereitet, nämlich die Realität der physikalischen Gegenstände der Wissenschaft mit dem reichen qualitativen Gegenstand der gewöhnlichen Erfahrung zu versöhnen, ist für Dewey ein künstlich erzeugtes, das seinen historischen Ursprung in einer Zeitepoche hat, als man glaubte, Erkenntnis ausschließlich mittels der rationalen Kräfte des Geistes erlangen zu können (vgl. ebenso Feyerabend 2009, S. 186 f.). Die älteren Philosophien die entstanden, bevor das experimentelle Erkennen irgendeinen signifikanten Fortschritt gemacht hatte, zogen einen scharfen Trennstrich zwischen der Welt, in welcher der Mensch denkt und erkennt, und der Welt, in der er lebt und handelt. Heute aber ist der Geist nicht länger ein Zuschauer, der die Welt von außen betrachtet und seine höchste Befriedigung im Genuss einer sich selbst genügenden Kontemplation findet. In einer sehr schönen Metapher fasst Dewey die Quintessenz seiner Argumentation zusammen: Da die Korrelationen, die durch wissenschaftliche Operationen erzeugt werden, „das sind, was die Naturforschung wirklich erkennt, ist es gerechtfertigt zu schließen, dass sie das sind, was sie zu erkennen beabsichtigt oder meint: in Analogie zu der Rechtsmaxime, dass jede vernünftige Person die wahrscheinlichen Konsequenzen ihres Tuns auch beabsichtigt" (ebd. 2001, S. 133 f.).

Eine mechanisch exakte Wissenschaft singulärer Ereignisse, seien es Individuen, Gruppen oder Gesellschaften, ist nicht möglich. Um die Bewältigung solcher singulären Ereignisse wird es in Zukunft aber vor allem gehen. Bei ihnen handelt es sich immer um eine Geschichte von einzigartigem Charakter, die zwangsläufig Unsicherheiten beinhaltet. Aber ihre Konstituenten sind im Allgemeinen bekannt, sofern man sie nicht als qualitative, sondern als statistische Konstanten ansieht, die aus einer Reihe von Operationen abgeleitet werden. Entscheidungen treffen, Verantwortung übernehmen, moralisch handeln – all das steht nun ohne Rückbezug auf eine wie immer geartete „höhere Wesenheit" erneut zur Disposition, eine historische Situation, vergleichbar jener „Achsenzeit" (vgl. Jaspers 1949; Weber 1950), in der Transzendentalreligion und Protowissenschaft entstanden, nur mit umgekehrten Vorzeichen. Für Dewey hat diese Tatsache

> „eine offensichtliche Auswirkung auf die Freiheit des Handelns. Kontingenz ist eine notwendige, wenngleich keine, in mathematischer Redeweise, hinreichende Bedingung von Freiheit. In einer Welt, die in all ihren Konstituentien vollkommen dicht und exakt wäre, wäre für Freiheit kein Raum. Kontingenz gibt der Freiheit zwar Raum, füllt aber diesen Raum nicht aus. Freiheit ist eine Realität, wenn die Erkenntnis von Relationen, des stabilen Elements, mit dem ungewissen Element verbunden wird, in dem Erkennen, das Voraussicht möglich macht und absichtliche Vorbereitung auf wahrscheinliche Konsequenzen sichert. Wir sind frei in dem Grade, in dem wir in der Erkenntnis dessen handeln, woran wir sind" (Dewey 2001, S. 249 f.).

Das Erkennen enthüllt nicht eine Welt, sondern „verschafft uns die Mittel, um durch unsere Entscheidungen beim Errichten einer Zukunft durch vorsichtiges und vorbereitetes Handeln klug oder bewusst vorgehen zu können" (ebd.). Die hierfür notwendige Kenntnis der je spezifischen Bedingungen und Relationen ist ein Werkzeug für das Handeln, das seinerseits ein Instrument der Produktion von Situationen ist, die Qualitäten zusätzlicher Bedeutsamkeit und Ordnung haben. „Frei zu sein heißt, zu solchem Handeln fähig zu sein" (ebd.). Das Problem der historischen Trennung von Erkennen und Handeln, Theorie und Praxis, Zwecken und Mitteln, Geist und Körper *in der Form*, in der es zum Gegenstand der modernen Philosophie wurde, ist künstlich, weil es auf dem Festhalten an Prämissen beruht, die in einer früheren Periode der Geschichte gebildet worden sind und heute jegliche Relevanz verloren haben.

Latour (1998) hat diesen Dualismus als Differenz von (empirischer) „Vermittlung" und (metaphysischer) „Reinigung" begrifflich zu fassen gesucht und verantwortlich gemacht für die desaströsen Folgewirkungen technologisch vermittelter menschlicher Handlungen, Folgewirkungen, die Beck (1986) veranlasst haben, von einer „Risikogesellschaft" zu sprechen. Desaströs sind sie, weil sie, durch Technologie induziert und gesteigert, alle bisherigen Vorstellungen von Raum und Zeit überschreiten. Die Menschen sehen sich heute mit einer durch Wissenschaft und Technik geprägten Situation konfrontiert, in der sie bewusst entscheiden müssen, welche Zukünfte sie realisieren wollen. Ob man sie nun soziologisch als

„Entscheidungsgesellschaft" bezeichnet (Schimank 2005) oder geochronologisch als „Anthropozän" (Ehlers 2008; Zalasiewicz 2009; Crutzen et al. 2011), Natur und Tradition jedenfalls haben ihren prägenden Einfluss auf menschliches Handeln eingebüßt. Die Natur ist zum Gestaltungsmaterial einer entfesselten Technologie geworden, und die Ökonomie hat alle Traditionen zur Folklore verkommen lassen. Die Sozialphilosophie Deweys ist der theoretische Versuch, dieser historisch neuen Situation deutend gerecht zu werden.

Literatur

Bammé, Arno. 2013. *Von der Repräsentation zur Intervention. Variationen über John Dewey.* Marburg: Metropolis.
Beck, Ulrich. 1968. *Risikogesellschaft.* Frankfurt a. M.: Suhrkamp.
Cassirer, Ernst. 1991. *Das Erkenntnisproblem in der Philosophie und Wissenschaft der neueren Zeit. Zweiter Band.* Darmstadt: WBG.
Crafts, Nicholas F. R. 1977. Industrial revolution in England and France: Some thoughts on the question „Why was England first?". *Economic History Review* 30 (3): 429–441.
Crutzen, Paul J., Mike Davis, Michael D. Mastrandrea, Stephen H. Schneider Peter Sloterdijk. 2011. *Das Raumschiff Erde hat keinen Notausgang.* Berlin: Suhrkamp.
Dewey, John. 1954. *Deutsche Philosophie und deutsche Politik.* Meisenheim: Hain.
Dewey, John. 1980. *Kunst als Erfahrung.* Frankfurt a. M.: Suhrkamp.
Dewey, John. 1989. *Die Erneuerung der Philosophie.* Hamburg: Junius.
Dewey, John. 1995. *Erfahrung und Natur.* Frankfurt a. M.: Suhrkamp.
Dewey, John. 2000. *Demokratie und Erziehung.* Weinheim: Beltz.
Dewey, John. 2001. *Die Suche nach Gewissheit. Eine Untersuchung des Verhältnisses von Erkenntnis und Handeln.* Frankfurt a. M.: Suhrkamp.
Dewey, John. 1994. *Vom Absolutismus zum Experimentalismus.* In Martin Suhr, a. a. O., 195–213.
Dewey, John. 2002. *Logik. Die Theorie der Forschung.* Frankfurt a. M.: Suhrkamp.
Dewey, John. 2003. *Philosophie und Zivilisation.* Frankfurt a. M.: Suhrkamp.
Dewey, John. 2004. *Erfahrung, Erkenntnis und Wert.* Frankfurt a. M.: Suhrkamp.
Dewey, John. 2010. *Liberalismus und gesellschaftliches Handeln. Gesammelte Aufsätze 1888 bis 1937.* Tübingen: Mohr.
Dingler, Hugo. 1952. *Über die Geschichte und das Wesen des Experiments.* München: Eidos.
Ehlers, Eckart. 2008. *Das Anthropozän. Die Erde im Zeitalter des Menschen.* Darmstadt: WBG.
Feyerabend, Paul. 2009. *Naturphilosophie.* Frankfurt a. M.: Suhrkamp.
Finley, Moses I., Hrsg. 1960. *Slavery in Classical Antiquity.* Cambridge: Heffer.
Heidegger, Martin. 1962. *Die Technik und die Kehre.* Pfullingen: Neske.
Heidegger, Martin. 1986. *Sein und Zeit.* Tübingen: Niemeyer.
Horkheimer, Max. 1947. *Eclipse of Reason.* Oxford: OUP.
Jaspers, Karl. 1949. *Vom Ursprung und Ziel der Geschichte.* München: Piper.

Jones, Eric L. 1992. *The European miracle. Environments, economics, and geopolitics in the history of Europe and Asia.* Cambridge: CUP.

Latour, Bruno. 1988. The politics of explanation: An alternative. In *Knowledge and reflexivity. New frontiers in the sociology of knowledge,* Hrsg. Steve Woolgar, 155–176. London: Sage.

Latour, Bruno. 1998. *Wir sind nie modern gewesen. Versuch einer symmetrischen Anthropologie.* Frankfurt a. M.: Fischer.

Latour, Bruno. 2001. *Das Parlament der Dinge. Für eine politische Ökologie.* Frankfurt a. M.: Suhrkamp.

Lee, Desmond. 1973. Science, philosophy, and technology in the Greco-Roman world. *Greece & Rome* 20:65–78, 180–193.

Marcuse, Ludwig. 1959. *Amerikanisches Philosophieren.* Reinbek: Rowohlt.

Marx, Karl. 1967. *Das Kapital. Kritik der politischen Ökonomie.* Erster Band. Berlin: Dietz.

Mokyr, Joel. 2002. *The gifts of Athena. Historical origins of the knowledge economy.* Princetown: PUP.

Momigliamo, Arnaldo. 1975. The faults of the Greeks. *Daedalus* 104 (2): 9–19.

Nestle, Wilhelm. 1941. *Vom Mythos zum Logos.* Stuttgart: Kröner.

Perkin, Harold. 1969. *The origins of modern english society. 1780–1880.* London: Routledge & Kegan.

Prigogine, Ilya, und Isabella Stengers. 1981. *Dialog mit der Natur.* München: Piper.

Pulte, Helmut. 2005. *Axiomatik und Empirie. Eine wissenschaftstheoriegeschichtliche Untersuchung zur mathematischen Naturphilosophie von Newton bis Neumann.* Darmstadt: WBG.

Rorty, Richard. 1987. *Der Spiegel der Natur. Eine Kritik der Philosophie.* Frankfurt a. M.: Suhrkamp.

Schimank, Uwe. 2005. *Die Entscheidungsgesellschaft.* Wiesbaden: VS.

Suhr, Martin. 1994. *John Dewey zur Einführung.* Hamburg: Junius.

Tetens, Holm. 1987. *Experimentelle Erfahrung. Eine wissenschaftstheoretische Studie über die Rolle des Experiments in der Begriffs- und Theoriebildung der Physik.* Hamburg: Meiner.

Weber, Alfred. 1950. *Kulturgeschichte als Kultursoziologie.* München: Piper.

Zalasiewicz, Jan. 2009. *Die Erde nach uns.* Heidelberg: Akademischer.

Klassiker der deutschen Technikphilosophie

Wilhelm Berger

1 Ernst Kapp: Territorium und Organprojektion

Mehr als in anderen Ländern rückt das Thema Technik im Deutschland des 19. Jahrhunderts in den Mittelpunkt philosophischer Reflexionen. Als Gründer der deutschen Technikphilosophie im Sinne einer philosophischen Disziplin kann Ernst Kapp (1808–1896) gelten, der 1877 die *Grundlinien einer Philosophie der Technik. Zur Entstehungsgeschichte der Cultur aus neuen Gesichtspunkten* verfasst hat. Das Buch hat allerdings nur eine Auflage erlebt, die als photomechanische Reproduktion im Internet abrufbar ist.

Kapps früheres Werk *Philosophische oder Vergleichende allgemeine Erdkunde als wissenschaftliche Darstellung der Erdeverhältnisse des Menschen nach ihrem inneren Zusammenhang* ist eine Vorbereitung seiner späteren Technikphilosophie, weil in ihm die Merkmale von Territorien und die kulturellen Strukturen aufeinander bezogen werden (vgl. Kapp 1845). Kapp, der „Kulturkreise" unterscheidet, deren wesentliches Merkmal ihr jeweiliges Verhältnis zum Meer darstellt, kann damit als gedanklicher Vorläufer von Oswald Spenglers *Der Untergang des Abendlandes*[1918, 1922] (1981), der Kulturen wie Organismen betrachtet, und sogar des rechten Staatsphilosophen Carl Schmitt [1942] (1981) gesehen werden. Schmitt wird das Meer zur Metapher eines Raumes machen, in den sich die Technik durch Aktivitäten einschreibt, die wie die Kielwelle eines Schiffes als Spuren existieren und verschwinden, um von anderen Spuren überschrieben zu werden.

W. Berger (✉)
Institut für Technik- und Wissenschaftsforschung, Alpen-Adria-Universität Klagenfurt,
9020 Klagenfurt a.W., Österreich
E-Mail: wilhelm.berger@aau.at

Am einflussreichsten wird Kapp durch seine so genannte Organprojektionsthese. Kapps Freund, der Philosoph Ludwig Feuerbach, hatte 1841 Gott als das Innere, das verborgene Selbst des Menschen bezeichnet. Dem Menschen steht in Gott sein eigenes, ihm aber entfremdetes Gattungswesen gegenüber (vgl. Feuerbach 1974, S. 53). Es ist dieses Motiv, das Kapp auf die Technik anwendet. Der Mensch projiziert in der Technik seine leibliche Existenz nach außen und gelangt dadurch zum Bewusstsein seiner selbst. Kapp geht es aber nicht um ein eindimensionales Ableitungsverhältnis. Organprojektion meint also nicht bloß, dass aus der Projektion der Funktionsweise der Hand gewissermaßen naturhaft zum Beispiel die Schaufel entsteht, aus dem Auge das Fernrohr usw. Die projizierten Organe werden vielmehr in ihrer Wechselwirkung zum Menschen betrachtet, der seine eigene leiblich-geistige Existenz in ihnen anschaut. Die Geschichte der Arbeit ist die Geschichte dieser Wechselwirkung. Die Menschen entwickeln Apparaturen, aber die neuen technischen Apparaturen verändern die Menschen und, an manchen Stellen des Buches, auch die Gesellschaft: „Massenarbeiten erfordern Arbeitermassen", schreibt Kapp (1877, S. 127), diese haben ganz zentral die Dampfmaschine zur Voraussetzung und zum Beispiel neue Verkehrsnotwendigkeiten und Institutionen zur Folge. So werden im Laufe des Fortschritts sowohl die gesellschaftlichen Verhältnisse als auch die Apparate immer abstrakter und komplexer. Aber dennoch bleibt die Entwicklung der Maschinen an den menschlichen Organismus, dessen Arbeit sie ersetzen sollen, und damit an die menschlich gesetzten Zwecke gebunden. Wenn Kapp das Nervensystem und das Telegraphensystem parallel setzt, mag das befremden. Er ist damit aber nicht weit entfernt von der heutigen Metapher des Gehirns als vernetztem System. Und wenn er schließlich sogar den „Sprachorganismus" und den „Staatsorganismus" als Verwandte analysiert, zeigt er seine Hegelschen Wurzeln.

2 Arnold Gehlen: Unsicherheit und Stabilisierung

Die beiden wesentlichen Pointen eines schon im Dialog *Protagoras* bei Platon erzählten Mythos, nämlich die Beschreibung des Menschen als „Mängelwesen" und die daraus folgende Bedürftigkeit nach Institutionen, hat Arnold Gehlen (1904–1976) zu einer philosophischen Anthropologie gebündelt, deren Einfluss auf Technikphilosophie nicht unterschätzt werden kann. Dieser Bezug auf die antike griechische Philosophie, den man in anderer Weise auch bei Dessauer, Heidegger und Günther finden wird, gibt dem Titel „Klassiker der deutschen Technikphilosophie" einen doppelten Sinn.

Die Rede vom Menschen als „Mängelwesen", die sich in der Variante des nicht festgestellten Tiers zum Beispiel auch bei Friedrich Nietzsche findet und von Johann Gottfried Herder in die Diskussion eingeführt wurde, ist zu einem Schlagwort geworden. Bei Gehlen mangelt es den Menschen an Organen, die sich als Waffen gegen Feinde oder Kälte einsetzen lassen, aber mehr noch an sicheren Verhaltensprogrammen, also an Instinkten. Es ist diese „Instinktunsicherheit", die zum Handeln zwingt (vgl. Gehlen 1940). Das Handeln geht nicht von einem gewisser Maßen mit Freiheit begabten Individuum aus, sondern ist aus zweierlei Gründen offen: Einmal, weil es keinem sicheren Programm folgt, zum anderen aber auch, weil es immer in einem Spannungsfeld zwischen seinen Zwecken und der komplexen Situation geschieht, in der es diese verwirklichen will. Und zugleich baut es eine Welt, die dann das Handeln selber stabilisiert. Stabilisierung ist die grundlegende Funktion von Institutionen, ein Begriff, den Gehlen sehr weit gefasst hat: So heißen sowohl Staat und Familie als auch Rituale und Sprache als auch schließlich technische Apparaturen und Werkzeuge. Dass Werkzeuge in diesem Sinne auch als „Institutionen" gefasst werden, macht das Denken Gehlens wichtig für die Technikphilosophie.

Es verwundert nicht, dass die These der „Institutionenbedürftigkeit" das Denken Gehlens in die Nähe rechtskonservativer Denkfiguren der Nachkriegszeit gerückt hat. In seinem Kulturpessimismus nähert er sich wiederum der Frankfurter Schule an. Gehlen hat den Begriff *post-histoire* in einen expliziten Zusammenhang mit der Frage der Technik gebracht und in die philosophische Terminologie eingeführt. Damit meint er die Säkularisierung des geschichtlichen Fortschritts zur öden Routine, die ihre Kriterien nur mehr aus dem Verweisungszusammenhang technischer Zwecke gewinnt (vgl. Gehlen 1975, S. 126).

3 Friedrich Dessauer: Das Problem des Neuen

Friedrich Dessauer (1881–1963) kommt von einer ganz anderen Seite. Physiker und Elektrotechniker, Erforscher von radioaktiven Strahlen, Wirtschafts- und Sozialpolitiker, 1924 bis zu seiner Amtsenthebung durch die Nationalsozialisten 1933 Reichstagsabgeordneter, wendet er unter anderem die Ideenlehre Platons auf das Thema Technik an.

Die technische Entwicklung ist für Dessauer die wesentlichste Triebkraft des Fortschritts, in dem, unter dem Primat der Technik, neue gesellschaftliche Strukturen entstehen. Die Frage, nach welcher Logik die technische Entwicklung verläuft, rückt damit ins Zentrum. Dessauer stellt die Frage konkreter: Wenn die technische Entwicklung immer wieder Neues hervorbringt, woher kommt dieses Neue?

Schon in der griechischen Philosophie der Antike wird der Gegensatz zwischen *physis*, dem von sich her Wachsenden, der Natur, und *techne*, dem künstlich Hervorgebrachten, zum Problem. Die so genannten Sophisten, zu denen auch Protagoras zählt, vertreten eine radikale Position. Der Satz des Protagoras: „der Mensch ist das Maß aller Dinge" wird zu wenig radikal interpretiert, wenn er nur als Kernsatz eines frühen Relativismus erscheint. Vielmehr repräsentiert die sophistische *techne* „die Souveränität der freigewordenen Handgriffe und Mittel über jede objektive Wahrheit" (Reinhardt 1960, S. 221). Es ist diese Souveränität und der aus ihr folgende Relativismus, gegen die Platon seine Ideenlehre in Stellung gebracht hat. Die Hierarchie ewiger Formen soll den Relativismus bannen.

Dessauer hat nun Platons Ideenlehre auf den Begriff der Erfindung bezogen. Dessauers Antwort auf die Frage nach dem Neuen ist: Erfindung ist keine bloße Nachahmung der Natur. Die Praxis des Erfindens, die allerdings in keinem prinzipiellen Widerspruch zu fundamentalen Naturbedingungen liegen darf (vgl. Dessauer 1928), bezieht sich auf einen präexistierenden Bereich von Möglichkeiten, dessen Ordnung der Ideenwelt Platons gleichkommt. Die Tätigkeit des Erfindens bedient sich eines Reichs von Formen, die als Lösungsgestalten bereitliegen (vgl. Dessauer 1927, S. 50 f.), und diese werden durch die Erfindung ergriffen und gleichsam in die Wirklichkeit herübergeholt, also realisiert. Die Frage nach dem Warteraum, in dem sich diese Formen aufhalten, führt in einen transzendenten Hintergrund. Eine moderne Kritik an Dessauer wird diese Formen daher selbst als kulturelle, soziale und methodische, somit im weitesten Sinne als hergestellte begreifen.

4 Ernst Cassirer: Form und Technik

Und gerade in einem solchen Sinne steht der Begriff Form im Mittelpunkt von Ernst Cassirers (1874–1945) *Philosophie der symbolischen Formen* (1923, 1925, 1929). Dass in der Folge auch die Technik ins Spiel kommt, macht ihn zu einer Referenzfigur der Technikphilosophie.

Cassirer kommt von der Philosophie Immanuel Kants her. Sein Ansatz bedeutet eine enorme Öffnung. Kant dachte über die allgemeinen Formen der Anschauung und des Denkens nach. Dass er nicht von der materiellen Welt, wie sie „an sich" ist, sondern von den Grundbedingungen des Denkens ausging, die vor aller Erfahrung liegen, machte das aus, was Kant in der Vorrede zur zweiten Auflage der *Kritik der reinen Vernunft* von 1787 sich selber als kopernikanische Wende zugeschrieben hat. Bei Cassirer aber, der ebenfalls nach den allgemeinen Formen sucht, ist das Denken immer schon in der Welt und die Welt im Denken. Eben die Vermittlung zwischen dem Denken und der Welt leisten die symbolischen Formen. Ihr Bereich ist die Kultur, die von den Menschen als Geschichte erfahren wird. Wenn Cassirer über die Sprache, den Mythos und schließlich über die Wissenschaft als Denkformen, Anschauungsformen und Lebensformen schreibt, geht es nicht um eine Fortschrittsgeschichte, in der sich die Formen ablösen. Bestimmte Merkmale bleiben erhalten oder transformieren sich. In ihrer Analyse formt sich ein groß angelegter Entwurf der Kulturphilosophie.

Bereits 1930 konstatiert Cassirer, dass „Technik im Aufbau unserer gegenwärtigen Kultur den ersten Rang behauptet" (Cassirer [1930] 2004, S. 139). Das muss auf die ganze Philosophie zurückwirken. Eine bloß materialistische oder pragmatische Herangehensweise greift für Cassirer zu kurz. Ihm geht es darum, den Formbegriff stark zu machen. Im Gegensatz zur mythischen oder besser magischen Identifizierung zwischen Ich und Welt eignet dem technischen Verhalten ein Doppelprozess von Distanzierung und Erfassen: Die Welt wird für die Technik zu einem „selbstständigen Gefüge", das einerseits strengen Gesetzen unterliegt, sich andererseits aber als modifizierbar und bildsam erweist. Die Formbarkeit wird durch die Entdeckung der in diesem Gefüge enthaltenen Möglichkeiten zugleich begrenzt und verwirklichbar. Ein einzelnes technisches Werkzeug ist als seine geformte Wirksamkeit, vereinfacht gesagt: als seine Funktion, zu begreifen. Der Primat der Funktionalität, des Werkzeugs, überformt nun das gesamte Verhalten der Menschen. Der Geist wird zum Widersacher der Seele. Das Reich der Zwecke unterwirft sich die anderen Werte und Ziele.

5 Oswald Spengler: Die Rede vom Untergang

Im Denken Cassirers ist die Tendenz angelegt, Technik im Rahmen eines großen, kulturtheoretischen Entwurfs zu interpretieren. In zeitlicher Parallelität tut dies auch eine andere, politisch problematische Figur, nämlich Oswald Spengler (1880–1936), der auch auf Cassirer durchaus Eindruck gemacht hat. In seinem Text *Der Mensch und die Technik. Beitrag zu einer Philosophie des Lebens* von 1931 bringt Spengler die methodische Konsequenz auf den Punkt. Ihm geht es darum, „Technik nicht vom Werkzeug her" zu betrachten, sondern als „Taktik des ganzen Lebens". Insofern sind technische Artefakte nicht als Dinge, sondern ausschließlich als materialisierte Verfahren zu betrachten.

Spenglers Hauptwerk, *Der Untergang des Abendlandes. Umrisse einer Morphologie der Weltgeschichte* (Spengler 1981 [1918; 1922]) betrachtet acht Hochkulturen wie Organismen, die vier Altersstufen von der Kindheit über die Jungend und das Erwachsenenalter bis zum Greisentum durchlaufen. Die historisch letzte in der Abfolge der Hochkulturen ist die Kultur des Abendlandes, die, gemäß seines zyklischen Modells, dem Untergang entgegengeht. Die Breite des Ansatzes, der alle möglichen „Lebensäußerungen", Kunst, Religion, Wissenschaft, Sprache und Schrift, Recht und Wirtschaft thematisiert, um die für eine Epoche typischen Formen aufzuzeigen, war epochemachend. Das Werk wurde von Robert Musil über Thomas Mann bis Theodor W. Adorno umfassend rezipiert und bis heute mehrhunderttausendfach verkauft. *Der Untergang* endet mit der Beschreibung eines letzten Kampfes, in dem die Kultur des Abendlandes ihren Abschluss findet. Dass dieser Kampf zwischen „zwischen *Geld und Blut*" stattfinden soll, scheint auf eine frühe Nähe Spenglers zu späteren Gedanken des Nationalsozialismus zu deuten, obwohl Spengler dann von Hitler wenig, von Mussolini mehr gehalten hat. *Der Mensch und die Technik* schließt mit der Prognose der unausweichlichen ökologischen und technischen Katastrophe, die aus der völligen Unterwerfung der Welt durch die Maschinenkultur, der Totalität aller Verfahren und der ihnen entsprechenden Denkformen, resultiert.

6 Martin Heidegger: Das Ende der Philosophie unter der Herrschaft der Technik

Der große Erfolg des Hauptwerks von Spengler ist ein Zeichen der Krise seiner Zeit. Auch Heidegger philosophiert inmitten der gesellschaftlichen und politischen Krise, die für ihn auch eine wissenschaftliche Seite hat. Wissenschaft ist beschränkt auf einen positivistischen, fragmentierten Zugang und kann keine Antworten auf die Frage nach dem Sinn geben. Damit hat sie sich von der lebensweltlichen Praxis entfernt, in der aber, wie Heideggers Lehrer Edmund Husserl gezeigt hat, alle Evidenz wurzelt. Gerade die Frage nach dem Sinn des Seins nicht als abstrakte und angesichts der Krise aller Gesamtentwürfe erschöpfte aufzuwerfen, sondern aus des Existenz dessen, der sie stellen muss, aus dem *Dasein* des Menschen, heraus zu entwickeln, ist das Projekt Heideggers.

1929 traf Heidegger bei einem dann berühmt gewordenen Streitgespräch in Davos mit Ernst Cassirer zusammen. Hier der seriöse Cassirer, da der sich nonkonformistisch gebende Heidegger, der großen Eindruck machte. Zu diesem Zeitpunkt war Heidegger schon auf dem Weg in eine denkerische und politische Radikalisierung, in der er sich dem Nationalsozialismus annäherte, und die in seiner

Inaugurationsrede als Rektor in Freiburg 1933 gipfelte. Schon in seiner Freiburger Zeit kündigte sich aber auch ein Umdenken an, das er später selber als *Kehre* bezeichnete. Das menschliche Dasein, im Hauptwerk *Sein und Zeit* (1979) von 1927 zur „Eigentlichkeit entschlossen", wird 1946 zum „Hirt des Seins" (Heidegger 1975, S. 75). Aus dieser *Kehre* entsteht Heideggers Technikphilosophie.

Technik ist für Heidegger kein bloßes Mittel, um die Welt zu nutzen, sondern erzeugt eine Welt und mit dieser Welt ihre eigene Wahrheit. In der Moderne wird Technik in diesen beiden Hinsichten dominant. „Was jetzt *ist*, wird durch die Herrschaft des Wesens der modernen Technik geprägt" (Heidegger 1957, S. 42). Dieser Gedanke struktureller Vollendung ist für Heideggers Denken der Technik zentral.

Um Heidegger zu verstehen, ist es wichtig, ihn nicht als Technikphilosophen, der über Technik schreibt, sondern als Denker zu lesen, dem es vornehmlich um die Entwicklung einer möglichen Position der Philosophie im Angesicht von Technik geht. Am Punkt der Vollendung von Technik scheint Philosophie für Heidegger nur zwei Möglichkeiten zu haben: Sie kann sich den Natur- und Technikwissenschaften andienen. Dann geht sie einer kritischen Differenz verlustig, ohne die Philosophie nicht denkbar ist. Oder sie etabliert außerhalb des naturwissenschaftlichen Feldes, indem sie trübe Spekulation gegen technische Logik wendet.

Heidegger sucht ein Feld jenseits dieser schlechten Alternative. Dabei entfaltet sich eine Argumentationsstruktur, die einiges abverlangt: Ausgangspunkt für ein mögliches Verständnis ist der Begriff Metaphysik. So heißt von alters her die grundsätzliche Behandlung des Seienden als Ganzem. Für Heidegger ist das aber kein bloß denkerischer Vorgang, sondern das Bild der Welt gestaltet die Welt genauso, wie es von dieser dann gestalteten Welt bestimmt wird. Grundfrage aller Metaphysik ist die Frage nach dem Sein des Seienden. Das Seiende kann unzureichend mit der Gesamtheit dessen umschrieben werden, was ist, wovon wir also reden und was wir selber sind. Die Frage nach dem Sein des Seienden motiviert sich aus dem Staunen, dass Seiendes überhaupt ist: „Warum ist überhaupt Seiendes und nicht vielmehr Nichts?" (Heidegger 1953, S. 1). Diese Frage zu stellen und sie auf sich selber zu beziehen, macht für Heidegger das Wesen des Menschen aus. Das *ist* der Frage zielt auf das Sein: Warum *ist* Seiendes? Sein *ist* nicht, sonst wäre es einfach ein weiteres Seiendes. Und umgekehrt: Sein ist auch nicht ohne Seiendes, sonst wäre es leer. Das ist die so genannte ontologische Differenz.

Die Geschichte der abendländischen Metaphysik vollendet sich in einer Geschichte der Seinsvergessenheit. So heißt nicht das Vergessen der Frage, sondern eine komplexe Transformationsbewegung ihrer Elemente. Der Prozess beginnt für Heidegger mit Platon, der das Sein des Seienden auf ewige Grundformen bezieht. Sein ist in ein Bleibendes festgelegt. Es erscheint als mit sich identischer Bereich, der das Wort *Nichts* ein für alle mal abstößt: Sein *ist*. In diesen Bereich brechen die Aristotelischen Fragen nach den ersten Gründen, Ursachen und Prinzipien ein. Sein ist Seiendheit des Seienden. Die Frage nach dem *ist*, offengehalten durch das Wort *Nichts*, transformiert sich in die Frage nach dem *was*, welche das Seiende als Bereich bestimmter Elemente konstituiert. Wahrheit ist Richtigkeit: Übereinstimmung von Denken und Seiendem im mit sich identischen Bereich des Seins, der zugleich diese Übereinstimmung prinzipiell garantiert.

Zunächst ist die Transformation der Frage für Heidegger Voraussetzung moderner Technik. Denn die Transformation ermöglicht erst die Überführung des Seienden in einen Modus, den Heidegger „Bestand herausforderndes Stellens" nennt. Das Seiende wird herausgefordert, sich zu stellen, und zugleich ist der Mensch in diesen „Bestand" gestellt. So löst sich die Widerständigkeit und Fremdheit der Gegenstände auf. Moderne Technik ist Vollendung der Metaphysik insofern, als letztere in Gestalt der ersteren ihre Möglichkeiten in diesem Sinne vollständig ausschöpft. Die Gegenstände lösen sich als Gegen-stände auf, der Mensch hat nicht irgendeine Beziehung zum „herausfordernden Stellen", sondern steht selbst in dessen Bereich. Dies thematisiert Heidegger mit dem Begriff des *Gestells*.

Vollendete Seinsvergessenheit bedeutet höchste Gefahr und diese Gefahr schickt auf einen Weg, zu deren Sachwalter die Philosophie werden kann. Die Gefahren der Technik, kulminierend in der Gefahr universeller Vernichtung, sind nur Effekte dieser Gefahr. Vollendete Seinsvergessenheit als höchste Gefahr meint: Diese Vollendung ist selber die Gefahr, insofern sie mit dem vollständigen Vergessen der Frage droht, die ja das Wesen des Menschen ausmacht. Aber im Bewusstsein äußerster Gefahr kehrt das Denken sich wieder jener Frage zu. Das *Gestell*, also die Technik, in der Mensch und Sein sich als Berechenbares herausfordern, denkt Heidegger gleichzeitig als *Ereignis*, das ist das jähe und unvorhersehbare Geschehen. Dass alles hergestellt ist, wirkt entgründend und begründend. Entgründend ist der Zustand, weil er jegliche „natürliche" Begründung entzieht, begründend ist er als Absprungbasis für einen Sprung, den Sprung in die Bodenlosigkeit des nichtbegründeten Wesens von Mensch und Sein, die aber eben in dieser Bodenlosigkeit ihr Wesen (wieder-)gewinnen.

7 Gotthard Günther und die Strategie der Erneuerung

Der etwas in Vergessenheit geratene Technikphilosoph Gotthard Günther (1900–1984) hat den Impuls Heideggers aufgenommen, aber dessen in sich kreisender, hermetischer Sprache ein klares Projekt entgegen gesetzt: es geht um eine Erneuerung der Logik im Angesicht der Technik.

Günther teilt Heideggers Diagnose der Vollendung von Technologie. Aber er bezeichnet die Philosophie Heideggers als Erzählung einer Mär der Weltzeitalter, die mit dem goldenen Zeitalter beginne und mit dem eisernen Zeitalter ende. Günther entfaltet nun seine Strategie entlang folgender Kette von Thesen: Der abendländischen Metaphysik entspricht eine bestimmte logische Elementarstruktur. Diese hat in Technologie ihre Vollendung gefunden. Zugleich aber tritt an diesem Punkt ein zentraler Mangel hervor, von dem aus sich ein Programm entwickeln lässt (vgl. Günther 1980).

Die logische Elementarstruktur ist die Struktur der Zweiwertigkeit: Ja und nein, ein Drittes ist nicht möglich. Die Welt konstituiert sich als mit sich identische. Damit ist als fundamentalste Eigenschaft der Welt *Monokontexturalität* gesetzt. Das meint: Alles was ist, ist in *einem* Kontext. Das garantiert die Möglichkeit, alles Seiende auf der Folie einer primären Homogenität, die hier mit dem Begriff Sein zur Debatte steht, zu unterscheiden und aufeinander zu beziehen. Die Identität des Seins mit sich selber garantiert zugleich die Identität von Denken und Sein.

Die klassische Aristotelische Logik, deren Namen Günther überhaupt für die jener Elementarstruktur entsprechende Logik einsetzt, nimmt jedenfalls schon die logische Konkretisierung von *Monokontexturalität* vor. Der Satz der Identität definiert das Objekt der Reflexion als mit sich identisches. Der Satz vom verbotenen Widerspruch definiert den Reflexionsprozess als Produktion diskreter, klar unterschiedener Elemente auf der Folie primärer Homogenität, auf der die Elemente zueinander in Beziehung treten. Der Satz vom ausgeschlossenen Dritten regelt das Verhältnis des Reflexionsprozesses zu seinem Gegenstand als Verhältnis diskreter Elemente zu mit sich identischen Objekten. Diese Elementarstruktur ist zum einen metaphysische Voraussetzung für Technik und Naturwissenschaften. Denn was in einen Kontext gesetzt wird, ist dadurch manipulierbar und konstruierbar. Zum anderen ist Technologie Übergang der Elementarstruktur in eine Materialisierung, in eine nun tatsächlich realisierte Zweiwertigkeit.

Die vollendete Zweiwertigkeit offenbart einen Mangel, der in ihr selber nicht befriedigt werden kann. Sie vermag in sich auf sich selber nicht zu reflektieren. Dass diesem Mangel Probleme im Bereich der Technik selber entsprechen, gerade im Forschungsgebiet Künstlicher Intelligenz, für das sich Günther interessierte, ist ein Indiz dafür, dass die Vollendung keineswegs ein Ende bedeutet. In ihrer Entfaltung hat die Seinsthematik das Gegenthema Subjektivität aus sich ausgestoßen. Das Problem der technischen Wiederholung von Subjektivität führt es in die Technik wieder ein (vgl. Günther 1957). Technologie treibt damit thematisch über jene Elementarstruktur hinaus, der sie sich verdankt. Für die Philosophie öffnet sich ein Feld, auf dem sie das Thema Subjektivität als Geschichte und Willensfreiheit zu bearbeiten hätte. Günther geht es um die Erneuerung der Metaphysik mit den

Mitteln einer transklassischen Logik, die es erlauben soll, das Thema Reflexion in sie einzuführen, um sie in sich selber zu überwinden.

Daraus resultiert der doppelte Charakter seiner Strategie: Zum einen Beschränkung der Elementarstruktur von Zweiwertigkeit auf Orte ihrer Gültigkeit: Ich als Bewusstsein, Du als Bewusstseinsraum des anderen Subjekts, Es als reflexionsloses Sein einer gegenständlichen Welt stellen für sich genommen solche Orte dar. Aber das Ich existiert nur durch ein Du, und das Es erscheint für das Ich nur als gemeinsam, also durch das Du hindurch reflektiertes. Daher muss die klassische Elementarstruktur von Zweiwertigkeit um ein Darstellungssystem erweitert werden, welches das Zusammenspiel dieser Orte beschreibt, um eine mehrwertige Logik (vgl. Günther 1979). Das Projekt, dieses Darstellungssystem tatsächlich technisch zu implementieren, muss allerdings als gescheitert gelten.

8 Verantwortung und Entscheidung: Hans Jonas

Schon bei Heideggers Begriff Ereignis und noch viel expliziter bei Günther tritt das Thema der Entscheidung in den Mittelpunkt. Dass die technische Gestaltbarkeit der Welt zu Entscheidungen aufruft, ist ein Grundmotiv der Technikphilosophie des 20. Jahrhunderts.

Hans Jonas stellt 1979 unter dem Titel *Das Prinzip Verantwortung* den *Versuch einer Ethik für die technologische Zivilisation* vor. Jonas kippt den kategorischen Imperativ Immanuel Kants aus der *Kritik der Praktischen Vernunft* von 1788: „Handle nur nach derjenigen Maxime, durch die du zugleich wollen kannst, dass sie ein allgemeines Gesetz werde", in eine geschichtliche Dimension: Handle so, dass du auch die zukünftige Menschheit in deine Überlegung einbeziehst. Aber zugleich weiß Jonas zweierlei: Erstens, dass, anders als bei Kant, im Imperativ nicht das eigene Interesse und das Allgemeine zusammenfallen: Während es vernünftig ist, die Zeitgenossen so zu behandeln, wie man es von ihnen auch in Bezug auf sich selber erwartet, kann den Heutigen die zukünftige Menschheit auch völlig egal sein. Und zweitens, dass man heute, vor allem wegen der Komplexität technologischer Konstruktionen von Wirklichkeit, eben nicht wissen kann, welche Auswirkung ein bestimmtes Tun oder Unterlassen für die Künftigen haben wird: Eine bestimmte Erfindung kann eine andere Erfindung ermöglichen, die heute noch undenkbar ist, und diese Erfindung kann segensreiche oder katastrophale Folgen haben. Daher muss man sich im vollen Sinne des Wortes dafür entscheiden, die Künftigen in Betracht zu ziehen. Und wenn man es will, muss man immer wieder neu Fragen beantworten, die im strengen Sinne nicht zu beantworten sind. Das ist nach wie vor das Problem jeder Technikfolgenabschätzung, die sich an einer langen Dauer orientiert.

9 Jürgen Habermas: Technik als System

Gegen die scheinbar zwingende Logik der technischen Entwicklung eine kommunikative Rationalität stark zu machen, ist eines der Grundmotive des bedeutendsten Soziologen und Philosophen der deutschen Gegenwart, der auch als Technikphilosoph gelten kann. Schon im frühen Werk von Jürgen Habermas steht das technische und gesellschaftliche System der Zweckrationalität, in dem Technik und Herrschaft unerkannt verschmelzen, dem Ideal eines kommunikativen Handelns gegenüber, in dessen Sphäre Normen und Zwecke ausdiskutiert werden könnten (vgl. Habermas 1968). In seiner großangelegten *Theorie des kommunikativen Handelns* (Habermas 1981) wird die Unterscheidung zwischen dem System, der zweckrationalen Sphäre von Wissenschaft, Technik und Ökonomie, und der verständigungsorientierten Sphäre der Lebenswelt ausgearbeitet. Das in dieser Sphäre sich vollziehende Handeln und Sprechen ist einerseits der grundlegende Mechanismus des Entstehens und der Reproduktion von Gesellschaft. Andererseits ist diese Sphäre von der Sphäre der Zweckrationalität bedroht. Darauf baut Habermas eine umfassende Gesellschaftstheorie auf.

Unter vielen anderen Eingriffen in Diskurse, die sich gar nicht auflisten lassen, hat Habermas in die Debatte um die Gentechnologie eingegriffen. Anstoß war der Skandal, den 1999 Peter Sloterdijks polemische Forderung nach der Höherzüchtung der Menschheit mit Mitteln der Humangenetik gemacht hat. Habermas, für den Sloterdijk in dieser Hinsicht zu einer „Hand voll ausgeflippter Intellektueller" gehört, spricht seinerseits von einer dritten Dezentrierung des Weltbildes nach Kopernikus und Darwin (Habermas 2001, S. 43). Wenn nun die Entwicklungen in der Humangenetik tatsächlich die Grenze zwischen Körper und Geist, zwischen Natur und Freiheit verschieben, können die ethischen Werkzeuge, die auf den klassischen Konzepten dieses Verhältnisses beruhen, davon nicht unberührt bleiben. Habermas nimmt diesbezüglich eine begründete konservative Position ein: Beim präventiven Eingriff in die Gene zur Verhinderung von Krankheiten kann die Zustimmung des nicht zustimmungsfähigen ungeborenen Kindes vorausgesetzt werden. Dass ein Individuum aber überhaupt ein autonomes Selbstbewusstsein herausbilden kann, hat seine Auseinandersetzung mit seinen „natürlich" gegebenen Eigenschaften zur Voraussetzung, die durch die „Züchtung" neuer Eigenschaften bedroht wären.

In seiner Entwicklung des Systembegriffs steht Habermas schon Anfang der 70er Jahre des vergangenen Jahrhunderts in einer Kontroverse mit Niklas Luhmann, dem er die Beschränkung des Begriffs auf bloße funktionale Modellierung vorwirft (vgl. Habermas und Luhmann 1971). Sprache versus Kommunikation, Norm versus Form, Begründung versus Beschreibung fassen die Spannungsverhältnisse zusammen, die im von beiden Protagonisten diskutiert werden. Während für Luhmann Systeme als Geflechte modelliert werden, die sich das Handeln der Subjekte unterwerfen, konstituiert sich Gesellschaft für Habermas erst im sozialen Handeln der Subjekte in ihrer Lebenswelt. Daher muss ihm die Systemtheorie Luhmanns als Ausdruck eines technokratischen Bewusstseins erscheinen, das alle Entscheidungsfragen bereits als technische definiert. Die Kontroversen um den Systembegriff haben die technikphilosophische Diskussion im 20. Jahrhundert bis hin zu Günter Ropohl (1979) vorangetrieben.

Heute stehen Begriffe wie Netzwerk im Mittelpunkt, aber das ist schon eine andere Geschichte.

Literatur

Cassirer, Ernst. 1923. *Philosophie der symbolischen Formen Band 1: Die Sprache.* Berlin: Bruno Cassirer.
Cassirer, Ernst. 1925. *Philosophie der symbolischen Formen Band 2: Das mythische Denken.* Berlin: Bruno Cassirer.
Cassirer, Ernst. 1929. *Philosophie der symbolischen Formen Band 3: Phänomenologie der Erkenntnis.* Berlin: Bruno Cassirer.
Cassirer, Ernst. [1930] 2004. *Form und Technik, Gesammelte Werke.* Bd. 17. Hamburg: Felix Meiner.
Dessauer, Friedrich. 1927. *Philosophie der Technik. Das Problem der Realisierung.* Bonn: F. Cohen.
Dessauer, Friedrich. [1928] 1956. *Streit um die Technik.* Frankfurt a. M.: Knecht.
Feuerbach, Ludwig. [1941] 1974. *Das Wesen des Christentums.* Stuttgart: Reclam.
Gehlen, Arnold. 1940. *Der Mensch, seine Natur und seine Stellung in der Welt.* Berlin: Junker und Dünnhaupt.
Gehlen, Arnold. 1975. *Einblicke.* Frankfurt a. M.: Suhrkamp.
Günther, Gotthard. 1980. *Heidegger und die Weltgeschichte des Nichts.* In: Ders: *Beiträge zur Grundlegung einer operationsfähigen Dialektik, Dritter Band,* Hamburg.
Günther, Gotthard. 1957. *Das Bewußtsein der Maschinen.* Krefeld: Agis-Verlag.
Günther, Gotthard. 1979. *Die Theorie der „mehrwertigen" Logik.* In: Ders: *Beiträge zur Grundlegung einer operationsfähigen Dialektik Zweiter Band,* Hamburg.
Habermas, Jürgen. 1968. *Technik und Wissenschaft als „Ideologie".* Frankfurt a. M.: Suhrkamp.
Habermas, Jürgen. 1981. *Theorie des kommunikativen Handelns.* Frankfurt a. M.
Habermas, Jürgen. 2001. *Die Zukunft der menschlichen Natur. Auf dem Weg zu einer liberalen Eugenetik?* Frankfurt a. M.: Suhrkamp.
Habermas, Jürgen, und Luhmann, Niklas. 1971. *Theorie der Gesellschaft oder Sozialtechnologie – Was leistet die Systemforschung?* Frankfurt a. M.: Suhrkamp.

Heidegger, Martin. 1975. *Über den Humanismus*. In: Ders.: *Platons Lehre von der Wahrheit. Mit einem Brief über den ‚Humanismus'*. Bern: A. Francke.
Heidegger, Martin. 1957. *Identität und Differenz*. Pfullingen: Neske.
Heidegger, Martin. 1953. *Einführung in die Metaphysik*. Tübingen: Niemeyer.
Heidegger, Martin. [1927] 1979. *Sein und Zeit*. Tübingen: Niemeyer.
Jonas, Hans. 1979. *Das Prinzip Verantwortung. Versuch einer Ethik für die technologische Zivilisation*. Frankfurt a. M.: Suhrkamp.
Kapp, Ernst. 1845. *Philosophische oder Vergleichende allgemeine Erdkunde als wissenschaftliche Darstellung der Erdverhältnisse des Menschen nach ihrem inneren Zusammenhang*, Braunschweig Westermann.
Kapp, Ernst. [1877] 1978. Grundlinien einer Philosophie der Technik. Zur Entstehungsgeschichte der Cultur aus neuen Gesichtspunkten, photomechanischer Nachdruck o. O.
Reinhardt, Karl. 1960. Platons Mythen. In: Ders.: *Vermächtnis der Antike*, Göttingen.
Ropohl, Günther. 1979. *Eine Systemtheorie der Technik. Zur Grundlegung der Allgemeinen Technologie*. München: Hanser.
Schmitt, Carl. [1942] 1981. *Land und Meer. Eine weltgeschichtliche Betrachtung*. Köln-Lövenich: Hohenheim.
Sloterdijk, Peter. 1999. *Regeln für den Menschenpark. Ein Antwortschreiben zu Heideggers Brief über den Humanismus*. Frankfurt a. M.: Suhrkamp.
Spengler, Oswald. [1918, 1922] 1981. *Der Untergang des Abendlandes. Umrisse einer Morphologie der Weltgeschichte*. München: C. H. Beck.
Spengler, Oswald. 1931. *Der Mensch und die Technik. Beitrag zu einer Philosophie des Lebens*. München: C. H. Beck.

Technik im Wissen: Zur wechselseitigen Hervorbringung von Wissen, Technik, Geschichte und Gesellschaft in der französischen Wissenschaftsgeschichte und -philosophie

Monika Wulz

Es ist eine verbreitete Ansicht, dass sich die französische Wissenschaftsgeschichte und Wissenschaftsphilosophie seit Pierre Duhem, Alexandre Koyré und Gaston Bachelard vor allem mit konzeptuellen Brüchen und Veränderungen beschäftigt (vgl. Turner 2008, S. 41 f.). Sie wird in diesem Sinn in erster Linie als eine Begriffsgeschichte verstanden, die die Konzepte der Wissenschaften in Abgrenzung zu außerwissenschaftlichen Bereichen untersucht und damit wissenschaftliches Wissen vor anderen Wissensformen privilegiert (vgl. Latour 2008). Ihre Ansätze werden daher im Rahmen der *Science and Technology Studies* bisher nur selten aufgegriffen. Im Gegensatz dazu widmet sich dieser Beitrag den technischen und sozialen Aspekten in ausgewählten Positionen der französischen Geschichte und Philosophie der Wissenschaften und weist auf deren Spuren in aktuellen Ansätzen der Wissenschaftsforschung hin. Er thematisiert die untrennbare Einbindung technischer und sozialer Bereiche in die Herausbildung von Wissen und wissenschaftlichen wie gesellschaftlichen Praktiken, in die wissenschaftliche Begriffsbildung und Forschungsarbeit. Der Beitrag behandelt diese Verflechtung von technischen, sozialen und konzeptuellen Aspekten bei Gaston Bachelard, Georges Canguilhem, Michel Foucault und Michel Serres; er widmet sich in einem zweiten Schritt den unterschiedlichen Zeitkonzeptionen des Wissens und der Wissenschaften, die aus dieser

M. Wulz (✉)
Professor für Wissenschaftsforschung, ETH Zürich
8092 Zürich, Schweiz
E-Mail: monika.wulz@wiss.gess.ethz.ch

Verbindung resultieren. Wissen und Wissenschaften unterliegen hier nicht nur technischen und sozialen Bedingungen, sondern sie werden erst durch Initiationen des Technischen und des Sozialen erzeugt. Sie können daher nicht nur historisch untersucht werden, sondern werden durch ihre untrennbare Verflechtung mit technischen Effekten und sozialen Strukturen hervorgebracht; sie unterliegen dadurch unvorhersehbaren Entwicklungen und Verzweigungen. Wenn Bachelard, Canguilhem und Foucault immer wieder die Brüchigkeit und Diskontinuität historischer Prozesse betonen, handelt es sich dabei nicht um eine endgültige Abtrennung zwischen Wissenschaft und außerwissenschaftlichen Bereichen. Vielmehr thematisieren die epistemologischen Brüche, die Bachelard, Canguilhem und Foucault diagnostizieren, diskontinuierliche, sprunghafte und kontingente Entwicklungen wissenschaftlichen Wissens im unaufhaltsamen Wechselspiel mit technischen Effekten und sozialen Bedingungen. Serres, der in Abgrenzung zur dieser Betonung der Diskontinuitäten wissenschaftlicher Forschung eine Wissenschaftsgeschichte der Vernetzungen und Verzweigungen vorschlägt, beschreibt indes, wie technische und soziale Aspekte insbesondere die mediale Verfasstheit von Wissen ausmachen.

Die Beschäftigung mit der Entwicklung des Wissens und der Wissenschaften in Frankreich zeichnet sich durch eine Verschränkung von Wissenschaftsphilosophie und Wissenschaftsgeschichte, von historischen und theoretischen Fragestellungen des Wissens aus (vgl. Braunstein 2002; Chimisso 2008; Brenner und Gayon 2009). Eine der wichtigsten Institutionen für die Geschichte und Philosophie der Wissenschaften in Frankreich integrierte auch schon früh das Interesse an der Technik in die historisch-philosophische Untersuchung des Wissens: Das Institut d'Histoire des Sciences (Institut für Wissenschaftsgeschichte) an der Sorbonne, gegründet 1932 von Abel Rey, wurde bereits 1933 mit dem Zusatz „et des Techniques" geführt und avancierte damit zu einem Ort für die historisch-philosophische Untersuchung der Geschichte der Wissenschaften und der Technik. Bachelard wurde 1940 Direktor dieses Instituts und übernahm im selben Jahr die Professur für Wissenschaftsgeschichte und -philosophie an der Sorbonne. Seine Nachfolge in beiden Funktionen trat Canguilhem 1955 an. Foucault, dessen Dissertation *Wahnsinn und Gesellschaft* (1961) von Canguilhem betreut wurde, trat nach Professuren in Clermont-Ferrand, Tunis und Paris-Vincennes 1970 die Professur für die „Geschichte der Systeme des Denkens" am renommierten Collège de France an. Serres, Schüler von Foucault an der École normale supérieure an der Rue d'Ulm in Paris und dessen Kollege an der Universität Clermont-Ferrand, unterrichtete ab 1969 an der Sorbonne und später auch an der Stanford University.

1 Die phänomenotechnische Fabrikation der Wissensobjekte – Gaston Bachelard

Ausgangspunkt von Gaston Bachelards Epistemologie ist dessen Interesse an der experimentellen Arbeitsweise in den zeitgenössischen physikalischen Wissenschaften. Mit Blick auf diese wissenschaftliche Praxis zielt Bachelard, im Gegensatz zu den wissenschaftsphilosophischen Positionen des Rationalismus, Empirismus, Realismus und des Materialismus darauf ab, den Wissenschaftsprozess als einen wechselseitigen Austausch von Theorie und Erfahrung, von wissenschaftlichen Konzepten und technischen Instrumenten zu beschreiben. In diesen Wissenschaftsprozess bezieht Bachelard nicht nur die Rollen der wissenschaftlichen Praxis, des Experiments und der Technologie mit ein, sondern auch die kollektive Verfasstheit der Produktion von Wissen. Das Labor ist für Bachelard jener Ort, an dem sowohl die rein rationalistischen als auch die realistisch ausgerichteten Wissenschaftsphilosophien durch die Praxis der Forschung widerlegt werden (vgl. Bachelard 1988, S. 22).

Im Zentrum dieser dialektischen Bewegung zwischen wissenschaftlichen Theorien und empirischer Erfahrung steht der Begriff der „Phänomenotechnik" (Bachelard 1988, S. 18)[1]. Mit diesem Begriff verweist Bachelard auf die besondere Rolle der Technik im Zusammenhang des historischen und kontingenten Veränderungsprozesses der Wissenschaften. Technik ist für Bachelard also nicht nur ein außerwissenschaftlicher Bereich des Wissens, zuständig für die Dokumentation des Beobachteten oder zur sekundären Anwendung und Verwendung wissenschaftlicher Erkenntnisse, sondern Technik ist in Form technischer Instrumente in die Herausbildung wissenschaftlichen Wissens integriert. Sie ist, wie Hans-Jörg Rheinberger betont, „konstitutives Moment des zeitgenössischen wissenschaftlichen *modus operandi*" (Rheinberger 2006, S. 39). Bachelards Konzept der Phänomenotechnik wurde in späteren Ansätzen der Wissenschaftsforschung immer wieder aufgegriffen: Er spielt nicht nur eine zentrale Rolle in Hans-Jörg Rheinbergers Untersuchung von molekularbiologischen „Experimentalsystemen" (Rheinberger 2001, S. 28), sondern wird auch schon von Bruno Latour und Steve Woolgar in ihrer ethnographischen Studie wissenschaftlicher Arbeitsweisen am kalifornischen Salk Institute herangezogen, um die Konstitution wissenschaftlicher Phänomene durch das materielle Setting des Labors zu beschreiben (Latour und Woolgar 1986, S. 63–69).[2]

---

[1] Sergio Sismondi (2010, S. 61) verweist in seiner Einführung in die *Science and Technology Studies* auf frühere Positionen, die die Konstruiertheit wissenschaftlicher Objekte betonen, und nennt hier auch Bachelards Begriff der „Phänomenotechnik".

[2] Vgl. hierzu auch die Beiträge von Hall und Van Loon i. d. Bd.

Theorie und Technik sind bei Bachelard auf doppelte Weise miteinander verschränkt: Einerseits bezeichnet Bachelard die Untersuchungsinstrumente der modernen Wissenschaften als „materialisierte Theorien" (Bachelard 1988, S. 18). Sie werden erst aufgrund einer bestimmten Problemkonstellation ausgedacht und hergestellt. Andererseits betont Bachelard auch, dass Phänomene in den Wissenschaften erst anhand von Instrumenten erzeugt werden, sie sind Effekte der technischen Konstruktionen. So betreibe etwa die Mikrophysik keine „Phänomenographie" mehr, sondern eine „Phänomenotechnik, durch die neue Phänomene nicht gefunden, sondern erfunden werden, in allen ihren Elementen konstruiert werden" (Bachelard 1970, S. 19). Wissenschaftliche Phänomene sind also für Bachelard keine vom Wissenschaftsprozess unabhängigen Fakten, sondern durch eine wechselseitige Dynamik von theoretischen und technischen Elementen der Forschung konstruiert und produziert. Bachelard versteht in diesem Sinn etwa die Forschung der Mikrophysik als „Metatechnik", die eine „künstliche Natur" produziert (Bachelard 1970, S. 24). In seinem Buch *Le rationalisme appliqué* spricht er auch von einem „technischen Materialismus" (Bachelard 1949, S. 5), der die Wissenschaftstheorien des Realismus, Empirismus und Positivismus durch die Praxis instrumentell durchgeführter Experimente ergänzt.

Wissenschaftliche Forschung beschäftigt sich nach Bachelard also nicht mit der Untersuchung einer gegebenen Realität, sondern ist vielmehr eine Praxis der fortschreitenden Realisierung von Wissensobjekten. Die Geschichtlichkeit der Wissenschaften hat damit eine offene Zukunft vor sich, ihre Objekte zeichnen sich dadurch aus, niemals fertig zu sein: „An diesem Punkt merkt man, dass die Wissenschaft ihre Objekte *verwirklicht*, ohne sie jemals ganz fertig vorzufinden. Die Phänomenotechnik erweitert die Phänomenologie. Ein Konzept wird in dem Maße wissenschaftlich, wie es technisch wird, wie mit ihm eine Technik der Verwirklichung einhergeht" (Bachelard 1987, S. 111). Theorie und die Technik wissenschaftlicher Instrumente sind damit gleichberechtigte Elemente in einem Verständnis von Wissenschaft als „Praxeologie wissenschaftlicher Arbeit" (Rheinberger 2006, S. 39).

In diesem Zusammenwirken von theoretischen und technischen Aspekten der Forschung geht die wissenschaftliche Arbeitsweise über die Natur hinaus. Bachelard beschreibt sie vielmehr als eine „Phänomenfabrik" (Bachelard 1951, S. 10), in die er neben Theorie und Technik auch das Soziale als einen weiteren Aspekt in seinen epistemologischen Ansatz integriert. Die „Phänomenfabrik" Wissenschaft stellt am Schnittpunkt von rationalen, technischen und sozialen Elementen das her, was als wissenschaftliche Objektivität gehandelt wird. Das, was jeweils als Wissenschaft gilt, ist für Bachelard charakterisiert durch eine Synthese dieser drei Bereiche. Wissenschaft ist damit für Bachelard ein kollektiver Prozess; weder die

Apparaturen noch die Logik der Forschung können unabhängig von ihren sozialen Bedingungen beschrieben werden:

> Wenn unsere These aufgesetzt und unnütz erscheint, so weil man sich nicht klar macht, dass die moderne Wissenschaft an experimentellen Materialien und mit logischen Bezugsrahmen arbeitet, die schon lange sozialisiert und damit bereits kontrolliert sind. (Bachelard 1987, S. 347)

Wissenschaftliche Objekte sind für Bachelard jene Art von Objekten, die durch Effekte der Koproduktion von technischen, materiellen, sozialen und theoretischen Elementen erzeugt werden.[3] Indem diese Elemente voller Widerstände und Gegensätze aufeinander reagieren, intervenieren und sich gegenseitig korrigieren, machen sie Wissenschaft zu einem nach vorne offenen, von Um- und Abbrüchen gekennzeichneten Prozess (vgl. Rheinberger 2001, S. 22).

2 Lebendige Technik des Wissens – Georges Canguilhem

Dieses Verständnis einer Hervorbringung des Wissens und wissenschaftlicher Konzepte im Zusammenspiel mit technischen Bedingungen greift auch Bachelards Nachfolger an der Sorbonne, Georges Canguilhem, auf. Canguilhem widmet sich aber diesen epistemologischen Effekten technischer Dinge in einem anderen Bereich der Wissenschaften, nämlich dem der Lebenswissenschaften. Er fragt nach dem wechselseitigen Verhältnis von Leben und Technik, welches die Materialisierung von Wissen im Umgang mit technischen Instrumenten möglich macht. Canguilhem (2009 [1952]) diskutiert das spannungsvolle Wechselspiel zwischen Mechanismus und Organismus, zwischen Technik und Leben und argumentiert dafür, die Technik nicht nur als sekundären Konstruktionsvorgang oder einfache Anwendung wissenschaftlicher Erkenntnisse zu interpretieren, sondern umgekehrt „die Konstruktion der Maschine ausgehend von der Struktur und der Funktion des Organismus zu verstehen" (Canguilhem 2009 [1952], S. 184). Technik wird ihm damit zu einem biologischen Phänomen, zu einer Äußerung des biologischen Lebens

---

[3] Diesen Ansatz einer technisch und sozial im Labor konstruierten wissenschaftlichen Erkenntnis, die einer irreversibel und situativ bestimmten Zeitlichkeit wissenschaftlicher Objekte zugrunde liegt, nimmt auch Bruno Latour in seinem Text „Ramsès II est-il mort de la tuberculose?" auf (Latour 1998, S. 84). Im englischsprachigen Text „On the Partial Existence of Existing and Nonexisting Objects" (Latour 2000), in dem Latour die medizinischen Untersuchungen am Leichnam von Ramses II im Jahr 1976 erneut aufgreift, lässt er den Bezug zu Bachelard allerdings fallen.

in der menschlichen Geschichte. Sie kann nur in Zusammenhang mit dem und in Abhängigkeit vom Leben sowie als Teil der menschlichen Kultur verstanden werden. Technik verstehen heißt, so Canguilhem, „sie in die menschliche Geschichte einzuschreiben, indem man die menschliche Geschichte ins Leben einschreibt, ohne indes zu verkennen, dass mit dem Menschen eine Kultur erscheint, die nicht auf die bloße Natur reduzierbar ist" (Canguilhem 2009 [1952], S. 219). Technik ist damit nicht das Andere des Lebens und der Wissenschaft, sondern technische Konstruktionen werden von Canguilhem in Kontinuität und in einem produktiven, aber auch prekären Austauschverhältnis mit dem Leben gedacht.[4]

Diese Verschränkung von Technik und Leben lässt Canguilhem auf zwei Forschungsgebiete rekurrieren, die die Trennung von Wissenschaft, Technik und Leben in ihrer Forschungsperspektive aufheben: Einerseits ist für ihn insbesondere die Anthropologie mit ihrer Aufmerksamkeit auf die organische Entstehung und Funktion der ersten Werkzeuge jene Disziplin, aus der eine systematische Annäherung von Biologie und Technologie vollzogen werden kann.[5] Andererseits ergänzt Canguilhem 1965 in der zweiten Auflage von *Die Erkenntnis des Lebens*, dass sich diese Verschränkung des Technischen mit biologischen Systemen und Strukturen gerade auf dem Gebiet der neu entstandenen Bionik in jüngsten Forschungen am Massachusetts Institute of Technology (MIT) verfolgen lasse (Canguilhem 2009, S. 231). Ian Hacking streicht heraus, dass Canguilhems Analyse der immer organischer werdenden Maschinen die scharfe Trennung zwischen Angeborenem und Hergestelltem, zwischen Natur und Kultur aufgebe, wodurch Maschinen zu einem „Teil des Lebens" werden (Hacking 2005, S. 243).[6] Insofern bringt er Canguilhems Text sogar in Zusammenhang mit Donna Haraways „Manifest für Cyborgs" (Haraway 1995).[7]

Aber nicht nur das Leben und die Lebewesen, auch Wissen und Wissenschaft stehen für Canguilhem in einem wechselseitigen Verhältnis mit dem Technischen (vgl. Ebke 2012). Allerdings betont er gerade die Vorgängigkeit technischer Praktiken gegenüber den Wissenschaften und streicht die Abhängigkeit der Naturerkenntnis von menschlicher Technik in Auseinandersetzung mit dem Leben hervor (vgl. Canguilhem 2006 [1937], auch: Borck et al. 2005, S. 16). Er versteht

---

[4] Zu den Bezugnahmen Canguilhems und theoretischen Implikationen über Canguilhem hinaus siehe auch Schmidgen (2006, 2008).

[5] Canguilhem (2009 [1952], S. 225–228) nennt hier den Paläontologen und Anthropologen André Leroi-Gourhan und dessen Werk *Milieu et techniques* (1945).

[6] Zum Werk von Ian Hacking siehe den Beitrag von Kirschner i. d. Bd.

[7] Siehe hierzu auch Deuber-Mankowsky und Hozhey (2013) und zum Werk von Donna Haraway Weber i. d. Bd.

dabei nicht nur Begriffe als Werkzeuge, sondern umgekehrt auch Werkzeuge als Begriffe, die Handlungsweisen im Umgang mit der jeweiligen Umgebung ermöglichen. Das Werkzeug ist „die Materialisierung eines Projekts [...], das heißt eines Begriffs [...] zur Herstellung einer Beziehung zur Umgebung." (Canguilhem 2006 [1984], S. 118 f.) Den Antrieb technischer Fabrikationen verortet Canguilhem in kritischer Auseinandersetzung mit Descartes in den Erfordernissen des Lebewesens selbst, in seinen Bedürfnissen, Begierden, in seinen Willensäußerungen (Canguilhem 2006 [1937], S. 19). Sowohl Werkzeuge und Maschinen als auch Begriffe werden bei Canguilhem damit zu technischen Fabrikationen, die auf Bedürfnisse eines Organismus antworten und auf eine spezifische Problemstellung in einem Umgebungszusammenhang reagieren.

In einem viel zitierten Aufsatz über den „Gegenstand der Wissenschaftsgeschichte" hat Canguilhem die Wissenschaftsgeschichte als Geschichte von Begriffen charakterisiert (Canguilhem 1979). Begriffe sind aber bei Canguilhem eben keine rein rationalen, logischen Gebilde, sondern unterliegen veränderten Gebrauchs- und Bedeutungsweisen im Austausch mit technischen Veränderungen als Äußerungen des Lebens selbst. Unter einem „Begriff" ist bei Canguilhem also immer diese erweiterte Form von Begriffen zu verstehen, in die die Bedingungen und Effekte von organischen Bedürfnissen und technischen Vorkehrungen bereits integriert sind. Pierre-Olivier Méthot (2013) hat jüngst vor allem die Rolle der Praxis, der Technik wie des Experiments in der Herausbildung und Bedeutungsverschiebung wissenschaftlicher Begriffe bei Canguilhem hervorgehoben. Sowohl Canguilhems *Das Normale und das Pathologische* (1974 [1943]) als auch sein Buch zum Reflexbegriff (2008 [1955]) können in diesem Sinn als Studien über die gegenseitige Hervorbringung und Veränderung von Begriffen in Auseinandersetzung mit technischen Innovationen und experimentellen Settings gelesen werden. In beiden Büchern beschreibt er die produktive Rolle der Technik im untrennbaren Wechselspiel sowohl mit wissenschaftlichen Begriffen als mit dem Leben, aus dem sich eine Dynamik und Historizität der Lebenswissenschaften wie ihrer Wissensobjekte ergibt.[8]

In diesem Sinn einer Koevolution des Technischen, des Organischen wie des Begrifflichen ist auch Canguilhems Satz zu verstehen, dass der Gegenstand der Wissenschaftsgeschichte nicht deckungsgleich mit dem Objekt der Wissenschaft ist (Canguilhem 1979, S. 29). Die Wissenschaftsgeschichte hat es nicht nur mit

---

[8] Canguilhems Verschiebung der Differenz von Normalem und Pathologischem entlang einer Normen setzenden Vitalität des Lebens, die neue, andere Lebensmöglichkeiten schafft, wurde in jüngeren STS-Studien zu medizinischen Technologien u. a. in den „Disability Studies" von Lennard Davis aufgegriffen (Davis 2002).

wissenschaftsinternen Prozessen der Begriffs- und Theoriebildung zu tun, sondern sie zieht neben der Analyse von wissenschaftlichen Begriffen und Methoden auch eine Untersuchung von Instrumenten und Techniken heran. Gegenstand der Wissenschaftsgeschichte sind nicht jene Objekte, die sich innerhalb einzelner Disziplinen als wissenschaftliche Objekte herausgebildet haben, sondern historische Gegenstände am Schnittpunkt von ganz unterschiedlichen kulturellen Praktiken und Wissensformen. Wissenschaftsgeschichte beschäftigt sich nach Canguilhem daher auch „mit der Nicht-Wissenschaft, mit der Ideologie und mit der politischen und gesellschaftlichen Praxis" (Canguilhem 1979, S. 31).

3 Dispositiv Technik Macht – Michel Foucault

Michel Foucault entwickelt mit seiner Diskursanalyse einen wissenshistorischen Ansatz, der ebenso ganz unterschiedliche Textgattungen und Diskurssysteme zu einer Untersuchung des gesellschaftlichen Wissens einer bestimmten Periode zusammenführt. Analog zur Betonung der technischen Bedingtheit der Konstitution und Veränderung wissenschaftlicher Begriffe bei Canguilhem widmet sich auch Foucaults Diskursanalyse nicht einer rein hermeneutischen Lektürepraxis, sondern entwickelt technisch-praktische Methoden. Philipp Sarasin beschreibt Foucaults Diskursanalyse als Analyseform, die „die Schichten der Aussageformationen wie die Gewebe nach funktionalen Ähnlichkeiten isoliert und ihre Ordnung untersucht" und verweist hier auf Anleihen bei medizinisch-anatomischen Praktiken um 1800 (Sarasin 2010, S. 68). Die Diskursanalyse will also keine linguistischen Analysen von Texten erstellen, sondern ganz unterschiedliche Textgattungen und Dokumente in eine topologische Untersuchung überführen und damit ihr Funktionieren in einem gesellschaftlichen und räumlichen Zusammenhang darstellen. Diskurse sollen nicht als Zeichensysteme untersucht werden, die auf Inhalte oder Repräsentationen verweisen, sondern als Praktiken, die Objekte des Wissens hervorbringen (vgl. Foucault 1995, S. 74).

Foucault geht es nicht nur um die Untersuchung wissenschaftlicher Diskurse, sondern er interessiert sich für das Geflecht von Wissen und Macht, das in einer bestimmten historischen Konstellation konkrete gesellschaftliche Erscheinungen hervorbringt. Mit dem Begriff des *Dispositivs* fasst Foucault in der Folge jenes heterogene Geflecht von Diskurs- und Machtstrukturen, das nicht nur diskursive Anteile, wissenschaftliche, philosophische und administrative Aussagen umfasst, sondern in die Frage nach den epistemischen Objekten untrennbar auch institutionelle, architektonische und technische Bedingungen miteinbezieht (vgl. Foucault

2003, S. 394–396).⁹ In seiner Analyse der Disziplinargesellschaften, stellt er etwa eine Verschränkung von Wissenspraktiken und Machttechnologien vor, die die Wissensbereiche der modernen Gesellschaft ausbilden. Jeremy Benthams architektonisches Modell des Panoptikums wird ihm zum Emblem einer Technologie der wechselseitigen Kontrolle, in der sich das moderne Individuum im Netzwerk von Disziplinarmechanismen konstituiert (vgl. Foucault 1977, S. 251–292). Den Komplex von Gefängnis und Zwangsarbeit versteht er als Maschine, als deren Produkte Arbeiter-Häftlinge erzeugt werden (vgl. Foucault 1977, S. 310 f.). Gegenstand von Foucaults Gesellschaftsanalysen der Disziplinarmacht ist also ein Technisch-Werden des Staates sowie der Diskurse und Formen des Wissens, die mit dieser Entwicklung einhergehen. Foucault beschreibt Macht nicht als an Subjekte gebunden, sondern als Effekt eines wirksamen Arrangements (technischer) Dinge und Praktiken. Die Analyse von Machtdispositiven stellt daher nicht nur eine Aussagenanalyse dar, sondern auch eine „Archäologie der Techniken" (Gehring 2004a, S. 120–124).

Umgekehrt entwickelt Foucault im Zusammenhang mit seiner Theorie der Gouvernementalität aber auch ein Verständnis der modernen Gesellschaft als einer neuen Form der Natürlichkeit, die sich gegen die technologisch fabrizierte Künstlichkeit der staatlichen Regierungskunst wendet. Mit dieser Analyse gouvernementaler Strukturen ergänzt Foucault seine Diskursanalyse durch einen weiteren epistemischen Bereich: Bei der Natürlichkeit der Bevölkerung handelt es sich, so Foucault, um eine neue, diskursiv geschaffene Form der Naturalität, die sich erst durch die sich im Laufe des 18. Jahrhunderts entwickelnden ökonomischen Wissensformen herausgebildet hat und ein Ökonomisch-Werden der Macht bedingt (vgl. Foucault 2006, S. 500–502). In seiner Diskursanalyse der Humanwissenschaften führt Foucault ein breites Spektrum an epistemischen, politischen, ökonomischen und technologischen Elementen zusammen und verfolgt die unterschiedlichen Weisen ihrer Verbindung wie ihre gesellschaftlichen Positivitäten vom Mittelalter bis in 20. Jahrhundert. Gleichzeitig nimmt er die Trennung der Wissenschaft von der Politik nicht als eine definitorische, ahistorische Gegebenheit, sondern gibt dieser Herauslösung der Wissenschaft aus dem Politischen einen historischen Ort und eine diskursanalytische Situiertheit: Indem er Wissenschaftlichkeit als Entwicklung eines Anspruchs auf theoretische Reinheit charakterisiert, bindet er sie an die Entstehung einer ökonomisch informierten Gouvernemen-

---

⁹ Foucaults Begriff des „Dispositivs" wurde bereits in Zusammenhang mit dem für die Akteur-Netzwerk-Theorie wichtigen Begriff des „Netzwerks" gebracht, eines Gefüges von Praktiken, Körpern und Technologien, in dem sich heterogene, instabile Elemente herausbilden (vgl. Wieser 2012, S. 199).

talität am Ende des 18. Jahrhunderts (vgl. Foucault 2006, S. 504). Ausgehend von Foucaults Begriffen der Gouvernementalität und der Biopolitik hat Paul Rabinow Studien zu jüngsten Entwicklungen in den Lebenswissenschaften wie der Biotechnologie, Biomedizin und dem Humangenomprojekt vorgelegt (Rabinow 1992, 1999). Nikolas Rose hat Foucaults Ansatz weiterentwickelt und im Zusammenhang mit rezenten biomedizinischen Entwicklungen von der Entstehung neuer Subjektivitäten zwischen Biotechnologie und Körperethik als einer „Politik des Lebens selbst" gesprochen (vgl. Rose 1999, 2007).[10]

4 Wege, Verzweigungen und Überlagerungen des Wissens – Michel Serres

Michel Serres führt in seinen philosophischen und wissenschaftshistorischen Arbeiten einen weiteren Aspekt der technologischen Bedingtheit des Wissens ein. Indem er Kultur und Wissenschaft als informationstheoretische Phänomene (vgl. Serres 1991) auffasst und diese nicht als geordnete Systeme und stabile Instanzen behandelt, sondern als Durchgangs- und Transformationsräume mannigfacher Informationsströme, ermöglicht er die Thematisierung von medialen Akteuren, die Wissen als beständigen Veränderungsprozess erzeugen und bedingen. Diese Medien, die als Dazwischen und als Relationen die eigentlichen Räume des Wissens bilden, versteht Serres in einem sehr weiten Sinn: Es sind nicht nur die üblichen Medien der Übertragung und Information, sondern auch Werkzeuge, technische Objekte, Übersetzungen, Nichtwissen, aber auch Personen, die als Mittler, Joker und Parasiten zwischen Systemen agieren (vgl. Serres 1981, S. 98–101). Es gibt bei Serres kein Wissen und keine Wissenschaft ohne die Unordnung, das Chaos, den Lärm und das Rauschen, das jede Information und jede Konversation als dessen Bedingung begleitet (vgl. Serres 1994b, S. 206 f.). Indem sich „Wissen" bei Serres stets nur als Relation zeigt, tritt es nicht mehr als das Richtige und Wahre auf, sondern beinhaltet immer auch ein Dazwischen der irreversiblen Veränderung, in der Medien der Transformation aktiv sind.

Andererseits operieren Technologien für Serres nicht nur als Medien und Relationen, sie leiten auch die Aneignung der Welt ein, indem sie die Umwelt markieren. Damit thematisiert Serres auch das Eindringen der Wissenschaften in die Lebenswelt und ihre Durchdringung als Spuren der Verschmutzung. Während sich die

---

[10] Vgl. zum Werk von Paul Rabinow und Nicholas Rose die Beiträge von Lemke und von Weiß i. d. Bd.

Naturwissenschaften (Chemie, Biologie, Thermodynamik) ausschließlich mit der „harten Verschmutzung" der Welt beschäftigen (z. B. dem Treibhauseffekt) (Serres 2009, S. 68), will Serres auch die „weiche Verschmutzung" der Kultur und der Bezugnahmen der Menschen durch Bilder, „Schrift-, Logo- und Zeichentsunamis" (Serres 2009, S. 46) thematisieren. Serres integriert damit in seine Wissensgeschichte der Kulturen, Wissenschaften und Technologien das Problembewusstsein für die Verschmutzung und Schäden der Welt durch den Menschen (Serres 2008, S. 29). Als Konsequenz fügt Serres der Wissenschaftsgeschichte eine weitere Dimension hinzu: Er will eine neue, innige Verbindung des Wissens mit dem Recht und der Moral begründen. Mit dem „Naturvertrag" schlägt er eine Neustiftung des Verhältnisses von Natur, Politik und Wissenschaft vor, einen „Pakt des Rechts mit dem Wissen", eine „Symbiose von Wissenschaft und Verpflichtung" (Gehring 2004b, S. 315). Indem Serres eine globale Perspektive des Handelns in die Frage nach dem Wissen integriert, verbindet er Naturwissenschaften mit praktischen Anliegen.

Der Weg eines solchen neuen, praxisorientierten Verständnisses der Wissenschaften führt bei Serres über die Reintegration der Geisteswissenschaften, der Literatur und der Religionen in die Geschichte des Wissens. Sie sind für Serres die Verwahrer des menschlichen Schmerzes. In ihnen drückt sich das von den Natur- und Humanwissenschaften vergessene menschliche Leid, das Scheitern, der Mangel aus, die nach Serres den Ausgangspunkt für jede Wissenschaft bilden (vgl. Serres 2008, S. 260–264). Die Arbeit der Wissenschaftsgeschichte zielt bei Serres damit nicht mehr nur auf die Geschichte des Wissens, sondern ist aufs engste mit der Frage nach dem richtigen Handeln verbunden. Mit dieser Verbindung der Bereiche von Naturwissenschaften, Geisteswissenschaften, Kunst, Literatur, Religion und Politik in einem gemeinsamen Blick wird Serres zu einem wichtigen Referenzpunkt für Latours Kritik an der modernistischen Heraustrennung und Reinigung der Naturwissenschaften aus literarischen und anderen Wissensbereichen, wie er sie z. B. in Bachelards Betonung einer, in die wissenschaftliche Arbeitsweise eingeschriebenen epistemologischen Brüchigkeit diagnostiziert (Latour 2008, S. 124).

5 Zeitlichkeit – Eine Frage der Technik

Die französische Geschichte und Philosophie der Wissenschaften ist eine Geschichte des Technischen im Wissen. Sie untersucht nicht nur wissenschaftliche Ideen und Objekte, sondern widmet sich deren technischen Effekten, Bedingungen und Möglichkeiten. Sie begibt sich damit in die Zwischenräume, Umwege, Verzweigungen und Unvorhersehbarkeiten des Wissens. Indem die französische Wissenschaftsgeschichte und -philosophie nicht die Geschichte des Wissens über wissenschaftliche Objekte behandelt, sondern vielmehr die Zonen vor und unterhalb der veränderlichen Objekte des Wissens untersucht, beschäftigt sie sich mit den Wissenschaften als Praktiken der Hervorbringung, aber auch der Verschiebung und Umwandlung von „epistemischen Objekten" im Wechselspiel von technischen, begrifflichen, diskursiven und gesellschaftlichen Elementen. Insofern sind die Zeitkonzeptionen in der Epistemologie von Bachelard und Canguilhem beeinflusst von den technischen Effekten, die sowohl neues Wissen, neue wissenschaftliche Begriffe als auch Objekte des Wissens hervorbringen. Wissenschaftsgeschichte hat es in diesem Sinn nicht nur mit der Vergangenheit zu tun, sondern auch mit dem Möglichen: den provisorischen und prekären Entwicklungen des Wissens. Indem Wissen nicht nur technisch bedingt ist, sondern sich auch durch und mit technischen Effekten weiterentwickeln kann, ist es eben nicht nur historisch, sondern hat auch eine kontingente, unabsehbare Zukunft vor sich. Bachelard spricht von der Wissenschaft als einer Tätigkeit, die Projekte generiert (vgl. Bachelard 1988, S. 17). Indem wissenschaftliche Forschung aber, so Bachelard, auch die Anwendungsbedingungen eines Konzepts in dessen Bedeutung reintegriert (vgl. Bachelard 1987, S. 110 f.), treibt sie einen Prozess der rekurrenten Veränderung und fortlaufenden Selbstkorrektur des wissenschaftlichen Wissens an. Auch bei Canguilhem zeigen sich die Korrelationen von Leben, Technik und Wissenschaft als „genuin autokorrektive und [...] wesentlich prekäre Prozesse" (Rheinberger 2005, S. 224). Die Zeitlichkeit des Wissens und der Wissenschaft ist also bestimmt vom unabsehbaren Wechselspiel zwischen technischen, sozialen und organischen Faktoren. Die wissenschaftliche Tätigkeit wird zu einem Prozess der fortlaufenden sowohl technischen als auch theoretischen Bildung und Umbildung im Bruch mit der eigenen Vergangenheit. Die Geschichtlichkeit eines Wissenssystems in Verschränkung mit der Macht und die Bedingungen seiner Herausbildung herauszuarbeiten, die „Bruchlinien seines Auftauchens zu verfolgen" (Foucault 1992, S. 35), dies zeichnet auch das Programm von Foucaults Archäologie der Humanwissenschaften aus. Es ist ebenso die Aufgabe einer von Foucault beschriebenen kritischen Haltung, die sowohl die Akzeptabilität eines Systems als auch dessen Willkürlichkeit und Gewaltsamkeit thematisiert. Diese historische Analyse der Kontingenz eines Systems, seiner „Verstrickung zwischen Prozeßerhaltung und Prozeßumformung" (Foucault 1992, S. 39) widmet sich einer Kritik der Beziehungen zwischen Wissenschaft und Technik, Wissen und Macht.

Wissenschaft als Koevolution von konzeptuellen und technischen Effekten hat in diesem Sinn nicht nur eine technisch wie sozial bedingte Geschichtlichkeit, sondern sie bildet durch ihre Offenheit für unvorhersehbare Zufälle und Richtungsänderungen auch eine veränderbare und kontingente Zukunft aus (Rheinberger

2001; Rabinow und Dan-Cohen 2005). Serres' *Nordwest-Passage* charakterisiert eine solche Zeitlichkeit der Wissenschaft:

> Der eigentliche Kern der Wissenschaft ist genau das, was man weder voraussehen noch verwalten kann; die Wissenschaft ist nichts anderes als das Neue [...]. Kurz, Erfindung und Hoffnung kommen in der Wissenschaft meist nicht zur Deckung. Und damit ist eine Geschichte umschrieben, eine wirkliche Geschichte, wie ich sie nennen möchte, mit ihren Zufällen und Umständen. Eine Geschichte, die sich nicht auf Ziele festlegen läßt. (Serres 1994a, S. 164)

Foucaults „Geschichte der Gegenwart" (Foucault 1977, S. 43), die die kontingente Bedingtheit des Gegenwärtigen aus dem Vergangenen herausarbeiten will, wurde in diesem Sinn z. B. von Rose (2007, S. 4 f.) zu einer „Kartographie des Gegenwärtigen" weiterentwickelt, mit der Absicht die Offenheit zukünftiger Entwicklungen zu ermöglichen.

Während die historische Epistemologie Bachelards, Canguilhems und Foucaults Wissenschafts- und Wissensgeschichte aus der Perspektive des prekären Wissens im Moment seiner Herausbildung beschreiben, fügt Serres der Zeitlichkeit der Wissenschaften und des Wissens auch eine topologische Dimension hinzu. Er versteht Zeit als System von Verzweigungen, das darauf verweist, dass es keine geradlinige, kontinuierliche Abfolge des Wissenserwerbs in der Geschichte gibt, sondern ausschließlich Wege, Straßen und Spuren, die sich „verflechten, verdichten, kreuzen, verknoten, überlagern, oft mehrfach verzweigen" (Serres 2002, S. 18). Die Aufgabe der Wissenschaftsgeschichte ist es, Karten dieser Bifurkationen und Vernetzungen zu zeichnen, um sich auf der Spur dieser Verzweigungen der Wissenschaften wie auf einer Reise durch und um diese Landschaft zu bewegen.[11] Die Entscheidungen, die in das Kartenbild der Wissenschaftsgeschichte eingehen und damit die Verzweigungen des Wissens ausmachen, werden nach Serres von Tribunalen und Gerichtshöfen des Wissens gefällt. Serres denkt hier an griechische Philosophenschulen, kirchliche Konzile oder universitäre Kongresse, welche die „oberste Gewalt in der Geschichte der Wissenschaften" bilden (Serres 2002, S. 25). Während Bachelard und Canguilhem Wissenschaftsgeschichte ausgehend von der Fabrikation von Wissen zwischen technischen Instrumenten und historischen und kulturellen Bezugnahmen verstehen, führt Serres eine Perspektive auf die komplexen Verzweigungen des Wissens ein; es ist die bewegte, globale Sicht eines Satelliten (vgl. Serres

---

[11] So beginnt Serres sein Buch *Hermes V: Die Nordwest-Passage* mit „Streifzügen" und insbesondere das Kapitel zur Epistemologie mit den Worten: „Man kann um die Wissenschaft herumgehen wie um eine Sache, die man besser erkennen möchte. Das heißt nicht, daß wir die Wissenschaft oder die Sache dadurch endlich voll erfaßten, aber zumindest zeigen sie sich uns auf diese Weise von verschiedenen Seiten" (Serres 1994a, S. 151).

2001, S. XXIX). Mit dem Projekt eines Thesaurus der exakten Wissenschaften will Serres eine Erkenntnis der Geschichte des Wissens ermöglichen, die sich durch eine vielgestaltige Landschaft ohne vorweggenommene „tiefgreifende inhaltliche Verbindungen" wie auf einer homerischen Irrfahrt bewegt (Serres 2001, S. XVIII). Serres' wissenschaftshistorische Arbeiten führen damit eine neue Art der Zeitlichkeit ein, die sich von einer linearen, irreversiblen Zeitvorstellung abwendet und stattdessen die Elemente einer Geschichte der Wissenschaften in topologische Zusammenhänge einführt. Die strukturale Analyse auf Basis der Informationstheorie soll eine gemeinsame und verzweigte Untersuchung der getrennten Wissensformen des kulturellen und des wissenschaftlichen Wissens ermöglichen (vgl. Gehring 2006, S. 472–474). Auf dieser Grundlage führt Serres weit verstreute Jahrhunderte und Wissensbereiche, Naturwissenschaften, religionshistorische Elemente, Literatur und Kunst in gemeinsame Analysen ein und bietet damit Ausgangspunkte für eine vernetzte Auffassung der Bereiche von Natur, Kultur, Kunst und Wissenschaft innerhalb der seit Mitte der 1980er Jahre entstandenen Akteur-Netzwerk-Theorie (Latour 1996, 2008; Belliger und Krieger 2006). Indem Serres historische Texte auf derselben Ebene wie zeitgenössische behandelt, will er das Gegenwärtige in unterschiedlichen Zeiten und Perioden entdecken und zusammenführen. Damit beschreibt Serres Wissen in Form einer nicht-modernen Zeitlichkeit, die nicht linear verläuft, sondern fraktal und bizarr wie ein zerknittertes Taschentuch (vgl. Serres 2008, S. 93).

Die französische Wissenschaftsgeschichte und -philosophie reflektiert den Zusammenhang von Wissenschaft und Technik, von Wissen und Gesellschaft auf ganz unterschiedliche Weisen und aus unterschiedlichen Perspektiven. Sowohl in Bachelards Thematisierung der Forschungspraxis in den physikalischen Wissenschaften als auch in Canguilhems Auseinandersetzung mit den Lebenswissenschaften ebenso wie in Foucaults historischen Untersuchungen der Humanwissenschaften und in Serres' gemeinsamen Analysen von wissenschaftlichen und literarischen Texten stellt die Frage nach den Rollen des Technischen und der Technologien in den Wissenschaften und im Wissen einen wichtigen Ansatzpunkt dar. Es sind diese spezifischen Rollen des Technischen zwischen Phänomenotechnik, Normierung, Normalisierung und Medialität sowie die unterschiedlichen Konzeptionen von Zeitlichkeit, die aus dieser Wechselseitigkeit von Wissen mit seinen technischen Bedingungen und Effekten folgen, die einen wichtigen Beitrag der französischen Wissenschaftsgeschichte und -philosophie zu zeitgenössischen Ansätzen der Wissenschaftsforschung leisten können.

Literatur

Bachelard, Gaston. 1949. *Le rationalisme appliqué*. Paris: PUF.
Bachelard, Gaston. 1951. *L'activité rationaliste de la physique contemporaine*. Paris: PUF.
Bachelard, Gaston. 1970 [1931–1932]. Noumène et microphysique. In *Études*, Hrsg. Gaston Bachelard, 11–22. Paris: Vrin.
Bachelard, Gaston. 1987 [1938]. *Die Bildung des wissenschaftlichen Geistes. Beitrag zu einer Psychoanalyse der objektiven Erkenntnis*. Frankfurt a. M.: Suhrkamp.
Bachelard, Gaston. 1988 [1934]. *Der neue wissenschaftliche Geist*. Frankfurt a. M.: Suhrkamp.
Belliger, Andréa, und David J. Krieger. 2006. *ANThology. Ein einführendes Handbuch zur Akteur-Netzwerk-Theorie*. Bielefeld: transcript.
Braunstein, Jean-François. 2002. Bachelard, Canguilhem, Foucault. Le „style français" en epistemologie. In *Les philosophes et la science*, Hrsg. Pierre Wagner, 920–963. Paris: Gallimard.
Brenner, Anastasios, und Jean Gayon. 2009. Introduction. In *French studies in the philosophy of science: Contemporary research in France*, Hrsg. Brenner Anastasios und Jean Gayon, 1–22. Dordrecht: Springer.
Borck, Cornelius, Volker Hess, und Henning Schmidgen. 2005. Einleitung. In *Maß und Eigensinn. Studien im Anschluß an Georges Canguilhem*, Hrsg. Cornelius Borck, Volker Hess, und Hennin Schmidgen, 7–43. München: Fink.
Canguilhem, Georges. 1974 [1943]. *Das Normale und das Pathologische*. München: Hanser.
Canguilhem, Georges. 1979 [1968]. Der Gegenstand der Wissenschaftsgeschichte. In *Wissenschaftsgeschichte und Epistemologie. Gesammelte Aufsätze*, Hrsg. Georges Canguilhem, 22–37. Frankfurt a. M.: Suhrkamp.
Canguilhem, Georges. 2006 [1937]. Descartes und die Technik. In *Wissenschaft, Technik, Leben. Beiträge zur historischen Epistemologie*, Hrsg. Georges Canguilhem, 7–21. Berlin: Merve.
Canguilhem, Georges. 2006 [1984]. „Die Position des Epistemologen muß in der Nachhut angesiedelt sein": Ein Interview (1984). In *Wissenschaft, Technik, Leben. Beiträge zur historischen Epistemologie*, Hrsg. Georges Canguilhem, 103–121. Berlin: Merve.
Canguilhem, Georges. 2008 [1955]. *Die Herausbildung des Reflexbegriffs im 17. und 18. Jahrhundert*. München: Fink.
Canguilhem, Georges. 2009 [1952]. Maschine und Organismus. In *Die Erkenntnis des Lebens*, Hrsg. Georges Canguilhem, 183–232. Berlin: August Verlag.
Chimisso, Cristina. 2008. *Writing the history of the mind: Philosophy and science in France, 1900 to 1960s*. Aldershot: Ashgate.
Davis, Lennard. 2002. *Bending over backwards: Disability, dismodernism, and other difficult positions*. New York: University Press.
Deuber-Mankowsky, Astrid, und Christoph F. E. Holzhey. 2013. *Situiertes Wissen und regionale Epistemologie. Zur Aktualität Georges Canguilhems und Donna J. Haraways*. Wien: Turia + Kant.
Ebke, Thomas. 2012. *Lebendiges Wissen des Lebens. Zur Verschränkung von Plessners Philosophischer Anthropologie und Canguilhems Historischer Epistemologie*. Berlin: Akademie Verlag.
Foucault, Michel. 1977 [1975]. *Überwachen und Strafen. Die Geburt des Gefängnisses*. Frankfurt a. M.: Suhrkamp.

Foucault, Michel. 1992 [1990]. *Was ist Kritik?* Berlin: Merve.
Foucault, Michel. 1995 [1969]. *Archäologie des Wissens.* Frankfurt a. M.: Suhrkamp.
Foucault, Michel. 2003 [1977]. Das Spiel des Michel Foucault. In *Schriften III,* Hrsg. Daniel Defert, 391–429, Frankfurt a. M.: Suhrkamp.
Foucault, Michel. 2006. *Sicherheit, Territorium, Bevölkerung. Geschichte der Gouvernementalität I. Vorlesung am Collège de France 1977–1978.* Frankfurt a. M.: Suhrkamp.
Gehring, Petra. 2004a. *Foucault – Die Philosophie im Archiv.* Frankfurt a. M.: Campus.
Gehring, Petra. 2004b. Michel Serres: Friedensgespräche mit dem großen Dritten. In *Die Rückkehr des Politischen. Demokratietheorien heute,* Hrsg. Oliver Flügel, Reinhard Heil, und Andreas, Hetzel, 308–322. Darmstadt: Wissenschaftliche Buchgesellschaft.
Gehring, Petra. 2006. Michel Serres: Gärten, Hochgebirgen, Ozeane der Kommunikation. In *Kultur. Theorien der Gegenwart,* Hrsg. Stephan Moebius und Dirk Quadflieg, 471–480. Wiesbaden: VS Verlag für Sozialwissenschaften.
Hacking, Ian. 2005. Canguilhem unter den Cyborgs. In *Maß und Eigensinn. Studien im Anschluß an Georges Canguilhem,* Hrsg. Cornelius Borck, Volker Hess, und Henning Schmidgen, 239–256. München: Fink.
Haraway, Donna. 1995 [1985]. Ein Manifest für Cyborgs: Feminismus im Streit mit den Technowissenschaften. In *Die Neuerfindung der Natur: Primaten Cyborgs und Frauen,* Hrsg. Carmen Hammer und Immanuel Steiß, 33–72. Frankfurt a. M.: Campus Verlag.
Latour, Bruno. 1996. On actor-network theory. A few clarifications. *Soziale Welt* 47 (4), 369–382.
Latour, Bruno. 1998. Ramsès II est-il mort de la tuberculose? *La Recherche* 307, 84–85.
Latour, Bruno. 2000. On the partial existence of existing and nonexisting objects. In *Biographies of scientific objects,* Hrsg. Lorraine Daston, 247–269. Chicago: University of Chicago Press.
Latour, Bruno. 2008 [1991]. *Wir sind nie modern gewesen. Versuch einer symmetrischen Anthropologie.* Frankfurt a. M.: Suhrkamp.
Latour, Bruno, und Steve Woolgar. 1986 [1979]. *Laboratory life. The social construction of scientific facts.* Princeton: Princeton Univ. Press.
Leroi-Gourhan, André. 1945. *Milieu et techniques.* Paris: Michel.
Méthot, Pierre-Olivier. 2013. On the genealogy of concepts and experimental practices. Rethinking Georges Canguilhem's historical epistemology. *Studies in History and Philosophy of Science Part A,* 44 (1), 112–123.
Rabinow, Paul. 1992. Artificiality and enlightenment: From sociobiology to biosociality. In *Incorporations,* Hrsg. François Delaporte, 234–251. New York: Zone Books.
Rabinow, Paul. 1999. *French DNA: Trouble in Purgatory.* Chicago: University Press.
Rabinow, Paul, und Dan-Cohen, Talia. 2005. *A machine to make a future: Biotech chronicles.* Princeton: University Press.
Rheinberger, Hans-Jörg. 2001 [1997]. *Experimentalsysteme und epistemische Dinge. Eine Geschichte der Proteinsynthese im Reagenzglas.* Göttingen: Wallstein.
Rheinberger, Hans-Jörg. 2005. Ein erneuter Blick auf die historische Epistemologie von Georges Canguilhem. In *Maß und Eigensinn. Studien im Anschluß an Georges Canguilhem,* Hrsg. Cornelius Borck, Volker Hess, und Henning Schmidgen, 223–238. München: Fink, S.
Rheinberger, Hans-Jörg. 2006. Gaston Bachelard und der Begriff der Phänomenotechnik. In *Epistemologie des Konkreten. Studien zur Geschichte der modernen Epistemologie,* Hrsg. Hans-Jörg Rheinberger, 37–54. Frankfurt a. M.: Suhrkamp.

Rose, Nikolas. 1999. *Powers of Freedom: Reframing Political Thought*. Cambridge: University Press.
Rose, Nikolas. 2007. *The Politics of Life Itself: Biomedicine, Power, and Subjectivity in the Twenty-First Century*. Princeton: University Press.
Sarasin, Philipp. 2010. *Foucault zur Einführung*. Hamburg: Junius.
Schmidgen, Henning. 2006. Über Maschinen und Organismen bei Canguilhem. In Georges Canguilhem, *Wissenschaft, Technik, Leben. Beiträge zur historischen Epistemologie*, Hrsg. Henning Schmidgen, 157–178. Berlin: Merve.
Schmidgen, Henning. 2008. Fehlformen des Wissens, in: Georges Canguilhem, *Die Herausbildung des Reflexbegriffs im 17. und 18. Jahrhundert*, VII–LVIII. München: Fink.
Serres, Michel. 1981 [1980]. *Der Parasit*. Frankfurt a. M.: Suhrkamp.
Serres, Michel. 1991 [1968]. *Hermes I: Die Kommunikation*. Berlin: Merve.
Serres, Michel. 1994a [1980]. Sperre: die Epistemologie. In *Hermes V: Die Nordwest-Passage*, 151–170. Berlin: Merve.
Serres, Michel. 1994b [1980]. Geschichte der Wissenschaften. In *Hermes V: Die Nordwest-Passage*, 171–218. Berlin: Merve.
Serres, Michel. 2001 [1997]. Vorwort. In *Thesaurus der exakten Wissenschaften*, Hrsg. Michel Serres und Nayla Farouki, IX–XXXIX. Frankfurt a. M.: Zweitausendeins.
Serres, Michel, Hrsg. 2002 [1989]. *Elemente einer Geschichte der Wissenschaften*. Frankfurt a. M.: Suhrkamp.
Serres, Michel. 2008 [1994]. *Aufklärungen. Fünf Gespräche mit Bruno Latour*. Berlin: Merve.
Serres, Michel. 2009 [2008]. *Das eigentliche Übel*. Berlin: Merve.
Sismondi, Sergio. 2010. *An Introduction to Science and Technology Studies*. Chichester: Blackwell.
Turner, Stephen. 2008. The Social Study of Science Before Kuhn. In *The Handbook of Science and Technology Studies*, Hrsg. Edward J. Hackett, et al., 33–62. Cambridge: MIT Press.
Wieser, Matthias. 2012. *Das Netzwerk von Bruno Latour. Die Akteur-Netzwerk-Theorie zwischen Science & Technology Studies und poststrukturalistischer Soziologie*. Bielefeld: transcript.

Technik, Politik und Gesellschaft: William F. Ogburn, Lewis Mumford, Langdon Winner und Thomas P. Hughes

Cornelius Schubert

Wie gesellschaftlicher und technischer Wandel zusammenhängen ist eine der großen Fragen in der Wissenschafts- und Technikforschung. Dieses Kapitel behandelt vier US-amerikanische Klassiker vom frühen 20. Jahrhundert bis in die 1980er Jahre. Zwischen den Autoren und ihren Werken werden Ähnlichkeiten, Unterschiede und Entwicklungslinien aufgezeigt, um an dieser Diskussion auch das Nachdenken über Technik und Gesellschaft im historischen Verlauf zu veranschaulichen.

1 William Fielding Ogburn: Die These vom *Cultural Lag*

Obwohl Ogburn immensen Einfluss auf die Untersuchung von sozialem und technischem Wandel hatte, zählt er heute zu den in Vergessenheit geratenen Klassikern. In seinem einflussreichen Buch „Social Change with Respect to Culture and Original Nature" von 1922 offeriert er ein Modell gesellschaftlichen Wandels, das durch ungleiche Veränderungsgeschwindigkeiten interdependenter Gesellschaftsbereiche gekennzeichnet ist.

Die These des *Cultural Lag* bildet die Kernidee sozialer Wandlungsprozesse, die durch technologische Entwicklungen angestoßen werden. Ogburn beginnt mit der Beobachtung, dass sich die verschiedenen Teile moderner Gesellschaften nicht in demselben Tempo wandeln. Beschleunigter Wandel in einem Teil ruft Anpassungsanforderungen in den Bereichen mit verzögertem Wandelungstempo hervor.

C. Schubert (✉)
DFG-Graduiertenkolleg Locating Media, Universität Siegen, 57076 Siegen, Deutschland
E-Mail: cornelius.schubert@uni-siegen.de

So bedingt etwa die Industrialisierung Veränderungen im Bildungssystem. Dass es in modernen Gesellschaften meist technologische Bereiche sind, die sich in raschem Tempo wandeln, ist eine Besonderheit der Moderne. In anderen gesellschaftlichen Figurationen können die Differenzen zwischen raschem und verzögertem Wandel auch ganz anders gelagert sein – etwa wenn die Impulse sozialen Wandels aus der Religion kommen (vgl. Ogburn 1922, S. 268 ff.).

Ogburn lehnt sein Konzept des *Cultural Lag* an die bekannte Formel von unabhängiger und abhängiger Variable an: Veränderungen in der unabhängigen Variable führen zu Veränderungen in der abhängigen Variable. Das bedeutet, dass ein *Cultural Lag* nur unter voneinander abhängigen Gesellschaftsbereichen auftreten kann – denn selbstverständlich ist eben auch die Industrie auf das Bildungswesen angewiesen. Damit lassen sich nicht alle Arten von Veränderung bzw. Beharrung unter den Begriff bringen. Der Nachweis eines „echten" Cultural Lag vollzieht sich in vier Schritten (Ogburn 1964, S. 89):

1. Der Identifikation von mindestens zwei Variablen,
2. der Feststellung, dass diese Variablen im Einklang waren,
3. der Feststellung, dass sich eine Variable früher oder schneller wandelt als die andere und
4. dass dadurch der Einklang bzw. die Anpassung zwischen den Variablen sinkt.

Ogburn möchte damit ein allgemeines Prinzip sozialen Wandels herausstellen, das auf die Interdependenz unterschiedlicher gesellschaftlicher Bereiche abhebt und besonders den Anpassungsdruck auf die hinterherhinkende „adaptive culture" (Ogburn 1922, S. 203) sichtbar macht. Auch wenn der *Cultural Lag* auf den ersten Blick mechanistisch bzw. deterministisch anmutet, so verwehrt sich Ogburn an verschiedenen Stellen einer reduktionistischen Lesart. Erstens, weil nicht im Vorhinein feststehe, wo die Quelle des Wandels zu suchen ist. Das Phänomen des Cultural Lag lässt sich so nicht auf einen historischen Materialismus oder ökonomischen Determinismus verkürzen (vgl. Ogburn 1964, S. 87), sondern gilt für alle Prozesse sozialen Wandels, die nach dem oben genannten Schema ablaufen. Zweitens ist noch nichts über die Art der Anpassung gesagt. Ogburn postuliert zunächst nur ein Ungleichgewicht („maladjustment"), macht aber keine Vorgaben darüber, wie genau der Anpassungsprozess stattzufinden habe – obwohl der Begriff der *Adaptive Culture* schon nahelegt, wo die Anpassung vorzunehmen sei. Letzten Endes muss es auch keine schrittweise Anpassung sein, viele *Cultural Lags* werden in größeren Umbruchsituationen wie Revolutionen oder Kriegen aufgelöst.

Auch wenn Ogburn eine allgemeine Fassung des *Cultural Lags* vornimmt bleibt deutlich, dass das Konzept auf sich rapide wandelnde modernen Gesellschaften gemünzt ist. Die besondere Nähe des *Cultural Lag* zur Moderne hat zwei Gründe: Erstens gelten eben die technologischen Errungenschaften der Industrienationen als der primäre Motor eines modernen *Cultural Lag*, da kein anderer Bereich in so atemberaubender Geschwindigkeit Neuerungen hervorbringt. Zweitens haben diese Neuerungen gerade unter den Bedingungen einer ebenso ausdifferenzierten wie interdependenten Gesellschaft ein erhöhtes Lag-Potenzial: „To the extent that culture is like a machine with parts that fit, cultural lag is widespread." (Ogburn 1964, S. 91)

Für Ogburn sind die modernen Industrienationen gewissermaßen aus dem Takt geraten, an allen Ecken und Enden finden sich Anpassungslücken, die zu gesellschaftlichen Spannungen führen. Die schneller werdenden modernen Erfindungsgeschwindigkeiten ließen zudem nicht drauf hoffen, dass nach den Zeiten des Wandels auch Zeiten der Ruhe folgten, vielmehr müsse man sich auf kontinuierlichen Wandel einstellen. Abhilfe gegen die sich auftürmenden Ungleichgewichte sieht Ogburn in neuen Formen der Technikfolgenabschätzung („technology assessment"), die er als höchst einflussreicher Soziologe seiner Zeit im politischen Diskurs positioniert (vgl. Ogburn 1937). Technischer Wandel gerät somit vom mehr oder weniger unkontrollierten Wandlungsimpuls zum politischen Gestaltungsauftrag, bei dem schon im Vorfeld nach möglichen Anpassungsproblemen, den Technikfolgen, gesucht wird, um sie frühzeitig zu beheben oder gar nicht erst entstehen zu lassen. Dieses Erbe wirkt bis heute nach und hat wenig von seiner damaligen Brisanz eingebüßt.

Abschließend bleibt festzuhalten, dass Ogburn die These des *Cultural Lag* zwar nicht auf Technik beschränkt, aber der technische Wandel bzw. die modernen Gesellschaften als durch und durch technisierte Umwelten eine besondere Problematik aufweisen. Weil Ogburn den technischen Wandel als primären Motor des sozialen Wandels in der Moderne konzipiert, wird er gelegentlich als Vertreter eines technischen Determinismus einsortiert. Das trifft nur oberflächlich zu, denn es ist nie eine reine Technik, die die Wandlungsimpulse gibt, sondern immer eine umfassendere „material culture" (Ogburn 1922, S. 268 ff.).

2 Lewis Mumford: Die Herrschaft der Megamaschine

Während sich Ogburn auf die Spanungsprozesse technischen und gesellschaftlichen Wandels in der industriegesellschaftlichen Gegenwart konzentriert, geht sein Zeitgenosse Mumford in historischer Perspektive auf unterschiedliche Entwicklungsphasen von „Technik und Zivilisation" ein (Mumford 1934). Im Zentrum seiner Analyse steht eine ganz bestimmte Technik, und zwar die Maschine. Mumford fragt sich, wie die Maschine zu einem so dominanten und beherrschenden Modell der Zivilisation werden konnte. Dabei macht er die Herausbildung des heutigen „maschinellen Zeitaltes" nicht wie üblich an der industriellen Revolution oder der Dampfmaschine fest, sondern sucht nach den kulturellen Vorbedingungen, die die Herrschaft der Maschine überhaupt erst möglich machen.

Mumford sucht, ähnlich Webers (1988 [1920]) Protestantismusthese, nach den sozialen Wegbereitern der Industrialisierung. Zuerst unterscheidet er dazu klassisch zwischen Werkzeug und Maschine, wobei die Maschine durch Spezialisierung und Automation gekennzeichnet ist. Auch frühe Maschinen, wie die Töpferscheibe, tragen diese Eigenschaften schon in sich. Je weiter die maschinelle Entwicklung geht, desto mehr spezialisiertes Wissen fließt in diese ein und desto weiter wird sie mit anderen Maschinen, etwa für Krafterzeugung und Kraftübertragung, zusammengebunden, sodass ein umfassender technologischer Komplex entsteht. Dieser Komplex ist durch die Regelmäßigkeiten der Maschinen bestimmt und setzt gewisse regulierte Bedienungsweisen voraus. Aber die technische Maschine ist nicht das Vorbild für eine arbeitsteilig differenzierte Gesellschaft. Es verhält sich sogar andersherum. Denn zuerst müssen kulturelle Veränderungen stattfinden, damit die technische Maschine in der Gesellschaft dominieren kann. Als Ausgangspunkt dieser Entwicklung bestimmt Mumford das mittelalterliche Kloster, in dem ein durch die Klosteruhr getakteter, geregelter Tagesablauf eingerichtet wird. Die Uhr – und nicht die Dampfmaschine – wird so zur Schlüsselmaschine der Industrialisierung (vgl. Mumford 1934, S. 14). Ebenso bildet der asketische Klosterethos die Basis für die Ausbreitung rationaler Formen von Wissenschaft, Technik und Ökonomie. Die Maschine folgte nun den kulturell vorgeschrittenen Wegen:

> The fact is, at all events, that the machine came most slowly into agriculture, with its life-conserving, life-maintaining functions, while it prospered lustily precisely in those parts of the environment where the body was most infamously treated by custom: namely, in the monastery, in the mine, on the battlefield (ebd, S. 36).

Mumford unterteilt die letzten 1000 Jahre daraufhin in drei technische Phasen: die eotechnische, die paleotechnische und die neotechnische. Die *eotechnische* Phase reicht etwa von 1000 bis 1750 n. Chr. In dieser Zeit lösen Wasser- und Windkraft langsam die menschliche Muskelkraft als Antrieb ab und es werden komplizierte Maschinen, etwa Drehbänke, aus Holz geschnitzt. Die darauf folgende *paleotechnische* Phase ist durch die Nutzung von Stahl und Dampfkraft gekennzeichnet und reicht bis in die zweite Hälfte des 19. Jahrhunderts. Die paleotechnische Phase ist eine Zeit großer Umbrüche, mit der aber letztendlich nur der Übergang zur *neotechnischen* Phase mit Beginn des 20. Jahrhunderts vorbereitet wird. Kunststoffe und Elektrizität, die Erkenntnisse von Biologie und Chemie, erlauben neue maschinelle Formen, die im Gegensatz zu ihren paleotechnischen Vorgängern keine Unterdrückung, sondern eine Befreiung und Unterstützung ermöglichen könnten. Das Problem, so Mumford, ist allerdings, dass sich die Kultur noch in der paleotechnsichen Phase befindet, während sich die Technik schon in die neotechnische Phase weiterentwickelt hat. Ein *Cultural Lag*? Mumford verneint (ebd., S. 264 f.). Vielmehr blieben die kulturellen Muster dauerhaft erhalten, während sich in ihnen neue technische Formen ausbilden.

Damit bleibt Mumford seiner Maxime treu, dass sich technische Entwicklungen in den Bahnen kultureller Entwicklungen bewegen. Diese These arbeitet er auch in zwei späteren Büchern aus (Mumford 1967, 1970). Darin entwickelt er die Idee der *Megamaschine*, d. h. einer allumfassenden Funktionseinheit, die alle gesellschaftlichen Bereiche durchdringt. Die Megamaschine ist älter und größer als die meisten uns bekannten technischen Maschinen und wird am besten durch einen hierarchischen Staat veranschaulicht, wie er schon zu Zeiten der Pharaonen bestand: „the mechanization of men had long preceded the mechanization of their working instruments, in the far more ancient order of ritual" (Mumford 1967, S. 190). Es ist die soziale Organisation der Megamaschine und nicht die Funktionsweise technischer Maschinen, die letztendlich für die dominante Stellung der Maschine in der Gesellschaft sorgt – ein Punkt in dem Mumford eng mit der Herrschaft der Technique bei Ellul übereinstimmt (vgl. Ellul 1964 [1954]).

Die modernen neotechnischen Maschinen machen nun neue, noch größere Megamaschinen möglich (Mumford 1970, S. 263 ff.). Angetrieben werde die Entwicklung durch den kalten Krieg, in dem die Konfrontation der Supermächte USA und UDSSR nicht zuletzt über wissenschaftlich-technischen Fortschritt geführt wurde. Damit stiegen die wissenschaftlich-technischen Expert_innen zu einer neuen Elite auf, die über die neuen Kommunikations- und Informationstechnologien, die Automation der Produktion, Raumfahrt, Atomkraft etc. ein System fast totaler Kontrolle installieren konnten, vor dem die Megamaschine der Pharaonen verblasst. Die Vehemenz und Polemik, mit der Mumford seine Thesen vorbringt, zeichnet ein düsteres Bild. Dabei handelt es sich aber keineswegs um eine Dystopie technischer Determination, vielmehr um die einer kulturellen Zurichtung der Maschine.

Sowohl für Ogburn als auch für Mumford erscheint Technik auf gesellschaftlicher Ebene als politisch gestaltbare Größe. Ebenso konzipieren beide die modernen Gesellschaften als zunehmend interdependente, maschinenartige Gebilde. Im Gegensatz zu den gesellschaftlichen Spannungen, die technische Entwicklungen bei Ogburn hervorrufen, erscheinen sie bei Mumford eher als Erfüllungsgehilfen des politischen Programms der Megamaschine. Aber nicht jede Technik eignet sich in der gleichen Weise, um das Programm der Megamaschine zu erfüllen. Mumford unterscheidet dazu zwischen demokratischer und autoritativer Technik (Mumford 1964). Demokratische Technik ist personenzentriert, lokal und relativ schwach, dafür aber auch anpassungsfähig und dauerhaft. Autoritative Technik ist systemzentriert, übergreifend und relativ stark, sie ist aber durch ihre innere Festigkeit auch inhärent instabil, weil sie nicht anpassungsfähig ist. Beide Arten von Technik begleiten den Menschen seit der Jungsteinzeit und der Ausweg aus der Megamaschine liege, so Mumford, nicht in einer Verdammung von Technik per se, sondern vielmehr in der Stärkung demokratischer, d. h. dezentraler und flexibler Technologien, die mehr dem einzelnen Menschen dienen als einem autoritären System.

3 Langdon Winner: Technik außer Kontrolle

Die Idee, dass bestimmte technische Konfigurationen mit bestimmten politischen Ordnungen korrespondieren, bildet den Ausgangspunkt für Winners berühmte Frage: „Do artifacts have politics?" (Winner 1980). In direktem Bezug auf Mumford nimmt er die Unterscheidung zwischen demokratischen und autoritativen Techniken zum Ausgangspunkt, kritisiert aber, dass die materiale Technik durch Mumfords Betonung kultureller Vorformung aus dem Blick gerate. Winner möchte die konkreten technischen Arrangements zurück in die Diskussion bringen, ohne jedoch damit einem technischen Determinismus das Wort zu reden. Weder soziale noch technische Reduktionismen können, so Winner, die vielschichtigen Beziehungsgeflechte zwischen Technik, Gesellschaft und Politik adäquat erklären. Zwischen dem harten Begriff eines technischen Determinismus und dem weicheren Begriff eines technologischen Drifts setzt Winner seine Idee eines *technologischen Imperativs* (Winner 1977, S. 73 ff.). Der technologische Imperativ enthält keinen unausweichlichen Zwang, wie dies ein Determinismus suggerieren würde. Es gibt, insbesondere bei der Entwicklung von Technologien, immer auch ausreichend Wahlmöglichkeiten. Mit der Fertigstellung der Technologien können dann aber aus den materiell realisierten Entscheidungen wiederum Folgezwänge entstehen, die den technologischen Imperativ bilden. In dieser Weise besitzt Winners technologischer Imperativ starke Ähnlichkeiten mit Ogburns These des *Cultural Lag* und seiner Aufforderung zur Technikfolgenabschätzung.

Bekannt und rezipiert wurde Winner in den Science and Technology Studies aber vornehmlich über eines seiner Beispiele, dass er der Erörterung der Frage von politischen Qualitäten materialer Artefakte vorlagert: Die Brücken des Robert Moses (Winner 1980, S. 123 ff.). Ab den 1920er Jahren baute der New Yorker

Stadtplaner Moses eine Reihe von Brücken über die Zufahrtsstraßen nach Long Island, einem beliebten Ausflugsziel der Stadtbevölkerung. Auf Grundlage einer Moses-Biografie von Robert Caro führt Winner das Argument aus, Moses hätte die Brücken absichtlich so niedrig gebaut, damit öffentliche Busse und damit ärmere und meist afroamerikanische Bevölkerungsschichten von den Stränden auf Long Island ferngehalten würden. Die Brücken, so Winner, seien die materiale Umsetzung einer rassistischen Politik. Die Kritik an Winners Brückenbeispiel entzündete sich im Folgenden an der Frage, ob Moses denn nun tatsächlich Rassist war. In der Biografie beruhen die angeblich rassistischen Motive auf Andeutungen eines seiner Mitarbeiter und darüber hinaus lassen sich aus dieser Zeit in der Tat Busfahrpläne finden, die Long Island mit dem Stadtzentrum verbinden (Joerges 1999). Stimmt der Vorwurf also nicht und hat Winner damit Unrecht?

Auch wenn wir Moses vom Vorwurf des Rassismus befreien und das Beispiel unglücklich gewählt wurde, so hat das keine weitere Bedeutung für Winners Argumentation. Winner nutzt das Beispiel zwar prominent am Anfang des Artikels, aber es folgen auch weitere, nicht umstrittene Beispiele. Wichtiger noch, die Brücken von Moses sind ein Beispiel dafür, dass Artefakte selbst keine politischen Qualitäten haben, sondern nur als materialisierte politische Entscheidungen fungieren – ein klassisch sozialdeterministisches Argument. Winner nennt diese Art von Artefakten etwas umständlich *„technical arrangements as forms of order"* (1980, S. 123). Ohne Probleme lassen sich beliebig viele Beispiele für eine interessengebundene Formung technischer Arrangements aufzählen. Winner geht es aber um andere, politisch stärkere Formen der Technik, die er als *„inherently political technologies"* (ebd., S. 128) bezeichnet.

Inhärent politische Technologien lassen sich nicht einfach je nach Interessenlage umformen, denn ihre technisch fixierten Abläufe korrespondieren mit bestimmten politischen Konstellationen. Als offensichtlichstes Beispiel nennt Winner die Atombombe. Ihre Herstellung und Zerstörungskraft bedingt eine hierarchische und zentralistische Kontrollstruktur. Egal welche Partei gerade regiert, die Atombombe erfordert, dass auch demokratische Staaten eine autoritäre Kontrollstruktur aufbauen und sie müssen aufpassen, dass diese autoritäre Struktur nicht die demokratischen Strukturen aushebelt. Inhärent politische Technologien müssen aber nicht notwendigerweise autoritär sein und sie üben auch keinen deterministischen Zwang aus. Winner spricht davon, dass technisches System und politisches System mehr oder weniger kompatibel sind.

Aufgrund dieser Position wird Winner, wie Ogburn, oft im Lager des Technikdeterminismus verortet, was aber nicht stimmt. Winner interessiert sich aus politikwissenschaftlicher Perspektive für den Zusammenhang von politischen und technischen Systemen. Er sieht die Tendenz, dass große, hoch technisierte Systeme eine Nähe zu hierarchischen und zentralisierten Kontrollformen aufweisen, ohne dass es einen klaren technischen Zwang hierzu gäbe. Das Problem besteht für ihn eher darin, dass man sich mit der Wahl bestimmter Technologien in der Folge weitere Wahlmöglichkeiten abschneidet, da die Technologien wiederum bestimmte Kontrollformen erforderten. So erscheint eine Technologie letztendlich als autonom und unabhängig, selbst wenn sie in ihrem Entstehungsprozess und auch darüber hinaus aufs Engste mit politischen Entscheidungen verknüpft ist. Winner plädiert schlussendlich dafür, die Technologien selbst genauer in den Blick zu nehmen, um nicht durch eine vorschnelle rein politische Erklärung die wirklichkeitsschaffende Macht von Technik zu vernachlässigen. Gerade die inhärent politischen Technologien weisen darauf hin, dass Mumfords Megamaschine eben nicht nur aus autoritären sozialen Formen, sondern auch aus autoritären Techniken gebaut ist.

4 Thomas Parke Hughes: Das Entstehen großtechnischer Systeme

Hughes 1983 erschienene Studie „Networks of Power" über die Elektrifizierung in Chicago, London und Berlin zwischen 1880 und 1930 gehört zu den unbestrittenen Klassikern der neueren Technikforschung. In vielen Bereichen stimmen die Analysen von Winner und Hughes überein. Beide suchen nach den schrittweisen Verschränkungen von Technik und Politik. Beide haben großtechnische Systeme im Blick. Beide sehen, dass technische Systeme im Lauf der Zeit eine Art von Autonomie zugesprochen werden kann, ohne dabei in einen Determinismus zu verfallen. Im Gegensatz zu Winner zeigt Hughes aber, dass die Verschränkungen von Technik und Politik noch komplizierter sind, als die Dichotomie von autoritativer und demokratischer Technik es nahe legt. In Berlin etwa gab es enge Verknüpfungen von Wirtschaft und Politik in Form der Stadtwerke, während die Elektrizitätsingenieure in Chicago zuerst noch für die politische Unterstützung kämpfen mussten. In London wiederum standen viele Akteure in der Stadtverwaltung der neuen Technologie und den privaten Elektrizitätserzeugern skeptisch gegenüber, was dazu führte, dass London später als Berlin und Chicago elektrifiziert wurde. Die unterschiedlichen Dynamiken in den drei Metropolen bilden den Hintergrund für Hughes eigentliche These einer netzwerkartigen Evolution von Technologie.

Netzwerkartig ist die Technologieentwicklung, weil sowohl Technologien als auch Ingenieur_innen, Politik und Finanzwesen untrennbar in ein *seamless web* (Hughes 1986) eingebettet sind. Evolutionär ist die Technikentwicklung, weil die konfliktreichen Aushandlungsprozesse, in denen die modernen Elektrizitätsnetze gewoben werden, nicht eindeutig vorhergesagt werden können. Hughes lehnt ein lineares Innovationsmodell ab und stellt ein kontingentes und netzwerkartiges Evolutionsmodell dagegen. Obwohl es sich um prinzipiell offene Prozesse handelt, skizziert Hughes ein evolutionäres Muster, nach dem sich großtechnische Systeme entwickeln und ausbreiten (Hughes 1983, S. 18–174; 1987).

Am Beginn steht die *Erfindung*, wenn mehr oder weniger unabhängige Erfinder_innen an technischen Neuerungen und Verbesserungen tüfteln. Je unabhängiger ein_e Erfinder_in ist, desto radikaler kann er oder sie erfinden, gleichzeitig muss er_sie auch die Finanzierung sichern. Der Erfinder oder die Erfinderin wird so zu einer Lösung, die nach einem Problem sucht. Nach der Erfindung folgt die Phase der *Entwicklung*, in der die „Erfinder-Unternehmer", wie Hughes sie nennt, eine breitere Verwertbarkeit für ihre neue technische Lösung suchen. Mit neuen Nutzungskontexten treten auch neue technische Probleme auf, die gemeistert werden müssen. In der dritten Phase der *Innovation* werden die „Erfinder-Unternehmer" dann zu übergreifenden Systembauer_innen – so wie Thomas Edison bei der Elektrifizierung der USA. Die Systembauer_innen versuchen ihre technologischen Netze so weit wie möglich auszudehnen und so viele Akteure wie möglich einzubinden. Die Ausbreitung der Netze erfolgt dann über *Technologietransfer* aus einem Bereich in einen anderen und zwingt oftmals wieder zu Anpassungen der jeweiligen technischen Systeme. Die Erweiterung großtechnischer Systeme in Zeit und Raum erfolgt somit nicht zwangsläufig, sondern muss von kontinuierlichen Anpassungsprozessen begleitet werden. Je stabiler und fester die jeweiligen Technologien mit der Zeit werden, desto deutlicher bildet sich ein spezifischer *technologischer Stil* heraus. Technologischer Stil ist nicht gleichbedeutend mit steigenden Effizienzkriterien, sondern verweist auch auf ingenieuriale Erfahrung, Ästhetik und Kultur. Technische Systeme, so Hughes, lassen sich insbesondere mit Blick auf ihren je spezifischen technologischen Stil vergleichen, indem sie historisch und kulturell situiert werden. Schließlich tritt das großtechnische System in eine weitere Phase des *Wachstums*, des *Wettbewerbs* und der *Konsolidierung*. Zu diesem Zeitpunkt kann man schon mit Fug und Recht von einem umfassenden System sprechen, in das eine Vielzahl von Techniken, Akteuren, Organisationen und Institutionen eingebunden sind. Der Systemcharakter wird besonders dann offensichtlich, wenn eine der Systemkomponenten, ähnlich dem schwächsten Glied einer Kette, die Entwicklung des Gesamtsystems aufhält. Hughes nennt diese zurückfallenden Komponenten *reverse salients* (Hughes 1983, S. 79). In der Militärgeschichte werden mit *reverse salients* diejenigen Frontabschnitte bezeichnet, die das Vorrücken der Gesamtfront verhindern und die somit als besonders dringlich gelten. In der Technologieentwicklung treten *reverse salients* zwangsläufig mit der Ausbreitung des Systems auf, da niemals alle Komponenten die gleiche Entwicklungsgeschwindigkeit besitzen. Und es müssen auch nicht zwingend technische Komponenten sein, die zurückfallen. Ebenso können organisationale oder finanzielle Schwachstellen auftreten. Generell ist die Ausbreitung großtechnischer Systeme demnach eng mit der Suche und Bearbeitung von unerwartet auftauchenden *reverse salients* verbunden. Als vorläufigen Abschluss der Systembildung wird schließlich ein *technologisches Momentum* erreicht, das den Anschein einer autonomen Großtechnik erweckt. Hughes borgt den physikalischen Begriff des Momentum als Metapher für die ansteigende Masse, Geschwindigkeit und Richtung eines soziotechnischen Systems. Je mehr Masse und Geschwindigkeit bzw. Komponenten und Verbreitung ein sozio-technisches System besitzt, desto weniger lässt es sich von seinem Kurs abbringen. Technologisches Momentum steht also für die schrittweise Verschränkung und Stabilisierung von sozialen und technischen Komponenten, bis eine weitgehende Beharrlichkeit des Systems erreicht ist. Das liegt nah an Winners Vorstellungen über die schrittweise entschwindende Wahlfreiheit aus technologischen Systemen und Hughes sieht es selbst als sozio-technische Erweiterung von Institutionalisierungsprozessen wie etwa Webers Protestantismusthese (Hughes 1994, S. 113).

5 Zusammenschau

Die vorgestellten Autoren haben alle einen wichtigen Beitrag zum Verständnis von Technik, Politik und Gesellschaft geleistet. Ogburn hat die Prozesse technisch induzierten sozialen Wandels und die immanenten Spannungen moderner Industriegesellschaften beschrieben. Mumford hielt ein Plädoyer gegen autoritäre soziale Ordnungen, die sich mittels Maschinentechnologie immer weiter ausbreiten. Winner verwies darauf, nicht alle Erklärungslast auf die Seite des Sozialen zu verschieben und die Kompatibilität von technischem und sozialem System genauer zu betrachten. Hughes zeigte schließlich auf die Kontingenzen, die sich in der historischen Rückschau offenbaren und argumentierte für ein evolutionäres und netzwerkartiges Verständnis sozio-technischer Innovationen. Mumford weist eine technikdeterministische Sichtweise am weitesten von sich und kann als vehementer Vertreter einer sozialdeterministischen Perspektive gelten. Dagegen suchen Ogburn, Winner und Hughes nach den konstitutiven Wechselwirkungen von Technik und Gesellschaft und lehnen soziale wie technische Reduktionismen ab. Selbst wenn Technik nicht der einzige Motor ist, der gesellschaftlichen Wandel in der Moderne und vermutlich auch anderswo antreibt, so bleibt die Analyse der Wechselwirkungen zwischen Technik und Gesellschaft eine zentrale Aufgabe der Wissenschaft- und Technikforschung. Und auch wenn die Gesellschaft der Technik nicht immer hinterherhinkt, so bleibt genauer zu fragen, woraus die wechselseitigen Stabilisierungen und Hemmnisse bestehen. Hierzu stellen uns die vier Autoren wichtige Konzepte zur Verfügung, die ins allgemeine Repertoire der Wissenschafts- und Technikforschung eingegangen sind und die sich ausgezeichnet als Ausgangspunkte für weitergehende Überlegungen eignen.

Literatur

Ellul, Jacques. 1964 [1954]. *The technological society*. New York: Knopf.
Hughes, Thomas P. 1983. *Networks of power: Electrification in western society, 1880–1930*. Baltimore: Johns Hopkins Univ. Press.
Hughes, Thomas P. 1986. The seamless web. Technology, science, etcetera, etcetera. *Social Studies of Science* 16 (2): 281–292.
Hughes, Thomas P. 1987. The evolution of large technological systems. In *The social construction of technological systems*, Hrsg. Wiebe E. Bijker, Thomas P. Hughes, und Trevor J. Pinch, 51–82. Cambridge: MIT Press.
Hughes, Thomas P. 1994. Technological momentum. In *Does technology drive history? The dilemma of technological determinism*, Hrsg. Merritt R. Smith und Leo Marx, 101–113. Cambridge: MIT Press.
Joerges, Bernward. 1999. Do politics have artefacts? *Social Studies of Science* 29 (3): 411–431.
Mumford, Lewis. 1934. *Technics and civilisation*. London: Routledge.
Mumford, Lewis. 1964. Authoritarian and democratic technics. *Technology and Culture* 5 (1): 1–8.
Mumford, Lewis. 1967. *Myth of the machine. Technics and human development*. New York: Harcourt.
Mumford, Lewis. 1970. *Myth of the machine. The pentagon of power*. New York: Harcourt.
Ogburn, William F. 1922. *Social change. With respect to culture and original nature*. New York: Viking.
Ogburn, William F. 1937. *Technological trends and national policy*. Washington: United States Government Printing Office.
Ogburn, William F. 1964. *On culture and social change*. Chicago: University of Chicago Press.
Weber, Max. 1988 [1920]. *Gesammelte Aufsätze zur Religionssoziologie I*. Tübingen: Mohr Siebeck.
Winner, Langdon. 1977. *Autonomous technology. Technics-out-of-control as a theme in political thought*. Cambridge: MIT Press.
Winner, Langdon. 1980. Do artifacts have politics? *Daedalus* 109 (1): 121–136.

Teil III
Schlüsselwerke

Michel Callon und Bruno Latour: Vom naturwissenschaftlichen Wissen zur wissenschaftlichen Praxis

Joost van Loon

Die Akteur-Netzwerk-Theorie ist eine – durchaus umstrittene – Strömung innerhalb der *Science and Technology Studies*, die seit den 1970er Jahren ein zunehmendes Interesse, insbesondere in den europäischen Sozialwissenschaften, erhalten hat. Ihr Beginn wird zumeist mit der Veröffentlichung der Studie „*Laboratory Life*" von Bruno Latour und Steve Woolgar (1979) über das Salk Labor in Kalifornien angesetzt, obwohl zu dieser Zeit noch nicht klar war, dass es sich hierbei um eine radikale Intervention handelte.

Zu der Zeit sind *Science and Technology Studies* im Grunde noch *Sociology of Scientific Knowledge*; eine Erweiterung der mannheimschen Wissenssoziologie auf naturwissenschaftliches Wissen, wobei dennoch implizit an einer phänomenalen Unterscheidung von Alltagswissen und wissenschaftlichen Wissen festgehalten wurde. Ihre sozialkonstruktivistische Perspektive sieht Wissen nicht als von einem ‚Wesen' der Gegenstände abgeleitet, sondern als Etwas, das durch Menschen wechselseitig *kommunikativ* hergestellt wird. So betrachtet kann Wissen nur dann als ‚wissenschaftliches Wissen' bezeichnet werden, wenn die Regeln dieses Wissens mit den sogenannten Regeln der wissenschaftlichen Methode übereinstimmen, wobei Wissen dann, und nur dann, als Wissen anerkannt wird, wenn es durch Gruppen von Menschen – sowohl im Sinne von Erfahrungen als auch seiner Begründung in Regeln – geteilt wird. Durch Institutionalisierung wird wissenschaftliches Wissens dauerhaft und damit die Regeln und Grundsätze wissenschaftlicher Methode

---

Mit Dank an Hilde Alberter für die Unterstützung bei der Textverfassung Wäre das als Fußnote nicht schöner?!?

J. van Loon (✉)
Allgemeine Soziologie und Soziologische Theorie,
KU Eichstätt-Ingolstadt, 85072 Eichstätt, Deutschland
E-Mail: joost.vanloon@ku.de

relativ unveränderbar und mächtig. Die Institutionalisierung der Wissenschaft ist in dem Sinne immer sozial, weil sie durch Menschen interaktiv und intersubjektiv (kommunikativ) verfasst worden ist. Die Regeln wissenschaftlicher Methoden entsprechen dabei bestimmten kulturellen Werten und Vorurteilen (vor allem des ‚westlichen modernen' Denkens), die selbst als außerhalb der Wissenschaft situiert verstanden werden. Das Alltagswissen hingegen ist im Vergleich zu ‚Wissenschaft' viel weniger institutionalisiert und daher auch weniger ‚mächtig' ihre Gültigkeitskriterien dauerhaft zu etablieren. Mit dieser Perspektive positioniert sich der Sozialkonstruktivismus konträr zum Großteil der bis dahin dominanten Epistemologien wie Positivismus, Realismus und Empirismus.[1] Diese gehen von einer Dualität zwischen Wirklichkeit und Wissen aus, so dass sich Wissen unabhängig von ‚der' Wirklichkeit entwickeln kann. *Wissenschaftliches* Wissen soll demnach mittels wissenschaftlicher Methoden *geprüftes* Wissen in Bezug auf ‚eine' Wirklichkeit bereitstellen. Dahingegen geht eine sozialkonstruktivistische Perspektive davon aus, dass jeder wissenschaftliche Bezug auf Wirklichkeit bereits sozial vermittelt ist. Damit schließt der Sozialkonstruktivismus unmittelbar an die Phänomenologie und Hermeneutik an. Auf den Vorwurf, die Existenz einer Wirklichkeit generell auszuschließen, reagieren die meisten Sozialkonstruktivist_innen mit einer pragmatischen Haltung: Ob es eine Wirklichkeit unabhängig von unseren geteilten Vorstellungen gibt oder nicht, ist für die Entwicklung des wissenschaftlichen Wissens nicht entscheidend, da wir keinen direkten Zugang zu dieser Wirklichkeit haben können. In diesem Sinne ist der Sozialkonstruktivismus Kants „*Kritik der Urteilskraft*" (1790/1983) treu geblieben, wonach es einen Unterschied zwischen analytischen (a-priori) und synthetischen (a-posteriori) Urteilen gibt. Beide Urteile bleiben gerade dadurch von den ‚Dingen-an-Sich' strikt getrennt, weil synthetische Urteile (empirische Erfahrungen) mittels analytischer Urteile begründet werden müssen, um verständlich zu werden. Man könnte auch sagen, dass der Sozialkonstruktivismus nur das umsetzt, was bereits Comte (1851/1974) für die Soziologie vorhatte: eine Wissenschaft zu sein, die alle anderen Wissenschaften begründet.

1 Eine Ethnografie des Labors

Die Ausgangsfrage von Bruno Latour und Steve Woolgar (1979) in ihrer Studie *Laboratory Life* war, wie wissenschaftliches Wissen in der alltäglichen Wissenschaftspraxis gemacht wird. Damit ist bereits eine – wenn auch in erster Instanz

---

[1] Vgl. hierzu auch Greif i. d. Bd.

nur kleine – Wende in der Wissenschaftsforschung verbunden. Denn die Frage impliziert, dass der Alltag der wissenschaftlichen *Praxis* etwas anderes als die *Regeln* der wissenschaftlichen Methode sein könnte.

Die Untersuchung konzipierten Latour und Woolgar als eine ethnografische Studie, um die ‚fremde Kultur' der Mikrobiologie aus den praktischen Handlungen ihrer Mitglieder her zu verstehen. Auf den ersten Blick haben wir es mit einer empirisch fundierten epistemologischen Weiterentwicklung zu tun. Bei genauerer Betrachtung aber geht es darum, wie methodische Regeln in wissenschaftliche Praxen übersetzt werden, wodurch zugleich eine Kluft zwischen Regeln und Praxis entsteht. Damit wurde nicht nur eine Möglichkeit zur Problematisierung der Übersetzung zwischen Epistemologie und wissenschaftlicher Praxis eröffnet, sondern auch zur Umkehrung des Prozesses der Übersetzung: das epistemologische Wissen wird von der Pragmatik der alltäglichen Praxis abgeleitet und hat dadurch nur eine legitimierende anstatt einer begründenden Funktion. Bereits im empirischen Design der Laborstudie zeigt sich diese Perspektive: Wissenschaft ist in erster Linie eine Praxis, und erst in einem zweiten Schritt eine Epistemologie. Diese Perspektive wurde nicht nur von Latour und Woolgar in die Diskussion eingebracht, sondern auch Karin Knorr Cetina (1984) hat beispielsweise mit ihrer Laborforschung ähnliche Fragen aufgeworfen.[2] Sie betrachten das Labor als einen Ort der Konstruktion von wissenschaftlichen Tatsachen. Anders als viele andere Studien wissenschaftlichen Wissens der Zeit, erkannten Latour und Woolgar schon früh, dass eine Orientierung der Forschung ausschließlich an den Endergebnissen wissenschaftlichen Arbeitens wie z. B. Veröffentlichungen und Forschungsberichten problematisch ist. Der Alltag der Wissensproduktion blieb in vielen Untersuchungen eine „Black Box" wie Latour (1987) es später formulierte. Aber Latour und Woolgar gingen noch weiter: „Not only do scientists' statements create problems for historical elucidation; they also *systematically conceal* the nature of activity which typically gives rise to their research reports" (Latour und Woolgar 1979, S. 28; Herv. JvL). In den Publikationen der Forschungsergebnisse würden systematisch bestimmte Praktiken verschleiert, die aber eigentlich genauso Anteil an den Ergebnissen hätten und integraler Teil der wissenschaftlichen Praxis seien. Die Erforschung dieser – in den Forschungsberichten verschwiegenen – Praktiken wäre die eigentliche kritische Herausforderung der (Natur-)Wissenschaft durch die Wissenschaftsforschung.

Wissenschaftliches Wissen als ein Produkt wissenschaftlicher Praxis zu verstehen, ermöglichte die Aufhebung der Unterscheidung zwischen wissenschaftlichem Wissen und Alltagswissen. Dadurch hat sich allerdings die Frage nach der Spe-

---

[2] Vgl. hierzu den Beitrag von Kirschner i. d. Bd.

zifität von Wissenschaft neu gestellt. Wenn man, wie Latour und Woolgar, von der These ausgeht, dass auch wissenschaftliches Wissen in einer alltäglichen Praxis – zum Beispiel in Laboren – gebildet wird, dann stellt sich die Frage, wie wissenschaftliches Wissen erfolgreich institutionalisiert wird. Es lässt sich nicht mehr selbstverständlich voraussetzen, dass wissenschaftliches Wissen allein durch die Gültigkeit der Regeln wissenschaftlicher Verfahren, institutionalisiert ist. Die Macht der Institution ‚Wissenschaft' muss sich empirisch in den alltäglichen Laborpraxen zeigen.

Hier zeigt sich der Bruch mit der Tradition der *Sociology of Scientific Knowledge*. Die Laborstudien weisen darauf hin, dass im Alltag wissenschaftlicher Praxis Wissenschaftstheorie und Epistemologie kaum eine Rolle spielen. Die Herstellung wissenschaftlichen Wissens vollzieht sich vielmehr in vielen kontingenten und ungeordneten Prozessen. Es gibt keine Ordnung, die bereits da ist, sondern sie muss immer wieder neu hergestellt werden. Es existieren lediglich ständige Ordnungsfragen, wie man etwas ordnen könnte. Um Ordnung herstellen zu können, brauchen Wissenschaftler_innen viele Hilfsmittel, zum Beispiel „Inskriptionsgeräte", um Effekte spürbar und dadurch messbar zu machen; Visualisierungsgeräte, um Gegenstände sichtbar zu machen; Aufzählungsgeräte, um die Quantifizierung der Ereignisse zu ermöglichen; Protokolle, um Handlungen zu beschreiben; Formulare, um Ergebnisse einzutragen; Speichergeräte, um die Ergebnisse zu datieren; Kommunikationsgeräte, um Ergebnisse mit anderen zu teilen, usw. Weil sie auch die Rolle dieser Hilfsmittel einbezogen haben, konnten Latour und Woolgar überzeugend darstellen, dass die Herstellung wissenschaftlichen Wissens nicht ‚naturgegeben' ist.

2 Wissenschaft in Aktion: Die Fischer von Saint-Brieuc

Die Relevanz von Technik und Artefakten in den Herstellungsprozessen wissenschaftlichen Wissens war ein zentrales Thema in Latours einflussreichem Werk *Science in Action*, das 1987 auf Englisch erschien. Zwischen den Veröffentlichungen von *Laboratory Life* und *Science in Action* hatten sich die *Science and Technology Studies* (STS) als ein neues und interdisziplinäres Forschungsfeld entwickelt, das einem praxisorientierten (Sozial-)Konstruktivismus verpflichtet ist. Latour war aber schon weiter: Er hat ausgehend von *Laboratory Life* die These entwickelt, dass Geräte und Objekte handlungsfähig sind und ihnen damit einen Akteurstatus zugeschrieben.

Sehr wichtig für dieses weite Verständnis von ‚Akteur' war eine Studie unter Muschelfischern und Meeresbiologen in der Bucht von Saint-Brieuc durch Latours Pariser Kollegen Michel Callon. Callon (1986/2006) konnte in seiner Fallstudie zeigen, dass unterschiedliche Akteure erst durch ihre Vernetzung untereinander handlungsfähig geworden sind. Diesen Prozess nannte er „Übersetzung". Durch die detaillierte Beschreibung dieses Übersetzungsprozesses entwickelte er ein neues Vokabular für die Analyse von – nicht nur wissenschaftlichen, sondern auch z. B. wirtschaftlichen, politischen und juridischen – Praxen. Dabei unterscheidet er vier Stufen des Übersetzungsprozesses, die verdeutlichen wie sich die Einbindung von heterogenen Akteuren in ein Netzwerk entfaltet: Problematisierung, Interessement, Enrolment und Mobilisierung. Verkürzt lässt sich formulieren, dass *Problematisierung*, jenen Prozess meint, wo ein Problem auftaucht und auch als Problem empfunden wird. Hier entsteht zudem die Gewissheit, dass es eine Lösung für das aufgetauchte Problem geben könnte. Diese Lösung wird zu einem ‚Portal', durch das alle Betroffenen in den Prozess einsteigen müssen (ein obligatorischer Passagepunkt). *Interessement* ist dann die Anbindung von verschiedenen Interessen an diese mögliche Lösung. *Enrolment* fasst den Aushandlungsprozess alle Akteure von ihrer Beteiligung an der Lösung zu überzeugen und *Mobilisierung*, ist die Vermittlung dieser kollektivierten Überzeugung an die Öffentlichkeit.

Die Forschung von Callon – insbesondere die These, dass Akteure erst durch Vernetzung handlungsfähig werden – war für die Weiterentwicklung der STS zentral. Sie führte zum Begriff „Akteur-Netzwerk-Theorie" (ANT) und zu einer eigenen wirkmächtigen, aber kontroversen Strömung unter diesem Namen innerhalb der STS. Mit der Thematisierung der Handlungsfähigkeit von Akteur-Netzwerken wurde auch stärker als in anderen STS-Studien machttheoretische Fragen der Produktion von Wissenschaft relevant und diese dadurch politisiert. In der Folge wurde insbesondere die Frage der Handlungsfähigkeit nichtmenschlicher Akteure immer wieder diskutiert. Schon in *Laboratory Life* hatten Latour und Woolgar dafür plädiert, *das* Technische und *das* Soziale nicht voneinander zu trennen, weil es für die empirische Analyse keinen Sinn ergäbe. Mit der ANT wird dieser Gedanke weiter radikalisiert: *Das* Soziale und *das* Technische sind nicht nur forschungspraktisch, sondern durch ihre starke Bezüglichkeit aufeinander auch phänomenal untrennbar. Callon (2006, S. 135) führt hierfür das „Prinzip der Freien Assoziation" in die Forschung ein: die Vermeidung aller *a priori*-Unterscheidungen zwischen *dem* Natürlichen und *dem* Sozialen. Callon kann zeigen, dass auch Muscheln, Boote sowie die Netze der Fischer Akteure sind, da auch sie Interessen generieren und damit andere Akteure einbinden können. Die Idee nichtmenschlicher Akteure, steht im Widerspruch zur kantschen anthropozentrischen Konzeption der Vernunft. Mit der Ermöglichung der Idee nichtmenschlicher Handlungsfähigkeit wurde Latour in den Sozialwissenschaft stark kritisiert und abgelehnt. In der Technikforschung brachte es ihm sogar den Vorwurf des Technikdeterminismus ein. Herausgefordert durch diese Kritik versuchte Latour mittels konkreter Beispiele, wie dem Revolver, dem automatischen Türschließer und dem Berliner Schlüssel (vgl. Latour 1996a), seinen Kritiker_innen zu zeigen, dass nichtmenschliche Handlungsfähigkeit keine metaphysische, sondern eine empirische Erkenntnis ist. Doch nicht nur dieser Aspekt der ANT wurde kritisiert. Den größten Stein des Anstoßes bildet womöglich das, was Callon und Latour als das Prinzip der freien Assoziation und das Prinzip der generalisierten Symmetrie bezeichnet haben: im Vorfeld einer Untersuchung ist nicht zu entscheiden, welche Entitäten relevant bzw. an dem zu untersuchende Phänomen beteiligt sind. Stattdessen, müssen zunächst alle Entitäten, wie heterogen sie auch immer sind, als gleich bedeutsam im Forschungsprozess wahrgenommen und beschrieben werden. Mit dem Prinzip der „generalisierten Symmetrie" fokussiert Callon genau diesen Aspekt: widersprüchliche Gesichtspunkte in der gleichen Terminologie zu beschreiben und zu analysieren (vgl. Callon 2006, S. 135).

3 Das Akteur-Netzwerk Louis Pasteur und „Irréductions"

Später verschärfte Latour die philosophische Begründung seiner Einsichten weiter und die Akteur-Netzwerk Theorie wurde nicht nur zu einer kontroversen Strömung in der Wissenschafts- und Technikforschung, sondern spätestens mit „*Wir sind nie modern gewesen*" (Latour 1995) der zeitgenössischen Sozialwissenschaften. Im Folgenden werde ich mich aber auf das zuvor erschienene „*Pasteurization of France*" (Latour 1988) beziehen. Dieses Buch besteht aus zwei voneinander unabhängigen Teilen. Im ersten Teil erläutert Latour, wie eine alternative Geschichtsschreibung von Louis Pasteur aussehen könnte: Anstatt die Geschichte der Entwicklung der Mikrobiologie auf Grundlage der Genialität des Individuums Pasteur zu erzählen, sollte Pasteur als ein Akteur-Netzwerk verstanden werden. Das Phänomen ‚Pasteur' besteht aus vielen Verbindungen und Transformationsketten. So gilt es, die dokumentierten Ereignisse dergestalt zu kontextualisieren, dass sie für sich selbst sprechen und nicht aus einem vorher festgelegten Kontext erklärt werden.

In einer systematischen Auseinandersetzung mit der Geschichte Pasteurs und der Mikrobiologie, sieht Latour die größte Innovation in der verbindenden Bewegung zwischen Labor, Feld und öffentlichem Raum. Zunächst wird das Labor vom Forschungsinstitut ins Feld verlagert, in diesem Fall auf einen Bauernhof, um Milzbrand-Bakterienkulturen zu versammeln. Diese werden dann wiederum im

Labor weiter kultiviert, damit auch eine Variation der Virulenz erzeugt werden kann, die selbst wiederum in einem experimentellen Bauernhof untersucht und bearbeitet werden kann. Der Bauernhof wird nicht nur durch das Experiment in ein ‚Reallabor' transformiert, sondern zugleich den Voraussetzungen des Laborexperiments unterworfen. Schließlich werden die Experimente für die Öffentlichkeit wiederholt, damit ‚das Wunder Pasteurs' demonstriert werden kann. Aber anstatt eines Wunders hat Pasteur ‚Wissenschaft' mobilisiert (Latour 1988, S. 89–90).

Latour beschreibt die Handlungen des Phänomens ‚Pasteur' als Bewegungen und verknüpft diese mit der methodischen Einsicht, die er bereits in „*Science in Action*" ormuliert hat: follow the actors! Marylin Strathern (2002) hat diese Technik später als „intensive Kontextualisierung" im Gegensatz zu „extensiver Kontextualisierung" bezeichnet. Weil Akteure, verstanden als Aktanten, sich bewegen, zeigen sie den Beobachter_innen, welche Elemente eines Kontexts wichtig sind. Aktanten umfassen sowohl menschliche wie auch nicht-menschliche Akteure. Hier zeigt sich auch das Herz der ANT: Kein Aktant ist an und für sich stark; erst durch Vernetzung ist ein Aktant in der Lage zu handeln. Vernetzung ist eine praktische Angelegenheit, die sich empirisch lediglich als Übersetzung nachvollziehen lässt. Darum ist das ‚T' in ANT eigentlich irritierend, weil es sich um keine ‚reine' Theorie, sondern vielmehr um einen methodischen Ansatz zum ‚empirischen Denken' handelt (Latour 1996b).

Die philosophische Verortung der Pasteur-Studie und damit der ANT stellt den zweiten Teil des Buches dar, der den Titel „Irreductions", also buchstäblich übersetzt „Nicht-Reduktionen", trägt. Der Grundgedanke ist, dass empirische Ereignisse und Phänomene nicht auf etwas anderes zurückgeführt werden können, d. h. das Erfahrene nicht durch etwas was einem/einer nicht erfahren ist, zu ersetzen. Hier bricht Latour fundamental mit der kantschen Trennung zwischen analytischen und synthetischen Urteilen. Das latoursche ‚Grundprinzip' der Nichtreduzierbarkeit besagt, dass Kraft und Vernunft nicht zu unterschiedlichen Universen gehören. Es gibt eine Vielfalt von Kräften, und nicht nur jene, die durch ‚die' Vernunft kategorisiert werden (können).

Latour schließt hier an Friedrich Nietzsches (1887/1992) „Der Wille zur Macht" an. Man kann nicht *a priori* entscheiden, welche Kräfte existieren und wichtig sind und welche nicht. Kraft zeigt sich mittels Proben (*trials*) im Sinne von probieren und versuchen (vgl. Latour 1988, S. 158). Im Deutschen wird dies besonders deutlich: Versuchen und Untersuchen sind Spuren-Suchen; nach Spuren, die eine Bewegung oder Auswirkung zeigen. Der latoursche Begriff der Wirklichkeit ist somit empirisch zu verstehen: „The real is not one thing among others but gradients of resistance" (Ebd., S 159). Das Konzept verzichtet somit auf eine Unterscheidung zwischen dem Realen und dem Nichtrealen, dem Möglichen und dem Imaginären. Alle Voraussetzungen des platonischen Höhlengleichnisses werden somit abgelehnt: Realität als Widerstandsgradient ist differenziert, aber nicht kategorisiert. Wissen ist somit auch nicht außerhalb dieser Variabilität, sondern ein Prozess des ständigen Realisierens.

Latour verweist in diesem Zusammenhang auf seine früheren Laborstudien: Wissenschaftliches Wissen entsteht aus Praxen, die Wissen als Ergebnisse generieren, das heißt eine Wirklichkeit realisieren. Dieser Ansatz ist zwar konstruktivistisch, aber nicht mehr *sozial*konstruktivistisch. Praktische Realisierungen sind nicht ausschließlich auf soziale Kräfte zurückzuführen, erschiene dies doch einer unzulässigen Reduzierung gleichbedeutend. Wird eine Realisierung dauerhaft, dann gründet dies in einer Vergrößerung der Handlungsfähigkeit und Mobilität von Kräften (z. B. Akteure), die nur durch Verbindung dieser entsteht: „An Actant can gain strength only by associating it with others" (Ebd., S. 160).

Hier spielt der analytische Apparat von Michel Callon eine wichtige Rolle: Aktanten binden einander ein, wenn sie in der Lage sind, ihre Erfordernisse füreinander zu übersetzen. Die Grundlagen der Übersetzung werden aber nicht im Vorhinein definiert, sondern entstehen – im Sinne von emergieren – mit der Übersetzung selbst. „There is no metalanguage, only infralanguages" (Latour 1988, S. 178). Es geht dabei nicht um Identitäten, sondern um Differenzen, kleine Verschiebungen, die harmonieren können (aber nicht müssen), wenn sie übersetzt werden.

Mit diesen philosophischen Axiomen macht Latour deutlich, dass er sich an einer Philosophie orientiert, die über Deleuze, Whitehead, Nietzsche, Leibniz und Spinoza sogar auf die präsokratischen Denker zurückverweist, und sich nicht hinter die Annahme apriorischer Kategorien zurückzieht.

4 Fazit: Die Reformulierung des Konstruktivismus

Die ANT steht für eine radikal-empirische Sozialwissenschaft, die als eigenständiger Konstruktivismus verstanden werden muss. Ausgangspunkt bildet – wie im wissenssoziologischen Konstruktivismus – die Annahme, dass die Wirklichkeit nicht vorgegeben ist, sondern in Alltagspraxen realisiert werden muss. Die Gestaltung der Wirklichkeit, die wir Wissenschaft nennen, wird innerhalb der Alltagspraxis der wissenschaftlichen Forschung realisiert. Dennoch ist der Konstruktivismus der ANT kein Sozialkonstruktivismus. Die alltägliche Praxis der Wissenschaftsforschung kann nicht auf die sozialen Merkmale und Prozesse der beteiligten menschlichen Akteur_innen reduziert werden. Die ANT ist keine Soziologie der

Wissenschaftler, sondern eine Soziologie der (Techno-)Wissenschaft (vgl. Wieser 2012, S. 69–91). Wissenschaftliche Praxis involviert viele heterogene Aktanten. Sie ist erfolgreich, indem sie beispielsweise veröffentlichbare und anwendbare Ergebnisse hervorbringt, wenn die Aktanten – wie in Saint-Brieuc – sich gegenseitig verständigen und bestätigen.

Es ist deutlich geworden, dass die Entwicklung der ANT sukzessiv zu einer Radikalisierung der philosophischen Voraussetzungen ihrer sozialwissenschaftlichen Anforderungen geführt hat. Diese Radikalisierung lässt sich anhand der aufgezeigten Verschiebungen nachzeichnen: 1) von der Epistemologie zur Praxis; 2) von sozialen Subjekten versus technischen oder natürlichen Objekten zu den Prinzipien der generalisierten Symmetrie und der freien Assoziation (Aktant als Akteur-Netzwerk) und 3) von reduktionistischen logischen Erklärungen zu differenzierten empirischen Beschreibungen. Diese innerhalb von zehn Jahren vollzogene regelrechte Dekonstruktion der Prämissen des Sozialkonstruktivismus hat dementsprechend scharfe Kritik von Seiten der Wissenssoziologie hervorgerufen. Mit dem Prinzip der generalisierten Symmetrie würde die ANT eine Ähnlichkeit von menschlichen und nichtmenschlichen Akteuren voraussetzen und das Besondere menschlicher Akteur_innen übersehen (vgl. Collins und Yearley 1992). Durch diese Kritik ist leider das Bild entstanden, dass die ANT menschlichen Aktanten im Vergleich zu technischen Aktanten einen geringeren Stellenwert zuordnen würde. Dabei meint das von ihr formulierte Konzept der Heterogenität die Vorrangigkeit von Differenz (*Irréductions*). Die Symmetrie ist die Voraussetzung, um Differenzen also Besonderheiten herauszustellen. Das gewichtigere Problem sehen Harry Collins und Steven Yearley (1992) allerdings in der vermeintlichen Rückkehr zur Theorie des Realismus. Wenn auch Objekte über *agency* verfügen und somit Widerstand leisten und Experimente falsifizieren können, dann würde man dem Realismus der untersuchten Wissenschaftler_innen Recht geben, die behaupten, dass ihr wissenschaftliches Wissen objektiv ist. Aber dagegen könnte man einwenden, dass die Objektbezogenheit des Wissens auch für das Alltagswissen gilt (vgl. Schütz/Luckmann 1984). Objektivität bedeutet nicht ‚an sich' oder ‚tatsächlich wahr', sondern lediglich ‚objektbezogen': Objekte werden z. B. mittels bestimmter Messgeräte zum Sprechen gebracht.

Für David Bloor (1999) liegt in Latours Ablehnung des Sozialkonstruktivismus das Problem. Er will Latours Auflösung der kategorialen Gegenüberstellung von Naturwelt und Sozialwelt (oder auch von Natur und Technik oder Technik und Kultur) und insbesondere von Sein und Wissen nicht folgen. Unter Rückgriff auf Wittgenstein sieht Bloor die Realität als völlig getrennt von unseren Möglichkeiten, selbige präzise zu erfassen, an. Für Bloor bleibt die Realität immer unsichtbar, womit er jedoch lediglich bestätigt, dass Latour im Gegensatz zu ihm selbst kein Jünger

Immanuel Kants ist. Ein weiteres Element der bloorschen Kritik ist, das Handlungskonzept der ANT, dass ein sehr eingeschränktes Verständnis von Sinn habe. Nur dadurch wäre es für die ANT möglich zu behaupten, dass nichtmenschliche Akteure handlungsfähig sind. Für diejenigen, denen das kantsche Konzept des Sinns und damit sein transzendentales Menschenbild heilig ist, können nichtmenschliche Akteure nie sinnvoll handeln, ohne dass dieser Sinn durch menschliche Intentionalität gestiftet wird. Dass wir es hier mit einer Tautologie zu tun haben, sollte hinreichend deutlich sein (vgl. Bellinger und Krieger 2006).

Das größte Hindernis für eine breitere Akzeptanz der ANT ist deshalb ihre philosophische Grundlage. Sozial- und Kulturwissenschaften sind so stark von kantschem Denken geprägt, dass sie nicht nur den Menschen als unumstrittenes Zentrum des Universums ansehen, sondern auch sinnliche Erfahrung und kognitive Vernunft als unterschiedliche und getrennte Wissensbereiche verstehen. Darüber hinaus wird immer schon vorausgesetzt, dass die Welt bereits in Subjekte und Objekte aufgeteilt ist. Da diese Voraussetzung empirisch unbegründet bleibt, ist sie für die ANT wenig hilfreich und dadurch von geringem Wert für die Forschung. Wenn man mit Begriffen wie Subjekt und Objekt arbeiten möchte, dann ist es viel einfacher, diese anhand empirischer Forschung zu identifizieren. Subjekte sind dann Entitäten, die zum Entscheiden gezwungen werden und Objekte Entitäten, die Widerstand bieten und damit Realisierungen ermöglichen. So wird auch deutlich, dass die Differenz Subjekt/Objekt weder durch aktiv/passiv noch durch Mensch/Ding ersetzt werden kann.

Den ‚Aktanten zu folgen' als Methode der intensiven Kontextualisierung führt dazu, immer aus dem Empirischen heraus zu denken. Daraus folgt keineswegs eine ‚Mikrosoziologie', denn es geht auch darum, Entitäten, die gewöhnlich der Marko-Ebene zugeordnet werden, empirisch zu erfassen. Es gibt nur die Ebene der möglichen Wirklichkeit und keine Mikro- oder Makro-Ebene. Wie Pasteur uns gezeigt hat: Alle Aktanten – egal, ob sie riesig wie Nationalstaaten oder ganz klein wie Mikroben sind – operieren auf der gleichen Oberfläche. Sie bewegen sich und erschaffen dadurch Netzwerke: Akteur-Netzwerke. Die Darstellung dieser Verknüpfungen erfordert die Vermeidung von Abkürzungen oder den Wechsel von vermeintlich unterschiedlichen Beobachtungsebenen, um bestimmte empirische Ereignisse ‚wegzuabstrahieren' oder verschwinden zu lassen. Das Untersuchungsfeld sollte völlig flach gehalten werden. Callon (2006) hat gezeigt, wie zwischen Entitäten Übersetzungen stattfinden und Akteur-Netzwerke sind nichts anderes als Ergebnisse erfolgreicher Übersetzungen.

Das Aufzeigen einer Entdifferenzierung zwischen Alltagswissen und wissenschaftlichem Wissen durch die Laborstudien, bedeutet nicht, dass wissenschaftliches Wissen seinen Stellenwert verloren hat. Ganz im Gegenteil: Die Tatsache, dass die Realisierung von wissenschaftlichem Wissen nur durch eine Verarbeitung des Alltagswissens der wissenschaftlichen Praxis möglich ist, weist auf die ganz besonderen Aufgaben dieser Verarbeitung (oder Übersetzung) hin. Die Laborstudien haben aus Sicht der ANT gezeigt, dass diese Übersetzung die Leistung bestimmter Kollektive ist. Teil dieser Kollektive sind nicht nur menschliche Akteur_innen wie Wissenschaftler_innen, sondern auch nichtmenschliche Akteure wie Geräte, Maschinen und Forschungsobjekte. Zusammen konstruieren diese Aktanten Akteur-Netzwerke und sind in der Lage, bestimmte Aussagen als überzeugend gelten zu lassen und somit zu verstetigen.

Literatur

Bellinger, Andrea, und David J. Krieger. 2006. Einführung in die Akteur-Netzwerk-Theorie. In *ANThology. Ein einführendes Handbuch zur Akteur-Netzwerk-Theorie*, Hrsg. Andrea Bellinger und David J. Krieger, 13–50. Bielefeld: transcript.

Berger, Peter L., und Thomas Luckmann. 1966/1987. *Die gesellschaftliche Konstruktion der Wirklichkeit. Eine Theorie der Wissenssoziologie*. Frankfurt a. M.: Fischer.

Bloor, David. 1999. Anti-latour. *Studies in the History and Philosophy of Science* 30:131–136.

Callon, Michel. 1986/2006. Einige Elemente einer Soziologie der Übersetzung. Die Domestikation der Kammmuscheln und der Fischer der St. Brieuc-Bucht.In *ANThology. Ein Einführendes Handbuch zur Akteur-Netzwerk-Theorie*, Hrsg. Andrea Bellinger und David J. Krieger, 135–174. Bielefeld: transcript.

Callon, Michel, und Bruno Latour. 1992. Don't throw the baby out with the bath school. A reply to Collins and Yearley. In *Science as practice and culture*, Hrsg. Andrew Pickering, 343–368. Chicago: Universiy of Chicago Press.

Collins, Harry, und Steven Yearley. 1992. Epistemological chicken. In *Science as practice and culture*, Hrsg. Andrew Pickering, 301–326. Chicago: Universiy of Chicago Press.

Comte, Auguste. 1851/1974. *Die Soziologie. Die Positive Philosophie im Auszug*. Stuttgart: Kröner.

Kant, Immanuel. 1790/1983. *Kritik der Urteilskraft. Werke in sechs Bänden*. Bd. 5. Darmstadt: Wissenschaftliche Buchgesellschaft.

Knorr-Cetina, Karin. 1981/1984. *Die Fabrikation von Erkenntnis. Zur Anthropologie der Naturwissenschaft*. Frankfurt a. M.: Suhrkamp.

Latour, Bruno. 1987. *Science in action. How to follow scientists and engineers through society*. Cambridge: Harvard Univ. Press.

Latour, Bruno. 1984/1988. *The pasteurization of France*. Cambridge: Harvard Univ. Press.

Latour, Bruno. 1991/1995. *Wir sind nie modern gewesen. Versuch einer symmetrischen Anthropologie*. Berlin: Akademie.

Latour, Bruno. 1996a. *Der Berliner Schlüssel. Erkundungen eines Liebhabers der Wissenschaften*. Berlin: Akademie.

Latour, Bruno. 1996b. On actor-network theory. A few clarifications. *Soziale Welt* 47:369–381.

Latour, Bruno, und Steve Woolgar. 1979. *Laboratory life. The social construction of scientific facts.* London: Sage.
Nietzsche, Friedrich. 1887/1992. *Der Wille zur Macht. Versuch eine Umwertung aller Werte.* Frankfurt a. M.: Insel.
Schütz, Alfred, und Thomas Luckmann. 1984. *Strukturen der Lebenswelt.* Frankfurt a. M.: Suhrkamp.
Strathern, Marylin. 2002. Abstraction and Decontextualization. An Anthropological Comment. In *Virtual society? Technology, cyberbole, reality,* Hrsg. Steve Woolgar, 302–313. Oxford: Oxford Univ. Press.
Weingart, Peter. 2003. *Wissenssoziologie.* Bielefeld: transcript.
Wieser, Matthias. 2012. *Das Netzwerk von Bruno Latour. Die Akteur-Netzwerk-Theorie zwischen Science and Technology Studies und poststrukturalistische Soziologie.* Bielefeld: transcript.

„Geplante Forschung":
Bedeutung und Aktualität differenzierungstheoretischer Wissenschafts- und Technikforschung

Marc Mölders

1 Einleitung: Zur Kontextualisierung der „Geplanten Forschung"

Wolfgang van den Daele, Wolfgang Krohn und Peter Weingart, die Herausgeber des Sammelbandes „Geplante Forschung" (1979), verlagerten im Rahmen der ZiF-Arbeitsgruppe „Wissenschaft zwischen Autonomie und Steuerung" den Blick auf das Verhältnis von politischer Steuerung und wissenschaftlicher Erkenntnisproduktion, nachdem zuvor insbesondere die Vereinbarkeit autonomer Wissenschaft und ökonomischer Verwertungsimperative im Mittelpunkt gestanden hatte. Vier Entwicklungen waren für die Vorbereitung des Sammelbandes entscheidend:

In *sachlicher* Hinsicht schließt der Band unmittelbar an die sogenannte „Finalisierungsdebatte" (vgl. Böhme et al. 1973) an. In dieser ging es im Kern um die Frage, woran sich wissenschaftlicher Fortschritt orientiert, genauer gesagt: zu welchen Phasen wissenschaftsinterne bzw. -externe Probleme ein Fortschreiten veranlassen. Das Zentrum für interdisziplinäre Forschung (ZiF) und die Universität Bielefeld bieten in *institutioneller* Hinsicht einen weiteren Anknüpfungspunkt. Zum Zeitpunkt des Erscheinens des Sammelbandes sind beide Institutionen noch vergleichsweise jung: 1968 startete das ZiF als erste in dieser Weise zugeschnittene Einrichtung in Deutschland, die Universitätsgründung erfolgte ein Jahr später. Beiden lag die Idee Schelskys zugrunde, durch räumliche Nähe Interdisziplinarität zu vereinfachen. Als erster Professor an die seinerzeit einzige Fakultät für Soziologie

M. Mölders (✉)
Universität Bielefeld, Fakultät für Soziologie,
AB Recht und Gesellschaft, 33501 Bielefeld, Deutschland
E-Mail: marc.moelders@uni-bielefeld.de

Deutschlands wurde bekanntlich Niklas Luhmann berufen. Dessen soziologische Systemtheorie war noch im Entstehen begriffen, die „Sozialen Systeme" erschienen erst 1984. Wenn man von einer *biographisch* weichenstellenden Zeit spricht, so lässt sich dies einerseits auf die Autoren selbst, aber auch auf die Institute, für die sie seinerzeit und später arbeiteten und die sie prägten, beziehen. Wolfgang Krohn und Peter Weingart sollten wenig später über viele Jahre hinweg gemeinsam am Bielefelder Institut für Wissenschafts- und Technikforschung (IWT) arbeiten, das aus dem universitären Forschungsschwerpunkt „Wissenschaftsforschung" hervorging. Weingart war seit 1973 bereits Professor für Wissenschaftssoziologie, Krohn war noch bis 1981 Mitarbeiter am Max-Planck-Institut zur Erforschung der Lebensbedingungen der wissenschaftlich-technischen Welt in Starnberg[1] und wie Wolfgang van den Daele einer der Autoren der o.a. „Finalisierungsthese". Letzterer arbeitete zu dieser Zeit ebenso am Starnberger MPI, bevor er 1989 Direktor der Abteilung „Normbildung und Umwelt (ab 2000 „Zivilgesellschaft und transnationale Netzwerke") am Wissenschaftszentrum für Sozialforschung Berlin (WZB) wurde. In unterschiedlichen Kombinationen veröffentlichten die drei Herausgeber weitere Studien zur Wissenschafts- und Technikforschung.

Wesentlicher Anknüpfungspunkt für den vorliegenden Beitrag ist die *paradigmenhistorische* Bedeutung des Sammelbandes „Geplante Forschung", in dessen Zentrum das Verhältnis von Politik und Wissenschaft steht, ein klassisches Themenfeld der STS. In den folgenden Abschnitten wird es im Wesentlichen um den von den Herausgebern verfassten Einführungsaufsatz „Die politische Steuerung der wissenschaftlichen Entwicklung" gehen. Schon oberflächlich betrachtet verweist dieser Titel darauf, dass man seinerzeit, sofern es um den Einfluss eines Gesellschaftsbereichs auf einen anderen ging, nicht mehr von (kybernetischer) „Regelung" und noch nicht von „Governance", sondern von „Steuerung" sprach. Diese Zwischenstellung, hierauf wird mein Beitrag hinauslaufen, ist auch heute noch so relevant, dass nicht nur in nostalgisch-würdigender Absicht von der „Geplanten Forschung" als einem Schlüsselwerk der STS auszugehen ist.

Eine zweite paradigmenhistorische Bedeutung leitet sich aus dem Umstand ab, dass hiermit ebenso ein Grundstein für eine *differenzierungstheoretische* Wissenschaftsforschung gelegt wurde, der die spätere *Entdifferenzierungsdebatte* anstieß. Beide Entwicklungen werden im abschließenden Absatz diskutiert.

---

[1] Für eine interessante Rückschau auf die Geschichte dieses MPI siehe Drieschner (1996).

2 Die politische Steuerung der wissenschaftlichen Entwicklung

Die interdisziplinäre Arbeitsgruppe „Wissenschaft zwischen Autonomie und Steuerung" untersuchte den Fragekomplex der wissenschaftsinternen und -externen Bedingungen einer Steuerbarkeit wissenschaftlicher Entwicklung. Diese Fragestellung wurde anhand von Fallstudien operationalisiert, gemein sollte den Fällen sein, dass es hierin um staatliche Programme ging, die „implizit oder explizit die Institutionalisierung von Forschungsgebieten zum Ziel hatten, die außerhalb der etablierten Disziplinen lagen" (van den Daele et al. 1979, S. 7). Im Einleitungskapitel fassen die Herausgeber die wesentlichen empirischen wie theoretischen Schlussfolgerungen aus den Fallstudien zusammen, die anschließend gesondert ausgeführt werden: Biotechnologie, Informatik, Krebs-, Umwelt-, Fusions- und Schwerionenforschung.

Um die im Zentrum stehenden Einflussversuche rekonstruierbar zu machen, wählte man die o.a. Fälle aus, weil es zu ihnen *politische Programme* gab. Diese verstanden sich durchweg als ermöglichende Maßnahmen, indem sie Forschungsorganisationen einrichteten, Berufschancen anboten, Finanzmittel zur Verfügung stellten etc., um Entwicklungsmöglichkeiten in die (wissenschaftliche) Welt zu bringen, „die ohne diesen Einfluß nicht auf dieselbe Weise eingeschlagen worden wäre[n]" (ebd., S. 15). Als politische Steuerung der Wissenschaft wurde somit „die durch politische Programme bewirkte Änderung oder Konstruktion von disziplinären, also in Forschungsprogrammen organisierten Forschungsfeldern" definiert (ebd., S. 35). Für die Frage nach den Bedingungen der Steuerbarkeit der Wissenschaft durch politische Programme machten die Autoren Gebrauch vom Drei-Phasen-Modell der disziplinären Entwicklung von Forschungsfeldern (vgl. Böhme et al. 1973).

1. Der Typus *explorativer Forschung* zeichnet sich vor allem durch Strategien des *trial and error* aus. Diese Strategien können „durch Programme, die funktionell auf extern relevante Probleme bezogen sind, gesteuert werden" (van den Daele et al. 1979, S. 44). In solchen Fällen seien problem- und erklärungsorientierte Explorationen methodisch nahezu äquivalent. Es gibt (noch) kein anleitendes, reifes Paradigma, sodass etwa das Programm zum Screening in der Krebs-Pharmakologie bei den (Krebs-)Forscher_innen nicht auf Widerstand stieß.
2. Der Typus *paradigmatischer Forschung* ist dadurch gekennzeichnet, dass Probleme der Erklärung forschungsleitend sind. In dieser Phase befinden sich Disziplinen gewissermaßen auf der Suche nach einer verbindlichen (integrie-

renden) Theorie. Hier kann gelingende Forschungsplanung nur die „Form von Koinzidenzen interner Forschungsfronten mit externer Problemorientierung" annehmen (ebd., S. 45). Die Autoren sprechen in diesem Fall bewusst nicht von Steuerung, die sie in Bezug auf diesen Forschungstypus nur dort sehen, wo wie in der Zellbiologie aus externen Gründen wissenschaftlich suboptimale Modelle gewählt werden, beispielsweise eine epidemiologisch relevante, wissenschaftlich aber wenig interessante Tumorart.

3. In der *postparadigmatischen Phase* „sind die internen Regulative so wenig selektiv, daß die Theorieentwicklung der Disziplin nach externen Gesichtspunkten fortsetzbar ist" (ebd., S. 47). Für die Krebsforschung bedeutet dies beispielhaft: Man nahm (forschungspolitisch) an, dass eine Erforschung der chemischen Karzinogenese zur Eindämmung von Krebserkrankungen beitragen könnte. Da es nun in Biochemie und Molekularbiologie grundlegende Modelle hierzu gab, konnten diese auch auf die extern gewünschten Probleme bezogen werden. Der theoretischen Weiterentwicklung der Disziplinen steht das nicht – wie im Falle der paradigmatischen Forschung – im Wege, sie kann hierdurch sogar fortschreiten (vgl. ebd., S. 48).

Bei der Entwicklung des Drei-Phasen-Modells wurde der empirisch gewonnene Versuch unternommen, Bedingungen für eine *gelingende* Steuerung der Wissenschaft herauszuarbeiten – und das in Bezug auf die Lösung drängender sozialer Probleme (Krebstherapie, Umweltschutz, Energieversorgung usw.). Allerdings sind rezeptionsgeschichtlich (ausführlicher s. u.) die Anschlüsse an die Erklärungen für das *Scheitern* einer politischen Steuerung der Wissenschaft deutlich wirkmächtiger gewesen. Solche Steuerungsschranken identifizieren van den Daele et al. in institutionellen Resistenzen und kognitiven Defiziten. *Institutionelle Resistenzen* verorten sie dabei nicht allein in der Wissenschaft, vielmehr tendiere diese ebenso wie die Politik zur Bestandswahrung, zudem seien beide Felder nur im Rahmen jeweiliger Traditionen innovativ (ebd., S. 18). Angriffe auf die Autonomie der Forschung, z. B. hinsichtlich der Problemauswahl, träfen demzufolge strukturlogisch auf Widerstand. Nur wenn Interventionsversuche Hand in Hand mit der Forschungsagenda gingen, sei diese Hürde zu überspringen:

> Die gesteuerte Wissenschaft muß methodisch und theoretisch an existierende Wissenschaft anschließen können, und dafür müssen ‚manpower' rekrutiert, stabile Arbeitszusammenhänge, Kommunikationsformen und Karrierewege eingerichtet werden (ebd., S. 50).

Gelingt dies nicht, verpuffen politische Steuerungsversuche, fähige Forscher_innen lassen sich nicht rekrutieren, die Resonanz gegenüber Förderungsprogrammen ist mangelhaft oder die ausgeschriebenen Programme werden durch verdeckte eigene Forschungsinteressen (Etikettenschwindel) überschrieben (vgl. ebd., S. 51). Im Rahmen der Fallstudien zeigte sich eine solche Resistenz etwa in der Molekularbiologie, die sich seinerzeit in der Phase der Theoriedynamik befand. Das politisch beabsichtigte Übertragen einige ihrer Konzepte auf höhere Tiersysteme und schließlich den Menschen bedeutete „ein Ausscheren aus der disziplinären Frontforschung" (ebd., S. 52).

Kognitive Defizite meinen das Fehlen entscheidender Wissensbestände; ein wissenschaftspolitisches Programm kann also daran scheitern, dass trotz Unterstützung nicht-schließbare Wissenslücken bleiben. In Bezug auf Steuerungsfragen ist an dieser Stelle allerdings vor allem der dahinter liegende Mechanismus aufschlussreich. Besonders an der Krebs-, aber auch an der Fusionsforschung wurde sichtbar, dass der „theoretische und instrumentelle Fortschritt nicht beliebig durch vermehrten Einsatz von Mitteln beschleunigt werden kann" (ebd.: 19). Dass mehr Geld nicht automatisch zu mehr Erkenntnis (und schließlich: Anwendbarkeit) führt, erscheint heute kaum noch erwähnenswert. Die Erfolge staatlicher Großforschung (klassisch: das Manhattan Project) aber hatten ihre Wirkung auf die Forschungspolitik noch längst nicht verloren. Wenn auch nicht im Sinne eines Automatismus kybernetischer Regelung (in diesem Fall: Ist- und Sollwert-Abgleich mit finanziellem Nachjustieren), so ist die Annahme, dass staatliche Förderung von Großprojekten mit vor allem monetären Mitteln zielführend sein kann, auch in rezenteren Projekten wie dem europäischen Satellitennavigationssystem Galileo deutlich erkennbar (vgl. Weyer 2008).

Betrachtet man die „Geplante Forschung" nun ihrerseits paradigmenhistorisch, so wird insbesondere durch die Mechanismen „institutionelle Resistenz" und „kognitive Defizite" das Scheitern vormaliger Erklärungsangebote kybernetischer Provenienz, wie eben skizziert, erklärbar. Die von van den Daele et al. angebotene *Steuerungs*theorie selbst basiert vor allem auf den Vorarbeiten Robert K. Mertons (1957) und Thomas S. Kuhns (1962). Auf die im Anfangsstadium befindliche Systemtheorie Luhmanns verweist lediglich eine einzige Fußnote an einer Stelle, in der es um die Beteiligung von Wissenschaftler_innen an der Formulierung wissenschaftspolitischer Programme geht. Solche Konstellationen werden als Beispiel für die Luhmann zugeschriebene These erhöhter „Kommunikationslasten" zwischen den ausdifferenzierten Systemen von Politik und Wissenschaft gesehen (vgl. van den Daele et al. 1979, S. 26 f.). Jedoch finden sich in den Ausführungen einige Überlegungen, die vollauf kompatibel mit der kommunikationsbasierten Systemtheorie sind. Wesentlich für die Argumentation von van den Daele et al. ist die Annahme, dass eine Rekonstruktion von Effekten politischer Steuerung zahlreiche Übersetzungsstufen impliziert: „Soziale Ziele oder Probleme werden in politische übersetzt, die politischen in wissenschaftspolitische, und diese in technische und wissenschaftliche" (ebd., S. 19; graphisch auf 22 f. dargestellt). Dieses Übersetzungskonzept wird dann auch bei der Erklärung von Steuerungsproblemen in Anschlag gebracht. Dabei zieht der Umstand der Übersetzung keineswegs zwangsläufig ein Scheitern nach sich, generell aber gelte, dass die „nicht-disziplinären Standards und Ziele der wissenschaftspolitischen Programme in disziplinäre übersetzt [werden]" (ebd., S. 59). Die wissenschaftsinterne Problemlösung *kann* dann auch das vormals zunächst soziale, dann politische und schließlich wissenschaftspolitische Ziel lösen. Immer aber werden die Probleme in die Form wissenschaftlich anschlussfähiger Fragestellungen gegossen.

Diese Betonung von Eigensinn bzw. Strukturdeterminiertheit – oder eben Selbstreferentialität – kommt noch ohne Verweis auf Kommunikation als Grundbegriff des Sozialen aus, doch auch hierzu finden sich einschlägige Passagen. Zur Erklärung etwa, warum die Ergebnisse der Fallstudien darauf hinwiesen, dass in interdisziplinärer Forschung die Fragestellung meist nach Disziplinen getrennt bearbeitet würde, heißt es, dies zeige einerseits an, dass Disziplinen in der Lage seien, Teilaspekte komplexerer Probleme zu inkorporieren. Aber es „weist andererseits darauf hin, daß Wissenschaftler gegen Arbeit in interdisziplinären Gruppen resistent sind, weil der Preis der geringen Kommunikation oder der Aufwand, die Kommunikationsbarriere zu überwinden, zu hoch ist" (ebd., S. 55 f.).

Schon die Fragestellung politischer Steuerung wissenschaftlicher Entwicklung impliziert ein neues Forschungsprogramm, nämlich eine *differenzierungstheoretische* Wissenschaftssoziologie. Die Steuerungsfrage kann nur gestellt werden, wenn davon ausgegangen wird, „daß Politik überhaupt von Wissenschaft (und übrigens auch von Wirtschaft) institutionell getrennt ist" (ebd., S. 32). Nur wenn etwa eine genuin politische Eigenlogik angenommen wird, kann eine Analyse zu dem Schluss kommen, dass die Förderung der Krebsforschung für die Politik auch latente Funktionen haben kann. Der (aus politischer Sicht) Umweg über die Wissenschaft ermöglicht es, Alternativen in der Zukunft zu versprechen, die dem gegenwärtigen politischen Handeln Dringlichkeit und Zuständigkeit ersparen, schließlich ist es nun an der Wissenschaft, eine Lösung zu erarbeiten. Ebenso entlastet es von weniger bequem zu vermittelnden Programmen, die in der präventiven Krebsbekämpfung ansetzen und Änderungen von Lebens- und Arbeitsgewohnheiten verheißen lassen müssten (vgl. ebd., S. 25 f.).

Diese hier noch institutionelle und später kommunikationsbasierte Trennung von Politik, Wissenschaft und Wirtschaft wird später in den STS teilweise fundamental abgelehnt und ihrerseits mit Diagnosen einer *Entdifferenzierung* konfrontiert. Auf diesen Aspekt der Rekonstruktion der Rezeptionsgeschichte der „Geplanten Forschung" wird unten zurückzukommen sein.

3 Kurzer Abriss der Rezeptionsgeschichte – und Ausblicke

Im vorangegangenen Abschnitt wurde bereits angedeutet, dass und weshalb die soziologische Systemtheorie an die Konzepte der Arbeitsgruppe „Wissenschaft zwischen Autonomie und Steuerung" anschloss. Luhmanns (1988) Überlegungen in diesem Zusammenhang beschäftigten sich eher mit den „Grenzen der Steuerung". Hierbei wurde argumentiert, dass selbstreferentiell geschlossene Systeme (wie Politik, Wirtschaft, Wissenschaft, Recht etc.) einander allenfalls irritieren, nie aber planvoll die Zustände fremder Systeme steuern können. Es leuchtet unmittelbar ein, dass die Ergebnisse von van den Daele, Krohn und Weingart naheliegende Beispiele zur Erhärtung dieser These sind. Einige der Fallstudien der „Geplanten Forschung" zeigten schließlich eindrucksvoll, dass die wissenschaftlichen Steuerungsobjekte ein „Eigenleben" führen, wenn die politischen Steuerungsbemühungen „in die Sprache existierender Disziplinen übersetzt werden" (van den Daele et al. 1979, S. 20).

Ungeachtet der Beiträge anderer Autor_innen (paradigmatisch: Teubner und Willke 1984), die Luhmanns „Grenzen der Steuerung" in konstruktiver Weise ausloteten, wurde in der Soziologie vor allem dann an entsprechende differenzierungstheoretische Beiträge angeschlossen, wenn es um das Scheitern von Steuerung ging. Wie im letzten Abschnitt dargestellt, zeichnete sich der Band „Geplante Forschung" aber gerade dadurch aus, auch über die Bedingungen *gelingender* Interventionen Auskunft zu geben. Dennoch ist die paradigmengeschichtlich wenig später zu beobachtende Dominanz akteurzentrierter Ansätze stets dadurch gerechtfertigt worden, differenzierungstheoretische Konzepte könnten Steuerungsüberlegungen „keinerlei positive Impulse" geben (Mayntz 1996, S. 154 f.). Für die STS war die Umstellung auf akteurzentrierte Ansätze folgenreich und ihrerseits weichenstellend für das mittlerweile vorherrschende Governance-Paradigma (vgl. Mayntz 2006).

Allerdings finden sich in der jüngeren Vergangenheit auch Beiträge, die differenzierungstheoretisch ansetzende Erklärungen für gelingende Interventionen zu aktualisieren versuchen (Teubner 2010; Mölders 2014). Diese – paradigmengeschichtliche – Rückkehr zu Konzepten differenzierungstheoretischer Steuerung wird mit dem Hinweis begründet, das Governance-Paradigma habe die Ausgangsfrage, wie eigensinnige Gesellschaftsbereiche absichtsvoll in eine bestimmte Richtung zu bringen sind, lediglich verschoben. Denn Interdependenzbewältigung als Erklärungsziel von Governance (Benz et al. 2007) beinhaltet in Bezug auf Wissenschaft alles von Selbststeuerung qua *peer review* bis zum Regime des *New Public Management*. Gelingende Interdependenzbewältigung kann das Ergebnis intentionaler Einsetzung sein oder sich aus normalem Prozessieren heraus ergeben.

Ebendies war ja die Ausgangsfrage, die die Arbeitsgruppe „Wissenschaft zwischen Autonomie und Steuerung" umtrieb: Ob und ggf. wie politische Entscheidungen einen richtungsändernden Einfluss auf Forschungsprozesse ausüben können. Wissens- und Wissenschaftsregulierung differenzierungstheoretisch, aber nicht nur auf Erklärungen eines Scheiterns hin zu analysieren, steht deutlich in der Traditionslinie der „Geplanten Forschung".

Von einer differenzierungstheoretischen Wissenschaftsforschung zu sprechen, in der Unterscheidungen von konstitutiver Bedeutung sind, leitet über zu der zweiten paradigmenhistorischen Bedeutung des hier besprochenen Bandes, nämlich die einer Kontrastfolie für die Entdifferenzierungsdiagnosen in den STS. Einen Beginn der Diskussion darüber, ob man Wissenschaft als eine von anderen gesellschaftlichen Sinnsphären getrennt zu beobachtende Einheit auffassen sollte, kann man in den Laborstudien sehen.[2] So machte etwa Karin Knorr-Cetina in ihren Studien zur Teilchenphysik die Beobachtung, dass diese sich ständig zwischen verschiedenen Sinnprovinzen bewege, „in denen sie ihre Probleme wieder aufnimmt und einer Weiterbehandlung unterzieht; im differenzierungstheoretischen Sprachgebrauch muß dies heißen: sie löst ihre Probleme durch Entdifferenzierung" (1992, S. 414).

Seinen sichtbarsten Höhepunkt erklomm der Streit zwischen Differenzierungstheorie und den STS im Rahmen der im Oktober 1996 an der Universität Bielefeld veranstalteten Konferenz von EASST und 4S. Auf einem Podium sollte Niklas Luhmann das Wissenschaftsverständnis der Systemtheorie erläutern, das aus Sicht der STS von Bruno Latour kommentiert wurde. Gerald Wagner (1996), der diese Tagung rezensierte, nannte Luhmanns Vortrag ein Musterbeispiel in puncto Klarheit und Differenziertheit, machte allerdings auch darauf aufmerksam, dass Luhmann fast ausschließlich über seine Theorie im Allgemeinen und nicht, wie thematisch gefordert, von Wissenschaftsforschung im Besonderen sprach. Latour führte aus, dass die STS die Gesellschaft schildere, wie sie sei, weshalb schon die Theorie/Empirie-Unterscheidung an den STS vorbeiziele und eine so abstrakte Theorie wie die Luhmanns den Blick eher verstelle. Schlimmer noch sei, so Latour, dass Luhmann Wissenschaft durch die System/Umwelt-Unterscheidung purifiziere, was dem Ansinnen der STS, die Verwobenheit wissenschaftlicher Praktiken mit anderen Logiken aufzuzeigen, zuwiderlaufe. Luhmann antwortete darauf nur, dass die für Latour so wichtigen technischen Artefakte Umwelt des Sozialen seien, so lange über sie nicht kommuniziert werde, dies sei eben die Konsequenz, wenn man auf Kommunikation als Letztelement des Sozialen setze. Latour echauffierte sich zunehmend, Luhmann blieb kühl, schließlich verließ Latour das Podium, wobei er das Mikrophonkabel ausriss.

---

[2] Vgl. hierzu auch die Beiträge von Kirschner und van Loon i.d.Bd.

So erheiternd diese Schilderung klingt, sie macht auch auf die wechselseitige Sprachlosigkeit aufmerksam und kann zudem als ein Indiz dafür gelesen werden, dass es sich die Verteidigung der Differenzierungstheorie von Seiten der Systemtheorie vergleichsweise einfach machte, indem sie auf ihre eigene Theoriearchitektur verwies. Den empirischen Arbeiten der STS im Allgemeinen und der Laborstudien im Besonderen ist vielfach entgegnet worden, dass ihre wertvollen Ergebnisse sich auf Interaktions- bzw. Organisationsphänomene beschränken und keinerlei Rückschluss auf die Ebene der Funktionssysteme beanspruchen könnten. Vielmehr könnten die dort gefundenen Unterscheidungen im Forschungshandeln überhaupt nur bezeichnet werden, weil diese Kategorien gesamtgesellschaftlich zur Verfügung stehen (Bora 2005).

Im weiteren Verlauf des (Ent-)Differenzierungsstreits erhalten die Diagnosen neue Namen, an den wechselseitig aufeinander gerichteten Argumenten hingegen veränderte sich zunächst wenig. Dabei ist insbesondere an die These eines „Mode 2" (Nowotny et al. 2001) der Wissenschaft zu denken. Dort wird gerade ins Feld geführt, dass angesichts gestiegener „gesellschaftlicher" Forderungen an die Wissenschaft die Geltungsbasis wissenschaftlichen Wissens vom Anspruch auf Wahrheit (Modus 1) hin zu einem „sozial robusten" Wissen entwickelt habe (Modus 2). Diese Wissensform verzichte zwar nicht vollends auf wissenschaftliche Standards, müsse aber immer auch die gesellschaftliche Akzeptanz wissenschaftlicher Erkenntnisse bedenken. Hinzu komme die Erwartung, dass wissenschaftliche Neuerungen kaum mehr als Selbstzweck möglich seien, vielmehr sei die dominante Erwartung, dass sie auch außerhalb der Wissenschaft verwertet werden können. Letztlich wird hieraus geschlossen, dass Gesellschaft und Wissenschaft sich nicht mehr, wie noch im Modus 1, differenzieren lassen.

Gegen diese Position konnte die Differenzierungstheorie darauf verweisen, dass solange Probleme mit Theorien und Methoden bearbeitet werden, man es unverändert mit einer wissenschaftlichen Informationsverarbeitung zu tun habe. Ob die zu verarbeitenden Probleme dann aus Anwendungskontexten kommen, sich als inter- oder auch transdisziplinär markieren lassen, ändere hieran nichts (Mölders 2011, S. 158 ff.). Allerdings gerät so argumentierend wiederum leicht aus dem Blick, dass und wie sich die Produktionsbedingungen von Wissenschaft wandeln und welchen Einfluss dies auf die weitere wissenschaftliche Kommunikation (v. a.: Publikationen) hat. Insbesondere mit Blick auf Fragen der Limitationalität wissenschaftlicher Kommunikation nimmt der Einfluss nicht-wissenschaftlicher Organisationen messbar zu, hierzu können auch schon Verlage und wissenschaftliche Zeitschriften zählen (vgl. Franzen 2011). Prinzipiell ist alles erforschbar, nicht aber wissenschaftlich relevant, also muss das Erforschbare eingeschränkt werden – ebendies ist mit Limitationalität angesprochen. Geht es um Aspekte der Themenwahl, wird kaum von der Hand zu weisen sein, dass Wissenschaftler_innen mitunter ökonomischen, politischen oder medialen Kriterien den Vorzug gegenüber originär und ausschließlich wissenschaftlichen geben. Dies ist als ein weitreichender Wandel beobachtbar, den man – und hier wiederholt sich das Argument – wiederum nur in den Blick bekommt, wenn man von wissenschaftlichen und außerwissenschaftliche Kriterien, Logiken, Referenzen o. ä. ausgeht.

Auch dieser Diskussionsstrang zeigt, wie aktuell die Themen des Bandes „Geplante Forschung" bis in die Gegenwart sind. Peter Weingart selbst hat in späteren Veröffentlichungen die wechselseitigen Beeinflussungen von Gesellschaftsbereichen untersucht – also etwa deren Verwissenschaftlichung, Politisierung, Ökonomisierung, Medialisierung usw. (Weingart 2001). Seine Wahl einer nach wie vor differenzierungstheoretischen Perspektive begründete er damit, dass „sie vor der modischen Versuchung bewahrt, komplex erscheinende Wechselverhältnisse als ‚Verschmelzung' von Systemgrenzen und als Entdifferenzierungsprozesse zu sehen" (Weingart 2010, S. 157).

Doch auch der von vielen innerhalb wie außerhalb der Systemtheorie kritisch gesehene Begriff der „strukturellen Kopplung" von Funktionssystemen wird in neueren Arbeiten einer Revision unterzogen und durch andere Konzepte ersetzt (Kaldewey 2013; Mölders 2012). Was Wissenschaft von anderen Gesellschaftsbereichen unterscheidet und wie ggf. wissenschaftsexterne Instanzen Einfluss auf Wissenschaft ausüben können, scheinen Fragen zu sein, die die Wissenschaftsforschung weiter begleiten werden.

Literatur

Benz, Arthur, Susanne Lütz, Uwe Schimank, und Georg Simonis, Hrsg. 2007. *Handbuch Governance. Theoretische Grundlagen und empirische Anwendungsfelder*. Wiesbaden: Verlag für Sozialwissenschaften.

Böhme, Gernot, Wolfgang van den Daele, Wolfgang Krohn. 1973. Finalisierung der Wissenschaft. *Zeitschrift für Soziologie* 2 (2): 128–144.

Bora, Alfons. 2005. Rezension: Helga Nowotny, Peter Scott und Michael Gibbons: Wissenschaft neu denken. Wissenschaft und Öffentlichkeit in einem Zeitalter der Ungewißheit. *Kölner Zeitschrift für Soziologie und Sozialpsychologie* 57 (4): 755–757.

Drieschner, Michael. 1996. Die Verantwortung der Wissenschaft. Ein Rückblick auf das Max-Planck-Institut zur Erforschung der Lebensbedingungen der wissenschaftlich-technischen Welt. In *Wissenschaft und Öffentlichkeit*, Hrsg. von T. Fischer und R. Seising, S. 173–198. Frankfurt a. M.: Lang.

Franzen, Martina. 2011. *Breaking News: Wissenschaftliche Zeitschriften im Kampf um Aufmerksamkeit*. Baden-Baden: Nomos.

Kaldewey, David. 2013. *Wahrheit und Nützlichkeit. Selbstbeschreibungen der Wissenschaft zwischen Autonomie und gesellschaftlicher Relevanz*. Bielefeld: Transcript.

Knorr Cetina, Karin. 1992. Zur Unterkomplexität der Differenzierungstheorie. Empirische Anfragen an die Systemtheorie. *Zeitschrift für Soziologie* 21 (6): 406–419.

Kuhn, Thomas S. 1962. *The structure of scientific revolutions*. Chicago: The University of Chicago Press.

Luhmann, Niklas. 1988. *Die Wirtschaft der Gesellschaft*. Frankfurt a. M: Suhrkamp.

Mayntz, Renate. 1996. Politische Steuerung: Aufstieg, Niedergang und Transformation einer Theorie. In *Politische Theorien in der Ära der Transformation. Politische Vierteljahresschrift Sonderheft 26*, Hrsg. von K. von Beyme und C. Offe, S. 148–168. Opladen: Westdeutscher Verlag.

Mayntz, Renate. 2006. Governance Theory als fortentwickelte Steuerungstheorie? In *Governance-Forschung. Vergewisserung über Stand und Entwicklungslinien*, Hrsg. von G. F. Schuppert, 11–20. Baden-Baden: Nomos.

Merton, Robert K. 1957. *Social theory and social structure*. 2. Aufl. New York: Free Press.

Mölders, Marc. 2011. *Die Äquilibration der kommunikativen Strukturen. Theoretische und empirische Studien zu einem soziologischen Lernbegriff*. Weilerswist: Velbrück.

Mölders, Marc. 2012. Differenzierung und Integration. Zur Aktualisierung einer kommunikationsbasierten Differenzierungstheorie. *Zeitschrift für Soziologie* 41 (6): 478–494.

Mölders, Marc. 2014. Das Hummel-Paradox der Governance-Forschung. Zur Erklärung erfolgreicher Wissensregulierung in Verhandlungssystemen. In *Wissensregulierung und Regulierungswissen*, Hrsg. von A. Bora, C. Reinhardt und A. Henkel, 175–198. Weilerswist: Velbrück.

Nowotny, Helga, Peter Scott, und Michael Gibbons. 2001. *Re-thinking science: Knowledge and the public in an age of uncertainty*. Cambridge: Polity Press.

Teubner, Gunther, und Helmut Willke. 1984. Kontext und Autonomie: Gesellschaftliche Selbststeuerung durch reflexives Recht. *Zeitschrift für Rechtssoziologie* 6 (1): 4–35.

Teubner, Gunther. 2010. Selbst-Konstitutionalisierung transnationaler Unternehmen? Zur Verknüpfung ‚privater' und ‚staatlicher' Corporate Codes of Conduct. In *Unternehmen, Markt und Verantwortung. Festschrift für Klaus J. Hopt*, Hrsg. von S. Grundmann, B. Haar, und H. Merkt, 1449–1470. Berlin: de Gruyter.

van den Daele, Wolfgang, Wolfgang Krohn, und Peter Weingart, Hrsg. 1979. *Geplante Forschung. Vergleichende Studien über den Einfluß politischer Programme auf die Wissenschaftsentwicklung*. Frankfurt a. M.: Suhrkamp.

Wagner, Gerald. 1996. Signaturen der Wissensgesellschaften – ein Konferenzbericht. *Soziale Welt* 47:480–484.

Weingart, Peter. 2001. *Die Stunde der Wahrheit? Zum Verhältnis der Wissenschaft zu Politik, Wirtschaft, Medien in der Wissensgesellschaft*. Weilerswist: Velbrück.

Weingart, Peter. 2010. Resonanz der Wissenschaft der Gesellschaft. In *Ökologische Aufklärung. 25 Jahre ‚Ökologische Kommunikation'*, Hrsg. Von C. Büscher und K. P. Japp, 157–172. Wiesbaden: Verlag für Sozialwissenschaften.

Weyer, Johannes. 2008. Transformationen der Technologiepolitik. Die Hightech-Strategie der Bundesregierung und das Projekt Galileo. In *Die europäische Wissensgesellschaft – Leitbild europäischer Technologie-, Innovations- und Wachstumspolitik*, Hrsg. von B. Schefold und T. Lenz, 137–156. Berlin: Akademie Verlag.

Karin Knorr Cetina: Von der Fabrikation von Erkenntnis zu Wissenskulturen

Heiko Kirschner

Karin Knorr Cetina zählt durch ihre wissenschaftssoziologischen Untersuchungen „*Fabrikation von Erkenntnis*" und „*Wissenskulturen*" zu den modernen ‚Klassikern' der Wissenschafts- und Technikforschung. Hintergrund ihrer Erkenntnisse bilden dabei vor allem intensive ethnographische Feldstudien. Die Untersuchungen, welche die Grundlage der Publikation „*Fabrikation von Erkenntnis*" (1991) darstellen, waren in vier verschiedenen Laboren angesiedelt, die alle zum Zeitpunkt der Untersuchung, Bestandteil eines staatlich finanzierten Forschungszentrums in Berkeley, Kalifornien, waren. Für die Untersuchungen zu den „Wissenskulturen" (2002) bildeten im Bereich der Hochenergiephysik angesiedelte Experimente am CERN in Genf, an denen Knorr Cetina beteiligt war, die Grundlage. Zudem waren Beobachtungen im Bereich der Molekularbiologie maßgeblich, die Knorr Cetina im Max-Plack-Institut Göttingen sowie in einem unabhängigen Labor in Heidelberg anstellte. Ihre, für die hier besprochenen Werke grundlegenden empirischen Untersuchungen, erstrecken sich dabei, einschließlich Unterbrechungen, über den Zeitraum von 1976 bis 1990.

Ein Hauptanliegen ihrer Veröffentlichungen ist es, Wissenschaft nicht als „Spiegelbild der Realität" (Knorr Cetina 2012, S. 19) zu verstehen, sondern jene sozialen Faktoren zu identifizieren, die den „Kern der Wissenserzeugung" repräsentieren, wie Rom Harré (2012, S. 11) im Vorwort von „Fabrikation der Erkenntnis" bemerkte. Das von Knorr Cetina in diesem Kontext gewählte ethnographische Forschungsdesign dient dazu, Praxen der Wissenschaft an den Orten ihrer Entstehung zu untersuchen. Dabei stellen „die Konfiguration von Objekten, die Konstruktion

---

H. Kirschner (✉)
Fakultät 12, Lehrstuhl für Allgemeine Soziologie, TU Dortmund, 44221 Dortmund, Deutschland
E-Mail: Heiko.Kirschner@fk12.tu-dortmund.de

des epistemischen Subjekts und die Rolle des Labors" (Knorr Cetina 2002, S. 23) das Zentrum ihrer Beobachtungen dar. In der Tradition des symbolischen Interaktionismus betrachtet sie dabei soziale Phänomene auf der Mikroebene, um davon ausgehend die zugrundeliegenden strukturellen Rahmenbedingungen und Kontexte aufzuzeigen.

Knorr Cetina beschreibt mit ihren Untersuchungen zur Fabrikation von Erkenntnis und Wissenskulturen den dynamischen Prozess des Austausches von Objekten, Informationen und Forschenden über räumliche und zeitliche Grenzen hinweg. Dieser Prozess, der in Abgrenzung zu einer rationalistischen Logik wissenschaftlicher Praxis verstanden werden muss, ist konstitutiv für die (soziale) Lebenswelt der an wissenschaftlicher Praxis Beteiligten und demfolgend auch für die, sich aus dieser Praxis ergebende Wissenskultur (vgl. Knorr Cetina 2002, S. 59). Die von ihr beschriebenen Abhängigkeiten wissenschaftlicher Praxis können folglich zwar analytisch getrennt werden, wirken aber, getreu dem sozial konstruktivistischen Paradigma, beständig aufeinander ein. Um diese Überlegungen Knorr Cetinas zu verdeutlichen, sollen im Folgenden die Orte wissenschaftlicher Praxis, die Forschenden und ihre Strategien sowie die Rolle von Objekten in der wissenschaftlichen Praxis in ihrer Interdependenz beschrieben werden. Daraus abgeleitet werden Rückschlüsse auf posttraditionale gemeinschaftliche Strukturen einer spezifischen Wissenskultur gezogen. Dabei wird der wiederkehrende Begriff des „Rahmens" im Sinne des symbolischen Interaktionismus stellvertretend für lokal situierte Handlungsanleitungen verwendet, in Abgrenzung zum „Kontext", der als translokaler Deutungshorizont zu verstehen ist.

1 Die Abhängigkeit(en) des Labors und der „context of discovery"

Im Rahmen ihrer mehrjährigen ethnographischen Arbeit in Laboren, zeigt Knorr Cetina auf, dass ein adäquater Einblick in die Praxis wissenschaftlichen Arbeitens nur dann zu erhalten ist, wenn der Ort wissenschaftlicher Praxis, das Labor als Untersuchungsraum, ernstgenommen wird. Zunächst bietet das Labor für alle Handlungen, die innerhalb der jeweils gegebenen Räumlichkeiten stattfinden einen Einblick in den „context of discovery" (Knorr 2012, S. 19). Zugleich ist das Labor selbst jedoch ebenfalls ein konstruierter Teil wissenschaftlicher Praxis. Um die in Laboren vorzufindenden situativen Abhängigkeiten adäquat zu fassen, trennt Knorr Cetina analytisch das Labor als Ort wissenschaftlicher Praxis nicht von den Forschenden und den hier vorzufindenden Objekten: Das Labor gilt ihr als handlungsanleitender Rahmen, der zugleich in den Gesamtkontext wissenschaftlicher

Forschung eingebettet ist und anhand dessen sich die „lokalen Ansässigkeiten und die Situationsgebundenheit der Forschung" (Knorr Cetina 2012, S. 63) aufzeigen lassen. So sind Labore unterschiedlich groß, haben unterschiedliche Ausstattungen, sind an unterschiedlichen Orten ansässig – kurz: Labore bilden selbst immer eine abhängige Umgebung und spiegeln diese Abhängigkeit auf die in ihnen anzutreffende Forschenden und deren Praxis. Dies wird insbesondere anhand der in Laboren anzutreffenden spezifischen „Objektkonfigurationen" (Knorr Cetina 2002, S. 65) deutlich. Unter Objektkonfiguration werden die Anordnungen der dort vorzufindenden technischen Geräte, sowie die dazugehörigen Räumlichkeiten subsumiert. Diese ermöglichen, begünstigen oder verhindern bestimmte Handlungsweisen und liefern so lokal ansässige Rahmenbedingungen. Das Labor und sein Möglichkeitsraum wird damit eine nicht zu unterschätzende handlungsanleitende Variable wissenschaftlicher Praxis, da sie selbige durch ihre lokalen Strukturen anleiten oder begrenzen kann (vgl. Knorr Cetina 2012, S. 72). Das Labor als handlungsanleitender Rahmen ist allerdings nicht entkoppelt von den subjektiven Sinndeutungen der Forschenden, sondern wird über diese als Labor erst konstituiert. Zentral ist hier die Bedeutung des Kontextes. Dieser bildet den notwendigen Sinnhorizont für die Konstitution des Labors als Ort wissenschaftlicher Praxis. Dieser Kontext lässt sich als fachspezifische ‚scientific community' beschreiben und zeichnet sich durch die in ihr anzutreffenden unterschiedlichen Handlungsarenen aus. Sichtbar werden diese unterschiedlichen Arenen bspw. in Form von Kongressen, Fachzeitschriften, Förderprogrammen oder Forschungsinstituten etc. Das Labor, welches in diesen Kontext eingebettet ist, stellt ebenfalls eine Handlungsarena dar. Die Praxis der Forschenden beschränkt sich somit nie nur auf den lokalen Rahmen des Labors, sondern ist zur gleichen Zeit in unterschiedliche Handlungsarenen eines spezifischen Kontexts eingebunden. Wissenschaftliche Praxis im Labor ist somit immer auch als eine sich zugleich vollziehende soziale „Konstruktion des Labors" (ebd., S. 123) zu verstehen.

2 Die Rolle des Forschenden – der opportunistische Tinkerer

Nachdem Knorr Cetina aufzeigen konnte, dass sich das Labor nicht als ‚unabhängiger' Ort wissenschaftlicher Praxis konstituiert, sind es die Forschenden und insbesondere deren Handlungsweisen, die zunehmend in den Vordergrund ihrer Untersuchungen rücken. Die untersuchungsleitende Frage lautete „wie anstelle des etablierten warum" (ebd., S. 48) sich die Fabrikation von Erkenntnis vollzieht. Bei der Betrachtung der Praxis der Forschenden, wie bereits in der Beschreibung des

Labors zuvor, gilt es zu überprüfen, in welchen beobachtbaren Abhängigkeiten die Forschenden ihrer wissenschaftlichen Arbeit nachgehen. Knorr Cetina formuliert in diesem Kontext eine beobachtbare „Indexikalität", verstanden als die Abhängigkeit von Rahmenbedingungen und Gelegenheitsstrukturen des Labors einerseits und einem subjektzentrierten Opportunismus andererseits (ebd., S. 64). Letzterer spiegelt sich in der von ihr als „Tinkerer" (ebd., S. 65) ausgewiesenen Rolle des Forschenden wieder: Der Tinkerer zeichnet sich durch sein Wissen aus, was zu einem jeweiligen Zeitpunkt sinnvoll „machbar ist" (ebd.). Das Wissen um die Machbarkeit ist abgeleitet von den situativen Rahmenbedingungen und den sich daraus ergebenden Gelegenheitsstrukturen. Die beobachtbare Praxis von Forschenden ist somit gekennzeichnet durch die vorzufindenden Gelegenheiten, welche zur jeweiligen Zeit unter den gegeben Umständen für das eigene Projekt nutzbar gemacht werden. Diese, als opportunistisch verstandene Einstellung der Forschenden, kann sich beispielsweise auf situative Rahmenbedingungen, wie Räumlichkeiten, die lokalen Objektkonfiguration, also die verfügbaren Messinstrumente oder die im Projekt oder Labor gegebenen Personenkonstellationen beziehen.

Hinsichtlich der Rahmenbedingungen bietet der von Knorr Cetina beschriebene wissenschaftliche Opportunismus einen Gegenpol zu einer rationalisierten Situations- und Forschungslogik. Weder Labore noch Forschende sind einer vorstrukturierten ‚Logik' unterworfen, welche – an sich – die Praxis der Wissenschaft beschreibt und steuert. Im Gegenteil, über die beobachtbare „Gelegenheitsrationalität" (ebd., S. 125) der Forschenden rücken subjektiven Handlungsweisen und Entscheidungen in den Beobachtungsvordergrund und bilden den Kern wissenschaftlicher Praxis. Im Umkehrschluss bedeutet dies jedoch nicht, dass wissenschaftliche Praxis „privater Natur" (ebd., S. 76) sei, sondern dass es sich bei ihr um einen, in Idiosynkratien eingebetteten, fortlaufenden Selektionsprozess handelt. Die Verflechtung von idiosynkratischen Handlungsweisen einerseits und den Labor bedingten Rahmenbedingungen andererseits, konstituiert lokal ansässige wissenschaftliche Praxis als eine situationsspezifische Untersuchungseinheit. Forschende nutzen dabei Überzeugungs- und Rationalisierungstechniken (vgl. ebd., S. 176) die von Knorr Cetina als „begründendes argumentierendes Wahlhandeln" (ebd., S. 213) beschrieben werden. Diese sind jedoch aufgrund ihrer Indexikalität nicht verallgemeinerbar und damit auch in keinerlei rationalistische Logik eingebunden.

3 Die Techniken der Forschenden – das Analogieräsonieren

Die angesprochenen Überzeugungs- und Rationalisierungstechniken wissenschaftlicher Arbeit bieten die Grundlage für die beobachtbaren Interaktionen zwischen den Forschenden im Labor und lassen Rückschlüsse auf die dahinter liegenden

„epistemischen Strategien" (Knorr Cetina 2002, S. 105) zu. So kann zum Beispiel die Orchestrierung, also die beobachtbar sinnhafte Art und Weise der Verwendung von Objekten und die Aushandlungen zwischen den Forschenden im Labor Aufschluss über diese Strategien geben. Mit Hilfe dieser Beobachtung, lässt sich eine „Kette von Selektionsprozessen" (ebd., S. 80) wissenschaftlicher Arbeit, in ihren Einzelschritten nachvollziehen. Die Einzelschritte dieses Selektionsprozess' wissenschaftlicher Erkenntnis, sind von einer ständigen „Validierung zwischen Ergebnis und Bewertung" (Knorr Cetina 2012, S. 29) begleitet. Anhand des von ihr ausgeführten Beispiels über die Verwendung von Metaphern und Analogien als Validierungstechnik kann dieser Prozess nachvollzogen werden.

Metaphern sind in der wissenschaftlichen Praxis von Forschenden eine etablierte Form der Legitimation. In ihnen bildet sich mobilisiertes Wissen, welches von einem Kontext in einen anderen übertragen werden kann, ab. Für Knorr Cetina beinhaltet wissenschaftliche Rationalität, hinsichtlich der Verwendung von Metaphern und Analogien, „Züge praktischen Räsonierens" (ebd., S. 52). Mit Hilfe von Metaphern erscheint es in der Praxis wissenschaftlicher Arbeit „wahrscheinlich, daß es unter Voraussetzungen angemessener Modifikationen auch in der neuen Situation ,zum Funktionieren' gebracht werden kann" (ebd., S. 107). Metaphern sind insofern als „Ähnlichkeitsklassifikationen" (ebd., S. 96) zu verstehen. Sie bieten im Forschungsprozess Lösungen an, sofern sie innerhalb der Grenzen des jeweiligen Kontextes situiert sind und mit diesem verbunden die „ähnlichen Gesamtziele" (ebd., S. 106) teilen. Durch eben diese Verwendung von Metaphern oder Analogien kommt es zur Transformation von Wissen, die als solche bereits eine Selektion im Forschungsprozess darstellt. Metaphern und Analogien nehmen damit im Forschungsprozess die Rolle ein, die Gelegenheitsgrenzen des Labors durch bisher unbeachtete Ressourcen zu erweitern (vgl. ebd., S. 124). Die „technische Selektion" (ebd., S. 156) des Analogieräsonierens verweist damit auf die, in je spezifischen Kontexten wissenschaftlicher Praxis existierenden Handlungsarenen.

4 Objektbeziehungen und Erkenntnisträger

Wenn, wie Knorr Cetina aufgezeigt hat, Forschungspraxis in die situativen Rahmenbedingungen des Labors eingebettet ist, dann bieten die dort verwendeten technischen Geräte eine weitere notwendige Untersuchungseinheit zur adäquaten Beschreibung wissenschaftlicher Praxis. Besondere Aufmerksamkeit lag dabei auf Forschungsprodukten als abhängiges Resultat vorausgegangener, eingebetteter Interaktion. Sowohl in ihren Studien zur Fabrikation von Erkenntnis, als auch in den

Beschreibungen der Wissenskulturen, spielt diese Annahme eine herausragende Rolle.

Die in gegenwärtigen Gesellschaften beobachtbare wissenschaftliche Praxis erweist sich immer als eine an Objekten ausgerichtete Praxis. Seien es schriftliche Endprodukte einer Studie oder die in Laboren und/oder Experimenten verwendeten Messgeräte. Die von Knorr Cetina betitelte „Sozialität mit Objekten" (vgl. Knorr Cetina 1998) ist in ihren Untersuchungen ein ständiger Begleiter wissenschaftlicher Praxis und soll hier anhand zwei von ihr angeführten Beispielen verdeutlicht werden. Wie bereits für das Labor und auch die in ihm Forschenden, werden die an der wissenschaftlichen Praxis beteiligten Objekte als für sich sozial eingebettete Untersuchungsgegenstände beschrieben. Anhand der Untersuchungen zum wissenschaftlichen Papier wird eine ebensolche Einbettung deutlich: Zunächst ist festzuhalten, dass Objekte in wissenschaftlicher Praxis eine Mittlerrolle einnehmen können, wie sie von Knorr Cetina exemplarisch anhand des wissenschaftlichen Papiers als einem: „Gemeinschaftserzeugnis eines Prozesses, an dem sowohl Autoren als auch Adressaten [...] beteiligt sind [...]", beschrieben wird (Knorr Cetina 2012, S. 199) Als Adressaten gelten in diesem Fall Gutachter_innen, Kritiker_innen, Freund_innen etc. Schon bei der Entstehung des wissenschaftlichen Papiers sind Überlegungen hinsichtlich eines – unbestimmten – Publikums inbegriffen, derentwegen die Einleitung eines Papiers als „Ort der Relevanz-Inszenierung" (ebd., S. 207) spezifiziert werden kann. In ihr finden sich Bezugnahmen und Verweise, die eine Zugehörigkeit zu einer fachspezifischen ‚scientific-community' ausweisen sollen. Damit ist bereits die Einleitung abhängig von den Sinngehalten, die in der jeweiligen ‚scientific-community' zum gegebenen Zeitpunkt für relevant erachtet werden. Das wissenschaftliche Papier ist neben seinem Bezug zu den Adressat_innen, zugleich aber auch hinsichtlich seiner Autor_innen, ein Gemeinschaftserzeugnis. Schließlich handeln diese, in mannigfaltigen Modifikationsprozessen[1], die Endversion des Papiers aus. In der letztendlich publizierten Endversion sind die vorhergehenden Modifikationsprozesse jedoch nicht enthalten. Die für die Laborarbeit beobachtbaren konstitutiven Gelegenheitsstrukturen

---

[1] Knorr Cetina führt drei dieser Modifikationsstrategien für das wissenschaftliche Papier zwischen erster und letzter Fassung an: 1. Werden bestimmte Aussagen einer ursprünglichen oder in Protokollen konservierten Version eliminiert. 2. Werden die Modalitäten bestimmter Behauptungen verändert bzw. umgekehrt. In dem beispielsweise beschrieben wird, dass nicht die Möglichkeiten des Labors eine Lösung hervorgebracht habe, wie in den Protokollen nachvollziehbar, sondern, dass das Problem bereits von Anfang an als bekannt beschrieben wird. 3. Werden die ursprünglichen Aussagen welche die Kontingenz des Forschungsprozesses beschreiben und konstituieren, durcheinander gemischt und neu zusammengestellt (vgl. Knorr Cetina 2012, S. 190).

und deren Selektionsprozesse, welche das „Laborgeschehen repräsentieren" (ebd., S. 239), werden im Papier nicht wiedergegeben, da dieses eher einer „bereinigten Residualbeschreibung" (ebd., S. 216) darstellt und somit in keiner Weise die Praxis der Laborgeschehen repräsentiert (ebd., S. 239).

Das wissenschaftliche Papier dient jedoch als das Vehikel für Forschende, um die in einem bestimmten Rahmen anhand gelegenheitsrationaler Selektionsprozesse erzeugten Erkenntnisse auf bestimmte Art und Weise für ein spezifisches Publikum darzustellen. Damit wird durch das Objekt des wissenschaftlichen Papiers jener Teil des wissenschaftlichen Arbeitens repräsentiert, der das Labor verlässt und möglicherweise in anschlussfähige oder weiterführende Arbeiten integriert wird (vgl. ebd., S. 177). Für die, in den Untersuchungen zu Wissenskulturen beobachteten Experimente der Hochenergiephysik, können Analogien hinsichtlich der sozialen Einbettung von Objekten gezogen werden. Die in diesem Feld auffindbaren bildgebenden, beziehungsweise zeichengebenden Technologien sind ebenfalls, wie die wissenschaftlichen Papiere, Gemeinschaftskonstruktionen und Vehikel zugleich. Das Feld der Hochenergiephysik stellt dabei eine besondere Herausforderung dar, da die hier untersuchten Erkenntnisobjekte von der Umwelt entkoppelt sind. Das bedeutet, dass erst über eine Vermittlung durch hergestellte Wahrnehmungsobjekte, sogenannte Detektoren, Abbilder oder Repräsentationen dieser Erkenntnisobjekte hergestellt werden können (vgl. Knorr Cetina 2002, S. 75). Diese Repräsentationen bieten daraufhin Grundlage und Rahmen für weiterführende Forschungspraxen. Als Repräsentationen sind sie zum einen interpretationsbedürftig, da sie nicht die Erkenntnisobjekte an sich abbilden und zum anderen sind sie hochgradig kontextsensitiv, da die Wahrnehmungsobjekte selbst unter spezifischen Rahmenbedingungen hergestellt worden sind.

Wie bereits bei der Analyse des wissenschaftlichen Papiers müssen auch die Wahrnehmungsobjekte der Hochenergiephysik hinsichtlich ihrer sozialen Einbettung perspektiviert werden. Inwieweit sich die Rahmenbedingungen durch neue Technologien und damit verbunden neue Wahrnehmungsobjekte verändern, kann exemplarisch anhand der zwei besprochenen wissenschaftlichen Papiere von Knorr Cetina nachgezeichnet werden: Während für die Untersuchung der „Fabrikation von Erkenntnis" die Observationstechnologie wissenschaftlicher Praxis noch nicht im Fokus der Untersuchung stand, zeichnete sich im Rahmen der Untersuchungen zu den „Wissenskulturen" bereits ein Trend zur technischen Selbstbeobachtung wissenschaftlicher Praxis ab.

Die von Knorr Cetina als „Sorge um sich" (ebd., S. 90) beschriebene dreiteilige Struktur dieser Vergewisserungspraxis in Experimenten der Hochenergiephysik ist dabei aufgeteilt in die Kategorien des Selbstverstehens, Selbstbeobachtens und Selbstbeschreibens. Das „Selbst" ist in diesem Kontext als zeitlich gewachsene

Einheit zwischen Forschenden und den von ihnen genutzten und hergestellten (Wahrnehmungs-)Objekten (Knorr Cetina 2002, S. 90) zu verstehen.

Die am Anfang dieses Kapitals angeführte Sozialität mit Objekten und die damit einhergehende die Annahme, dass Objekte im Hinblick auf die Untersuchung wissenschaftlicher Praxis einen handlungsanleitenden Rahmen darstellen, somit als Erkenntnisträger_innen angesehen werden können, kann anhand dieser dreiteiligen Struktur nachgezeichnet werden. Anhand des Beispiels eines Wahrnehmungsobjektes, einem Detektor, zeigt Knorr Cetina auf, wie dem Detektor ein Verhalten zugeschrieben wird, das dem Handeln der Forschenden orientierungsstiftend vorgelagert ist. Dieses Detektorverhalten muss man „verstehenlernen" (ebd., S. 88). Der Prozess des Verstehenlernens beinhaltet ein Wissen darüber, wie der Detektor reagiert, wie man ihn für seine Zwecke korrekt kalibriert, aber auch das ein Detektor ‚altern' kann, sich Messungen damit verändern und generell dass sich kurzfristige Instabilitäten entwickeln können (vgl. ebd., S. 87). Um sich als Forschender ein solches Wissen aneignen zu können, bedarf es wiederum Techniken und Objekten der Selbstbeobachtung. Diese Monitoring-Prozesse gehen dabei mit einer „peinlich genauen Selbstbeschreibung" (ebd., S. 92) einher und dienen letztendlich der Kontrolle der experimentellen Praxis. Zur gleichen Zeit wird damit auch die Nachvollziehbarkeit dieser Praxis, zumindest für die teilnehmenden Forschenden, gewährleistet.

Die soziale Einbettung von Objekten als Teil wissenschaftlicher Praxis kann in Anlehnung an die bereits vorgestellten Befunde hinsichtlich des Labors und der Forschenden als eine Mittlerrolle, als Vehikel zwischen räumlichen und zeitlichen und sozialen Bedingtheiten verstanden werden. Objekte ermöglichen es Ergebnisse, Rahmenbedingungen, Strategien usw. in unterschiedliche Handlungsarenen zu überführen. Zur gleichen Zeit sind sie wiederum in diesen Kontext eingebettet und somit von den Rahmenbedingungen dieser Handlungsarenen abhängig.

5 Transepistemische Wissenskulturen

Der bis zu diesem Kapitel als Kontext gefasste Sinnhorizont wissenschaftlicher Praxis wird von Knorr Cetina als transepistemisch und transwissenschaftlich beschrieben. Mit dieser Feststellung geht die Kritik einher, dass „die Wissenschaft" Knorr Cetina als solche kein geschlossenes System oder eine ausschließliche „Wissenschaftlergemeinde" darstellt (Knorr Cetina 2012, S. 43). Wissenschaftliche Praxis ist, wie anhand des Interdependenzgeflechts aus Labor, Forschenden und Objekten gezeigt wurde, in ein prinzipiell offenes und gleichzeitig selbstreferentielles System eingebunden. (vgl. Knorr 2012, S. 31 ff.) Die hier angesprochene

Selbstreferentialität kann über die Betrachtung des spezifischen Selektionsprozesses wissenschaftlicher Praxis beschrieben werden. Diese Selektion wird durch Wissensprodukte im Labor generiert und ist gleichzeitig Voraussetzung für die Herstellung von Wissensprodukten. (vgl. ebd.) Wissensprodukte dienen wiederum als Vehikel zur Ausbildung von Wissenskulturen, die sich in Form von Prozessen, verfestigten Strategien, Orientierungen und Praktiken manifestieren, und selbst wiederum weitere Wissensprodukte generieren. Der so beschriebene selbstreferentielle Selektionsprozesse generiert und validiert damit Wissen in einem je spezifisch transepistemischen und transwissenschaftlichen Kontext und bildet damit die Voraussetzung für das Entstehen einer diesen Sinnhorizont teilenden Wissenskultur.

Neben dem geteilten Sinnhorizont weisen Wissenskulturen weitere konstitutive Eigenschaften auf, die ihre spezifischen Gemeinschaftsstrukturen beschreiben. Die von Knorr Cetina als „Gemeinschaft ohne Einheit" (Knorr Cetina 2002, S. 234) beschriebenen „kommunitären Organisationsformen" (ebd., S. 228) der Hochenergiephysik, ersetzen beispielsweise mit Hilfe spezifischer Techniken der Zugehörigkeit (vgl. Grenz/Eisewicht 2012) einer formal hierarchische Organisationsstruktur. Zu diesen Techniken gehören die Schaffung von Rahmenbedingungen, die eine „freie Zirkulation von Ergebnissen" (ebd., S. 234) ermöglicht. Anstelle des subjektiven epistemischen Handlungsträgers in Person eines Forschenden, rückt ein „Management durch die Sache" zunehmend in den Fokus (ebd., S. 251). Dieses beruht dabei auf den im Experiment selbst verteilten Wissensbeständen, Aufgabengebieten und Objektkonfigurationen, die voneinander abhängig und zur gleichen Zeit als gemeinschaftlich konstruiert zu verstehen sind. Ohne eine, vor allem durch Objekte hergestellte Vermittlung zwischen diesen Abhängigkeiten, können keine für das Experiment relevanten Resultate erzielt werden, da die einzelnen Wissenschaftler_innen oder Wissenschaftler_innengruppen schlichtweg weder über die dafür notwendigen Wissensbestände, noch über die zugehörigen Wahrnehmungsobjekte verfügen. Zusammenfassend lässt sich anhand dieser ‚posttraditionalen' Gesellungsgebilde in Wissenskulturen die zunehmend an Relevanz gewinnende Rolle von Objekten nachzeichnen, die als Transport- und Transformationsvehikel von Wissen dienen.

6 Ausblick

Die Ausführungen Knorr Cetinas zu wissenschaftlicher Praxis stellen eine wegweisende Kritik gegenüber objektivistischen Vorstellungen von Forschung dar. Die von ihr selbst gesetzte Agenda, die „konstitutive Rolle der Wissenserzeugung ernst zu nehmen" (Knorr Cetina 2012, S. 21) ist für viele auf ihren Untersuchungen aufbauenden Beobachtungen bis dato eine Grundannahme im Kontext der *Science & Technology Studies*. Das bereits in der Fabrikation von Erkenntnis angesprochene „neue Bild des Wissenschaftlers und der Wissenschaftlergemeinde" (ebd., S. 145) zeichnet sie mit den Überlegungen und Beobachtungen zu den Wissenskulturen selbst. In ihrem gegenwärtigen Untersuchungsgebiet, den internationalen Finanzmärkten, beobachtet sie erneut die von ihr beschriebenen Wissenskulturen: Die Praxis der Broker vor ihren Bildschirmen ist dabei in noch viel stärkerem Umfang durch die Abhängigkeit von Wahrnehmungsobjekten und Monitoring Prozessen gekennzeichnet, als Knorr Cetina dies für die Hochenergiephysik beschrieben hat. Die, im Entstehen begriffenen „skopischen Systeme" (Knorr Cetina 2012) der internationalen Finanzmärkte, die sich durch ihre gleichzeitige Abbildung, Überwachung und Anreicherung von Echtzeitdaten auszeichnen, bilden eine neue Qualität an Rahmenbedingungen für den Ort der Brokerpraxis. Diese „synthetischen Situationen" (Knorr Cetina 2009) schaffen Rahmenbedingungen, in denen Technik und Akteure translokal derart verschränkt agieren, dass sich prinzipiell zu jedem Zeitpunkt der gesamte Sinnhorizont und damit alle relevanten Handlungsarenen internationaler Finanzmärkte auf den Bildschirmen der Broker abbilden.

Literatur

Grenz, Tilo und Eisewicht, Paul. 2012. Gemeinsamkeit, Zugehörigkeit und Zusammengehörigkeit im Spiegel der Technik. In *Techniken der Zugehörigkeit*. Hrsg. Paul Eisewicht, Tilo Grenz, Michaela Pfadenhauer, 239–261. Karlsruhe: KIT Scientific Publishing.
Harré, Rom. 2012. Vorwort zur überarbeiteten Auflage. In *Die Fabrikation von Erkenntnis*, Hrsg. Karin Knorr Cetina. Frankfurt a. M.: Suhrkamp.
Knorr Cetina, Karin. 1998. Sozialität mit Objekten. Soziale Beziehungen in post-traditionalen Wissensgesellschaften. In *Techniksoziologie und Sozialtheorie*, Hrsg. Werner Rammert. Frankfurt a. M.: Campus.
Knorr Cetina, Karin. 2002. *Wissenskulturen. Ein Vergleich naturwissenschaftlicher Wissensformen*. Frankfurt a. M.: Suhrkamp.
Knorr Cetina, Karin. 2009. The synthetic situation. Interactionism for a global world. *Symbolic Interaction* 32 (1): 61–87.
Knorr Cetina, Karin. 1991 (3. Auflage 2012) *Die Fabrikation von Erkenntnis. Zur Anthropologie der Naturwissenschaft*. Frankfurt a. M.: Suhrkamp.
Knorr Cetina, Karin. 2012b. Skopische Medien: Am Beispiel der Architektur von Finanzmärkten. In *Mediatisierte Welten. Beschreibungsansätze und Forschungsfelder*, Hrsg. Andreas Hepp und Friedrich Krotz, 167–195. Wiesbaden: VS Verlag für Sozialwissenschaften.

Ian Hacking: Auf der Suche nach der Realität der Naturwissenschaften

Peter Hofmann

Ian Hacking, 1936 in Vancouver (Kanada) geboren, begann seine Karriere in den Disziplinen Physik und Mathematik, die er bis 1956 an der University of British Columbia studierte und die er später zum Gegenstand seiner philosophischen Arbeit machte. Dass dieser Blick auf die Praxis der Naturwissenschaften nicht nur von seinem philosophischen Scharfsinn lebt, sondern stets auch durch die Linse eines fundierten naturwissenschaftlichen Sachverstands geführt wird, macht Hacking zu einer interessanten Schlüsselfigur in der Diskussion um den sogenannten „Science War", den Streit um den Realitäts- und Wahrheitsstatus naturwissenschaftlichen Wissens. Mit einer Arbeit über den mathematischen Beweis (Titel: „Proof") erwarb er 1962 seinen Ph.D. in Cambridge, wo er dann selbst 1969–1974 Philosophie lehrte. Danach war er an den Universitäten von Stanford und Toronto tätig. Ab 2000 hatte Hacking den Lehrstuhl für „philosophie et histoire des concepts scientifiques" am *Collège de France* inne, bis zu seiner Emeritierung 2006, im Alter von 70 Jahren. Seine Aktivität als Wissenschaftler und Gelehrter ist seitdem ungebrochen, zuletzt u. a. als Gastprofessor am philosophischen Institut der Universität in Kapstadt (2011). 2009 wurde ihm der internationale Holberg-Memorial-Preis verliehen, der Ian Hacking in eine Reihe mit Denkern wie Jürgen Habermas oder Shmuel N. Eisenstadt rückt.

Die Frage nach dem Verständnis des Realen zieht sich von Beginn an durch Hackings Schaffen und steht im Zentrum der beiden hier vorgestellten Bücher: das 1983 veröffentliche und für die Wissenschaftsforschung einschlägige *Representing and Intervening. Introductory Topics in the Philosophy of Natural Science*,

---

P. Hofmann (✉)
Institut für Soziologie, JGU Mainz,
55122 Mainz, Deutschland
E-Mail: peter.hofmann@uni-mainz.de

daneben seine kritische Auseinandersetzung mit dem Konstruktivismus: *The Social Construction of What?* (1999). Das Bild Hackings ergänzend seien zwei weitere einschlägige Titel seiner langen Publikationsliste genannt: In *The Emergence of Probability* (1975) rekonstruiert er ausgehend vom 15. Jahrhundert die Entstehung statistischen Denkens und dessen Wahrscheinlichkeitslogik, das heute viele Handlungsfelder dominiert und zur Selbstverständlichkeit unseres Alltags geworden ist. In diesem Buch zeigt sich auch die, für Hackings Arbeit typische Methode einer kreativen Kombination aus philosophischer Analyse und historischer Rekonstruktion[1], maßgeblich beeinflusst durch Michel Foucaults (1969) *Archäologie des Wissens*. Dies gilt auch für *Rewriting the Soul* (1995), wo Hacking anhand der Geschichte der „multiplen Persönlichkeitsstörung" die diskursive Auslegung devianten Erlebens und Verhaltens analysiert und daraus Rückschlüsse auf das westliche Selbstverständnis ‚normaler' Identitäten zieht. Daran anschließend interessiert sich Hacking aktuell dafür, wie die moderne Biomedizin die implizit-alltägliche Fassung unseres ‚Ich-Seins' beeinflusst. Mit seinen Arbeiten macht Hacking auf anschauliche und eindrucksvolle Weise sichtbar, wie der ‚lange Arm der Wissenschaften' bis in die Tiefen unserer Seelen und unseres Alltags reicht.

1 Von der Einheit der Erkenntnis*theorie* zur Vielfältigkeit der Erkenntnis*praxis*

Das in zehn Sprachen übersetzte Buch *Representing and Intervening* ist zu einem Standardwerk der Wissenschaftsforschung geworden. Wie sein Untertitel (*Introductory Topics in the Philosophy of Natural Science*) andeutet, eignet es sich als eine anspruchsvolle Einführung, in der man einem Wissenschaftsphilosophen beim Denken zusehen kann. Hacking argumentiert stets an Beispielen und für die Leserschaft gut nachvollziehbar, ohne zu vereinfachen. Dabei entwickelt er in seinem Buch eine ganz bestimmte epistemologische Position, die sich in einem dualistischen Verhältnis zwischen der Theorie der Naturwissenschaften und ihrer experimentellen Praxis bestimmt. Die Theorie wird im ersten Teil des Buches unter dem Schlagwort „Representing" („Darstellen") verhandelt. Es werden zentrale erkenntnistheoretische Ansätze diskutiert: von philosophischen Vorläufern, über

---

[1] Eine Reflektion dieses Ansatzes liefert Hacking in einer Sammlung von Essays unter dem Titel: „Historical Ontology" (2004), Cambridge: University Press. Für eine gute Einführung in die damit verwandte „historische Epistemologie", siehe Rheinberger (2007), der darin u. a. auch Hacking diskutiert.

Francis Bacon und David Hume, bis hin zu den einschlägigen Konzepten, die mit den Namen Popper, Carnap, Kuhn, Feyerabend, Lakatos, Putnam, van Fraassen u. A. assoziiert sind.[2] Die Praxis naturwissenschaftlichen Experimentierens ist Gegenstand des zweiten Teils, unter der Überschrift „Intervening" („Eingreifen"). Hier wird die *Tätigkeit* der Wissenschaftler_innen in ihrer handwerklich-materiellen Interaktion rekonstruiert, wie sie sich historisch vor allem im klassischen naturwissenschaftlichen Experimentieren manifestiert hat. Hacking vergleicht die *darstellende* Dimension des Theoretisierens und die *eingreifende* Dimension experimentellen Schaffens unter ontologischen Gesichtspunkten und arbeitet deren relative Unabhängigkeit heraus. Während Theorien (ideelle) Instrumente des Denkens bleiben, können Entitäten unter bestimmten Bedingungen als real gelten. „Alles in allem führt die Tendenz dieses Buches fort vom Theorien-Realismus und hin zu einem Realismus mit Bezug auf diejenigen Entitäten, mit denen wir in der experimentellen Forschung etwas anfangen können" (Hacking 1996, S. 57).

2 Darstellen („Representing")

Bis ins 20. Jahrhundert hinein sah man in der Entwicklung der modernen Naturwissenschaften sowohl den Höhepunkt menschlicher Vernunft, als auch den prädestinierten Zugang zur Realität der uns umgebenden Welt. Mit der konstruktivistischen Wende in der Wissenschaftsphilosophie, die Hacking vor allem mit der breiten Rezeption Thomas Kuhns (1962) *Struktur wissenschaftlicher Revolutionen* identifiziert, hat die rationalistische Vorstellung naturwissenschaftlicher Wissensproduktion ihre große Entzauberung erfahren: Sich widersprechende Theorien können durchaus nebeneinander existieren, sie werden weder zwingend akzeptiert, wenn sie sich empirisch zu bestätigen scheinen, noch werden sie kurzerhand verworfen, wenn sie nicht den Daten entsprechen. Die Gestaltwechsel, die sich nach Kuhn bei einem Paradigmenwechsel in der Wissenschaft vollziehen, folgen keiner sachlichen Logik, sie sind das Produkt einer soziohistorischen Dynamik. In kritischer Auseinandersetzung mit der erkenntnistheoretischen Fokussierung auf Sprache und Semantik macht Hacking diese Frage nach der wissenschaftlichen Realität unter neuen Vorzeichen zum Ausgangspunkt seines Buches:

> Was ist die Welt? Welche Dinge existieren in ihr? Was trifft auf sie zu? Was ist Wahrheit? Sind die von der theoretischen Physik postulierten Gegenstände etwas Reales

---

[2] Vgl. hierzu auch Greif i. d. Bd.

oder nur vom menschlichen Bewusstsein geschaffene Konstrukte zur Strukturierung unserer Experimente? (Hacking 1996, S. 14)

Vor allem bezieht sich sein Buch auf Gegenstände, die man weder sehen noch anfassen kann, die also – gelinde ausgedrückt – *sehr klein* sind, dafür aber ganz entscheidend am Aufbau unserer Welt beteiligt sein sollen. Viele der prominenten Entitäten der modernen Physik liegen jenseits unserer Vorstellungskraft. Protonen etwa sind so winzig, dass ein i-Tüpfelchen ca. 500.000.000.000 von ihnen beherbergen könnte – und Protonen sind Riesen im Gegensatz zu Elektronen oder Quarks (Bryson 2003, S. 9). Es stellt sich also die berechtigte Frage: Sind diese von der Physik beschriebenen Teilchen, mit denen sie ihre größten Erfolge feiert, Bestandteil einer beobachtungsunabhängigen Realität? Sind sie tatsächlich existent und real, wie die Tastatur auf unserem Schreibtisch, oder handelt es sich um bloße Konstrukte, die zwar in Experimenten konsistente Ergebnisse ermöglichen, die durch das Experiment aber überhaupt erst geschaffen werden?

Auf diese Fragen gibt es Antworten, die zwischen zwei Extrempositionen angesiedelt sind. Der wissenschaftliche Realismus behauptet, „dass die von richtigen Theorien beschriebenen Gegenstände, Zustände und Vorgänge *wirklich* existieren. Protonen, Photonen, Kraftfelder und schwarze Löcher seien ebenso real wie Zehennägel, Turbinen, Flussstrudel und Vulkane" (Hacking 1996, S. 43). Der wissenschaftliche Antirealismus ist dagegen der Auffassung, dass es sich bei Molekülen und Quarks nur um theoretische Postulate handelt, die zwar nützliche Beschreibungen und vielleicht die Vorhersage von Prozessen ermöglichen, letztlich aber Fiktionen bleiben. Sie seien dabei nichts weiter als „Werkzeuge des Denkens", die uns helfen, „die Phänomene in der Vorstellung zu ordnen" (Hacking 1996, S. 43–44), nicht aber *wirklich* dem Sosein der Dinge entsprechen. Ein solcher Agnostizismus bezüglich nicht direkt beobachtbarer Objekte wird beispielsweise von Bas van Fraassen (1980) in seinem Ansatz des „constructive empiricism" vertreten. Hacking setzt sich im ersten Teil des Buches ausführlich mit solchen positivistischen Positionen (nur beobachtbare Entitäten können real sein) und denen in der Tradition des amerikanischen Pragmatismus (wahr ist, worauf man sich als ausgewiesene Akzeptierbarkeit geeinigt hat) auseinander, insbesondere mit dem auf Immanuel Kant und Thomas Kuhn aufbauenden „internen Realismus" Hilary Putnams. Putnam (1982) vertritt die These, dass die sprachliche Bezugnahme auf Gegenstände nur innerhalb eines holistischen Systems von Überzeugungen sinnvoll sein kann. Theoretische Bezeichnungen (wie das Elektron) stellen zwar einen Kontakt zur Außenwelt her, die Realität bleibt aber immer auf das Dazwischen dieser Bezugnahme beschränkt. Hacking paraphrasiert Putnam zusammenfassend so:

> Innerhalb meines Denksystems nehme ich auf verschiedene Gegenstände Bezug und mache Aussagen über diese Gegenstände, die zum Teil wahr und zum Teil falsch sind. Es ist jedoch nicht möglich, aus meinem Denksystem herauszugelangen und eine Basis der Bezugnahme festzuhalten, die nicht zu meinem eigenen System des Klassifizierens und Benennens gehört. (Hacking 1996, S. 186)

Während die wissenschaftliche Realität hier entscheidend von theoretischen Prämissen abhängig gemacht wird, hält Hacking die Theorielastigkeit epistemologischer Überlegungen seit jeher für überzogen:

> Die Wissenschaftsphilosophen reden ständig von Theorien und Darstellungen der Realität, doch über Experimente, technische Verfahren oder den Gebrauch des Wissens zur Veränderung der Welt sagen sie so gut wie gar nichts. Das ist merkwürdig, denn der Ausdruck ‚experimentelle Methode' wurde gewöhnlich als gleichbedeutende Bezeichnung der wissenschaftlichen Methode verwendet. (Hacking 1996, S. 249)

Um den Schwerpunkt auf die Praxis der Erkenntnis zu verlagern, nimmt Hacking (1996, S. 219 ff.) in einem „Intermezzo", das die beiden Abteilungen des Buches trennt, zunächst eine überraschende anthropologische Umkehrung vor. Ausgehend vom Menschen als einem „darstellendes Wesen" (Homo depictor), lässt er nicht die Darstellung auf die Realität folgen, vielmehr ist es der Begriff der Realität, der erst aufkommt, sobald es *konkurrierende* Darstellungen gibt. Indem diese sich gegenseitig infrage stellen, werfen sie dann auch die Frage nach einer hinter diesen Darstellungen liegenden Wirklichkeit auf:

> Die erste spezifisch menschliche Erfindung ist das Darstellen. Sobald die Praxis des Darstellens gegeben ist, folgt ein Begriff zweiter Ordnung im Schlepptau. Das ist der Begriff der Wirklichkeit, also ein Begriff, der nur dann einen Gehalt hat, wenn es Darstellungen erster Stufe bereits gibt. (Hacking 1996, S. 229)

Hacking begreift das Darstellen (bzw. die Theoriebildung) nicht als ideelle, sondern ursprünglich selbst als eine materielle Praxis, die darin besteht, Abbilder, d. h. ‚verähnlichende' Gegenstände zu schaffen. Der grundlegende Teil wissenschaftlichen Handelns liegt in der praktischen Herstellung solcher Darstellungen, von den ersten Höhlenmalereien bis hin zu modernen, hochtechnisierten Bildgebungsverfahren. An den amerikanischen Pragmatismus angelehnt, vertritt Hacking die These, dass das Denken über die Realität seinen Ursprung im operativen Eingreifen der Wissenschaftler_innen in ihre Objekte, d. h. im (Forschungs-)Handeln hat. Dieses findet nicht nur in Verlängerung theoretischer Prämissen und Hypothesen statt, die es zu testen gilt, sondern „die Experimentiertätigkeit führt ein Eigenleben" (Hacking 1996, S. 250). Hacking bestreitet damit die Vorgängigkeit der Theorie vor jeder empirischen Beobachtung. Experimentiertätigkeit und Theorie stehen stattdessen in einem wechselseitigen und nur lose gekoppelten Zusammenhang.

3 Eingreifen („Intervening"): „Wenn man sie versprühen kann, sind sie real"

Im zweiten Teil seines Buches unternimmt Hacking einen Streifzug durch die Welt des Experiments. Er legt zu diesem Thema die bis dahin erste umfangreiche philosophische Betrachtung seit Francis Bacon vor (Franklin 1984, S. 381), in dem er einen frühen Verbündeten findet. Nach Bacons Lehre müssen Wissenschaftler_innen die Natur nicht nur „in möglichst unbeeinflusstem Zustand beobachten, sondern den ‚Löwen auch beim Schwanz packen', das heißt: auf unsere Welt einwirken, um ihre Geheimnisse in Erfahrung zu bringen" (Hacking 1996, S. 249). Voller Anekdoten und Beispiele aus der Wissenschaftsgeschichte rekonstruiert Hacking die Tätigkeiten von Wissenschaftler_innen an und mit ihren Instrumenten, bis in Details beschreibt er die verschiedensten historischen Begebenheiten experimenteller Wissenschaft. Aus diesen Beschreibungen geht hervor, wie heterogen und verschlungen die Wege zu naturwissenschaftlichen Erkenntnissen waren. Hacking zeigt, dass die operative Tätigkeit von Wissenschaftler_innen vor allem von praktischen Fertigkeiten und geschickten Eingriffen abhängt. Die theoretischen Annahmen, die dabei eine Rolle spielen, sind zunächst wiederum gar nicht so sehr auf eine abstrakte Theorie zur Erklärung beobachteter Phänomene gerichtet, vielmehr dienen sie der Kontrolle des Experiments selbst, etwa dazu, die Funktionsweise seiner Apparatur zu verstehen oder Resultate zu erfassen und einzuordnen (vgl. hierzu auch Hacking 1992). Solche theoretischen Elemente kommen im Spekulieren, Kalkulieren, Messen und in der Konstruktion von Modellen zum Ausdruck. Hacking entkleidet das Experiment seiner bloßen Funktion, vorhandene Theorien auf die Probe zu stellen. Es können vorher bereits zu überprüfende Vermutungen vorhanden sein, *müssen* aber nicht. Die zentrale Eigenschaft des Experimentierens liegt nicht in den theoretischen Überlegungen und Prämissen, sondern im *Machen* und Ausprobieren – und im genauen Erfassen, was passiert (Hacking 1996, S. 257 ff.). Wiederholt macht Hacking unmissverständlich klar, dass er für die Theorielastigkeit hermeneutischer Traditionen wenig Sympathie empfindet: „Eine Philosophie der experimentellen Wissenschaft kann es nicht zulassen, dass eine von der Theorie dominierte Philosophie sogar den Begriff der Beobachtung in Verdacht bringt" (Hacking 1996, S. 308).

Wodurch verbürgen aber die durch das Experimentieren zum Vorschein kommenden Phänomene ihre Realität? Hacking (1996, S. 45 ff.) schildert ein Schlüsselerlebnis, das ihn zum Realisten hat werden lassen: sein Erstaunen über die Art und Weise, wie gezielt Elektronen – die einst selbst nur theoretisch postuliert worden waren – mittlerweile als Werkzeuge für andere Prozesse eingesetzt werden. Er wertet dies kurzerhand als unabwendbares Kriterium ihrer tatsächlichen Existenz. Die Theorie enthielte nicht viel, was für die Realität solcher Teilchen spreche. Es könne sogar sein, dass unterschiedliche und widersprüchliche theoretische Erklärungen existieren. Die Realität von Elektronen liege eben nicht in ihrer theoretischen Beschreibung, sondern in ihrer praktischen Verwendung begründet:

> Sobald wir imstande sind, das Elektron in systematischer Weise zur Beeinflussung anderer Bereiche der Natur zu benutzen, hat das Elektron aufgehört, etwas Hypothetisches, etwas Erschlossenes zu sein. Es hat aufgehört etwas Theoretisches zu sein, und ist etwas Experimententelles geworden. (Hacking 1996, S. 432)

Mit dem ‚Experimentellen' meint Hacking vor allem den Prozess der praktischen Herstellung technischer Apparaturen, die die Bedingungen für bestimmte Effekte schaffen, in denen sich unsichtbare Entitäten (wie Elektronen) zeigen können. Diese werden zwar erst im Experiment erzeugt, aber dass dies funktioniert und Elektronen in vielen Experimenten mittlerweile als ‚Werkzeuge' eingesetzt werden, liefert gleichzeitig den Beweis für deren tatsächliche Existenz. Den Kampf zwischen Realismus und Anti-Realismus *theoretisch* auszutragen, führe also in die Irre. Nicht in transzendentalen Erkenntnisbedingungen – das heißt auf der Seite der Theorie – sei die Frage der Wirklichkeit zu entscheiden, sondern auf einer ganz pragmatischen Ebene. Wenn es heute standardisierte Verfahren gibt, in denen Elektronen gezielt eingesetzt werden – z. B. indem man mit ihnen schießt oder sie versprüht – um an einem andern Ort kausale Zustandsänderungen zu bewirken, die zudem genau vorhersagbar und messbar sind, dann entspringe jeglicher Zweifel an deren Existenz einem „antiphilosophischen Zynismus" (Hacking 1996, S. 50). Hacking lässt einen solchen Realitätsstatus also durchaus nicht für alle Objekte der Wissenschaft gelten, auch hält er die Frage nach deren Wirklichkeit für die Adäquanz von Theorien für nicht besonders entscheidend. Photonen etwa sind Teil einer adäquaten physikalischen Theorie, ohne dabei nach den genannten Kriterien behaupten zu können, dass sie *wirklich* existierten (Hacking 1996, S. 97 f.).

In einem interessanten Kapitel über das Mikroskopieren gewinnt Hackings Auffassung experimenteller Erkenntnisgewinnung weiter an Kontur. Zunächst die Geschichte des Mikroskops rekonstruierend, zeigt er, dass die Theorie, *wie* man mit einem Mikroskop *sieht*, sich historisch mehrfach geändert hat. Den Bildern und Erkenntnissen, die man mit ihrer Hilfe bis dahin gewonnen hatte, tat das keinen Abbruch. Gute Mikroskope waren bereits vorhanden, bevor man deren komplexe Funktionsweise vollständig verstanden hatte. Auf der Linie eines konstruktivistischen Arguments bestreitet Hacking (1996, S. 315), durch ein Mikroskop passiv überhaupt etwas sehen zu können: „Nicht durch bloßes Hinschauen, sondern durch aktives Handeln lernt man etwas durch ein Mikroskop sehen". Gleichzeitig lehnt er das Argument der Theoriegeladenheit der Beobachtung an dieser Stelle vehement ab: „Man braucht zwar Theorie, um ein Mikroskop zu verfertigen, aber man braucht keine Theorie, um eines zu benutzen" (Hacking 1996, S. 318). Auch hier rückt Hacking (1996, S. 330), statt des theoretischen Verständnisses, die technische Fähigkeit, mit dem Instrument umzugehen, in den Vordergrund. Eine Realitätsgarantie, ob das dabei sichtbar gemachte auch der Realität des Objektes zuzuschreiben ist, besteht nach Hacking (1996, S. 334 ff.) z. B. in der Kombination von verschiedenen technischen Systemen: Wenn durch zwei Mikroskope völlig unterschiedlicher Bauart – etwa durch Elektronendurchstrahlung vs. fluoreszierender Rückstrahlung – dieselben Strukturen hervorgebracht werden, kann es sich kaum um ein Artefakt des Systems handeln. Wäre es nicht ein „grotesker Zufall, wenn zwei völlig verschiedene Arten von physikalischen Systemen genau die gleiche Anordnung von Punkten auf Mikroaufnahmen hervorbrächten?" (Hacking 1996, S. 336). Neben der Kontrolle kausaler Zustandsänderungen sieht Hacking hierin eine weitere Möglichkeit, sich der Realität von nicht direkt beobachtbaren Entitäten auf praktische Weise zu überzeugen.

Mit seiner Auffassung experimenteller Wissenschaft als einer materiellen Praxis ‚sui generis' stimmt Hacking in vielen Punkten mit den *Laboratory Studies* überein, insbesondere darin, dass die Phänomene der modernen Naturwissenschaft von diesen vorwiegend selbst erzeugt werden müssen (vgl. Latour und Woolgar 1986; Knorr-Cetina 1999).[3] Experimentellem Wissen geht häufig eine lange Technikgeschichte voraus, entdeckten Teilchen oft deren theoretische Proklamation (Hacking 1996, S. 364 ff.). Allerdings sieht Hacking darin keinen Anlass für ein antirealistisches Argument. Er verortet den Realismus der Naturwissenschaft genau in jener Schwierigkeit, sie in Form von „Phänomenen" und „Effekten" (Hacking 1996, S. 370 f.) der Natur experimentell ‚abzuluxen'. Jenseits der philosophischen Frage, welchen Realitätsstatus man den damit erzeugten Phänomenen und Entitäten zuerkennen möchte, bietet der zweite Teil des Buchs eine hervorragende Untersuchung der Frage, welche Kriterien Naturwissenschaftler selbst dafür heranziehen, um an die Realität ihrer unsichtbaren Objekte zu glauben. Hacking rekonstruiert die Realität der Naturwissenschaften damit im doppelten Sinne: sowohl die ihrer eigenen historischen Vollzugspraxis jenseits erkenntnistheoretischer Idealvorstellungen methodischer Einheit, als auch die von ihnen untersuchte und zugleich selbst erzeugte Realität unsichtbarer Entitäten.

---

[3] Vgl. die Beiträge von Hall, Kirschner und Van Loon i. d. Bd.

4 Alles sozial konstruiert, oder was?!

Auf der Linie seines epistemologischen Ansatzes wehrt sich Hacking in seinem 2001 erschienenen Buch „The Social Construction of What?" gegen den inflationären Gebrauch (sozial-)konstruktivistischen Vokabulars. Wenn a priori schlichtweg *alles* pauschal als sozial konstruiert vorausgesetzt wird, ermöglicht das Konzept keinerlei Differenzierung mehr und wird zur Floskel. Um zu einem genaueren Verständnis zu gelangen, nimmt Hacking eine Auswahl aus unzähligen Publikationen zum Gegenstand, die die „soziale Konstruktion" im Titel tragen. Er analysiert die oft nur impliziten Annahmen, die darin enthalten sind, und evaluiert, inwieweit sie empirisch eingelöst werden. Er verortet sie auf drei unabhängigen Dimensionen, die jeweils unterschiedlich stark ausgeprägt sein können: Kontingenz, Nominalismus und Stabilität. Die Kontingenz-These (1) besagt: „X hätte nicht existieren müssen oder müsste keineswegs so sein, wie es ist" (Hacking 1999, S. 19). Diese These wird oft mit der Bewertung verknüpft, es wäre besser, sich von X zu befreien. Der Nominalismus (2) meint, die Welt-da-draußen sei eine reine Funktion unserer Kommunikation über diese Welt. Alle Unterscheidungen, die wir darin vorfinden, liegen nicht extern vor, sondern sind Konstruktionen unserer Sprache. Die Stabilitäts-These (3) bezieht sich vor allem auf naturwissenschaftliches Wissen, etwa den zweiten Hauptsatz der Thermodynamik oder auf die Lichtgeschwindigkeit: Sind diese unumstößlichen Wahrheiten in ihrer Stabilität der Existenz einer externen Welt zuzurechnen, oder sind sie nur innerhalb eines Symbolsystems der Wissenschaften verankert? Hacking stößt damit eine differenzierte Diskussion konstruktivistischer Positionen jenseits des binären Gegensatzes zwischen ‚real' und ‚konstruiert' an. Er lehnt konstruktivistisches Denken keineswegs ab, schließlich können einige seiner eigenen Arbeiten selbst als beste Beispiele dafür dienen. Seine Kritik richtet sich an viele Studien, die nicht genügend Rechenschaft darüber ablegen, *wie* sie das Label ‚sozial konstruiert' an ihrem Gegenstand fruchtbar einzulösen vermögen. Das erneut sehr materialreiche Buch dient hervorragend dazu, um sich gegen mehr oder weniger inhaltsleere Verwendungen des Begriffs ‚sozialer Konstruktion' zu sensibilisieren.

5 Rezeption und Ausblick

Die Art und Weise, mit der sich Hacking dem wissenschaftlichen Realismus verschreibt, fokussiert eine für lange Zeit an den ‚großen Fragen' orientierte Philosophie, die die Frage nach *der* Realität der Dinge ein für alle Mal *theoretisch* entschieden wissen wollte und sich dabei am Ende fast ganz von ihr verabschiedet hat. Indem er sich gegen eine geisteswissenschaftlich-philosophische Vereinnahmung der praktischen Forschungstätigkeit wendet, erinnert Hackings Ansatz an Karl Mannheims, ein halbes Jahrhundert zuvor gehaltenes Plädoyer, das Erkennen nicht länger als Kontemplation, sondern als Aktion zu verstehen (1931, S. 256). Hacking lenkt den Blick auf ein konkretes Vielerlei wissenschaftlicher Praxis jenseits epistemologischer Grenzziehungshygiene und ontologischer Abstraktionen. Er hat damit zu einer neuen philosophischen Verstehensgrundlage naturwissenschaftlicher Praxis beigetragen und zählt zu den frühen Protagonisten des ‚practical turn', der in den achtziger Jahren begann, vielfach weiterentwickelt wurde und die Wissenschaftsforschung bis heute prägt.

Mit seinem Vorstoß gegen den philosophischen Antirealismus schießt Hacking in den Augen einiger Kritiker_innen freilich übers Ziel hinaus. Hilary Putnam (1984) kritisierte schon bald nach Erscheinen von *Representing and Intervening* Hackings allzu großes Vertrauen in eine Realität wissenschaftlicher Entitäten unabhängig von deren Beschreibung („externalism"). Es wurde ihm vorgeworfen, „jeglichen Sinn für Hermeneutik" (Schulz 1999, S. 370) verloren zu haben. In der Tat lesen sich Hackings Ausführungen zum Teil wie eine Verteidigung der praktischen Logik naturwissenschaftlichen Wissens, die es gegen nominalistische bzw. sozialkonstruktivistische Kolonialisierungen zu behaupten gilt.

Hackings Anliegen, den Sozialkonstruktivismus systematisch zu hinterfragen, ihn von seinen antirealistischen Radikalismen und zum Teil trivialen Universalismen (z. B. die pauschale Feststellung, dass wissenschaftliches Wissens Produkt kontingenter sozialer Prozesse ist) zu befreien, ist überwiegend auf positive Resonanz gestoßen (u. a. Rorty 1999). Seine Position kann auch als Ausgangspunkt für eine differenzierte und gegenstandsbezogene Wissenschaftsforschung dienen. Elektronen, Photonen, der zweite Hauptsatz der Thermodynamik, Supernovas, Antimaterie, das menschliche Gen oder ADHS sind als epistemische Objekte jeweils völlig unterschiedlich zu betrachten: in ihrer wissenschaftlichen Hervorbringung und der Form ihrer praktischen Evidenzierung, der historischen Kontingenz ihrer Beschreibung, ihrer kulturell-mythologischen Aufladung, der interaktiven Dynamik ihres öffentlichen Verständnisses und in ihren gesellschaftlichen Produktions- und Rezeptionskontexten. Hackings Position liegt abseits der im ‚Science War' kulminierenden Gegensätze zwischen naturwissenschaftlichem Faktizismus und kulturwissenschaftlicher Kontingenzbehauptung. Letztere lässt sich nach Hacking eben nur nicht in Form eines Freibriefs universell auf jeden Gegenstand gleichermaßen deduzieren.

Zuletzt sei auf die kritischen Stimmen zweier prominenter Vertreter von nach wie vor entgegengesetzten Lagern der Wissenschaftssoziologie verwiesen. David

Bloor, Mitbegründer der Edinburghschool bzw. des sogenannten „Strong Programmes", sieht in Hackings Beitrag zum Konstruktivismus einen gescheiterten Versuch der Klarifizierung, weil er wichtige Bezüge zu den ‚Social Studies of Scientific Knowledge' (STS) sträflich vernachlässige. Während Hacking die Herstellung der Evidenz naturwissenschaftlichen Wissens als auf verschiedene am Experiment beteiligte Entitäten distribuiert betrachtet, sieht Bloor ‚Evidenz' kategorisch als das Ergebnis eines sozialen Prozesses begründet (Bloor 2000, S. 602). Bruno Latour, mit dem Hacking deutlich mehr Gemeinsamkeiten aufweist und der Hackings Konstruktivismuskritik über weite Strecken teilt, lobt Hackings Vorstoß, die politische Dimension der Kontingenzbehauptung zu beleuchten (Latour 2003, S. 12), die bei jeder konstruktivistischen Beschreibungen mitschwingt: Kontingenz impliziert immer auch einen möglichen Impetus zur Veränderbarkeit oder gar die Überwindung sozialer ‚Zustände'. Latour hält Hackings Konzeption aber für zu asymmetrisch, weil sie zu stark zwischen sozialen Akteuren und natürlichen Objekten unterscheidet (Latour 2003, S. 12 ff.) – in den Worten Hackings entspricht dies weitgehend der Unterscheidung zwischen „interaktiven" und „indifferenten Arten" (Hacking 1999, S. 164 ff.), während letztere vorwiegend den Naturwissenschaften vorbehalten seien. Während Latour diese Unterscheidung in ein ‚posthumanistisches' Netzwerk aus symmetrischen Beziehungen und Übersetzungsvorgängen auflöst (vgl. Latour 1994), beschreibt Hacking das Zusammenspiel von Materialität und Kulturalität als komplexes Wechselspiel von Interaktionseffekten, hält dabei aber letztlich streng an einer Subjekt-Objekt-Unterscheidung fest.

Literatur

Bloor, David. 2000. The social construction of what? by Ian Hacking. Critical notice. *Canadian Journal of Philosophy* 30:597–608.
Bryson, Bill. 2003. *A short history of nearly everything*. New York: Broadway Books.
Foucault, Michel. 1981/1969. *Archäologie des Wissens*. Frankfurt a. M.: Suhrkamp.
Franklin, Allan. 1984. The epistemology of experiment. *The British Journal for the Philosophy of Science* 35 (4): 381–390.
Hacking, Ian. 1983. *Representing and intervening: Introductory topics in the philosophy of natural science*. Cambridge: Cambridge Univ. Press (dt.: 1996: Einführung in die Philosophie der Naturwissenschaften. Stuttgart: Reclam).
Hacking, Ian. 1992. The self-vindication of the laboratory sciences. In *Science as practice and culture*, Hrsg. von A. Pickering, 29–64. Chicago: University of Chicago Press.
Hacking, Ian. 1999. *The social construction of what?* Harvard: Harvard Univ. Press (dt.: Was heißt soziale Konstruktion? Frankfurt a. M.: Fischer).
Hacking, Ian. 2004. *Historical ontology*. Cambridge: Harvard Univ. Press.

Knorr-Cetina, Karin. 1999. *Epistemic cultures. How the sciences make knowledge.* Cambridge: Harvard Univ. Press.

Kuhn, Thomas S. 1996/1962. *Die Struktur wissenschaftlicher Revolutionen.* Frankfurt a. M.: Suhrkamp.

Latour, Bruno. 1994. *We have never been modern.* Cambridge: Harvard Univ. Press.

Latour, Bruno. 2003. The promises of constructivism. In *Chasing technoscience. Matrix for materiality*, Hrsg. D. Ihde, E. Selinger, D. J. Haraway, A. Pickering, und B. Latour, 27–46. Bloomington: Indiana Univ. Press.

Latour, Bruno, und Steve Woolgar. 1986. *Laboratory life. The construction of scientific facts.* Princeton: Princeton Univ. Press.

Mannheim, Karl. 1931. Wissenssoziologie. In *Ideologie und Utopie,* Hrsg. ders., 227–267. Frankfurt a. M.: Klostermann.

Putnam, Hilary. 1982. *Vernunft, Wahrheit und Geschichte.* Frankfurt a. M.: Suhrkamp.

Putnam, Hilary. 1984. Guilty Statements. *Review of Representing and Intervening: Introductory Topics in the Philosophy of Natural Science,* by Ian Hacking. London Review of Books 6 (8): 5.

Rheinberger, Hans-Jörg. 2007. Historische Epistemologie zur Einführung. Hamburg: Junius.

Rorty, Richard. 1999. Phony science wars. A review by Richard Rorty of ‚The Social Construction of What?' by Ian Hacking. *The Atlantic Monthly* 284 (5): 120–122.

Schulz, Reinhard. 1999. Darstellen und Rekonstruieren: eine hermeneutische Erwiderung auf Ian Hacking. *Zeitschrift für allgemeine Wissenschaftstheorie* 30 (2): 365–378.

Van Fraassen, Bas C. 1980. *The scientific image.* Oxford: Oxford Univ. Press.

Wiebe Bijker und Trevor Pinch: Der sozialkonstruktivistische Ansatz in der Technikforschung

Jens Lachmund

Der unter dem Namen *Social Construction of Technology* oder kurz „SCOT" bekannt gewordene Ansatz wurde in den 80er und frühen 90er Jahren von dem britischen Soziologen Trevor Pinch und dem niederländischen Technikforscher Wiebe Bijker entwickelt. In Absetzung von den bis dahin dominierenden internalistisch oder innovationsökonomisch orientierten Arbeiten zur Technikentwicklung plädierten die beiden Autoren für eine kontextualistische Betrachtungsweise, die technische Artefakte sowohl als Erzeugnisse, wie auch als Erzeugende sozialer Handlungs- und Deutungszusammenhänge interpretiert. Kennzeichnend für diesen Ansatz ist ein Analysestil, der detaillierte, meist historische Fallstudien technischer Artefakte mit der Entwicklung allgemeiner theoretischer Kategorien verbindet. Durch die Kumulation und vergleichende Kontrastierung solcher Fallstudien sollen nicht nur Einsichten in die soziale und politische Dynamik technischer Innovationsprozesse gewonnen werden, sondern auch ein Verständnis entwickelter Gesellschaften als „technologische Kulturen" geschaffen werden (Bijker 1995, S. 288).

Wiebe Bijker hat Physik studiert und war als Autor didaktischer Texte hervorgetreten, bevor er sich der Technikforschung zuwandte. Wie er später betonte, war hierfür sein Engagement in der technikkritischen Bewegung der 1970er Jahre ausschlaggebend (vgl. Bijker 1995, S. 4–5). Die sozialwissenschaftliche Analyse beschreibt er entsprechend als einen „Umweg", der die Auseinandersetzung mit den gesellschaftlichen Implikationen der Kernenergie, der Rüstung und anderer umstrittener Technologien unterbauen sollte. Die Universität Twente, wo Bijker damals an seiner Dissertation arbeitete, bot einen geeigneten intellektuellen Rahmen

J. Lachmund (✉)
Faculty of Arts & Social Sciences, Maastricht University,
6200 Maastricht, Niederlande
E-Mail: j.lachmund@maastrichtuniversity.nl

für dieses akademische Projekt. Trevor Pinch hatte bereits mit einer wissenschaftssoziologischen Studie zur Astronomie promoviert, bevor er sich dem SCOT-Ansatz zuwandte. Das „Programm des empirischen Relativismus" von Harry Collins, das auch Pinchs Dissertation inspirierte, bot einen wichtigen Ausgangspunkt für den später mit Bijker formulierten Ansatz.

1 Das Programm

Zwei Jahre nachdem Pinch und Bijker sich auf einer Tagung kennen gelernt hatten, skizzierten sie 1984 in einem programmatischen Aufsatz erstmals die Grundlinien ihres Ansatzes und zeigten anhand der historischen Entwicklung des Fahrrads, wie er empirisch fruchtbar gemacht werden sollte (Pinch und Bijker 1984). In einer überarbeiteten Form ging dieser Aufsatz als Kapitel in den von Pinch, Bijker und Hughes (Bijker et. al. 1987) herausgegebenen Sammelband *The Social Construction of Technological Systems* ein. Damit wurde SCOT – gemeinsam mit Hughes technikhistorischer Systemanalyse und dem Aktor- Netzwerk-Ansatz – als Teil einer umfassenderen Wende zu einer sozialkonstruktivistischen Technikforschung präsentiert.

Wie der Titel ihres Aufsatzes – *The Social Construction of Facts and Artefacts: Or how the Sociology of Science and the Sociology of Technology might benefit each other* – deutlich machte, ging es Pinch und Bijker darum, Brücken zwischen diesen sich bis dahin weitgehend unabhängig voneinander entwickelnden Analysegebieten zu schlagen. Die zuvor von der britischen Soziologie wissenschaftlichen Wissens entwickelte konstruktivistische Perspektive bildete aus ihrer Sicht ein probates Mittel für die Analyse technischer Artefakte, konnte aber andererseits auch selbst von den Einsichten einer entsprechend konstruktivistisch gewendeten Technikforschung profitieren. So hatte David Bloor die in der Wissenschaftsgeschichte übliche Neigung kritisiert, den Erfolg wissenschaftlicher Überzeugungen einfach damit zu erklären, dass diese die Natur eben adäquater repräsentierten als konkurrierende Ansichten. Aus heutiger Sicht falsche Ansichten würden demgegenüber jedoch mit Aspekten des sozialen Kontexts, z. B. religiösen Überzeugungen oder politischen Interessen, erklärt. Dem hatte Bloor das von ihm vertretene Prinzip der Symmetrie gegenübergestellt. Demnach sollten alle wissenschaftlichen Geltungsansprüche, ganz gleich ob sie uns aus heutiger Sicht als wahr oder falsch erscheinen, mit den gleichen soziologisch-kontextuellen Faktoren erklärt werden. Pinch und Bijker plädierten nun für eine entsprechend symmetrische Betrachtung der Technikentwicklung. Auf diese Weise wollten sie die dominante Auffassung der Technikentwicklung als lineare Abfolge immer fortgeschrittenerer Erfindungen durchbrechen. Anhand der Entwicklung des Fahrrades im Verlauf des 19. Jahrhunderts zeigen sie, dass damals eine Vielzahl unterschiedlicher Modelle bestanden hatte, die sich keinesfalls in eine eindeutige Entwicklungsreihe einordnen lassen. Obwohl die technischen Prinzipien der heutigen Fahrradkonstruktion schon um 1500 (wohl von Leonardo) beschrieben worden waren, fand das klassische, aus heutiger Perspektive fragil erscheinende Hochrad mit großem Vorderrad so viel Zuspruch, dass es bis in die 1890er gemeinhin als „gewöhnliches Fahrrad" bezeichnet wurde. Einzelne Erfinder und die entstehende Fahrradindustrie entwickelten aber auch Abwandlungen und Alternativen, die jeweils auf die Vermeidung bestimmter, mit diesem Hochrad assoziierter Probleme abzielten. Wie Pinch und Bijker zeigen, bedurfte es erst zahlreicher Uminterpretationen, bis das heute übliche niedrige, kettenbetriebene Fahrrad mit aufpumpbaren Reifen allgemein akzeptiert wurde.

Pinch und Bijker interpretieren die Entfaltung dieser technischen Alternativen und die „Stabilisierung" einer Variante als einen sozialen Selektionsprozess, der dem zuvor von Harry Collins beschriebenen Konsensbildungsprozess in wissenschaftlichen Kontroversen entspricht. Anders als Collins, der die Aushandlungsprozesse innerhalb eng umgrenzter Kerngruppen untersuchte – dem von ihm so genannten *core set* –, nehmen sie eine Vielzahl unterschiedlicher „relevanter sozialer Gruppen" in den Blick, die alle in der einen oder anderen Weise miteinander und mit der fraglichen Technik interagieren und die dadurch deren Entwicklungsverlauf bestimmen. Im Falle des Fahrrads waren das etwa die Handwerker und Industriellen, die Fahrräder herstellten, die Firmen, die sie vertrieben, verschiedene Kategorien von Nutzer sowie Gruppen, wie Frauen oder ältere Männer, die von dem entweder als unschicklich oder gefährlich wahrgenommenen Gebrauch des Fahrrads ausgeschlossen waren. Welche Gruppen in diesem Sinne für eine Technik relevant sind, lässt sich nach Ansicht der Autoren nicht theoretisch bestimmen, sondern allein auf der Basis der Relevanzen der Akteure selbst. Immer dann, wenn die an der Aushandlung einer Technik Beteiligten sich gegenseitig im Namen unterschiedlicher Gruppen aufeinander beziehen, sollte auch die Analyse eine entsprechende Differenzierung vornehmen.

Der Begriff der relevanten sozialen Gruppe ist eng mit einem zweiten Konzept verbunden: der „interpretativen Flexibilität". Hierunter verstehen die Autoren die Tatsache, dass eine Technik von unterschiedlichen relevanten sozialen Gruppen in ganz verschiedener Weise interpretiert und angeeignet wird. Dabei geht es ihnen keineswegs nur um die allgemeinen kulturellen Attribute, die mit einer Technik verbunden werden, sondern um jene fundamentalen Problemdefinitionen und Gütekriterien, die ein technisches Artefakt überhaupt erst als funktionsgerecht erscheinen lassen. So wurde das Hochrad von den „Macho-Radlern" der Pionierperiode als funktionsfähig wahrgenommen, da es ihrem Bedürfnis entsprach, in Parkanlagen junge Frauen mit ihrer Geschicklichkeit zu beeindrucken. Frauen und Alte, die das Rad als Verkehrsmittel gebrauchen wollten, bemängelten dagegen seine aus ihrer Sicht unnötig gefährliche Konstruktion. In ihrer Studie wiesen Pinch und Bijker an kleinen Detailfragen des Designs und der Materialienwahl entsprechende Interpretationsunterschiede zwischen sozialen Gruppen auf. Während der aufblasbare Gummireifen als Lösung für das vielfach beklagte Vibrationsproblem empfohlen wurde, wurde er von Radrennsportlern abgelehnt, da er ihrem Sportsgeist widersprach. Wie die Autoren erklären, handelt es sich dabei nicht nur um unterschiedliche Perspektiven auf ein identisches Artefakt. Jede Gruppe konstruierte das Fahrrad durch ihre Weise der Interpretation von Problemen und Problemlösungen vielmehr als ein völlig anderes Artefakt und bestimmte so den weiteren Umgang damit bzw. dessen weitere Entwicklung.

Die Annahme einer unhintergehbaren „interpretativen Flexibilität" jedweder Technik bildet das konstruktivistische Herzstück des SCOT-Ansatzes. Sie impliziert, dass es keine intrinsische Bedeutung von Technik gibt und Auseinandersetzungen über Technik daher auch nicht durch die Anrufung transzendenter Prinzipien, wie Natur oder Nützlichkeit, geschlichtet werden können. Damit behaupten die Autoren aber keineswegs, dass Technik immer fundamentalen Interpretationskonflikten ausgesetzt sein muss. Durch verschiedene Mittel der Überzeugung und Aushandlung werde vielmehr meist eine konsensfähige Interpretation zwischen diesen Gruppen etabliert. Diese „Schließung", wie sie es nennen, sei jedoch ein ganz und gar sozialer Prozess, in dem etwa rhetorische Taktiken oder Problemneudefinitionen eine entscheidende Rolle spielten. Der Begriff der „Stabilisierung" beschreibt denselben Vorgang aus der Sicht des Artefakts: Durch die Etablierung stabiler Bedeutungskomplexe verliert dieses seine ursprüngliche Gestaltungsoffenheit und wird zu einem stabilen Faktor, der als solcher strukturierend auf das soziale Leben zurückwirkt. In seiner späteren Veröffentlichung rekonstruiert Bijker (1995, S. 86), hierin Bruno Latour folgend, die Veränderung der Redeweisen oder „Modalitäten", mit denen Akteure Funktionsansprüche einer Technik entweder ausführlich rechtfertigen bzw. in anderen Fällen als selbstverständlich unterstellen. Die „Demonstration der interpretativen Flexibilität", der Nachvollzug der Schließung und Stabilisierung, sowie die weitere soziale Kontextualisierung dieser Prozesse, bilden für Pinch und Bijker die drei Analyseschritte einer konstruktivistischen Analyse technischer Artefakte.

2 Die Ausbau von SCOT durch Bijker

In seinem Buch *Of Bicycles, Bakelites, and Bulbs. Toward a Theory of Sociotechnical Change* hat Bijker diese von ihm als „deskriptives Modell" bezeichnete Fassung des SCOT-Ansatzes in Richtung einer kausalen Theorie der Technikentwicklung weiterentwickelt. Das Buch beruht auf seiner 1990 erschienenen Dissertation und beinhaltet, wie diese, neben der Fahrradstudie auch zwei Fallstudien zum Kunststoff Bakelit und zur Leuchtstoffröhre (Bijker 1990). Eine Kurzfassung der Bakelit-Studie war auch schon in dem Sammelband von 1987 erschienen. Der synthetische Kunststoff Bakelite war zwischen 1900 und 1907 von dem belgisch-amerikanischen Chemiker Bakeland entwickelt worden. Nach Bijker ist Bakelite das Ergebnis eines mehrschichtigen sozialen Konstruktionsprozesses, der durch die Konjunktur zunächst unterschiedlicher Traditionen der Technikentwicklung in Bakelands Laboratorium ermöglicht wurde. Bijker zeigt, wie Bakeland in einem langfristigen und keineswegs immer zielgerichteten Prozess des Experimentierens eine Abfolge verschiedener Zwischenprodukte hervorgebracht hat, an deren Ende Bakelite als marktgängiges technisches Artefakt stand.

In der dritten Studie beschreibt Bijker, wie in den 1930er Jahren aus einer zunächst nur durch ihre Farbbeleuchtungsfunktion (z. B. zur Schaufensterbeleuchtung) definierte Leuchtstoffröhre eine „Niedrigenergielampe" und dann eine „intensive Tageslichtfluoreszenslampe" wurde. Eine zentrale Rolle kam hierbei den Energieversorgern zu, die ihre marktbeherrschende Stellung einsetzten, um die Stabilisierung der sparsamen Niedrigenergielampe zu verhindern. Aufgrund ihres Drucks verpflichteten sich die Lampenhersteller darauf, die neue Leuchtstoffröhre nur als Mittel zur besseren Beleuchtung, nicht aber zur Stromeinsparung zu vermarkten. Ein standardisiertes Zertifizierungssystem trug zur weiteren Stabilisierung der damit konstruierten Bedeutung des Artefakts als „hochintensive Tageslichtfluoreszenzlampe" bei. Bijker stellt dabei auch Verbindungen zu kulturellen Entwicklungen im zeitgenössischen Amerika her: So sei die Etablierung der Leuchtstoffröhre von einer modernistischen Mentalität getragen gewesen, die in der New Yorker Weltausstellung von 1939 ihren beispielhaften Ausdruck gefunden habe.

Auch in diesen beiden Studien arbeitet Bijker die „interpretative Flexibilität" der jeweiligen Artefakte und die Prozesse der Schließung und Stabilisierung heraus. Ein neuer Schlüsselbegriff, den er in diesem Zusammenhang einführte, ist der „technologische Rahmen" (*technological frame*) (Bijker 1995, S. 190 ff.). Damit bezeichnete er die verfestigten Interpretations- und Handlungsmuster, die sich in der Interaktion einer Gruppe herausgebildet haben und die dann ihrerseits ihr Handeln, und damit die Entwicklung der Technik, strukturieren. Zu einem solchen Rahmen gehören ganz heterogene Elemente, wie geteilte Ziele, Schlüsselprobleme, Problemlösungsstrategien, Erfolgskriterien, Theorien, implizites Wissen, Testverfahren, Entwurfsmethoden (vgl. ebd., S. 123) und schließlich auch die „exemplarischen Artefakte", um die herum diese Rahmen kristallisieren. Bijker bezieht sich hierbei weniger auf das soziologische Rahmenkonzept Goffmans als auf den Paradigmenbegriff Kuhns. In Analogie zu Giddens Strukturationstheorie betrachtet er Rahmen zugleich als das Produkt des Handelns einer sozialen Gruppe, wie auch als eine Struktur, die, wenn einmal etabliert, deren Handeln ermöglicht und beschränkt (vgl. ebd., S. 192). In seiner Studie zeigt er, wie sich die Industriechemikern mit ihren Versuchen, den leicht entflammbaren Kunststoff Zelluloid zu verbessern bzw. zu ersetzen, als eine auf dieses exemplarische Artefakt bezogene relevante Gruppe mit einem ihr eigenen Rahmen konfigurierten. Während Bijker technologische Rahmen zwar mit bestimmten sozialen Gruppen identifiziert, unterscheidet er zugleich unterschiedliche Grade der „Inklusion" von einzelnen Akteuren und Gruppen in diese Rahmen. Akteure können danach auch nacheinander oder gleichzeitig in verschiedenen Rahmen involviert sein und gerade durch die Zusammenführung dieser Rahmen innovativ wirksam werden. So zeigt er, wie Bakelands Laborarbeiten durch die Rahmen der Photochemie, der Zelluloidchemie sowie der Elektrochemie geprägt waren – alles Gebiete, in die dieser im Verlauf seiner früheren beruflichen Karriere unterschiedlich tief hineinsozialisiert worden war.

In dem Kapitel über die Leuchtstoffröhre geht Bijker auch auf Machtbeziehungen als Aspekt der Konstruktion technischer Artefakte ein (vgl. ebd., S. 260 ff.). Wie er anhand der Konflikte zwischen Energieversorgern und Lampenherstellern, aber auch anhand der internen Verhandlungen dieser Gruppen zeigt, haben unterschiedliche Machtressourcen eine ausschlaggebende Rolle für den Verlauf dieser Technikentwicklung gespielt. Die strategischen Manöver seitens der relevanten sozialen Gruppen bezeichnet er als die „Mikropolitik" der Technikentwicklung. Dem stellt er eine eher strukturalistische oder, wie er sagt, „semiotische" Dimension der Macht als materielle und institutionelle „Fixierung" von Bedeutungen gegenüber. Solche Fixierungen sind gleichsam geronnene Resultate früherer Interaktionen, die als Zwänge und Möglichkeitshorizonte auf das mikropolitische Handeln der Akteure zurückwirken. Anders als die vorher besprochenen Begriffe haben diese beiden Machtkonzepte allerdings keine direkten heuristischen Konsequenzen für die empirische Analyse. Eher handelt es sich um eine theoretische Reinterpretation der vorher mit Begriffen wie Schließung, Stabilisierung und Rahmenbildung konzipierten Mechanismen.

Bijker beendet sein Buch mit einer Erörterung des Verhältnisses von Technik und sozialem Kontext. Den Vorschlag des Aktor-Netzwerk-Ansatzes, wonach technische Artefakte und deren Komponenten als „nicht-menschliche Aktanten" ontologisch und methodisch gleichrangig mit menschlichen Akteuren zu behandeln sind, lehnt Bijker dabei ebenso ab, wie das Beharren der Soziologie wissenschaftlichen Wissens auf einer pur soziologischen Betrachtungsweise (vgl. ebd., S. 274). Als Alternative schlägt Bijker das „soziotechnische Ensemble" als übergreifende Analyseeinheit vor. Statt einer bloßen Kombination sozialer und technischer Faktoren, handle es sich um eine Einheit sui generis: „Die Gesellschaft wird nicht durch die Technologie bestimmt, noch wird die Technologie durch die Gesellschaft bestimmt. Beide entstehen als zwei Seiten der soziotechnischen Medaille im Prozess der Konstruktion von Artefakten, Tatsachen und relevanten sozialen Gruppen" (ebd., S. 274). Diese Überlegungen bleiben allerdings weitgehend programmatisch und lassen offen, wie die Analysekategorie des soziotechnischen Ensembles empirisch fruchtbar gemacht werden kann. Ein Weg, den Bijker in dem Kapitel andeutet, besteht darin, bewusst mit Begrifflichkeiten zu arbeiten, die quer zur Unterscheidung Technik und Gesellschaft liegen und letztere damit in den Hintergrund rücken. So unterschiedet er anhand seiner drei Fallstudien unterschiedliche Konstellationen von Gruppen und Rahmen, denen er jeweils spezifische Muster der Innovationsdynamik zuordnet (vgl. ebd., S. 267 ff.).

3 Kritiken und weitere Entwicklungen

Seit diesen wegweisenden Veröffentlichungen war SCOT immer wieder kritischen Diskussionen ausgesetzt. Teils ging es dabei um Details der historischen Analysen (vgl. Clayton 2002), andere bemängelten eine fehlende Berücksichtigung von Macht und Herrschaft (vgl. Russel 1986; Winner 1993). Aus der Sicht des Technikphilosophen Langdon Winner war der Ansatz zudem übertrieben schematisch und trug wenig zur Klärung der großen zivilisatorischen und moralischen Fragen der technischen Gesellschaft bei, wie sie etwa Mumford, Ellul oder Heidegger beschäftigt hätten.[1] Der deutsche Technikhistoriker König (2009, S. 79 ff.) hat jüngst noch grundsätzliche Bedenken gegen die Übernahme der konstruktivistischen Perspektive der Wissenschaftsforschung in die Technikgeschichte geäußert, da diese für das Verständnis vom Menschen konstruierter Techniken keinen analytischen Mehrwert habe und, trotz begrifflicher Neuerungen, immer noch zu sehr auf einzelne Artefakte bezogen bliebe. Innerhalb des Gebiets der Wissenschafts- und Technikforschung war es vor allem die Konfrontation mit der Akteur-Netzwerk-Theorie, die zu Diskussionen um SCOT geführt hat.[2] Obwohl Bijker in seinem Ansatz einige Kategorien dieses Ansatzes übernommen hat (Übersetzung, *enrollment*, Modalitäten), blieb er einem Verständnis von „sozialer" Konstruktion treu, das dem ontologischen Symmetrieanspruch der Akteur-Netzwerk-Theorie widerspricht. Dies hat SCOT den Vorwurf eingetragen, Technikentwicklung auf soziale

---

[1] Zum Werk von Lewis Mumford und Langdon Winner vgl. Schubert i. d. Bd.

[2] Vgl. hierzu den Beitrag von Van Loon i. d. Bd.

Beziehungen zu reduzieren (vgl. Verbeek 2005, S. 102). Mit Recht haben Vertreter von SCOT darauf hingewiesen, dass es ihnen nie darum gegangen sei, die Materialität der Technik zu minimalisieren, und dass materielle Wirkungen, wie die auf die Radfahrer einwirkende Schwerkraft, durchaus in ihren Analysen berücksichtigt würden (vgl. Pinch 2010). Auch wenn man somit nicht von sozialem Reduktionismus sprechen kann, liegt der analytische Akzent bei SCOT jedoch deutlich auf der Analyse sozialer Gruppenbeziehungen und Bedeutungszuschreibungen. Gerade dadurch stellte er ein heilsames Korrektiv zur bis dahin herrschenden technikwissenschaftlichen und politischen Orthodoxie dar. Begriffe wie technologischer Rahmen, Soziotechnik und technologische Kultur schließen materielle Komponenten zwar explizit in ihren Bedeutungsradius ein, verschieben die Analyse damit allerdings auf ein höheres Aggregationsniveau, das sie von den konkreten Vermittlungsverhältnissen von Sozialität und Materialität in der Alltagspraxis entfernt. In seinen jüngeren Beiträgen hat sich jedoch Pinch (2008, 2010) ausdrücklich darum bemüht, SCOT durch eine stärkere Berücksichtigung der Materialität alltäglicher Praktiken als Alternative zum Delegationsmodell des Aktor-Netzwerk-Ansatzes zu positionieren.

In einigen kleineren Arbeiten hat Bijker die politischen Implikationen seines Konstruktivismus herausgearbeitet (u. a. Bijker 1996). Von der interpretativen Flexibilität von Technik schließt er dabei auf deren Offenheit für demokratische Formen der Deliberation und kritisiert entsprechend das Deutungsmonopol technischer Expertise. Zugleich wurde das für SCOT kennzeichnende Verständnis der Moderne als „technologische Kultur" in empirischen Fallstudien substantiiert. Arbeiten zur Stadtplanung (vgl. Ajibar und Bijker 1987; Hommels 2005; Bijsterveld und Bijker 2000), zum Automobil (vgl. Kline und Pinch 1996) oder zum Synthesizer (vgl. Trocko und Pinch 2004) haben die Relevanz von SCOT für Gegenstandsbereiche aufgezeigt, die bisher in die Zuständigkeit der Stadtgeschichte, der Alltagsgeschichte oder der Musiksoziologie fielen. Bei Pinch und seinen Koautoren hat zudem eine systematische Verlagerung des Analysefokus auf die Techniknutzung stattgefunden (vgl. Oudshoorn und Pinch 2003). Damit kehrten sie sich gegen die klassischen SCOT-Studien, die eher an der Technikgenese interessiert gewesen seien und dazu tendiert hätten, die Nutzung von Technik als nachgeordnetes Produkt der Schließung und Stabilisierung zu trivialisieren. In dem mit Oudshoorn herausgegebenen Sammelband wird demgegenüber eine Perspektive auf Techniknutzung als kontinuierlichem Prozess der „Ko-Konstruktion" von Nutzer_innen und Technik entworfen. Bei Bijker (2006) hat sich der Analysefokus hingegen auf die Frage der „Vulnerabilität" technologischer Kulturen verlagert.

Ebenfalls aus einer kritischen Auseinandersetzung mit dem ursprünglichen SCOT-Ansatz heraus hat Rosen (2002) in einer Studie zur britischen Fahrradindustrie technische Innovationen als Transformationen allgemeiner technikkultureller Formationen der von ihm so genannten „soziotechnischen Rahmen" konzipiert. Diese „soziotechnischen Rahmen" begreift er als sozial ausgreifender als Bijkers „technologische Rahmen" und daher als geeigneter, Artikulationen von Technikinnovationen mit allgemeinen soziokulturellen Entwicklungen zu beleuchten. Seine Beispiele sind die Durchsetzung fordistischer Produktionsstile in den 1920ern und 1930erns, sowie das Aufkommen des Umweltbewusstseins. Wenn die zuletzt genannten Arbeiten auch alle mehr oder weniger stark von SCOT inspiriert sind, haben sie eher zu einer Vervielfältigung von Begrifflichkeiten und empirischen Gesichtspunkten beigetragen, als zur Reproduktion des ursprünglich ausformulierten Kategorienrasters. Es ist jedoch ihre immer noch anhaltende Fähigkeit, konzeptuelle Debatten über die Verflochtenheit von Sozialität und Technik anzuregen, die die programmatischen Arbeiten der SCOT-Autoren zu Schlüsseltexten der sozialwissenschaftlichen Technikforschung machen.

Literatur

Aijbar, Eduardo, und Wiebe Bijker. 1997. Constructing a city. The Cerda plan for the extension of Barcelona. *Science, Technology & Human Values* 22 (1): 3–30.
Bijker, Wiebe. 1990. The social construction of technology. Dissertation, Enschede.
Bijker, Wiebe. 1995. *Of bicycles, bakelites, and bulbs. Toward a theory of sociotechnical change.* Boston: MIT.
Bijker, Wiebe. 1996. Politisering van de technologische cultuur. *Kennis en Methode* XX (3): 294–307.
Bijker, W. E. 2006. The vulnerability of technological culture. In *Cultures of technology and the quest for innovation*, Hrsg. H. Nowotny, 52–69. New York: Berghahn Books.
Bijker, Wiebe, Thomas Hughes, und Trevor Pinch. 1987. *The social construction of technological systems*. Boston: MIT.
Bijsterveld, Karin, und Wiebe Bijker. 2000. Women walking through plans: Technology, democracy, and gender identity. *Technology and Culture* 41 (3): 485–515.
Clayton, Nick. 2002. SCOT: Does it answer? *Technology and Culture* 43 (2): 351–360.
Hommels, Anique. 2005. *Unbuilding cities. Obduracy in urban sociotechnical change.* Boston: MIT.
König, Wolfgang. 2009. *Technikgeschichte. Eine Einführung in ihre Konzepte und Forschungsergebnisse.* Stuttgart: Steiner.
Kline, R., und Trevor Pinch. 1996. Users as agents of technological change. The social construction of the automobile in the rural United States. *Technology and Culture* 37:763–795.
Oudshoorn, Nelly, und Trevor Pinch. 2003. *How users matter. The co-construction of users and technology.* Boston: MIT.
Pinch, Trevor. 2008. Technology and institutions. *Theory and Society* 37 (5): 461–483.

Pinch, Trevor. 2010. On making infrastructure visible: Putting the non-humans to rights. *Cambridge Journal of Economics* 34:77–89.

Pinch, Trevor, und Wiebe Bijker. 1984. The social construction of facts and artifacts: Or how the sociology of science and the sociology of technology might benefit each other. *Social Studies of Science* 14:399–441.

Rosen, Paul. 2002. *Framing production*. Boston: MIT.

Russell, Stewart. 1986. The social construction of artefacts: A response to Pinch and Bijker. *Social Studies of Science* 16:331–346.

Trocko, Frank, und Trevor Pinch. 2004. *Analog days. The invention and impact of the moog synthesizer*. Cambridge: Harvard.

Verbeek, Peter-Paul. 2005. What things do: Philosophical reflections on technology, agency and design. University Park: Pennsylvania State Univ. Press.

Winner, Langdon. 1993. Upon opening the blackbox and finding it empty. Social constructivism and the philosophy of technology. *Science, Technology & Human Values* 18 (3): 362–378.

Donna Haraway: Technoscience, New World Order und Trickster-Geschichten für lebbare Welten

Jutta Weber

http://upload.wikimedia.
org/wikipedia/commons/
6/6a/Sputnik-stamp-ussr.jpg

„Aber wir könnten durchsetzbare, verlässige Darstellungen von Dingen gebrauchen, bei denen diese weder auf Machtstrategien und agonistische, elitäre Rhetorikspiele noch auf wissenschaftliche, positivistische Arroganz reduzierbar wären." (Haraway 1995/1992, S. 79)

‚Wer über Gesellschaft im 21. Jahrhundert spricht, darf über die Technoscience nicht schweigen'. So könnte man das Credo von Donna Haraways Theorie – in

---

J. Weber (✉)
Medienwissenschaften, Universität Paderborn,
Warburger Str. 100, 33098 Paderborn, Deautschland
E-Mail: jutta.weber@upb.de

der Variation eines Diktums von Max Horkheimer – pointiert zusammenfassen.[1] Mit ihrem 1985 erschienenen *Cyborg-Manifesto* hat Haraway (1985, S. 65–108, 1995e, S. 33–72) den radikalen Entwurf einer Erkenntnis- und Gesellschaftstheorie unserer Technokultur vorgelegt, der sehr hellsichtig die radikalen epistemischen und gesellschaftlichen Veränderungen, die Herausbildung einer ‚*New World Order*' auf den Nenner brachte. Haraway beschreibt eine Techno(wissenschafts)kultur, die sich durch die radikal beschleunigte Amalgamisierung von Mensch und Maschine, von Organischem und Nichtorganischem, von Wissenschaft und Technik auszeichnet. Hybride wie die Oncomouse oder sogenannte ‚intelligente' Software lassen sich am Ende des 20. Jahrhunderts nicht mehr in der überkommenen humanistischen, bipolaren Ordnung von Natur und Kultur, Mensch und Natur, Aktivität und Passivität einsortieren. In atemberaubender Geschwindigkeit entsteht eine Welt der Hybriden, die Haraway zufolge nicht nur ein großes Gefahrenpotential, sondern auch neue Optionen der Vergesellschaftung für menschliche und nicht-menschliche Akteure beinhaltet. Sie beschreibt (das Zeitalter der) Technoscience sowohl als neue Episteme, in der die kausal-lineare Logik des Newtonschen Zeitalters von einer nicht-linearen, multiplen Logik abgelöst wird, in der klassische widerständige Begriffe zur Ressource gemacht werden, in der sich aber auch eine neue globalisierte politische Weltordnung, eine Biotechnomacht mit neuen Geostrategien, Selbsttechnologien, Produktions-und Verwertungslogiken konfiguriert. Diese „Neuerfindung der Natur" (1995), der radikale Umbau der Ökonomie, die Verschiebungen traditioneller Narrative eröffnen Haraway zufolge zugleich Möglichkeiten der Intervention. Die ‚Verschmutzung' traditioneller Logiken, die Widersprüchlichkeit und Partialität der neuen Ordnung will sie zugleich in ihren eigenen erfinderischen und ironischen Narrativen für „lebbare Welten" (Haraway 1995a, S. 137) fruchtbar machen. Doch damit sind wir schon mitten im Universum der Harawayschen Technoscience-Geschichten.

1 Donna Haraway: „Von Anfang war ich eher eine hybride Kreatur"[2]

Donna Haraway ist in Denver/Colorado in einer irisch-(streng-)katholischen Familie der unteren Mittelschicht aufgewachsen. Sie beschreibt sich selbst als Kind des Sputnik-Schocks. Der technische Wettlauf der beiden Weltmächte UDSSR

---

[1] „Wer von Faschismus redet, darf von Kapitalismus nicht schweigen." (Horkheimer 1980[1939–40]: 115)

[2] Haraway 1995c, S. 100.

und USA ab den 1960er Jahren ermöglichte erst die akademische Bildung für breite Schichten (und damit auch ihre), während die Wissenschaftsgläubigkeit und der maskulinistisch-technokratische Ansatz zugleich Anstoß für ihre spätere Forschung wurde:

> „I am conscious of the odd perspective provided by my historical position – a PhD in biology for an Irish Catholic girl was made possible by Sputnik's impact on US national science-education policy. I have a body and mind as much constructed by the post-Second World War arms race and cold war as by the women's movements." (Haraway 1991/1985, S. 173)

Haraway studierte Zoologie, Philosophie und Literatur und ging nach ihrem Examen für ein Jahr nach Paris, um weiter Philosophie zu studieren. Nicht zuletzt die differente europäische Perspektive ermöglichte ihr einen kritische(re)n Blick auf den Vietnamkrieg und die Verstrickungen von Wissenschaft und Krieg. Nach ihrer Rückkehr in die USA engagierte sie sich als Biologie-Doktorandin an der Yale-Universität in den neuen feministischen Gruppierungen, in *Science for the People* und gegen den Vietnam-Krieg. Sie wird mit der Schwulenbewegung und der Black Panther Party bekannt und promovierte 1970 mit einer wissenschaftshistorischen Dissertation über Organizismus-Metaphern in der Entwicklungsbiologie (Haraway 1976). Nach Zwischenstopps an der University of Hawaii und der Johns Hopkins Universität bekam sie 1980 den (vermutlich) ersten US-amerikanischen Lehrstuhl für feministische Theorie an der Universität von Santa Cruz in Kalifornien. Die ungewöhnliche Studienfachkombination, die radikale politische Erfahrung aber auch ihre Verortung an einem feministischen Lehrstuhl ermöglichen Haraway einen transdisziplinären Denkstil, der angstfrei unterschiedlichste Wissensfelder durchque(e)rt, traditionelle rhetorische Strategien unterläuft und gleichzeitig die materiale Dimension der neuen Technologien und Hybriden ernst nimmt und kritisch analysiert. Ihr Verständnis von Transdisziplinarität skizziert Haraway folgendermaßen:

> Die Gewohnheit, schrittweise und systematisch in Wissenspraktiken einzuführen, ist äußerst schlecht und irreführend. Wir sind immer mittendrin. [...] Es ist sehr wichtig, die Dinge direkt anzugehen, ihre Komplexitäten aufzugreifen und sich die Kompetenzen anzueignen, die dafür nötig sind. [...] Man sollte sich auf Naturwissenschaften, politische Initiativen, politische Theorie oder was auch immer beziehen und die entsprechenden Texte lesen und durchdenken können. Das heißt nicht, dass man oberflächlich arbeiten soll. Es bedeutet, dass man diese Differenzen nicht mystifizieren soll. (Haraway 1995c, S. 103)

2 Eine Welt voller Hybriden: Über das Zeitalter der Technoscience

> ... technoscience indicates a time-space modality that is extravagant, that overshoots passages through naked or unmarked history,. Technoscience extravagantly exceeds the distinction between science and technology as well as those between nature and society, subjects and objects, and the natural and the artifactual that structured the imaginary time called modernity. I use technoscience to signify a mutation in historical narrative, similar to the mutations that mark the difference between the sense of time in European medieval chronicles and the secular, cumulative salvation histories of modernity. (Haraway 1997, S. 4–5)

Die späten 1970er und frühen 1980er Jahre des 20. Jahrhunderts sind zutiefst geprägt von den rasanten Entwicklungen in Wissenschaft und Technik – ein Wandel, der auch intensiv gesellschaftlich verhandelt wurde. Man denke an die Demonstrationen gegen und die Debatten über das Wettrüsten, die Umweltverschmutzung, die Gentechnik, die Reproduktionstechnologien und die Atomenergie in Westeuropa und den USA, aber auch die Entstehung der Wissenschaftsläden, die Entwicklung der feministischen Technikkritik und der Science & Technology Studies. Letztere nehmen dann auch zum ersten Mal kritisch die Produktionsbedingungen von Wissenschaft und Technik ins Visier und begnügen sich nicht mit wissenschaftstheoretischen oder ethischen Debatten: Sie wollen den ‚Bauch des Monsters' (Haraway 1991) erkunden. Die Debatten dieser Zeit waren als gesellschaftliche Kämpfe auch recht polarisiert – zum einen zwischen Sozial- und Technodeterminismus, aber auch zwischen apokalyptischen Visionen und alten Heilsgeschichten des Fortschritts. So malten etwa auf der einen Seite marxistische und radikalfeministische Positionen primär die Gefahren der neuen Technologien aus und schlossen teilweise recht unreflektiert Männlichkeit, Aggressivität und Technik kurz,[3] während (neo)liberale Positionen die traditionellen Narrative vom Segen der Wissenschaft und dem innovativen Potential neuer Technologien perpetuierten. Donna Haraway war in dieser Zeit eine der Wenigen, die sowohl positive Potentiale von Wissenschaft und Technik hervorhob als auch deren Verstrickungen mit Industrie und Militär nicht verschwieg (vgl. Thrift 2006) und – vor diesem Hintergrund auch politisch – Position bezieht. Sie nimmt eine epistemologische und metanarrative Perspektive ein, die ihr es ermöglicht, grundlegende soziotechnische und wissenstheoretische Umwälzungen zu analysieren. Sie verweist früh auf neue Formen der Technisierung von Gesellschaft und der Vergesellschaftung von Technik, auf die Amalgamisierung von Wissenschaft, Technik, Industrie, Politik,

---

[3] Vgl. hierzu u. a. Marcuse (1973), Easlea (1983), Griffin (1987[1978]).

Ökonomie und Alltagskultur. In ihrem berühmt gewordenen Cyborg-Manifest[4] spricht sie von aktuellen Gesellschaften als ‚Hi-Tech Cultures' – ein Terminus den sie später durch den der ‚Technoscience' ersetzen wird:

> Der Begriff der Technoscience wurde zunächst von Derrida im Zusammenhang seiner Auseinandersetzung mit Heidegger benutzt. Bruno Latour hat diesen Begriff aufgegriffen und im Anschluss daran viele von uns. Mit diesem Begriff wird die bemerkenswerte Verbindung von technologischen, wissenschaftlichen und ökonomischen Praktiken bezeichnet. Technoscience hängt mit Normierung zusammen: im Militär, in der amerikanischen Form der Fabrikation, in den verschiedenen internationalen Industrienormbehörden des späten 19. Jahrhunderts, in der Periode des Monopolkapitals, im Ausbau von Forschung und Entwicklung innerhalb des industriellen Kapitalismus usw. Der Begriff Technoscience speist sich aus mehreren Quellen. Doch aus meiner Sicht verweisen alle seine Ursprünge auf einen sehr interessanten gemeinsamen Schnittpunkt: auf die systematisierte Produktion von Wissen innerhalb industrieller Praktiken. (Haraway 1995c, S. 105)

Bruno Latour (1987) geht es darum, die Aktivitäten der Technowissenschaften unter die Lupe zu nehmen und nicht nur die Beschreibungen technowissenschaftlicher Diskurse und Praktiken zu analysieren.[5] Gegen den Mythos von ‚Wissenschaft' und ‚Technik' als Produkt von einigen Entdeckern und Erfindern, will er mit dem Begriff der Technoscience auf die komplexen, unübersichtlichen Netzwerke von Forschung und Entwicklung sowie von Industrie und Gesellschaft aufmerksam machen: „I will use the word technoscience from now on, to describe all the elements tied to the scientific contents no matter how dirty, unexpected or foreign they seem" (Latour 1987, S. 174).

Latour und Haraway navigieren in den 1980er Jahren zwischen einer genuin sozialwissenschaftlich orientierten Wissenschaftsforschung – wie sie etwa in der Edinburgh School (Barnes, Bloor, MacKenzie, Shapin) praktiziert wurde, welche primär auf die gesellschaftlichen Bedingungen von Wissenschaft und Technik fokussierte – und einer traditionellen Wissenschaftsphilosophie à la Popper, Kuhn oder Lakatos, die sich auf die Analyse von Texten *über* Wissenschaft beschränkt (und auch weitestgehend die Technik vernachlässigt).[6]

---

[4] Eine erste frühe Fassung des Cyborg-Manifests erscheint 1983 interessanterweise zuerst auf Deutsch unter dem Titel ‚Lieber Kyborg als Göttin! Für eine sozialistisch-feministische Unterwanderung der Gentechnologie' in *Gulliver. Deutsch-Englische Jahrbücher 1984* (Haraway 1983); für die Letztfassung siehe Haraway (1985) und Haraway (1991).

[5] Vgl. hierzu die Beiträge von Van Loon i. d. Bd.

[6] Zum Spannungsverhältnis von Wissenschaftsforschung und Wissenschaftsphilosophie vgl. den Beitrag von Greif i. d. Bd.

Auch wenn Latour in das Labor geht, um den Handlungen und Aktionen der WissenschaftlerInnen zu folgen (Latour und Woolgar 1979), interessiert er sich - ähnlich wie die traditionelle Wissenschaftsphilosophie - primär für die innere Struktur und Dynamik von Wissenschaft. Er geht davon aus, dass erfolgreiche Technowissenschaften ein multiples und starkes Netzwerk aus politischen, ökonomischen AkteurInnen, stabiler Infrastruktur, aber auch Organismen und Maschinen bauen. Und dieses multiple und dynamische Netzwerk ist die Grundlage für die beschleunigte Produktion von Hybriden, von Mischwesen aus Natur und Kultur, Physischem und Nicht-Physischem, Mensch und Maschine in der Moderne.

Latour zufolge hat diese Vermischung schon immer stattgefunden, wenn sie sich auch in der Moderne intensiviert (Latour 1995). Haraway interpretiert dagegen die Implosion der Dualismen, die Verschränkung von Mensch und Maschine, Natur und Kultur als eine qualitative Differenz zur bisherigen historischen Entwicklung. Für sie findet ein Umschlag von etwas Quantitativem in etwas Qualitatives statt, das konkrete Folgen zeitigt:

> Die Kultur der Hochtechnologien stellt eine faszinierend intrigante Herausforderung dieser Dualismen dar. Im Verhältnis von Mensch und Maschine ist nicht klar, wer oder was herstellt und wer oder was hergestellt ist. Es ist unklar, was der Geist und was der Körper von Maschinen ist, die sich in Kodierungspraktiken auflösen. [...] Biologische Organismen sind zu biotischen Systemen geworden, zu Kommunikationsgeräten wie andere auch. Innerhalb unseres formalisierten Wissens über Maschinen und Organismen, über Technisches und Organisches gibt es keine grundlegende, ontologische Unterscheidung mehr. (Haraway 1995/1985, S. 67)

Der Begriff der Technoscience verweist zum einen auf grundlegende epistemologische und ontologische Verschiebungen in Wissenschaft und Alltagskultur, aber auch auf eine technowissenschaftliche Durchdringung unserer Kultur und Lebenswelt. Technoscience ist zur kulturellen Praxis und Lebensform geworden und signifiziert die Ausbildung einer neuen Epoche in der zweiten Hälfte des 20. Jahrhunderts. Haraway analysiert diese radikalen epistemischen Verschiebungen aus einer Perspektive der Intervention. Sie betont die Entstehung einer *New World Order*, die nicht nur neue erkenntnistheoretische, ontologische und soziomateriale Dimensionen hat, sondern die auch mit grundlegenden sozialen Verwerfungen und einer Restrukturierung der Gesellschaft und ihrer symbolischen Ordnung einhergeht. In Abgrenzung zum Mainstream der Science & Technology Studies und dem Projekt von Latour betont sie in ihrem 1997 erschienenen Buch *Modest Witness@ Second Millenium* die genuin politische Perspektive ihrer feministischen Technikforschung:

> Shaped by feminist and left science studies, my own usage works both with and against Latour's. In Susan Leigh Star's terms, I believe it less epistemologically, politically, and emotionally powerful to see that there are startling hybrids of human and nonhuman in technoscience – although I admit no small amount of fascination – than to ask for whom and how these hybrids work. (Haraway 1997, S. 280)

Haraway ist weniger an der allgemeinen *Beschreibung* der Neu-Organisation von Wissenschaft und Technik interessiert als an der Analyse eines neu entstehenden Gesellschaftstyps, welchen sie im Cyborg-Manifest als ‚Informatik der Herrschaft' tituliert:

> Ich möchte zeigen, daß wir, in dem gerade im Entstehen begriffenen System einer Weltordnung – die hinsichtlich ihrer Neuheit und Reichweite dem Aufkommen des industriellen Kapitalismus analog ist – darauf angewiesen sind, unsere Politik an den fundamentalen Veränderungen von Klasse, Rasse und Gender zu orientieren. Wir leben im Übergang von einer organischen Industriegesellschaft in ein polymorphes Informationssystem – war bisher alles Arbeit, wird nun alles Spiel, ein tödliches Spiel. (Haraway 1995/1985, S. 48)

Sie verweist darauf, dass das alte holistisch-organizistische Verständnis von Natur und Körper durch die Praktiken der Technowissenschaften selbst unterwandert wird, wenn zuvor holistisch interpretierte Organismen etwa in der Genetik als Baukästen aus biotischen Komponenten rekonfiguriert werden, die beliebig de- und rekonstruiert werden können:

> Jedes beliebige Objekt und jede Person kann auf angemessene Weise unter der Perspektive von Zerlegung und Rekombination betrachtet werden, keine ‚natürlichen' Architekturen beschränken die mögliche Gestaltung des Systems. [...] Man wird die Kontrollstrategien in Begriffen wie Wachstumsrate, Kosten und Freiheitsgrade formulieren. Wie jede andere Komponente und jedes andere Subsystem auch müssen menschliche Lebewesen in einer Systemarchitektur verortet werden, deren grundlegende Operationsweisen probabilistisch und statistisch sind. (Haraway 1995/1985, S. 50)

Damit wird deutlich, dass die Dekonstruktion von Natur, Geschlecht oder Rasse nicht allein als politische Errungenschaft begriffen werden kann, wie sie parallel von der Frauenbewegung und feministischen Theorie zu Recht gefordert wurde war, sondern auch kritisch als Produkt einer neuen epistemischen Umwälzung analysiert werden muss.

In Anlehnung an die feministische Theoretikerin Zoe Soufoulis spricht Haraway (1995/1985, S. 51) davon, dass die alten organischen und hierarchischen Dualismen von Geist/Körper, Tier/Mensch, Organismus/Maschine, öffentlich/privat, Natur/Kultur, Mann/Frau schon längst ‚technologisch verdaut' worden sind. An ihre Stelle tritt eine „Übersetzung der gesamten Welt in ein Problem der Kodierung" (ebd.) – ein Prozess, in dem alle Entitäten zu einer Blackbox werden, insofern ihre intrinsische Beschaffenheit nicht mehr interessiert, sondern nur noch ihr Verhalten und ihre Prozessierbarkeit. Flexibilisierte, (neo-)kybernetische Denk- und Wissensformen, die weniger auf die Erkundung von Naturgesetzen, als auf die „Umformung von Materialien und Prozessen für die Industrie" (ebd., S. 53), auf die Produktion von innovativen Artefakten zielen, bestimmten zunehmend die Wissens- und Technikpolitik im Zeitalter der Technoscience (vgl. Weber 2003). Diese weitreichende Umstrukturierung von Gesellschaft, Industrie, Technik, Politik und Alltag macht zunehmend traditionelle Widerstandsformen obsolet und erfordert neue Formen des Verstehens und des Widerstands. Vor diesem Hintergrund und in Opposition zu radikal- und ökofeministischen Positionen fordert Haraway Frauen und ‚andere Andere' auf, sich eher als Cyborg denn als organisch-natürliche Göttin zu begreifen, sich mit den neuen Lebens- und Wissensformen der Technoscience auseinanderzusetzen und dementsprechend neue politische Strategien zu entwickeln. Es ginge nicht darum, Technik zu dämonisieren, sondern gerade angesichts der rasanten soziotechnischen Entwicklungen neue politische Strategien und Gestaltungsmöglichkeiten zu erkunden. Dass Haraway Technoscience als Kultur und Lebensform interpretiert, ist nicht nur Resultat der beschleunigten Technisierung des Alltags, sondern auch motiviert durch ihre Beheimatung in den Feminist Cultural Studies of Science and Technology bzw. Technoscience (vgl. McNeil und Franklin 1991; Reinel 1999, Weber 2006). Diese gehen davon aus, dass die je spezifische (und sich historisch wandelnde) Form der Technik wesentlich unseren Zugang zur Welt, zu den Dingen und uns selbst bestimmt. Damit wird Technik auch weniger als Werkzeug, Artefakt, Know-How oder System verstanden, denn als Medium, dass nicht nur Artefakte, sondern auch Bedeutungen hervorbringt.

3 Eine widerständige, nicht-identische soziale Natur

> Es ist der leere Raum, die Unentscheidbarkeit, die Gerissenheit anderer Akteure, die ‚Negativität', die mich auf die Wirklichkeit und damit die letztliche Nicht-Repräsentierbarkeit der sozialen Natur vertrauen läßt und mich gegenüber Doktrinen der Repräsentation und Objektivität mißtrauisch macht. (Haraway 1995/1992, S. 47 f.)

Nachdem Systemtheorie, Kybernetik und postmoderne Technowissenschaften wie Informatik, Nanotechnologie oder Genetik zunehmend jedwede Entitäten als flexibel, veränderbar, rekombinierbar und nicht-essentiell konzipieren, können ‚das Natürliche' oder ‚der organische Körper' schlecht als normative Grundlage fungieren. Nachdem diskriminierende Diskurse zwei Jahrhunderte lang mit Essentialismen der ‚natürlichen' Geschlechterdifferenz oder der Rassendifferenz arbeiteten, ist diese denaturalisierende Entwicklung auf der einen Seite begrüßenswert und bietet Gelegenheit zur Umschreibung traditioneller Diskurse. Auf der anderen Seite stellt sich die Frage, wie und ob Natur anders als Ressource, jenseits technowissenschaftlicher Ingenieurs- und beschleunigter kapitalistischer Verwertungslogik noch denkbar ist oder gar als kritische Figur fungieren kann. Zu einem historischen Zeitpunkt, an welchem transgene Organismen mit ‚natürlichen' Eigenschaften als Werkzeug, Ware bzw. Patent, Modellsystem und Laborinstrument ‚hergestellt' werden und als Schöpfung des Menschen interpretiert werden, kritisiert Haraway dekonstruktivistische Positionen, die Natur und Geschlecht auf eine soziale Konstruktion und das Produkt historisch spezifischer, performativer Praxen reduzieren wollen. Es wird schwierig, Natur zu konzeptionieren, ohne sie auf ein menschliches, historisches oder kulturelles Projekt zu reduzieren oder sich als ‚Bauchredner' einer ursprünglichen Natur aufzuspielen, denn: „Die Welt spricht weder selbst, noch verschwindet sie zugunsten eines Meister-Decodierers." (Haraway 1995b, S. 94) Vor diesem Hintergrund geht Haraway von der Negativität der Dinge und von einer eigensinnigen Beschaffenheit von Welt aus. Sie verschiebt gleichzeitig den Naturbegriff, insofern sie Natur und Welt zusammenfallen lässt und als ‚Kollektiv', als Netzwerk gewitzter, heterogener menschlicher und nicht-menschlicher AgentInnen adressiert, die Bedeutung erzeugen und die an – durchaus hierarchisch strukturierten und ungleichen – Konversationen teilnehmen, die letztlich wiederum Welt ausmachen. Damit schließt sie an Bruno Latours Konzept der Aktor-Netzwerk-Theorie an und kritisiert den Ansatz zugleich für seinen einseitigen Begriff des ‚Kollektivs':

> Latour und andere bedeutende Gelehrte der science studies arbeiten mit einem zu armen Begriff von ‚Kollektiv'. Zwar widerstreben sie richtigerweise einer sozialen Erklärung ‚technischer' Praxis, indem sie die binäre Beziehung [von Sozialem und Technischen, J.W.] aufsprengen, hinterrücks aber führen sie sie wieder ein, indem sie nur einen der beiden Terme – das Technische – anbeten. (Haraway 1995/1992, S. 190, Fn. 14).

Einen alternativen Begriff einer widerständigen und nicht immer berechenbaren Natur/Welt zu entwerfen, ist angetrieben von dem Wunsch, den hegemonialen technowissenschaftlichen Diskursen und Praktiken etwas entgegenzusetzen, nicht zuletzt, um den häufig renaturalisierenden Narrativen der Technoscience etwas entgegenzusetzen. Denn obwohl sich die Technowissenschaften durch eine denaturalisierende und de-facto-dekonstruktivistische Praxis auszeichnen, betreiben sie eine renaturalisierende rhetorische Praxis, in der sie die gentechnisch neu modulierte Natur als natürliche inszenieren, wenn in einem ahistorischen Gestus Natur als schon immer ingenieursmäßig agierend vorgestellt wird. Und so werden dann z. B. die Bionik, die Biotechnologie oder die verhaltensbasierte Robotik als Felder eingeführt, die sich natürlicher Strategien des Lebendigen bedienen würden. Damit versuchen die Technowissenschaften ihre alte Glaubwürdigkeit als Repräsentationspolitik einer ursprünglichen Natur wieder herzustellen. Alternative Optionen des Umgangs mit der Natur, einer alternativen Technikpolitik und die Vision einer nicht-polaren ‚Post-Gender-Welt' werden in dieser Logik stillgestellt. Und auch wenn Natur bzw. Welt als widerständiges Kollektiv gedacht werden, so verbürgt doch allein ihre historische Gewordenheit, ihre Flexibilität und Veränderbarkeit die „Hoffnung auf lebbare Welten." (Haraway 1995a, S. 137)

Den Versuch Natur als widerständige, nicht-identische Akteurin bzw. als unberechenbarer Trickster[7] einzufangen und bauchrednerische Taktiken zu vermeiden, verfolgt Haraway nicht nur in ihrer Auseinandersetzung mit dem Naturbegriff, sondern auch in der mit der Primatologie (Haraway 1989, 1995d) und generell in der Frage zwischen differenten Spezies. Während Haraway vor allem in ihrem frühen Werk die Primatologie humorvoll und listig nutzt, um der Spezies Mensch den Spiegel vorzuhalten, setzt sie sich in den letzten Jahren primär mit den Möglichkeiten und Grenzen der Begegnung differenter Spezies auseinander (Haraway 2003, 2008). In recht persönlichen ‚Hundegeschichten' geht es darum, wie und ob es trotz der asymmetrischen Verteilung von Repräsentationsmöglichkeiten eine Inter-Spezies-Kommunikation auf Augenhöhe möglich ist. Diese Arbeiten wurden in den letzten Jahre vor allem in den (Human-)Animal Studies rezipiert, doch bei vielen feministischen und anderen kritischen TheoretikerInnen stießen sie auch auf Unverständnis. Einerseits wird hier eine radikale Situiertheit von Wissen gelebt, andererseits wird vieles schwer nachvollziehbar, „[w]enn die grundsätzliche Haltung der Tierliebe nicht geteilt wird" (Harrasser 2006, S. 447). Vielleicht liegt diese Unverständlichkeit nicht nur an der sehr persönlichen Färbung der späteren Geschichten, sondern auch daran, dass hier die virtuos selbstreflexive Erzählstrategie Harraways häufig zu kurz kommt.

---

[7] Haraway hat die Trickster-Figur der Hopi-Mythologie entlehnt. Dort taucht sie häufig als Coyote auf, der genauso guter Geist, Rumtreiber wie ausgebuffter Gauner sein kann (vgl. Weber 2003).

4 Nicht-autoritäre Wissenschaftsgeschichten: Haraways Politik der Technowissenschaft

> ... let us attend to our narrative structures and our rhetorical strategies so that they complement rather than undermine our thoughts... (Traweek 1992, S. 433)

Die Widersprüche und Spannungen in der Theoriebildung auszuhalten, wie wir sie gerade bei der paradoxen Suche nach einem historischen, aber nichtkulturalistischen Naturbegriff verfolgen konnten, gelingt Haraway unter anderem deshalb, weil sie ironische und humorvolle Erzählstrategien jenseits der klassischen narrativen Überwindungsstrategien entwickelt. Sie verweigert klassische Schreibpraktiken, wie sie Karin Knorr-Cetina (1991) sehr treffend für die Technowissenschaften beschrieben hat,[8] die aber durchaus auch im Mainstream der Science & Technology Studies zu Hause sind. TechnikforscherInnen wie Donna Haraway oder Sharon Traweek vermeiden Strategien der Linearisierung ihrer Erzählungen – eine Strategie, die klassischerweise darauf setzt, einen kontinuierlichen Erkenntnisfortschritt zu suggerieren. Sie verweigern es, widersprüchliche und wacklige Argumente zu entfernen, um die eigene Theorie zu stärken, sondern stellen sie lieber zur Diskussion. Sich angreifbar zu machen, ist das Kennzeichen leidenschaftlicher, situierter Theoriebildung. Man vermeidet die passive Erzählweise der Wissenschaft, die traditionell eingesetzt wird, um den Eindruck von Neutralität und Objektivität zu erzeugen. Die traditionellen Erzählstrategien mögen erfolgreich sein im Kampf der theoretischen Positionen, aber es bleibt fraglich, inwieweit eine derart geglättete Rhetorik dazu beitragen kann, langfristig klassische agonistische und teilweise auch maskulinistische Narrative zu dekonstruieren, wenn die alten und problematisierten ‚Technologien des Schreibens' unverdrossen in den eigenen Arbeiten reproduziert werden: Haraway und andere feministische Technikforscherinnen vertrauen lieber auf den diskreten Charme der Ironie. Sie unterlaufen den altbekannten autoritätsheischenden Wissenschaftston und machen Widersprüche sichtbar und denkbar. Der ‚Preis' hierfür ist die Benennung der eigenen, konkreten und auch politischen Situiertheit. Es geht nicht darum, die LeserInnen vermeintlich objektiv über die Wahrheit aufzuklären, sondern reflektierte und gleichzeitig lustvolle Wissenschaftsgeschichten zu (er)finden, die Heils- und Untergangsgeschichten vermeiden und Verantwortung für die eigene Position und die damit verbundenen Perspektiven, Utopien und Sehnsüchte von Welt übernehmen. Diese „,verkörperten' Darstellungen von Wahrheit" (Haraway 1995b, S. 77) sind möglicherweise überzeugender, weil sie nicht fertige Erkenntnisse als gegeben

---

[8] Vgl. hierzu den Beitrag von Kirschner i. d. Bd.

präsentieren, sondern das ‚Selber-Denken' anstacheln und Interventionen denkbar machen:

> Es geht darum, die Welt zu verändern, eine Wahl zu treffen zwischen verschiedenen Lebensweisen und Weltauffassungen. Um dies zu tun, muß man handeln, muß begrenzt und schmutzig sein, nicht transzendent und sauber. Wissensproduzierende Technologien, einschließlich der Modellierung von Subjektpositionen und der Wege der Besetzung solcher Positionen, müssen immer wieder sichtbar und offen für kritische Eingriffe gemacht werden. (Haraway 1996, S. 262)

Auch wenn die Zeit großer Erzählungen vorbei ist (Lyotard 1986), werden auch in der Technikforschung weiterhin Rhetoriken absoluter Repräsentation perpetuiert, die es zu unterlaufen gilt. Haraway verweist darauf, dass *kritische* Wissenschafts-Geschichten kaum durch Wiederholung autoritärer Sprachspiele und traditioneller, entkörperter Darstellungen möglich sind. Die besseren Geschichten sind diejenigen, die gegen die Grenzen der Sprache und die schlechten narrativen Gewohnheiten eines auf Überredung getrimmten Wissenschaftsbetriebs anrennen, ohne sich von den damit verbundenen Schwierigkeiten[9] entmutigen zu lassen. Humorvoller sind diese Geschichten auf jeden Fall.

5 Coda

30 Jahre nach dem Erscheinen des Cyborg-Manifesto drängt sich die Frage auf, wie viel die Politik der Intervention und der nicht-autoritären Wissenschafts-Geschichten bewegen konnte, aber auch inwieweit das Vokabular noch den aktuellen Entwicklungen unserer Technowissenschaftskultur angemessen erscheint.

Letzteres springt ins Auge, wenn man sich die enorme Bedeutung vor Augen führt, die technikzentrierte Sicherheit nach 1989 gewonnen hat und sich nach 9/11 massiv ausgeweitet hat. Wohl verweist Haraway auf die Grundlagen der Informationstheorie, die u. a. auf Command-Control-Communication-Intelligence (C3I) beruht und die Rolle der Überwachung, aber die Ausbildung der ‚Kontrollgesellschaft' (Deleuze 1993), die ubiquitäre Bewegungskontrolle von Menschen und Dingen, die von den High-Tech-Visionen des Internets der Dinge bis zu EUROSUR, dem europäischen High-Tech-Überwachungs- und Abwehrsystem (von

---

[9] „Das Ergebnis der Philosophie sind die Entdeckung irgendeines schlichten Unsinns und Beulen, die sich der Verstand beim Anrennen an die Grenze der Sprache geholt hat. Sie, die Beulen, lassen uns den Wert jener Entdeckung erkennen." (Wittgenstein 1984, § 119)

zunehmend kriminalisierten MigrantInnen) reicht, als auch die zunehmende Rolle des interaktiven, partizipativen Monitorings von NutzerInnen via Facebook, Foursquare oder ähnlichem, gewinnt in den letzten Jahrzehnten eine ganz neue Dimension. Gleichfalls erscheint Haraways Kapitalismuskritik, ihre Beschreibung der (global ausgeweiteten) Haushaltsökonomie, angesichts der Globalisierung und Automatisierung der Finanzmärkte, der Banken- und Schuldenkrisen, aber auch alternativer Entwicklungen in der Organisation der Wirtschaft nicht mehr zeitgemäß (vgl. Thrift 2006). Richard Grusin (2010), Marc Andrejevic (2011) und andere haben z. B. auf die Bedeutung von Affekt und Gefühl für aktuelle Marketingstrategien, aber auch generell für die neuen Medien hingewiesen. Gleichzeitig lässt sich beobachten, wie Affekt und Gefühl in den Technowissenschaften als Ressource für Innovation genutzt werden – man denke etwa an sog. ‚emotionale' Roboter oder an die ‚soziale' Robotik als neues Forschungsfeld.

Haraway hat es verstanden, sehr früh mit ihren kritischen, provokativen und politisch-situierten Wissenschaftsgeschichten zahlreiche ForscherInnen aufzurütteln und für die politische Dimension der neue entstehenden Technowissenschaftskultur zu sensibilisieren, wenn auch (leider) eine schlagkräftige soziale Bewegung aus der radikalen Technikkritik nicht erwachsen ist. Heute gilt es, diese Geschichten weiterzuschreiben, um die Entstehung einer zunehmend hegemonialen und präventiven Techno-Security Culture, die Automatisierung von Finanzmärkten, das Ressourcing von Gefühl und Kreativität, aber auch Phänomene wie die Occupy-Bewegung, WikiLeaks oder Anonymous zu verstehen. Und angesichts der Zuspitzung ökonomischer und soziotechnischer Konflikte im 21. Jahrhundert gilt es, nochmal neu auszuloten, ob sich nicht auch neue Fenster der Hoffnung öffnen (lassen), ob es möglich ist, eine andere Zukunft zu schreiben.

Literatur

Andrejevic, Mark. 2011. The work that affective economics does. *Cultural Studies* 25 (4–5): 604–620.
Deleuze, Gilles. 1993. *Postskriptum über die Kontrollgesellschaften.* In *Unterhandlungen 1972–1990,* Hrsg. Gilles Deleuze. Frankfurt a. M.: Suhrkamp.
Easlea, Brian. 1983. *Fathering the unthinkable: Masculinity, scientists and the nuclear arms race.* London: Pluto.
Forman, Paul. 2007. The primacy of science in modernity, of technology in postmodernity, and of ideology in the history of technology. *History and Technology* 23:1–152.
Griffin, Susan. 1987 [1978]. *Frau und Natur. Das Brüllen in ihr.* Frankfurt a. M.: Suhrkamp.
Grusin, Richard. 2010. *Premediation: Affect and mediality after 9/11.* London: Palgrave.

Haraway, Donna Jeanne. 1976. *Crystals, fabrics, and fields: Metaphors of organicism in twentieth-century developmental biology.* New Haven: Yale Univ. Press.

Haraway, Donna Jeanne. 1983. Lieber Kyborg als Göttin! Für eine sozialistisch-feministische Unterwanderung der Gentechnologie. In *Gulliver.* Bd. 14. Deutsch-Englische Jahrbücher, Berlin, 66–84.

Haraway, Donna Jeanne. 1985. 'Manifesto for Cyborgs: Science, Technology and Socialist Feminism in the 1980s'. *Socialist Review* 80:65–108.

Haraway, Donna Jeanne. 1989. *Primate visions. Gender, race, and nature in the world of modern science.* New York: Routledge.

Haraway, Donna Jeanne. 1991. Cyborgs at large: Interview with Donna Haraway by Constance Penley and Andrew Ross. In *Technoculture,* Hrsg. Constance Penley und Andrew Ross, 1–20. Minneapolis: University of Minnesota Press.

Haraway, Donna Jeanne. 1991/1985. A cyborg manifest: Science, technology, and socialist-feminism in the late twentieth century. In *Simians, cyborgs, und women: The reinvention of nature,* 149–182. London: Routledge. (first published: Haraway, Donna Jeanne. 1985. Manifesto for cyborgs: Science, technology, and socialist feminism in the 1980s'. *Socialist Review* 80: 65–108)

Haraway, Donna Jeanne. 1995/1985. Ein Manifest für Cyborgs. Feminismus im Streit mit den Technowissenschaften. In *Die Neuerfindung der Natur. Primaten, Cyborgs und Frauen,* Hrsg. Donna Jeanne Haraway, 33–72. Frankfurt a. M.: Campus Verlag.

Haraway, Donna Jeanne. 1995/1992. Monströse Versprechen. Eine Erneuerungspolitik für un/an/geeignete Andere. In *Monströse Versprechen. Coyote-Geschichten zu Feminismus und Technowissenschaft,* Hrsg. Donna Jeanne Haraway, 11–81. Hamburg: Argument-Verlag.

Haraway, Donna Jeanne. 1995a. Das Abnehmespiel: Ein Spiel mit Fäden für Wissenschaft, Kultur und Feminismus. In *Monströse Versprechen. Coyote-Geschichten zu Feminismus und Technowissenschaft,* Hrsg. Donna Jeanne Haraway, 136–148. Hamburg: Argument-Verlag.

Haraway, Donna Jeanne. 1995b. Situiertes Wissen. Die Wissenschaftsfrage im Feminismus und das Privileg einer partialen Perspektive. In *Die Neuerfindung der Natur. Primaten, Cyborgs und Frauen,* Hrsg. von Carmen Hammer und Immanuel Stieß, 73–97. Frankfurt a. M.: Suhrkamp.

Haraway, Donna Jeanne. 1995c. ‚Wir sind immer mittendrin'. Ein Interview mit Donna Haraway. In *Die Neuerfindung der Natur. Primaten, Cyborgs und Frauen,* Hrsg. von Carmen Hammer und Immanuel Stieß, 98–122. Frankfurt a. M.: Suhrkamp.

Haraway, Donna Jeanne. 1995d. Primatologie ist Politik mit anderen Mitteln. In *Das Geschlecht der Natur. Feministische Beiträge zur Geschichte und Theorie der Naturwissenschaften,* Hrsg. Barbara Orland und Elvira Scheich, 136–198. Frankfurt a. M.: Suhrkamp.

Haraway, Donna Jeanne. 1995e. *Die Neuerfindung der Natur. Primaten, Cyborgs und Frauen.* Frankfurt a. M.: Campus Verlag.

Haraway, Donna Jeanne. 1996. Anspruchsloser Zeuge @ Zweites Jahrtausend. FrauMann©trifft OncoMouse™. Leviathan und die vier Jots: Die Tatsachen verdrehen. In *Vermittelte Weiblichkeit: feministische Wissenschafts- und Gesellschaftstheorie,* Hrsg. Elvira Scheich, 347–389. Hamburg: Brosch.

Haraway, Donna Jeanne. 1997. *Modest_Witness@Second_Millenium. FemaleMan©_Meets_Onco- Mouse*™. *Feminism and Technoscience*. New York: Routledge.
Haraway, Donna Jeanne. 2003. *The companion species manifesto: Dogs, People, and Significant otherness*. Chicago: Prickly Paradigm Press.
Haraway, Donna Jeanne. 2008. *When Species meet*. Minneapolis: University of Minnesota Press.
Harrasser, Karin. 2006. Natur-Kulturen und die Faktizität der Figuration. In *Kultur. Theorien der Gegenwart*, Hrsg. Stephan Moebius und Dirk Quadflieg, 445–459. Wiesbaden: VS Verlag für Sozialwissenschaften.
Horkheimer, Max (1980/1939-1940): Die Juden und Europa. In: Zeitschrift für Sozialforschung, nachgedruckt: München: DTV, 115–137.
Knorr-Cetina, Karin. 1991. *Die Fabrikation von Erkenntnis. Zur Anthropologie der Naturwissenschaft*. Frankfurt a. M.: Suhrkamp.
Latour, Bruno. 1987. *Science in action*. Milton Keynes: Open Univ. Press.
Latour, Bruno. 1995. *Wir sind nie modern gewesen. Versuch einer symmetrischen Anthropologie*. Berlin: Akademie Verlag.
Latour, Bruno, und Steve Woolgar.1979. *Laboratory life. The Social Construction of Scientific Facts*. London: Beverly Hills.
Lyotard, Jean-Francois. 1986. *Das postmoderne Wissen. Ein Bericht*. Graz: Böhlau.
Marcuse, Herbert. 1973. *Versuch über die Befreiung*. Frankfurt a. M.: Suhrkamp.
McNeil, Maureen, und Franklin Sarah. 1991. Science and technology: questions for cultural studies and feminism. In *Off-centre. Feminsm and Cultural Studies*, Hrsg. Franklin Sarah, Celia Lury und Judith Stacey, 129–146. London: HarperCollins.
Nordmann, Alfred. 2011. The age of technoscience. In *Science and its recent History: Epochal break or Business as usual?* Hrsg. Alfred Nordmann, Hans Radder, und Gregor Schiemann, 19–30. Pittsburg: University of Pittsburgh Press.
Reinel, Birgit. 1999. Reflections on cultural studies of technoscience. *European Journal on Cultural Studies* 2 (2): 163–189.
Rose, Nicholas. 2007. *Politics of Life itself: Biomedicine, Power and Subjectivity in the Twenty-First Century*. Princeton: Princeton Univ. Press.
Thrift, Nigel. 2006. Donna Haraway's Dreams. *Theory Culture Society* 23 (7–8): 189–195.
Traweek, Sharon. 1992. Border crossings: Narrative strategies in science studies and among physicists in Tsukuba science City, Japan. In *Science as Practice and Culture*, Hrsg. Andrew Pickering, 429–465. Chicago: University of Chicago Press.
Weber, Jutta. 2003. *Umkämpfte Bedeutungen. Naturkonzepte im Zeitalter der Technoscience*. Frankfurt a. M.: Campus Verlag.
Weber, Jutta. 2006 From Science and Technology to Feminist Technoscience. In *Handbook of Gender and Women's studies*, Hrsg. Kathy Davis, Mary Evans, und Judith Lorber, 397–414. London: Sage.
Weber, Jutta. 2010 Technikwissenschaft/Technowissenschaft. In *Enzyklopädie Philosophie*. Bd. 3, Hrsg. Hans-Jörg Sandkühler, 2717u–2721b. Hamburg: Felix Meiner Verlag.
Wittgenstein, Ludwig. 1984. Philosophische Untersuchungen. In *Werkausgabe*. Bd. 1, Hrsg. Ludwig Wittgenstein. Frankfurt a. M.: Suhrkamp.

Michael Lynch: Touching paper(s) – oder die Kunstfertigkeit naturwissenschaftlichen Arbeitens

Björn Krey

Im Folgenden soll Michael Lynchs Beitrag zur Wissenschafts- und Technikforschung diskutiert werden. Dieser liegt insbesondere darin begründet, wissenschaftliche Praktiken als alltägliche akademische Aktivitäten zu untersuchen. Der Titel dieses Textes – „Touching paper(s)" – verweist auf zwei eng miteinander verbundene Anliegen dieses Forschungsprogramms: Zum einen geht es darum, die verschiedenen graphischen Dokumente und Repräsentationen wissenschaftlicher Arbeit analytisch in die Hand zu nehmen und zu fragen, wie diese zu Objekten lokaler Praxis gemacht werden. Und zum anderen soll die soziologische Beschreibung – das analytische ‚Papier'– als Forschungsinstrument fungieren, das Schreibende und Lesende mit dem untersuchten Phänomen ‚in Kontakt' bringt. Die theoretische Fundierung und empirische Ausrichtung dieses Programms formuliert Lynch in den Büchern „Art and artifact in laboratory science" (1985) und „Scientific practice and ordinary action" (1997), auf die sich die folgende Diskussion konzentriert.

1 Die Kunstfertigkeit naturwissenschaftlicher Aktivitäten und die Künstlichkeit ihrer soziologischen Beschreibung

Lynch wurde 1948 geboren und studierte Soziologie an der Cornell University in Ithaca und der University of California in Irvine. Er ist Professor am Department of Science & Technology Studies an der Cornell University und einer der wichtigsten Vertreter der Ethnomethodologie. „Art and artifact in laboratory science"

B. Krey (✉)
Institut für Soziologie, JGU Mainz, 55122 Mainz, Deutschland
E-Mail: kreyb@uni-mainz.de

wurde 1985 publiziert, basiert jedoch auf einer Forschungsarbeit, die zwischen 1975 und 1976 durchgeführt und 1979 an der University of Irvine als Dissertationsschrift angenommen wurde. Lynch untersucht hier die lokalen Praktiken neuro- und elektrophysiologischer Forschung und kann zu jenen Autor_innen gezählt werden, welche das Labor und seine materielle Infrastruktur als Ort alltäglicher epistemischer Aktivitäten ‚entdeckt' haben. Lynch war dabei, wie Latour es in einem Review-Artikel formuliert, „der erste von uns (um einige wenige Monate!), der ein wissenschaftliches Labor mit einem mehr oder minder anthropologischen Forschungsinteresse aufgesucht hat" (Latour 1986, S. 541, Übers. BK).

Über die Ursachen der verspäteten Publikation von „Art and artifact" schweigt Lynch sich aus. Er weist jedoch darauf hin, dass er sich dagegen entschieden hat, nachträglich eine Diskussion der ab dem Ende der 1970er Jahre erschienenen Laborstudien u. a. von Latour und Woolgar (1979) und von Knorr Cetina (1981) einzuarbeiten, da dies die Gestalt des Manuskripts grundlegend verändert hätte (vgl. Lynch 1985, S. xiv). Fehlen also diskursive Bezüge zu anderen Laborstudien, so setzt sich Lynch in „Art and artifact" vor allem mit der „Sociology of Scientific Knowledge" (SSK) auseinander.[1] Dabei folgt er der von der SSK initiierten Bewegung weg von wissenschaftshistorischen und wissenschaftsphilosophischen Fragestellungen und hin zu einer empirischen Analyse der Produktion von Wissen. Zugleich kritisiert er jedoch die Reduktion der sozialen Mechanismen wissenschaftlicher Wissensproduktion auf den instrumentellen und interessengeleiteten Charakter epistemischer Aktivitäten. Die SSK abstrahiert damit, so Lynch, die „sozialen Aspekte" epistemischer Aktivitäten von deren Einbettung in materielle Arbeitskontexte (Lynch 1985, S. 227). Die soziale Fundierung wissenschaftlicher Wissensarbeit muss dem entgegen durch eine Analyse epistemischer Praktiken in ihren körperlichen Vollzügen und „technischen Details" nachvollzogen werden (vgl. Lynch 1985, S. xiv f.,17, 25).

Diese analytische Haltung ist vor allem an der Ethnomethodologie orientiert, die darauf abzielt, soziale Phänomene „von innen heraus", d. h. in ihrer lokalen Logik nachvollziehbar zu machen (Lynch 1985, S. 6, 25). Das analytische Nachvollziehbar-Machen setzt dabei ein praktisches Nachvollziehen-Können voraus. Die Beobachtung von Aktivitäten ist hier weniger eine teilnehmende als vielmehr eine teil*werdende* Beobachtung, in der es darum geht, „technische Fertigkeiten" bezogen auf die untersuchten Aktivitäten zu erwerben, um diese als „Ethno-Methoden", d. h. als sozial geordnete und organisierte Praktiken verstehen zu können (vgl. Lynch 1985, S. 277).

---

[1] Vgl. zu den genannten Laborstudien und zur *Sociology of Scientific Knowledge* die Beiträge von Greif, Kirschner und Van Loon i. d. Bd.

Lynch nimmt die Laboratorien neuro- und elektrophysiologischer Forschung in den Blick und konzentriert sich dabei auf die Beobachtung eines Projektes, in dem Biolog_innen mithilfe elektro-mikroskopischer Untersuchungen die regenerativen Eigenschaften von beschädigtem Hirngewebe erforschen. Er ist dabei an der zeitlichen Organisation wissenschaftlicher Aktivitäten und an der „lokalen Sichtbarkeit" wissenschaftlicher Objekte interessiert. Die zeitliche Ordnung wissenschaftlicher Aktivitäten findet sich sowohl in einer übergreifenden Organisationsstruktur wieder, als auch in der materiellen Struktur und dem lokalen Vollzug situierter Forschungsarbeit. Die epistemische Praxis ist eingebettet in eine serielle Ordnung von Arbeitsschritten und eine umfassendere Organisation von Forschungs-„Projekten" (vgl. Lynch 1985, S. 53).

Der Aspekt der „lokalen Sichtbarkeit" der Laborarbeit umfasst Methoden, mithilfe derer Biolog_innen ihre Phänomene sich selbst und anderen zugänglich machen, indem sie Erklärungen, Beschreibungen und Interpretationen ihrer Datenmaterialien anfertigen. ‚Was die Daten zeigen' ist ein Produkt ihrer interaktiven Interpretation (vgl. Lynch 1985, S. 10 f.). Lynch untersucht hier insbesondere „Fehler-Äußerungen", d.h. sprachliche Äußerungen, mit denen Forscher_innen die Objektivität, Reliabilität und Validität ihres Datenmaterials hinterfragen und nach Forschungs-„Artefakten" suchen. Dies sind „Verunreinigungen" oder „Verzerrungen" von Daten, die sich aus den technischen Bedingungen des Forschungsprozesses ergeben und die die Beobachtbarkeit der „natürlichen" Eigenschaften wissenschaftlicher Objekte erschweren oder verhindern (Lynch 1985, S. 81). Diese und andere Gesprächssituationen sind integrale Bestandteile der kollaborativen Forschungsarbeit, in und mit denen „Übereinstimmung" und „Widersprüche" in der Wahrnehmung von Wissensobjekten formuliert und verhandelt werden (Lynch 1985, S. 155).

Der Titel der Studie – „Art and artifact in laboratory science" – zielt in diesem Sinne in zweierlei Richtungen: Zum einen ist die Arbeit mit den graphischen Darstellungen und Repräsentationen von Wissensobjekten ein feldimmanentes Problem, das vor allem in Fehler-Äußerungen expliziert und verhandelt wird. Und zum anderen ist die Beschreibung solcher Aktivitäten ein Problem der vermeintlichen *Künstlichkeit* soziologischer Beschreibungen *kunstfertiger* lokaler Praktiken. Für Lynch läuft die Analyse wissenschaftlicher Aktivitäten Gefahr, die Phänomene in ihrer Eigenlogik nicht richtig erfassen zu können und bloß „disengagierte" Beschreibungen anzufertigen (Lynch 1985, S. 275). Die Lösung dieses Problems besteht für ihn darin, detaillierte Audio-, Video- und ethnographische Aufzeichnungen zu generieren und das eigene Tun immer wieder methodologisch zu reflektieren. Latour wundert sich in seinem Review-Artikel über die detaillierte Diskussion von Transkripten und Protokollen und die damit verbundene Sorge

Lynchs, die beforschten Phänomenen nicht adäquat zu erfassen. Es gilt vielmehr, so Latour, zu akzeptieren, dass jeder Text – und u. a. jedes Transkript und Feldprotokoll – eine Geschichte ist, die die beforschten Phänomene be- und überschreibt. Für Latour gibt es keine Alternative dazu, „die semiotische Wende zu nehmen" und die soziologische Analyse vom Feld zu emanzipieren und auf das akademische Publikum hin auszurichten (Latour 1986, S. 547 f.).

Die Kritik Latours zielt insofern am Kern der Argumentation von Lynch vorbei, als sie ein theoretisches Problem auf die Frage der Güte des analytischen Narrativs reduziert. Lynch fordert durchaus, die sozialwissenschaftliche Analyse als „Praxis mit Papier" produktiv zu wenden, in der es darum geht, wissenschaftliche(s) Papier(e) in die Hand zu nehmen: zum einen, um den Gebrauch ‚natürlicher' Dokumente in der Laborarbeit zu beforschen, und zum anderen, um die beforschten Aktivitäten im soziologischen Text sich und anderen zugänglich zu machen (vgl. Lynch 1985, S. 284 f.). Die soziologische Praxis mit Papier muss jedoch berücksichtigen, dass die untersuchten Praktiken ein diskursives Eigenleben in den Sprachspielen des Feldes führen, das in die sozialwissenschaftliche Beschreibung mit hineingenommen werden muss. Die Adäquatheit einer Analyse liegt in diesem Sinne nicht einfach im soziologischen Narrativ, sondern in der Kontaktsensitivität des Narrativs bezogen auf das untersuchte Phänomen. Die Wissensobjekte des soziologischen Textes müssen als Dokumente der Wissensobjekte des Feldes lesbar und verstehbar sein.

2 Wissenschaftliche Praktiken als alltägliche Aktivitäten

Ist „Art and artifact" eine empirische Studie, so ist „Scientific practice and ordinary action", in Lynchs Worten, „beinahe ausschließlich polemisch und programmatisch" (Lynch 1997, S. 311, Übers. BK) und führt zwei eng miteinander verbundene Diskussionen: Zum einen werden hier die Fundamente und Weiterentwicklungen der Ethnomethodologie (EM) skizziert; und zum anderen wird die EM im Diskurs der Wissenschafts- und Technikforschung verortet. Im Kern des Forschungsinteresses der EM steht das bereits in „Art and artifact" untersuchte Verhältnis von Praktiken und deren Darstellungen, Erklärungen und Formulierungen (vgl. Garfinkel 1967, S. 1; Lynch 1997, S. 1, 14 f.). Die EM fragt, wie „Mitglieder" sozialer Situationen eben jene Situationen als soziale Realität hervorbringen und einander erkennbar und verstehbar machen. Sprachliche und anderweitige Formulierungen situierter Aktivitäten sind dabei reflexiv an die Situationen ihres Gebrauchs gebunden: Sie sind einerseits Methoden, mithilfe derer Mitglieder Situationen und Aktivitäten erklären, verstehen *und somit praktisch hervorbringen*; und sie erhalten andererseits ihre Bedeutung und ihre Verstehbarkeit überhaupt erst *in und mit* diesen Situationen und Aktivitäten ihres Gebrauchs.

Für die Öffnung der EM für die Wissenschafts- und Technikforschung zeichnet Lynch (1997, S. 71–116) zunächst den Aufstieg der neuen Soziologie wissenschaftlichen Wissens seit den frühen 1970er Jahren nach. Diese grenzt sich gegen die Wissenschaftsphilosophie und die struktur-funktionalistische Analyse ab und formuliert eine empirisch orientierte Sicht auf wissenschaftliche Aktivitäten (Lynch 1997, S. 113). Lynch folgt dieser empirischen Ausrichtung der Wissenschaftsforschung und distanziert sich zugleich von Bloors Programm einer „kausalen Erklärung", wonach alle Theorien, Beweisführungen und wissenschaftliche Fakten „sozial" zu erklären seien (Lynch 1997, S. 76). Die Auseinandersetzung mit Bloor führt Lynch dabei vor allem über die verschiedenen Lesarten der Sprachphilosophie Wittgensteins in der SSK auf der einen Seite und in der EM auf der anderen (vgl. Bloor 1992; Lynch 1992).

Wittgensteins Analyse von Sprache richtet den Blick auf die praktische Logik des Sprachgebrauchs in konkreten Situationen. Diese Perspektive wird u. a. auch von Bloor aufgegriffen, der jedoch, so Lynch, eine „skeptizistische Lesart" Wittgensteins anfertigt und daraus das Programm einer „kausalen Erklärung" wissenschaftlichen Wissens ableitet (vgl. Lynch 1992, S. 219 f.). Lynch hält Bloor vor, die Beobachtungen, Beschreibungen und Theorien der Forscher_innen in den untersuchten Settings als bloße „wissenschaftliche Überzeugungen" zu betrachten, die es zu erklären gilt, indem die sozialen Mechanismen, die diesen Überzeugungen zugrunde liegen, aufgedeckt werden (Lynch 1997, S. 165). Wissenschaftliches Wissen erscheint so als abhängige Variable sozialer Faktoren, wie dem Gruppenverhalten oder subjektiven ebenso wie kollektiven Interessen (vgl. Lynch 1992, S. 226 f.). Diesen „epistemologischen Skeptizismus" gilt es abzulegen und den wechselseitig konstitutiven Zusammenhang von Praktiken und deren sprachlichen und anderweitigen Formulierungen aufzuzeigen (Lynch 1997, S. 184). Diese „praxeologische Wende" zielt darauf ab, die Regeln und Terminologien wissenschaftlicher Methode als alltägliche Sprachspiele in ihrer Relevanz für lokale Forschungsaktivitäten zu beschreiben. Die ‚Erklärung' wissenschaftlicher Phänomene wird so von einem Ziel zu einem Gegenstand der soziologischen Analyse (Lynch 1997, S. 161 f., 200 f.).

Den phänomenologisch orientierten Prämissen der EM folgend, betrachtet Lynch „die stabilen, strukturierenden, erkennbaren, rationalen und geordneten Eigenschaften ‚sozialer Tatbestände' als lokale Hervorbringungen" (Lynch 1997, S. 265, Übers. BK). Das Adjektiv „lokal" referiert auf die „heterogenen Grammatiken von Aktivitäten, durch die vertraute soziale Objekte hergestellt werden" (Lynch 1997, S. 125, Übers. BK). Epistemische Arbeit wird in diesem Sinne als eine lokal organisierte und geordnete alltägliche körperliche Aktivität an und mit materiellen Dingen verstanden, der man sich analytisch „indifferent" nähern muss

(Lynch 1997, S. 303). Diese Indifferenz zielt darauf ab, die feldimmanenten Formulierungen und Repräsentationen der jeweiligen Aktivitäten einerseits detailliert nachzuvollziehen, diese jedoch andererseits weder kritisch zu evaluieren, noch ‚erklärend' zu dekonstruieren oder auf soziale Mechanismen oder Tiefenstrukturen zurückzuführen. Die heterogenen Grammatiken epistemischer Aktivitäten lassen sich für Lynch nicht durch eine ethnographische „Meta-Sprache" nachvollziehen, wie er es Latour und Woolgar (1979) vorhält. Mit ihren Beschreibungen reduzieren sie, so Lynch, epistemische Praktiken auf deren semiotische Funktion für die Stabilisierung von Wissensclaims (vgl. Lynch 1997, S. 99). Diese analytische Haltung projiziert die eigenen textbasierten Aktivitäten auf den untersuchten Gegenstand und verfehlt dabei die indigene Logik des Geschehens, indem sie ein technisches semiotisches Vokabular als sozio-historische Beschreibung nutzt (Lynch 1997, S. 94 ff.). Latour und Woolgar nehmen, so ließe sich formulieren, wissenschaftliche Gespräche und Textdokumente in die Hand, ohne deren lokale Pragmatik analytisch zu berühren.

„Scientific practice" kann zu jenen Ansätzen gezählt werden, die „Wissenschaft als Praxis und Kultur" zu fassen suchen. Diese zielen, so Pickering, darauf ab, wissenschaftliches Wissen als eingelassen in die materiellen Ökologien und körperlichen Aktivitäten epistemischer Praxis zu verstehen (vgl. Pickering 1992, S. 2 ff.).[2] Innerhalb der EM haben sich dabei zwei Forschungsprogramme etabliert, die dieser lokalen Praxis auf recht unterschiedliche Weise nachspüren: die von Harvey Sacks initiierte Konversationsanalyse (vgl. Sacks 1984) und die von Garfinkel vorangetriebenen „Studies of Work" (vgl. Garfinkel 1986). Der Konversationsanalyse (KA) geht es darum, die sequentielle Ordnung von Gesprächssituationen zu beschreiben und dabei formale Regeln der Organisation von Sprechsystemen herauszuarbeiten. Sacks und seine Schüler_innen untersuchen die „Maschinerie", die jedwedes Tun und jedweden sprachlichen Akt sozial ordnet und koordiniert (vgl. Lynch 1997, S. 233–238; Sacks 1984). Ist die KA bei Sacks noch durch und durch soziologisch orientiert, so haben die Arbeiten einiger seiner Schüler_innen dieses Programm zunehmend in Richtung Sprachwissenschaft verlagert. Lynch bezeichnet den Beitrag der KA zur EM denn auch als zweischneidig: Zum einen findet sich hier ein reichhaltiger Fundus an empirischen Daten und Analysen. Zum anderen jedoch bleibt in vielen dieser Analysen durch die Konzentration auf linguistische Fragestellungen der spezifische und substantielle Charakter dessen, was in und mit der Konversation geschieht, und bleibt die Einbettung des Sprechens in die lokalen Aktivitäten und Interaktionen unexpliziert (Lynch 1985, S. 8 f., 1997, S. 25, 247). Die KA fertigt in diesem Sinne *künstliche* Beschreibungen *kunstfertiger* Aktivitäten an.

---

[2] Zum Werk von Andrew Pickering vgl. Schubert i. d. Bd.

Seine eigene, „postanalytische" Position ordnet Lynch dem entgegen den „Studies of Work" (SoW) zu. Diese sind darauf orientiert, die lokale Ordnung der Arbeit in wissenschaftlichen und anderen professionellen Settings sichtbar zu machen (Garfinkel 1986, S. vii; Lynch 1997, S. 23). Der Begriff der „Arbeit" ist hier eher weit gefasst und umschreibt alle möglichen körperlichen Tätigkeiten – und weist in diesem Sinne eine Nähe zum Begriff der „Praxis" auf. Die SoW zielen darauf ab, die Arbeit zu verstehen und zu beherrschen und nicht nur lediglich „über sie zu sprechen" (Lynch 1997, S. 273 f., Übers. BK). So vollziehen etwa Garfinkel, Livingston und Lynch die Entdeckung eines Pulsars in ihrer „endogenen Echtzeit-Produktion" nach, d. h. in der Gestalt, wie sie *für die und in der Praxis* der Forscher_innen hergestellt wird (Garfinkel et al. 1981, S. 134). Die endogenen Aspekte wissenschaftlicher Arbeit bleiben in anderen Ansätzen, so die Kritik, unentdeckt, wenn und insoweit dort nach ‚soziologischen Erklärungen' von Wissensaktivitäten und -objekten gesucht wird (vgl. Lynch 1997, S. 271–276).

Lynch schlägt ein Programm vor, das die durch die SoW betriebene Analyse wissenschaftlicher Arbeit mit dem Interesse der SSK an den „Inhalten" wissenschaftlichen Wissens kombiniert (vgl. Lynch 1997, S. 299). Den Ausgangspunkt dieses Programms bilden dabei die diskursiven Themen alltäglicher wissenschaftlicher Praxis und Argumentation – Lynch bezeichnet diese als „Episthemen" (vgl. Lynch 1997, S. 280 f.).[3] Die Analyse von Episthemen macht epistemologische und methodologische Konzepte und Diskussionen als alltagssprachliche Formulierungen wissenschaftlicher Aktivitäten beobachtbar und somit einer praxeologischen Forschung zugänglich, die danach fragt, wie solche Konzepte im epistemischen Sprechen, Schreiben und Hantieren hergestellt und angewandt werden. Der wissenschaftliche Sprachgebrauch ruht in diesem Sinne auf alltagssprachlichen Praktiken, „die auf die Hochschule gegangen und gebildet zurückgekehrt sind" (Garfinkel u. Sacks 1986, S. 177, Übers. BK).

3 Wissenschaftliche Arbeit und Arbeitsplätze

Mit ihrem phänomenologischen und sprachphilosophischen Erbe bleiben Lynchs Studien ebenso wie die anderer Vertreter der SoW vor allem auf die körperliche Arbeit und das zwischenmenschliche Interaktionsgeschehen konzentriert. Die Ausdehnung des Wissensprozesses in die materielle Infrastruktur von Aktivitäten wird

---

[3] Mit dem Begriff der „Episthemen" zeichnen sich Parallelen zur Diskursanalyse ab, ohne dass Lynch seine eigenen Konzepte „as metaphors for a ‚dominant discourse' characteristic of an historical *épistême*" (Lynch 1997, S. 131) verstanden wissen möchte.

eher nachrangig thematisiert. Neben der KA und den SoW hat sich jedoch seit Mitte der 1980er Jahre mit den „Workplace Studies" (WS) ein Ansatz etabliert, der die Bedeutung kommunikativer Artefakte und Technologien für die Produktion von Wissen in verschiedensten professionellen Arbeitskontexten herausgearbeitet hat. Die WS werden von Lynch nur kaum diskutiert; er weist jedoch darauf hin, dass Suchmans Analyse von „Plänen und situierten Aktivitäten" (2007) auf den Kern des ethnomethodologischen Forschungsprogramms zielt: auf den Zusammenhang von Praktiken und deren Darstellungen, Erklärungen und Formulierungen (vgl. Lynch 2011, S. 934; Lynch 1997, S. 114).

Suchman untersucht, wie Teilnehmer_innen in professionellen Settings mit kommunikativen Artefakten „interagieren" und wirft dabei die Frage auf, wie Formulierungen praktischer Aktivitäten als Handlungs-„Pläne" in kommunikative bzw. technische Artefakte eingeschrieben und wie letztere zu Dingen situierten Gebrauchs werden (vgl. Suchman 2007, S. 29). Sie geht davon aus, dass Artefakte und Objekte – wissenschaftliche und nichtwissenschaftliche – ihren Sinn und ihre Verstehbarkeit im konkreten und öffentlich zugänglichen Interaktionsgeschehen erhalten (vgl. Suchman 2007, S. 70 f., 77–83). Mit Blick auf Lynchs Programm ließe sich fragen, inwieweit die in Lehrbüchern, Theorien- und Methodendiskussionen formulierten epistemischen Konzepte in die verschiedenen, an eben jenem Prozess partizipierenden Artefakte und Technologien eingeschrieben werden und diese die epistemische Praxis mit ermöglichen und strukturieren.

Eine solche Respezifikation der Analyse wissenschaftlicher Arbeit bei Lynch ist auch in den Studien von Heath und Luff angelegt, die danach fragen, „wie neue Technologien, wie z. B. Informations- und Kommunikationssysteme, ebenso wie eher alltägliche Dinge und Artefakte, wie etwa Papierdokumente, an diesen Aktivitäten teilhaben" (Heath und Luff 2000, S. 19, Übers. BK). So ist z. B. der Gebrauch von papierbasierten Patient_innenakten eng verknüpft mit den praktischen Relevanzen der Aktivitäten von Ärzt_innen im Umgang mit ihren Patient_innen. Die Einführung neuer elektronischer Aktensysteme ‚verbessert' die medizinische Arbeit mitunter weniger, als dass sie zu einem erheblichem Mehraufwand führt, da die Ärzt_innen nun das neue System nutzen müssen, zugleich aber auch die alten Akten weiterführen, da sich diese besser in die interaktiven und organisationalen Erfordernisse medizinischer Aktivitäten einpassen lassen. Heath und Luff sprechen hier in Anlehnung an Garfinkel von „‚schlechten' organisationalen Gründen für ‚gute' medizinische Akten" (Heath und Luff 2000, S. 31, Übers. BK).[4] In den Studien

---

[4] Garfinkels Studie zielt darauf ab, eine Akten- und Datenverwaltung im klinischen Bereich, die aus einer formalen Perspektive defizitär erscheint, auf ihre praktischen Grundlagen und Relevanzen hin zu untersuchen. Die Unlesbarkeit medizinischer Akten für außenste-

der WS bei Heath und Luff, sowie bei Suchman erscheinen Praktiken in wissenschaftlichen und anderen Fachkulturen eingelassen in mitunter dichte materielle Infrastrukturen, durch die die Produktion und Zirkulation von Wissen ermöglicht und strukturiert wird und die es in der Analyse wissenschaftlicher Aktivitäten zu berücksichtigen gilt.

4 Schluss: ‚Gute' kommunikative Gründe für ‚schlechte' soziologische Texte

Wie bereits erwähnt, fordert Lynch in „Art and artifact", das wissenschaftliche Papier analytisch in die Hand zu nehmen (vgl. Lynch 1985, S. 284). Sein Anliegen ist es, schriftliche „*in vitro* Demonstrationen" von „körperlichen (*in vivo*) Aktivitäten" anzufertigen (Lynch 1985, S. 281, Übers. BK). Latours Forderung, die „semiotische Wende" zu nehmen und gute Texte für das soziologische Publikum zu schreiben, ließe sich in diesem Sinne entgegenhalten: es gibt ‚gute' kommunikative Gründe für ‚schlechte' soziologische Texte. ‚Schlechte' soziologische Texte sind solche, die sich dem Jargon der eigenen epistemischen Kultur und den Routinen wissenschaftlichen Lesens entziehen und somit die Aufmerksamkeit weg von den eigenen Epistemen und hin zu jenen des beforschten Geschehens richten. ‚Schlechte' kommunikative Gründe für ‚gute' soziologische Texte liegen hingegen darin, Beschreibungen anzufertigen, die durch brillante Rhetorik und starke Autorschaft überzeugend wirken. Gegen das Mittel rhetorischer Überzeugung setzt Lynch die schriftliche Demonstration, die es Lesenden abverlangt, aktiv an und mit dem Text zu arbeiten und sich in die beschriebenen Phänomene und deren lokale Logiken hineinzuarbeiten. Studien wie „Art and artifact" sind in diesem Sinne „Krisenexperimente", die, mit Garfinkel formuliert, den soziologischen ‚Common Sense' in eine milde Amnesie versetzen (vgl. Garfinkel 1967, S. 45). Der gute soziologische Sinn einer Beschreibung ist hier nicht eine Leistung des auf argumentative Schließung hin ausgerichteten Narrativs; er ist vielmehr eine Leistung des auf epistemische Öffnung hin ausgerichteten Textes.

---

hende Gutachter_innen, Wissenschaftler_innen und andere führt er auf die routinisierten Arbeitsabläufe in Krankenhäusern zurück, in und mit denen die Akten ‚Sinn machen'. Aus dieser Perspektive gibt es „‚gute' organisationale Gründe für ‚schlechte' medizinische Akten" (Garfinkel 1967, S. 187).

Literatur

Bloor, David. 1992. Left and right wittgensteinians. In *Science as practice and culture*, Hrsg. von A. Pickering, 266–282. Chicago: University of Chicago Press.

Garfinkel, Harold. 1967. *Studies in ethnomethodology.* Cambridge: Polity Press.

Garfinkel, Harold, Hrsg. 1986. *Ethnomethodological studies of work.* London: Routledge & Kegan Paul.

Garfinkel, Harold, Eric Livingston, und Michael Lynch. 1981. The work of a discovering science construed with materials from the optically discovered pulsar. *Philosophy of the Social Sciences* 11 (2): 131–158.

Heath, Christian, und Paul Luff. 2000. *Technology in action.* Cambridge: University Press.

Knorr Cetina, Karin. 1981 *The manufacture of knowledge. An essay on the constructivist and contextual nature of science.* Oxford: Pergamon Press.

Latour, Bruno. 1986. Will the last person to leave the social studies of science please turn on the tape-recorder? *Social Studies of Science* 16 (3): 541–548.

Latour, Bruno, und Steve Woolgar. 1979. *Laboratory life. The social construction of scientific facts.* Beverly Hills: Sage.

Lynch, Michael. 1985. *Art and artifact in laboratory science. A study of shop work and shop talk in a research laboratory.* London: Routledge & Kegan Paul.

Lynch, Michael. 1992. Extending wittgenstein: The pivotal move from epistemology to the sociology of science. In *Science as practice and culture*, Hrsg. von A. Pickering, 215–265. Chicago: University of Chicago Press.

Lynch, Michael. 1997. *Scientific practice and ordinary action. Ethnomethodology and social studies of science.* Cambridge: University Press.

Lynch, Michael. 2011. Harold Garfinkel (29 October 1917–21 April 2011): A remembrance and reminder. *Social Studies of Science.* 41 (6): 927–942.

Pickering, Andrew. 1992. From science as knowledge to science as practice. In *Science as practice and culture*, Hrsg. von A. Pickering, 1–26. Chicago: University of Chicago Press.

Sacks, Harvey. 1984. Notes on methodology. In *Structures of social action. Studies in conversation analysis*, Hrsg. von J. Maxwell und J. Heritage, 21–27. Cambridge: Cambridge Univ. Press.

Suchman, Lucy A. 2007. *Human-machine reconfigurations. Plans and situated actions.* 2. Aufl. Cambridge: University Press.

Paul Rabinow: Jenseits von Soziobiologie und Genetifizierung. Das Konzept der Biosozialität

Thomas Lemke

Der an der Universität von Berkeley in Kalifornien lehrende Kulturanthropologe Paul Rabinow ist einer der weltweit bedeutendsten und prominentesten Vertreter seines Fachs.[1] Seine Arbeitsschwerpunkte und wissenschaftlichen Interessen gehen weit über das Feld der Wissenschafts- und Technikforschung hinaus. Das Spektrum seiner Forschungsaktivitäten umfasst etwa eine Studie zum (post-)kolonialen Marokko und eine Buchpublikation zur Entstehung städteplanerischer Projekte und neuer Wissensformen im Frankreich des 19. Jahrhunderts (vgl. Rabinow 2007 bzw. 1989); nicht zuletzt ist Rabinow aber auch als einer der wichtigsten Interpreten und Herausgeber der Schriften Michel Foucaults hervorgetreten (vgl. etwa Dreyfus und Rabinow 1987).

Seit den 1990er Jahren hat sich Rabinow vermehrt mit biotechnologischen Innovationsprozessen und den sozialen und kulturellen Bedeutungen biologischen (insbesondere genetischen) Wissens beschäftigt. Seine erste Studie in diesem Themenfeld befasste sich mit dem Biotech-Unternehmen *Cetus Corporation*, das wenige Jahre zuvor die Polymerasen-Kettenreaktion entwickelt hat, die entscheidend zur weiteren Durchsetzung und Verbreitung biotechnologischer Verfahren beitrug (vgl. Rabinow 1996). Im Mittelpunkt seiner nächsten Buchveröffentlichung *French DNA* (1999) steht die gescheiterte Zusammenarbeit zwischen dem *Centre d'Etude du Polymorphisme Human* (CEPH), einem Gentech-Labor in der Nähe

---

[1] Die folgende Darstellung beruht auf Argumenten, die ausführlicher an anderer Stelle entwickelt sind (vgl. Lemke 2010). Ich danke Katharina Hoppe für ihre Unterstützung bei der Fertigstellung des Manuskripts.

T. Lemke (✉)
Institut für Soziologie, Goethe-Universität Frankfurt am Main,
60323 Frankfurt am Main, Deutschland
E-Mail: lemke@em.uni-frankfurt.de

von Paris und *Millennium Pharmaceuticals*, einem privaten Biotechnologie-Unternehmen aus den USA. Der Kern der geplanten Kooperation bestand in einem Projekt zur Erforschung der genetischen Basis von nicht insulinabhängigen Formen von Diabetes. Zur Identifizierung der betroffenen Gene bedurfte es eines möglichst breiten Pools genetischen Materials. Das CEPH besaß eine große DNA-Sammlung von Familien, in denen solche Formen von Diabetes auftraten. Von *Millennium* waren die notwendige Technologie sowie Kapital in Aussicht gestellt worden. Die französische Regierung untersagte jedoch schließlich die Kooperation, da sie befürchtete, das in ihren Augen wertvollste Gut Frankreichs – ‚französische DNA' – den US-Amerikanern zu überlassen.

Im letzten Jahrzehnt hat sich Rabinow intensiver mit der post-genomischen Forschung und hier v. a. mit der Synthetischen Biologie beschäftigt. Aus diesem Arbeitszusammenhang heraus entstanden *A Machine to Make a Future: Biotech Chronicles* (2004 zusammen mit Talia Dan-Cohen) sowie *Designing Human Practices: An Experiment in Synthetic Biology* (2012 zusammen mit Gaymon Bennett).[2]

1 Biosozialität: Entstehungskontext und zentrale Thesen

In den 1980er Jahren begann das wissenschaftliche Projekt zur Entschlüsselung des menschlichen Genoms. Das öffentliche und mediale Interesse an molekularbiologischen und genetischen Fragestellungen nahm in den folgenden Jahren stark zu. Dies lag nicht zuletzt an den Zielsetzungen und Hoffnungen, die sich mit dem Projekt verbanden. Von dem Humangenomprojekt erhofften sich die beteiligten Wissenschaftler_innen nicht nur die Entzifferung des ‚Buchs des Lebens', sondern auch neue medizinische Optionen der Krankheitsdiagnose und -behandlung.

In dieser zeithistorischen und medialen Konstellation erschien Paul Rabinows Essay „Artifizialität und Aufklärung. Von der Soziobiologie zur Biosozialität". Der Aufsatz wurde zuerst 1992 in dem von Jonathan Crary und Samuel Kwinter herausgegebenen Band *Incorporations* (1992, S. 234–253) publiziert. Insbesondere der Begriff der Biosozialität, den Rabinow darin vorstellt, hat in den letzten zwei Jahrzehnten eine große Resonanz in der Wissenschafts- und Technikforschung und der Medizinanthropologie erfahren. ‚Biosozialität' verklammert zwei zentrale Motive, die in dem Text immer wieder aufgegriffen und variiert werden. Zum einen markiert der Neologismus schon begrifflich die wechselseitige Durchdringung und Verschränkung von Lebensprozessen und Gesellschaftlichkeit; ‚Biosozialität' steht

---

[2] Für eine detailliertere werkgeschichtliche Rekonstruktion vgl. Rees und Caduff 2004.

hier für einen epochalen Bruch, ein Neuarrangement des Verhältnisses von Natur und Kultur, das durch das Verschwinden einer eindeutigen und klaren Grenzziehung zwischen beiden Bereichen gekennzeichnet ist. Zum anderen verweist der Begriff aber auch auf die Entstehung neuer Formen von Identität auf der Grundlage biologischen Wissens. Beide Bedeutungskomponenten sind eng miteinander verknüpft, aber die zweite fand in der Rezeption das weitaus größere Interesse.

Rabinows Überlegungen nehmen ihren Ausgang in Foucaults Konzept der Biomacht, das dieser in seinem Buch *Der Wille zum Wissen* (1977) vorstellt. Foucault nimmt darin eine analytische und historische Abgrenzung unterschiedlicher Machtmechanismen vor und stellt der Souveränitätsmacht die ‚Biomacht' gegenüber. Letztere kennzeichne die westliche Moderne seit dem 17. Jahrhundert, wobei Foucault zwei Entwicklungsstränge unterscheidet: die Disziplinierung des Individualkörpers und die Regulierung der Bevölkerung (vgl. ebd., S. 166).[3] Rabinows These ist, dass sich die beiden von Foucault identifizierten Pole des Körpers und der Bevölkerung gegenwärtig „neu artikulieren" (Rabinow 2004, S. 129), wobei dem Humangenomprojekt und den damit verbundenen biotechnologischen Innovationen eine entscheidende Rolle zukomme. Es entstehe eine postdisziplinäre Ordnung, die die strikte Trennung zwischen Natur und Kultur überwindet und ein neues Verhältnis zu Lebensprozessen entwickelt. Rabinow geht davon aus, dass sich „unsere sozialen und ethischen Praktiken im Zuge des Projekts verändern" (ebd., S. 132) und seine ethnografische Neugierde gilt der Frage, in welcher Weise dies der Fall ist (vgl. auch Rabinow 1999, S. 12 f.).

Der zeitgenössischen Genetik kommt Rabinow zufolge eine revolutionäre Rolle bei der Gestaltung und Umformung von Sozialformen und Lebensprozessen zu. Sie operiere – anders als viele andere Naturwissenschaften – auf der „Mikroebene" molekularer Interventionen und sei darüber hinaus „in das gesamte soziale Gefüge eingebunden" (Rabinow 2004, S. 138). Angesichts dieses epochalen und umfassenden Transformationsprozesses könne die ‚neue Genetik' nicht mehr in den Begriffen der Vergangenheit beschrieben werden. Zu beobachten sei heute keine Biologisierung des Sozialen, die Übersetzung sozialer Projekte in biologische Termini (etwa nach den bekannten Modellen der Soziobiologie oder des Sozialdarwinismus), sondern eine Neukonfigurierung gesellschaftlicher Verhältnisse mittels biologischer Kategorien:

> In der Zukunft wird die neue Genetik [...] keine biologische Metapher der modernen Gesellschaft mehr sein, sondern sich stattdessen in ein Zirkulations-Netzwerk von Identitätsbegriffen und Restriktionsstellen verwandeln, durch das eine neue Gestalt von Autopoiesis entstehen wird, die ich ‚Biosozialität' nenne. Handelte es sich bei der

---

[3] Vgl. hierzu auch den Beitrag von Wulz i. d. Bd.

Soziobiologie um eine Form von Kultur, die auf der Grundlage einer biologischen Metapher konstruiert ist, dann wird die Natur in der Biosozialität auf der Grundlage von Kultur modelliert werden, wobei ich Kultur als Praxis verstehe. Natur wird mit Hilfe von Technik erkannt und neu hergestellt werden. Und sie wird schließlich artifiziell werden, genauso wie Kultur natürlich werden wird. (Ebd., S. 139)

Rabinows Diagnose der „Auflösung der Kategorie des ‚Sozialen'" (ebd., S. 139) und seine Forderung nach einer Neujustierung des Begriffs der Gesellschaft als „umfassende Lebensart eines Volkes" (ebd. S. 140; vgl. auch Rabinow 1989) nimmt Intuitionen der Wissenschafts- und Technikforschung auf (Haraway 1995; Latour 1995; Callon 2006; Law 2006) und verweist zum einen auf ein neues Verhältnis von Natur und Kultur.[4] Rabinow will zum anderen aber auch „auf die Möglichkeit der Bildung neuer kollektiver und individueller Identitäten hinweisen sowie auf die Praktiken aufmerksam machen, die aus diesen neuen Wahrheiten hervorgehen werden" (Rabinow 2004, S. 143). Es sei zu erwarten – so Rabinows Prognose Anfang der 1990er Jahre –, dass in Zukunft immer mehr und präzisere genetische Testverfahren verfügbar sein werden, die es erlauben, Krankheitsrisiken zu ermitteln. Auf diese Weise lasse sich das Auftreten von Krankheiten wirksam verhindern oder Symptome frühzeitig behandeln. Die technischen Neuerungen und die wissenschaftlichen Klassifikationssysteme schaffen – so die Annahme – die materiale Voraussetzung für neue Vergemeinschaftungsformen, Repräsentationsmuster und Identitätspolitiken, wobei das Wissen um bestimmte körperliche Eigenschaften und genetische Charakteristika die Beziehung der Individuen zu sich selbst und zu anderen entscheidend bestimmt:

> [Man kann sich] soziale Gruppen vorstellen, die sich um Chromosom 17, Lokus 16.256, Position 654.376 und Allele mit Guanin-Vertauschung bilden. Solche Gruppen werden über medizinische Spezialisten, Labors, Geschichten und Traditionen ebenso verfügen wie über eine ganze Anzahl pastoraler Betreuer, die ihnen behilflich sein werden, ihr Schicksal zu erfassen, zu teilen, zu beeinflussen und zu ‚verstehen'. (Ebd., S. 143 f.)

Die Biosozialitäts-These ist in Rabinows Essay eng verknüpft mit einer doppelten historischen Zäsur. Die Re-Artikulation von Natur und Gesellschaft wird ergänzt durch die Entstehung ‚neuer' sozialer Identitäten auf der Grundlage biologischen Wissens. Allerdings war Rabinow trotz des starken Akzents auf Diskontinuitäten und Brüche vorsichtig genug, den historischen Einschnitt nicht überzubetonen. Im Gegenteil wies er darauf hin, dass „ältere Klassifikationen mit einem umfassenden Bereich neuerer Klassifikationen zusammenstoßen werden, was zu Überschneidungen, teilweise zu Ablösungen und endlich zur Neudefinition überkommener Kategorien führen wird" (ebd., S. 145).

---

[4] Vgl. hierzu die Beiträge von Weber und Van Loon i. d. Bd.

2 Rezeptionslinien und Probleme

Seit seiner Formulierung Anfang der 1990er Jahre ist Rabinows Begriff der Biosozialität immer wieder aufgegriffen, weiterentwickelt und für empirische Forschungsfragen eingesetzt worden.[5] So vielfältig und heterogen die Rezeption war und ist, lässt sich doch eine spezifische Schwerpunktbildung beobachten. Im Mittelpunkt der meisten Arbeiten standen Subjektivierungsprozesse ‚von unten'. Der Fokus der Rezeption lag vor allem auf neuen Formen von Solidarität und Sozialität auf der Grundlage eines gemeinsamen Wissens um genetische Merkmale und Eigenschaften, die Kommunikation über medizinische Heilungschancen und die Auseinandersetzung mit ethischen Entscheidungskonflikten (vgl. Gibbon und Novas 2008; siehe auch Hacking 2006).

Diese Akzentsetzung führte dazu, dass die Forschungsarbeiten vor allem Praktiken und organisationale Formen von Selbsthilfegruppen, Patientenzusammenschlüssen und Angehörigenvereinigungen in den Blick nahmen. Deren wachsende Bedeutung für die Produktion, Legitimation und Aneignung genetischen (oder allgemeiner: biowissenschaftlichen) Wissens stellten die sich auf den Begriff der Biosozialität beziehenden Arbeiten heraus. Die Grundlage für diese Fokussierung hatte Rabinow selbst bereits in seinem Essay gelegt, in dem er „Neurofibromatose-Gruppen, deren Mitglieder sich treffen, um Erfahrungen auszutauschen, um auf ihre Krankheit hinzuweisen, um ihre Kinder der Krankheit entsprechend zu erziehen und um ihre Umwelt ihrem Lebensumstand anzupassen" als „Beispiel" (Rabinow 2004, S. 143) für biosoziale Gemeinschaften anführte.

Die Studien in diesem Feld haben wichtige neue Erkenntnisse zum Verhältnis von kollektiven Handlungsformen, Gruppenidentitäten und gesellschaftlichem Engagement bzw. politischem Aktivismus von Patienten- und Selbsthilfegruppen erbracht und aufgezeigt, welche Motive das Handeln der kollektiven Akteure anleiten, welche Allianzen sie bilden und welche Einflusskanäle und Vermittlungsinstanzen sie für die Interessenartikulation einsetzen (vgl. etwa Rabeharisoa und Callon 1999; Callon und Rabeharisoa 2008). Allerdings zeichnen sich viele Arbeiten auch durch eine Reihe von empirischen Verkürzungen und analytischen Defiziten aus, von denen ich im Folgenden auf drei kurz eingehen möchte.

Erstens ist kritisch anzumerken, dass die forschungsstrategische Konzentration auf Patientenvereinigungen und Angehörigenorganisationen lediglich einen kleinen Ausschnitt jener Praktiken erfasst, in denen sich im Zuge der Nutzung genetischen Wissens Identitäten verändern (vgl. Vrecko 2008, S. 53); selektiv ist häufig auch die Analyse dieser Interessenvertretungen. Insbesondere die wach-

---

[5] Vgl. hierzu auch den Beitrag von Prainsack i. d. Bd.

sende Literatur zu genetischer bzw. biologischer Bürgerschaft zeichnet häufig ein überraschend einseitiges und verkürztes Bild der Rolle von Selbsthilfe- und Patientengruppen, das auf demokratische Teilhabeoptionen und erweiterte Gestaltungs- und Interventionsspielräume fokussiert ist (vgl. Heath et al. 2004; Rose und Novas 2005; kritisch: Lemke und Wehling 2009). Weiterhin konzentriert sich die an Rabinow anschließende Literatur regelmäßig auf einige Selbsthilfegruppen und Patientenorganisationen, während andere keine Rolle spielen (vgl. Brown et al. 2008). Im Mittelpunkt stehen Gruppen, die auf medizinische Lösungen für Gesundheitsprobleme hinwirken, während oppositionelle und medizinkritische Bewegungen keine Resonanz in der Forschungsliteratur finden (vgl. Hughes 2009, S. 686; Palladino 2002, S. 158).

Ein zweiter Kritikpunkt: Bei der Lektüre der an das Konzept der Biosozialität anknüpfenden Arbeiten entsteht häufig der Eindruck, als bildeten biologische Charakteristika eine feste und eindeutige materielle Grundlage für moralische Problematisierungen, politisches Engagement und soziale Vergemeinschaftungsprozesse. Diese Annahme lässt sich mit guten Gründen bezweifeln. Nicht nur ist die Biologie selbst Entwicklungsprozessen unterworfen und offen für Transformations- und Optimierungsstrategien; auch die Abgrenzung von biologischen und nichtbiologischen Faktoren und Merkmalen ist alles andere als einfach und evident, sondern abhängig von vorherrschenden Deutungsmustern und Erklärungsmodellen. Die „neuen Wahrheiten" (Rabinow 2004, S. 143) sind daher nicht einfach unstrittig und gegeben; vielmehr sind die Definition von Krankheiten ebenso wie die Erklärung der Verursachungswege und Interventionsstrategien wissenschaftlich und medizinisch umkämpfte Felder (vgl. Lemke und Wehling 2009; Wehling 2010).

Drittens schließlich fällt die weitgehende Ausblendung bzw. Dethematisierung von Machtverhältnissen in der Biosozialitätsliteratur auf. Der Ausgangspunkt der Debatte lag in einer Aktualisierung und Neuausrichtung der Foucault'schen Analyse der Biomacht. Das Interesse an einer Untersuchung der Transformation zeitgenössischer Machtverhältnisse im Zuge der Entwicklung und Verbreitung genetischen Wissens spielt jedoch innerhalb der Rezeption kaum noch eine Rolle (vgl. auch Rommetveit 2009, S. 180–181; Raman und Tutton 2010). Zu beobachten ist, dass moralische Problematisierungen und ethische Konfliktlagen an die Stelle der Auseinandersetzung mit Formen von Ausschluss, Ausbeutung und Herrschaft treten (vgl. kritisch dazu: Sunder Rajan 2008).

3 Fazit

In einem kurzen Text hat Paul Rabinow selbst eine vorläufige Bilanz der Wirkungsgeschichte des Konzepts der Biosozialität gezogen (vgl. Rabinow 2008). Die These der Biosozialität sei eng verknüpft mit der ungeheuren wissenschaftlichen Dynamik des Humangenomprojekts und den medizinischen Erwartungen und Hoffnungen, die sich damit verbanden. Im Rückblick – so Rabinow – sei dieses Szenario zu optimistisch gewesen. Die Sequenzierung des menschlichen Genoms zeigte, dass Genotyp und Phänotyp nur in vergleichsweise wenigen Fällen in linearer und unidirektionaler Weise miteinander verknüpft sind. Die wachsende Einsicht in die Komplexität biologischer Regulationsprozesse legt eine zurückhaltendere Einschätzung der zukünftigen diagnostischen und therapeutischen Möglichkeiten einer ‚molekularen Medizin' nahe (vgl. Lock 2005; Wynne 2005).

In Rabinows Lesart bleibt der Begriff der Biosozialität trotz – oder gerade wegen – dieser Korrekturen und Verschiebungen hinsichtlich der gesellschaftlichen Einschätzung und der wissenschaftlichen Bewertung der Genomforschung ein wichtiges Analyseinstrument. Er sei weniger als Epochensignatur, denn als ein heuristisches Werkzeug intendiert gewesen, um das Verhältnis von genetischen Wissen und gentechnologischen Innovationen einerseits und die Entstehung neuer individueller und kollektiver Identitäten andererseits zu untersuchen. Es handle sich nicht um einen Universalbegriff, der überall und in gleicher Weise genutzt werden könne. Die sichtbaren Grenzen des Begriffs seien daher der schlüssige Beweis für seine anhaltende analytische Fruchtbarkeit: „These limitations were a confirmation of the approach not its refutation. Inquiry reveals specifities and limits, an excellent definition of critical thinking" (Rabinow 2008, S. 191).

Dieser Einschätzung kann man sich sicher anschließen. Dennoch bleibt festzuhalten, dass der Begriff der Biosozialität in der konkreten Forschungspraxis oft einseitig oder selektiv verwendet wird. Um das von Rabinow herausgestellte analytische Potenzial zu erschließen, ist es notwendig, die Privilegierung genetischer Faktoren und Merkmale für die Entstehung von Erkrankungen und die Herausbildung von Identitäten aufzugeben. Darüber hinaus ist es erforderlich, dass sich die Forschungsarbeiten von der empirischen Fixierung auf die Arbeit von Selbsthilfegruppen und Patientenvereinigungen lösen, essentialistische Konzepte einer stabilen und eindeutigen Biologie zum Gegenstand der Untersuchung machen statt sie unkritisch zu reproduzieren, und Macht- und Herrschaftsverhältnisse systematisch in die Analyse der Transformation kollektiver und individueller Identitäten einbeziehen.

Literatur

Brown, Phil, Stephen Zavestoski, Sabrina McCormick, Brian Mayer, Rachel Morello-Frosch, und Rebecca Altman. 2008. Embodied health movements: New approaches to social movements in health. In *Perspectives in medical sociology*, Hrsg. von P. Brown, 521–538. Long Grove: Waveland.

Callon, Michel. 2006. Einige Elemente einer Soziologie der Übersetzung: Die Domestikation der Kammmuscheln und der Fischer der St. Brieuc-Bucht. In *ANThology. Ein einführendes Handbuch zur Akteur-Netzwerk-Theorie*, Hrsg. von A. Belliger und D. J. Krieger, 135–174. Bielefeld: transcript.

Callon, Michel, und Vololona Rabeharisoa. 2008. The growing engagement of emergent concerned groups in political and economic life: Lessons from the French association of neuromuscular disease patients. *Science, Technology & Human Values* 33 (2): 230–261.

Crary, Jonathan, und Samuel Kwinter, Hrsg. 1992. *Incorporations*. New York: Zone.

Dreyfus, Hubert L., und Paul Rabinow. 1987. *Michel Foucault: Jenseits von Strukturalismus und Hermeneutik*. Frankfurt a. M.: Athenäum.

Foucault, Michel. 1977. *Der Wille zum Wissen. Sexualität und Wahrheit 1*. Frankfurt a. M.: Suhrkamp.

Gibbon, Sahra, und Carlos Novas. Hrsg. 2008. *Biosocialities, genetics and the social sciences: Making biologies and identities*. London: Routledge.

Hacking, Ian. 2006. Genetics, biosocial groups, and the future of identity. *Daedalus* 135 (4): 8–96.

Haraway, Donna. 1995. *Die Neuerfindung der Natur. Primaten, Cyborgs und Frauen*. Frankfurt a. M.: Campus.

Heath, Deborah, Rayna Rapp, und Karen-Sue Taussig. 2004. Genetic citizenship. In *A companion to the anthropology of politics*, Hrsg. von D. Nugent und J. Vincent, 152–167. Malden: Blackwell.

Hughes, Bill. 2009. Disability activisms: Social model stalwarts and biological citizens. *Disability & Society* 24 (6): 677–688.

Latour, Bruno. 1995. *Wir sind nie modern gewesen. Versuch einer symmetrischen Anthropologie*. Berlin: Akademie.

Law, John. 2006. Technik und heterogenes Engineering. Der Fall der portugiesischen Expansion. In *ANThology. Ein einführendes Handbuch zur Akteur-Netzwerk-Theorie*, Hrsg. von A. Belliger und D. J. Krieger, 213–236. Bielefeld: transcript.

Lemke, Thomas. 2010. Neue Vergemeinschaftungen? Entstehungskontexte, Rezeptionslinien und Entwicklungstendenzen des Begriffs der Biosozialität. In *Leben mit den Lebenswissenschaften. Wie wird biomedizinisches Wissen in Alltagspraxis übersetzt?* Hrsg. von K. Liebsch und U. Manz, 21–41. Bielefeld: transcript.

Lemke, Thomas, und Peter Wehling. 2009. Bürgerrechte durch Biologie? Kritische Anmerkungen zur Konjunktur des Begriffs „biologische Bürgerschaft". In *Bios und Zoë. Die menschliche Natur im Zeitalter ihrer technischen Reproduzierbarkeit*, Hrsg. von M. Weiß, 72–107. Frankfurt a. M.: Suhrkamp.

Lock, Margaret. 2005. Eclipse of the gene and the return of divination. *Current Anthropology* 46 (suppl): 47–60.

Palladino, Paolo. 2002. Between knowledge and practice: On medical professionals, patients, and the making of the genetics of cancer. *Social Studies of Science* 32 (1): 137–165.

Rabeharisoa, Vololona, und Michel Callon. 1999. *Le pouvoir des malades: l'Association française contre les myopathies et la recherche*. Paris: Les Presses de l'École des Mines.
Rabinow, Paul. 1989. *French modern: Norms and forms of the social environment*. Chicago: University of Chicago Press.
Rabinow, Paul. 1996. *Making PCR: A story of biotechnology*. Chicago: University of Chicago Press.
Rabinow, Paul. 1999. *French DNA: Trouble in Purgatory*. Chicago: University of Chicago Press.
Rabinow, Paul. 2004. Artifizialität und Aufklärung. Von der Soziobiologie zur Biosozialität. In *Anthropologie der Vernunft. Studien zu Wissenschaft und Lebensführung*, Hrsg. Paul Rabinow, 129–152. Frankfurt a. M.: Suhrkamp.
Rabinow, Paul. 2007/1989. *Reflections on fieldwork in Morocco*. Berkeley: University of California Press.
Rabinow, Paul. 2008. Afterword: Concept work. In *Biosocialities, genetics and the social sciences: Making biologies and identities*, Hrsg. von S. Gibbon und C. Novas, 188–192. London: Routledge.
Rabinow, Paul, und Gaymon Bennett. 2012. *Designing human practices: An experiment in synthetic biology*. Chicago: University of Chicago Press.
Rabinow, Paul, und Talia Dan-Cohen. 2004. *A machine to make a future: Biotech chronicles*. Princeton: Princeton University Press.
Raman, Sujatha, und Richard Tutton. 2010. Life, Science, and Biopower. *Science Technology & Human Values* 35 (5): 711–34.
Rees, Tobias, und Carlo Caduff. 2004. Einleitung: Anthropos plus Logos. Zum Projekt einer Anthropologie der Vernunft. In *Anthropologie der Vernunft*, Hrsg. P. Rabinow, 7–28. Frankfurt a. M.: Suhrkamp.
Rommetveit, Kjetil. 2009. Bioethics, biopower and the post-genomic challenge. In *Ethics, law and society*. Bd. 4. Hrsg. von J. Gunning, S. Holm, und I. Kenway, 165–181. Farnham: Ashgate.
Rose, Nikolas, und Carlos Novas. 2005. Biological citizenship. *Global assemblages: Technology, politics, and ethics as anthropological problems*, Hrsg. von A. Ong und S. J. Collier, 439–463. Oxford: Blackwell.
Sunder Rajan, Kaushik. 2008. Biocapital as an emergent form of life: speculations on the figure of the experimental subject. In *Biosocialities, genetics and the social sciences: Making biologies and identities*, Hrsg. von S. Gibbon und C. Novas, 157–187. London: Routledge.
Vrecko, Scott. 2008. Capital venture into biology: Biosocial dynamics in the industry and science of gambling. *Economy and Society* 37 (1): 50–67.
Wehling, Peter. 2010. Biology, citizenship and the government of biomedicine. Exploring the concept of biological citizenship. *Governmentality: Current issues and future challenges*, Hrsg. von U. Bröckling, S. Krasmann, und T. Lemke, 225–246. London: Routledge.
Wynne, Brian. 2005. Reflexing complexity: Post-genomic knowledge and reductionist returns in public science. *Theory, Culture and Society* 22 (5): 67–94.

Andrew Pickering: Wissenschaft als Werden – die Prozessperspektive der Mangle of Practice

Cornelius Schubert

In der 1995 erschienenen Monografie *The Mangle of Practice* führt Andrew Pickering seine Überlegungen und Betrachtungen wissenschaftlicher Laborpraxis zusammen. Den Begriff der *Mangle of Practice* (von nun an abgekürzt auf das englische Wort „Mangle") nutzt Pickering als eine übergreifende Metapher, unter der er eine Reihe von Annahmen und Konzepten vereint. Die altbekannte Wäschemangel dient als eingängiges Vorbild, ohne dass man Ähnlichkeiten zwischen beiden zu wörtlich nehmen darf (worauf Pickering selbst auch deutlich hinweist). Pickering fasst die naturwissenschaftliche Praxis allgemein, die experimentellen und technisch vermittelten epistemischen Praktiken, den Erfolg und das Scheitern im Lauf längerfristiger Forschungsprojekte und die damit verbundenen Karrieren von Wissenschaftler_innen unter dem Begriff der *Mangle* zusammen. Im Gegensatz zu klassischen Vorstellungen wissenschaftlicher Erkenntnis als abbildhafter Repräsentation objektiver Wahrheit formuliert Pickering das praktische Forschungshandeln als einen mehr oder weniger offenen Prozess des wechselseitigen Ermöglichens und Einschränkens zwischen Wissenschaftler_innen, Experimentalapparaturen und Natur. Besonderen Wert legt er dabei auf die Fragen von *Zeit* und *Agency*. Der zeitliche Fokus ermöglicht ihm die prozessuale Betrachtung wissenschaftlicher Praxis als ergebnisoffenem Handeln, als einen Prozess des Werdens, der eng an eine pragmatistische Konzeption kontinuierlichen Anpassungshandelns angelehnt ist.[1] Mit dem Fokus auf *Agency* will Pickering nicht allein die menschlichen Beiträge im Forschungsprozess erfassen, er möchte dezidiert die *material agency* – also das

---

[1] Vgl. hierzu den Beitrag von Bammé i. d. Bd.

C. Schubert (✉)
DFG-Graduiertenkolleg Locating Media,
Universität Siegen, 57076 Siegen, Deutschland
E-Mail: cornelius.schubert@uni-siegen.de

Mitwirken von technischen Apparaturen und natürlichen Phänomenen – ebenso in den Blick nehmen. Damit steht die *Mangle* in der Tradition der neueren Wissenschaftssoziologie (Knorr-Cetina, Latour) und Wissenschaftsphilosophie (Hacking), die mit techniksoziologischen Fragen (Law) nach einer *material agency* verknüpft sind.[2] Die Schlüsselposition, die der *Mangle* in den Science and Technology Studies (STS) zukommt, ergibt sich zum einen aus dieser Verknüpfung und zum anderen aus den weitergehenden theoretischen Überlegungen, die mit ihr verbunden sind.

Das zentrale empirische Beispiel für die Ausarbeitung des *Mangle*-Konzepts bildet eine Fallstudie aus der Teilchenphysik, die der Wissenschaftshistoriker Peter Galison (1985) verfasste. Der historische Fall erzählt die Entwicklung eines neuartigen Instruments zum Nachweis von Elementarteilchen, der Blasenkammer, durch den Physiker Donald Glaser in den 1950er Jahren. Aus Sicht der *Mangle* wurden sowohl Donald Glaser als auch die Blasenkammer, für die ihm 1960 der Nobelpreis verliehen wurde, in einem wechselseitigen Prozess des Ermöglichen und Einschränkens „gemangelt". Die Blasenkammer wurde im Entwicklungsprozess mehrfach verändert und umgebaut, ebenso wie sich auch Glasers Ziele und Intentionen den materialen Bedingungen des neuen Instruments anpassen mussten. Pickerings *Mangle* hat damit zwei Seiten – oder besser zwei Rollen, um im Bild der Wäschemangel zu bleiben: eine materiale und eine soziale. Sowohl die wissenschaftlichen Instrumente als auch die menschlichen Intentionen werden zwischen diesen beiden Seiten geformt und miteinander verschränkt. Nicht zuletzt betrifft die *Mangle* nicht nur eine Wechselwirkung von menschlicher und materieller *Agency* im Labor, sie hat auch Auswirkungen auf die soziale Organisation von Wissenschaft, wie in der Gegenüberstellung von *small science* (im Falle Glasers) und *big science* (im Falle von Glasers wissenschaftlichem Kontrahenten Alvarez) deutlich wird.

Pickering nutzt den Begriff der *Mangle* als übergreifende Metapher, mit der er die Wechselwirkung von menschlicher und materieller *Agency* im Sinne einer Dialektik von Ermöglichung und Einschränkung veranschaulicht. Die wissenschaftliche Praxis ist aus dieser Perspektive keine simple Entdeckung objektiver Naturgesetze durch den menschlichen Geist, vielmehr werden sowohl menschliche Intentionen als auch experimentelle Apparaturen im Forschungsprozess durch die Mangel gedreht. An dieser Stelle werden bereits die Grenzen der Analogie zwischen *Mangle of Practice* und Wäschemangel deutlich. Während bei der Wäschemangel festgefügte Rollen Wasser aus einem feuchten Stoff quetschen, so entstehen in der *Mangle of Practice* die Rollen und der Stoff, d. h. die wissenschaftliche Praxis, erst durch den Prozess des Mangelns, in dem die einzelnen Teile, die menschliche und die materielle *Agency* zusammengefügt werden. Der Begriff der *Mangle* weist also viel stärker darauf hin, dass wir es nicht mit fertigen Teilen zu tun ha-

---

[2] Vgl. hierzu die Beiträge von Kirschner, Hofmann und Van Loon i. d. Bd.

ben, sondern dass wir einen Entstehungsprozess beobachten, der niemals endgültig abgeschlossen ist.

Von dieser allgemeinen Einordnung aus soll im Folgenden das Konzept der *Mangle* genauer erläutert werden. Insbesondere werden die Konzepte der menschlichen und materiellen *Agency* betrachtet sowie die Fragen von Emergenz und Performativität beleuchtet. Im Anschluss wird die *Mangle* in den Kontext anderer STS-Konzepte gestellt und ihre Bedeutung auch über die Wissenschafts- und Technikforschung hinaus diskutiert.

1 Die Mechanik der Mangle

1.1 Praxis und Performativität der Wissenschaft

Zuerst sollen zwei Grundannahmen der *Mangle* vorgestellt werden, die sich aus dem Kontext der Wissenschaftsforschung ergeben. Pickering hat das Konzept der *Mangle* schließlich explizit am Beispiel naturwissenschaftlicher Experimentalforschung entwickelt.

Die erste Grundannahme ist, Wissenschaft als soziale *Praxis* zu verstehen und als solche zu untersuchen. Damit nimmt Pickering die Forschungslinien der neueren Wissenschaftsforschung auf, die mit dem alten Dogma der Wissenschaft als Ansammlung objektiven Wissens gebrochen hatte und nach den sozialen Erklärungsmustern für die Erzeugung wissenschaftlichen Wissens sucht. Der Begriff der Praxis ist für die *Mangle* von doppelter Bedeutung.

Einerseits wird der Blick auf die alltäglichen Laboraktivitäten gerichtet, die an der „Entstehung und Entwicklung einer wissenschaftlichen Tatsache" (Fleck 1980 [1935]) beteiligt sind. Das beinhaltet die konkrete Arbeit an den Experimentalapparaturen, das Schrauben, Basteln und Kalibrieren an den Instrumenten wie auch das Verfassen von Texten und Vorträgen. Wissenschaft erscheint dann als eine praktische Tätigkeit, die sich nicht grundsätzlich von anderen sozial vermittelten Tätigkeiten unterscheidet und die somit genuiner Gegenstand sozialwissenschaftlicher Analysen wird. In diesem Sinne ist Wissenschaft nicht allein Praxis, sondern auch Kultur, die nicht nur Fakten und Theorien umfasst, sondern auch Fertigkeiten, soziale Beziehungen, Maschinen und Instrumente (Pickering 1995, S. 3). Pickering selbst spricht an diesem Punkt lieber von Praktiken im Plural als von Praxis generell (ebd. 1995, S. 4), womit er die alltäglichen, wiederkehrenden wissenschaftlichen Arbeitsschritte meint.

Andererseits kommen mit dem Begriff der Praxis weitergehende Annahmen ins Spiel. Diese zweite Bedeutung stellt auf die grundsätzliche Offenheit der Praxis ab. Obwohl dieses Verständnis für die Konzeption der *Mangle* zentral ist, wird es von Pickering eher vorausgesetzt als ausgearbeitet. Insbesondere nimmt er hier pragmatistische Ideen von William James auf, von dem nicht zuletzt auch das einleitende Zitat in der Monografie zur *Mangle* von 1995 und im *Mangle*-Aufsatz des *American Journal of Sociology* (Pickering 1993) stammt. Die pragmatistische Grundkonzeption einer offenen Situation, die einerseits gestaltbar aber andererseits nicht vollkommen beherrschbar ist, versteht Praxis (bei James „experience") als einen nie abgeschlossenen Prozess der aktiven Auseinandersetzung mit der Umwelt. Wie James es anschaulich formulierte: „Experience, as we know, has ways of *boiling over*, and making us correct our present formulas" (James 1907, S. 150 [Herv. i.O.]). Pickering übernimmt hiervon insbesondere die Betonung einer zeitlichen Entwicklung und der schrittweisen Herausbildung von Wahrheit, die schon bei James (2002 [1909]) explizit als Folge und nicht als Ursache von Erfahrung angelegt ist.

Die zweite Grundannahme besteht in der Wendung von einem repräsentationalen Verständnis wissenschaftlicher Instrumente hin zu einem performativen Ansatz. Im repräsentationalen Verständnis bilden die Instrumente eine vorab gegebene Wirklichkeit mehr oder weniger genau ab. Die Arbeit der Wissenschaftler_innen wird bis zu einem gewissen Grad unsichtbar. Und die Instrumente gelten im besten Falle als neutrale bzw. objektive Instanzen der Wissenserzeugung. Dagegen betont der performative Ansatz das aktive Mitwirken der Wissenschaftler_innen und Instrumente an der Wissenserzeugung. Im pragmatistischen Sinne ist Wissenschaft eine kontinuierliche und aktive Auseinandersetzung mit der materialen Welt. Eine Auseinandersetzung, die zudem weithin technisch vermittelt ist. Mit dem performativen Ansatz gerät die *Agency* ins Zentrum der Betrachtung – und eben nicht nur die von Menschen, sondern auch die materiale Agency von Technik und Natur.

1.2 Das *Tuning* von Menschen und Instrumenten

Der Begriff der *Mangle* beinhaltet zum einen die Offenheit der Situation, zum anderen die Performativität bzw. Agency materialer Instanzen. Bis zu einem gewissen Grad bleiben die Prozesse der *Mangle of Practice* somit unbestimmt – ihre Entwicklungslinien sind nicht exakt vorhersagbar oder berechenbar. Für Pickering ist die *Mangle* gleichzeitig eine Metapher für ein schrittweise verfestigtes Gefüge aus Menschen, Maschinen und Natur. Das zeitlich emergente Verschränken und wechselseitige Stabilisieren von menschlicher und materialer Agency versteht er als ein gegenseitiges Aufeinander-Einstellen, wofür er den Begriff des *Tuning* (1995, S. 14) einführt. Ähnlich dem Einstellen eines Senders im Radio wird nach einer geeigneten Empfangseinstellung gesucht, ohne jedoch vorher das Signal zu kennen. Durch das *Tuning* werden schrittweise mehr oder weniger elegante Lösungen für das jeweilige Problem gefunden und erprobt. Am Ende dieses Prozesses bleibt eine Lösungsvariante übrig, etwa ein gekonnt designtes Ventil, das Flüssigkeitsströme regulieren und lenken kann (ebd., S. 144–145). Durch *Tuning*-Prozesse wird die materiale *Agency* ‚eingefangen' und im Sinne des Konstrukteurs nutzbar gemacht, ähnlich wie Wasserkraft durch ein Wasserrad übersetzt und genutzt werden kann. Im Falle wissenschaftlicher Instrumente geschieht das *Tuning* meist durch das Kalibrieren der Messapparaturen, bis diese die gewünschten Ergebnisse produzieren.

Allerdings darf das *Tuning* nicht als einseitiges Einstellen von technischen Instrumenten missverstanden werden. Es handelt sich im Sinne der *Mangle* um ein wechselseitiges *Tuning* von menschlicher und materialer *Agency*. Wie Collins (1981) herausstellte, unterliegen naturwissenschaftliche Experimentaldaten dem *Experimenters Regress*, d.h. ob die Messdaten stimmen oder nicht, kann nicht durch das Experiment selbst geklärt werden. Im *Experimenters Regress* verweisen Theorie und Daten wechselseitig aufeinander, womit eindeutige Ergebnisse nicht mehr möglich sind. Der *Experimenters Regress* wird gerade in den Kalibrierungsprozessen wissenschaftlicher Instrumente deutlich und dann müssen sich auch die Wissenschaftler_innen auf neue Situationen einstellen, etwa wenn das gewünschte Ergebnis nicht eintritt und unklar ist, ob dies auf eine defekte Apparatur oder eine unzureichende Theorie zurückzuführen ist.

Obwohl derartige *Tuning*-Prozesse von den wissenschaftlichen Akteuren angestoßen und vorangetrieben werden, sind sie keine rein rationalen oder an schlichten Effizienz- oder Effektivitätskriterien orientierten Vorgänge. *Tuning* ist zum Großteil basteln bzw. ausprobieren. Im *Tuning* finden sich auch die impliziten Formen des Wissens, die durch die Auseinandersetzung mit den Apparaturen gewonnen wurden (ebd., S. 17).

Am Ende der wechselseitigen Anpassungen von menschlicher und materialer *Agency* sind die Wissenschaftler_innen, ihre Theorien und Konzepte und die technischen Apparaturen so aufeinander eingestellt, dass verlässliche Daten bzw. Fakten produziert werden können. Die materialen Apparaturen und die konzeptuellen Strukturen decken sich wechselseitig und das gewonnene Wissen erscheint als objektive Wahrheit. Tatsächlich aber, so Pickering, wurde durch die *Mangle* und das *Tuning* ein Netz belastbarer *Repräsentationsketten* erschaffen (ebd., S. 96 ff.), entlang derer Forschungsdaten in Fakten verwandelt werden (vgl. die „zirkulierenden Referenzen" bei Latour 1995). Für die *Repräsentationsketten* hält Pickering drei Eigenschaften fest (1995, S. 100 f.): Erstens handelt es sich um interaktive Stabilisierungen, die sich aus der Offenheit der *Mangle* durch schrittweises In-Beziehung-

Setzen herausbilden. Zweitens sind diese Beziehungen selten trivial, sondern Ergebnis kontingenter Anpassungsleistungen zwischen Instrumenten und Theorien. Drittens bilden die Ketten vielschichtige Verbindungen zwischen Daten und Theorien und können so als konstitutive Bestandteile wissenschaftlichen Wissens, wenn nicht gar als wissenschaftliches Wissen überhaupt verstanden werden.

1.3 Die Unterschiede von menschlicher und materialer Agency

Bleibt noch das Verhältnis von sozialer und materialer *Agency* in der *Mangle* zu klären. Im Bild der Wäschemangel bilden Sozialität und Materialität die zwei Rollen, zwischen denen wissenschaftliche Praxis hergestellt bzw. gemangelt wird. Pickering versucht mit der *Mangle* einen Mittelweg zwischen den gegensätzlichen Positionen der SSK (*sociology of scientific knowledge*) und der ANT (*actor-network theory*) zu finden. Die Konfrontation zwischen SSK und ANT, die unter dem Namen „chicken debate" bekannt wurde, erschien in einem von Pickering (1992) herausgegebenen Band und wurde zwischen Collins und Yearly auf Seiten der SSK und Callon und Latour auf Seiten der ANT ausgefochten. Noch stärker als in der Monografie (ebd., S. 9 ff.) bezieht sich Pickering im Mangle-Aufsatz (1993) auf diese Diskussion und stellt die Mangle dezidiert in einen sozialtheoretischen Zusammenhang.

Collins und Yearly (1992) vertreten mit der SSK die klassische humanistische bzw. soziologische Position, nach der nur soziale Tatsachen und Prozesse als soziologische Erklärungen gelten. Gegen diese Auffassung stärkt Pickering in der *Mangle* die Seite der materialen *Agency* und nennt seine Position in Abgrenzung zur SSK „posthumanistisch" (Pickering 1995, S. 63 ff., Pickering 2001). Er grenzt sich jedoch auch von einer unterschiedslosen Gleichsetzung von menschlicher und materialer *agency* ab, wie sie von den ANT-Vertretern Callon und Latour mit dem methodischen Prinzip der freien Assoziation gefordert wird (Callon 1986, S. 200 f.). Eine vollkommen symmetrische Behandlung von Mensch, Technik und Natur lässt sich nach Pickering nur um den Preis einer zu starken Semiotisierung von *Agency* im Sinne der generalisierten Symmetrie (ebd. 1986, S. 200) erreichen (Pickering 1995, S. 15). Pickering sucht die Verbindungen von menschlicher und materialer *Agency* daher nicht in ihrer sprachlichen Gleichsetzung, sondern in ihrem wechselseitigen Bedingungsverhältnis innerhalb der *Mangle*. Kurz gefasst könnte man Pickerings Position daher als „asymmetrisch-posthumanistisch" bezeichnen.[3]

Die *Mangle* ist asymmetrisch, weil der menschlichen und materialen *Agency* spezifische Wirkweisen zugeordnet werden. In der Dialektik von Ermöglichen und

---

[3] Von Pickering selbst wird die *Mangle* als „pragmatic realism" (S. 183 ff.) gefasst, der weder von einer einfachen Korrespondenz zur Realität ausgeht (non-correspondence), noch

Einschränken verortet Pickering das Ermöglichen eher auf Seiten der menschlichen *Agency*, während er das Einschränken der Seite der materialen *Agency* zurechnet. Für die menschliche *Agency* ergibt sich damit das Bild eines zielstrebigen Akteurs, der gewissermaßen die *Mangle* des Forschens in Gang setzt. Er definiert Fragen, Ziele, Probleme und mögliche Lösungswege, kurz, Akteure haben Interessen. Gleichzeitig sind die Akteure nicht vollkommen frei, sondern unterliegen sozialen Zwängen, etwa Normen und Institutionen, die als dauerhafte Randbedingungen des Handelns bestehen (ebd., S. 63 ff.). Das Einschränken auf Seiten der materialen *Agency* ergibt sich aus einem Widerstand gegen die menschlichen Intentionen im praktischen Handeln. In diesem Sinne ist es nicht dauerhaft, wie Institutionen, sondern entsteht situations- und handlungsbezogen. Die materiale *Agency* zwingt den Menschen gewissermaßen zu einem Umweg bzw. zu einer Anpassung seiner Ziele. Die Asymmetrie zwischen menschlicher und materialer *Agency* tritt in dieser Konzeption deutlich hervor. Menschliche *Agency* bleibt recht eng am klassischen soziologischen Verständnis sozialen Handelns, materiale *Agency* tritt als Unterbrechung der jeweiligen Handlungsentwürfe in Erscheinung. In dieser Form ist materiale *Agency* direkt abhängig von menschlicher *Agency* und bleibt auf das situative Einschränken bzw. die Widerständigkeit gegenüber den Interessen der Menschen beschränkt.

Man könnte nun sagen, Pickering würde nicht viel mehr als die klassische humanistische Position vertreten, zu der er materiale Hindernisse im Forschungsprozess hinzufügt. Warum ist die *Mangle* aber auch posthumanistisch? Zunächst, weil die materiale *Agency* nichtsdestotrotz ins Zentrum der Betrachtung rückt und damit die vormals im Mittelpunkt stehende menschliche *Agency* dezentriert. Auch wenn materiale *Agency* und menschliche *Agency* nicht gleichgesetzt werden, so bleibt die materiale *Agency* ein konstitutives Element wissenschaftlicher Praxis. Indem sie die Wissenschaftler_innen dazu zwingt, ihre Pläne anzupassen oder ihre Ziele zu modifizieren, wird sie zu einer bestimmenden Größe. Anders ausgedrückt, menschliche und materiale *Agency* lassen sich nicht aufeinander oder auf sich selbst reduzieren. Damit folgt Pickering einem anti-reduktionistischen Programm, wie es auch in der ANT vertreten wird. In der *Mangle* wird Soziales nicht auf Soziales und Materiales nicht auf Materiales reduziert, ebenso wenig wird Soziales auf Materiales oder Materiales auf Soziales reduziert. Für Pickering stehen die Verflechtungen von materialer und menschlicher *Agency* im Vordergrund, die wechselseitig füreinander konstruktiv sind: ohne materiale *Agency* lässt sich menschliche *Agency* nicht hinreichend verstehen und vice versa.

überaus skeptisch in dieser Beziehung ist (non-sceptical). Dieser pragmatischer Realismus wird später von Pickering auch als nicht-skeptischen Antirealismus (ebd., S. 190) bezeichnet.

Insbesondere beim *Tuning* treten diese Wechselwirkungen in Erscheinung und Pickering konzipiert hierfür das Bild eines *dance of agency* (ebd., S. 21 ff.), in dem beide Formen untrennbar miteinander vereint sind und in dem jeder Seite mal eine aktive, mal eine passive Rolle zukommt und die sich über die Zeit aneinander anpassen:

> My suggestion there was that a reciprocal tuning is at work in scientific practice, which simultaneously delineates the material contours of machines and their performances and the regularized human actions that accompany them. Or, to put it another way, that the open ended dance of agency that is scientific practice becomes effectively frozen at moments of interactive stabilization into a relatively fixed cultural *choreography*, encompassing, on the one side, captures and framings of material agency, and, on the other, regularized, routinized, standardized, disciplined human practices. (Pickering 1995, S. 102)

2 Die Mangle in STS und Soziologie

Die *Mangle* und ihre verwandten Begriffe, wie *Tuning* und der *Dance of Agency*, werden von Pickering nicht trennscharf abgegrenzt, er verwendet sie im Sinne von sensibilisierenden Konzepten (Blumer 1954, S. 7), die eine generelle Richtung und Perspektive für die empirische Forschung und das Verständnis wissenschaftlicher Praxis bereit stellen. Sie fügen sich in eine ganze Reihe von Begriffen, mit denen die wissenschaftliche Praxis im Rahmen der STS beschrieben wurde. Zum Schluss sollen daher eine kurze Einordnung ins Feld der STS und ein Ausblick auf die Relevanz der *Mangle* für die Soziologie allgemein vorgenommen werden.

In erster Linie steht die *Mangle of Practice* für die Berücksichtigung eines offenen Entwicklungsprozesses und materialer Wirkmächtigkeit. Darüber hinaus deutet sie auf die schrittweise Verschränkung menschlicher und materialer *Agency* hin, auf eine zunehmende Stabilisierung der *Mangle* in der Praxis. Die Analyse solch soziomaterieller Stabilisierungsprozesse gehört zum Kern der STS und es finden sich eine Reihe von Konzepten, die sich in ähnlicher Weise dieser Analyse annehmen: *obligatorische Passagepunkte* (Callon 1986), *immutable mobiles* (Latour 1986), *standardized packages* (Fujimura 1988), *boundary objects* (Star und Griesemer 1989) und *heterogeneous engineering* (Law 1986). All diesen Konzepten ist gemein, dass sie zu erklären versuchen, wie neue Konfigurationen von Menschen und Nicht-Menschen entstehen und stabilisiert werden. In der ANT wird hierfür beispielsweise der Begriff der Übersetzung (*Translation*) genutzt, der ähnlich breit gefasst ist, wie der der *Mangle*: „Translation is the mechanism by which the social and natural worlds progressively take form" (Callon 1986, S. 224). In den von Callon (1986) und Latour (1986) aufgeführten Beispielen führen die Übersetzungsprozesse aber nicht nur zu neuem wissenschaftlichen Wissen, sondern zu spezifischen sozialen Machtkonstellationen.[4]

Ein *obligatorischer Passagepunkt* entsteht, wenn es einer Gruppe von Akteuren gelingt, ihre Lösung für ein Handlungsproblem dominant zu besetzen. Ähnlich wie in der *Mangle* besteht zu Anfang also ein Hindernis, das umgangen oder aufgelöst werden muss. In Callons (1986) bekanntem Beispiel ist dies die Wiederansiedlung von Jakobsmuscheln in der St. Brieuc-Bucht, die durch drei Meeresbiologen vorbereitet wird. Auch die Meeresbiologen laufen gewissermaßen durch die *Mangle* von Erfolg und Scheitern, von menschlicher und materialer *Agency*, bis sie (zumindest auf Zeit) einen *obligatorischen Passagepunkt* reklamieren können. *Obligatorische Passagepunkte* sind folglich das spezifische Produkt eines *Mangle*-Prozesses, in dem menschliche und materiale *Agency* so zusammengefügt sind, dass sie zu einer machtvollen Ressource für eine Gruppe von Akteuren werden. Damit zielt das Konzept der *obligatorischen Passagepunkte* mehr auf die jeweilige Schließung und Härtung der *Mangle*, als auf ihre grundsätzliche Offenheit. Prinzipiell stehen menschliche und materiale *Agency* auch dort gleichberechtigt nebeneinander, allerdings sind es ausschließlich die menschlichen Akteure, die die *obligatorischen Passagepunkte* schaffen und besetzten können.

Latours (1986) Konzept der *Immutable Mobiles* ist etwas anders gelagert. Hier steht nicht die Unterbrechung eines Handlungsziels im Vordergrund sondern die Frage, wie soziale Beziehungen mit Hilfe von materialen Entitäten stabilisiert werden können. Damit verschiebt sich die Form der materialen *Agency* von der Widerständigkeit hin zu ihrer reibungslosen Zirkulation. In Latours Beispiel dienen Landkarten als Prototypen für *Immutable Mobiles*: Mit Hilfe moderner Land- und Seekarten und den dazugehörigen Navigationsinstrumenten konnten sich die Kolonialmächte über den gesamten Globus ausbreiten. *Immutable Mobiles* haben somit einen ähnlich obligatorischen Charakter wie die *Passagepunkte*, jedoch sind sie nicht als Gruppe von Menschen, sondern als mobile Artefakte gedacht. Auch hier stehen die Verschränkungen und Schließungen im Vordergrund, mit denen ein erfolgreiches Navigieren möglich wird – es handelt sich also ebenso wie bei den *obligatorischen Passagepunkten* um eine in spezifischer Weise stabilisierte *Mangle*, wobei die *Immutable Mobiles* klar als materiale Artefakte gedacht sind.

Man kann sich *obligatorischen Passagepunkte* und *Immutable Mobiles* auch als vorläufige Endpunkte eines *Tuning*-Prozesses vorstellen, in dem menschliche und materiale *Agency* gekonnt zusammengefügt wurden.

---

[4] Vgl. hierzu auch den Beitrag von Van Loon i. d. Bd.

Während die obligatorischen *Passagepunkte* und die *Immutable Mobiles* aus dem Umfeld der ANT stammen, wurden die Konzepte der *Standardized Packages* und der *Boundary Objects* im Rahmen der interaktionistisch/pragmatistischen Wissenschaftsforschung entwickelt. Beide Konzepte beziehen sich auf die Überlegungen von Callon und Latour, kritisieren daran aber die zu starke Betonung einzelner mächtiger Gruppen. Die aus dem Interaktionismus stammende Perspektive der sozialen Welten (Strauss 1978) geht dabei nicht von einzelnen dominanten Akteursgruppen aus, die anderen beliebig ihren Willen bzw. ihre obligatorischen *Passagepunkte* und *Immutable Mobiles* aufzwingen können, sondern betont auch die Widerständigkeit der verschiedenen sozialen Welten.

Die *Standardized Packages* von Fujimura (1988) sind zwar auch standardisiert und führen zu einer wechselseitigen Ausrichtung von menschlicher und materieller *Agency*. In ihrem Beispiel der Krebsforschung sind es standardisierte Pakete aus Theorien und Instrumenten, die zu einer Vereinheitlichung von Forschungsprogrammen und Karriereverläufen führen. Auch hier wird der Fokus eher auf die Schließung als auf die Offenheit gelegt, jedoch sind die Schließungsprozesse durch die einzelnen Akteure weniger kontrollierbar. Und es sind die anderen sozialen Welten, die sich als widerständig erweisen und weniger die materiale *Agency*. Letztere ist, wie bei den *Immutable Mobiles*, notwendig, um die standardisierten Pakete aus Theorien und Instrumenten immer weiter zirkulieren zu lassen.

Eine offenere Konzeption verfolgen Star und Griesemer (1989) mit den *Boundary Objects*.[5] Sie argumentieren gegen die Idee eines einzigen *obligatorischen Passagepunktes*, der die Beziehungen zwischen sozialen Welten und materialen Artefakten dominiert. Vielmehr können eine Vielzahl von *Boundary Objects* heterogene Kooperation ermöglichen, ohne dass sich eine dominante Logik durchsetzen muss: „Boundary objects are objects which are both plastic enough to adapt to local needs and the constraints of the several parties employing them, yet robust enough to maintain a common identity across sites. They are weakly structured in common use, and become strongly structured in individual site use." (ebd., S. 393). *Boundary Objects* wirken wie Scharniere, die soziale Welten verbinden, ohne sie vollkommen aufeinander auszurichten. Sie sind flexibler gedacht, als die bisher angesprochenen Konzepte und benötigen nicht notwendigerweise eine materiale Basis. So können auch abstrakte Konzepte *Boundary Objects* sein. Star und Griesemer zielen damit auf Offenheit, wie die *Mangle*, aber nicht zwingend auf materiale *Agency*, auch wenn die meisten *Boundary Objects* materielle Dinge, etwa Karten, sind.

Der *Mangle* am Nächsten steht das Konzept des *Heterogeneous Engineering*, wie Pickering selbst sagt (1995, S. 13). *Heterogeneous Engineering* folgt dem Prinzip der

---

[5] Vgl. hierzu auch den Beitrag von Strübing i. d. Bd.

generalisierten Symmetrie der ANT, jedoch verzichtet Law (1986) auf eine starke Semiotisierung der materialen *Agency*, wie sie auch Pickering an Callon und Latour kritisiert. Ebenso verzichtet das *Heterogeneous Engineering* auf die Schließung durch mächtige Akteure. Wie in der *Mangle* werden offene Entwicklungsprozesse beschrieben, die sich in kontingenter Weise Schritt für Schritt zu dauerhaften Verschränkungen menschlicher und materialer *Agency* zusammenfügen. Anders als Pickering unterscheidet Law beim *Heterogeneous Engineering* allerdings nicht sprachlich zwischen menschlicher und materialer *Agency*, sodass in seinem Beispiel der portugiesischen Kolonialexpansion Menschen, Schiffe, Winde und Wellen gleichberechtigt eingehen. Ein erfolgreiches *Engineering* liegt vor, wenn man die vormals einschränkende materiale *Agency*, etwa bestimmte Winde und Strömungen, in ermöglichende materiale *Agency* verwandelt, etwa durch neue Schiffskonstruktionen oder Navigationsmethoden. So ähnelt das *Heterogeneous Engineering* der *Mangle* sehr stark in Bezug auf Offenheit und Materialität, unterscheidet aber nicht konzeptuell zwischen menschlicher und materialer *Agency*.

Die schlaglichtartige Vorstellung der Konzepte bleibt natürlich unvollständig und grob, sie dient allein dazu, die Position der *Mangle of Practice* innerhalb der STS zu skizzieren. Jedoch will Pickering die *Mangle* auch über die wissenschaftliche Praxis hinaus für soziologische Analysen nutzbar machen. In der Monografie tut er dies am Beispiel einer weit bekannten industriesoziologischen Studie über die Einführung numerisch kontrollierter Maschinen von Noble (1984). Ebenso wie die Erzeugung neuen wissenschaftlichen Wissens, geht auch die Einführung neuer Technologien in Unternehmen selten reibungslos von statten. Pickering (1995, S. 157 ff.) nutzt Nobles Studie um zu zeigen, dass die *Mangle* nicht nur auf die Mikrosituation von Wissenschaftler_innen im Labor zutrifft, sondern auch auf größere soziale Zusammenhänge angewandt werden kann. Mit der Einführung der neuen Maschinen entstehen neue Konflikte zwischen Arbeiterschaft und Management, die nicht im Vorhinein entschieden werden können, sondern die einem kontingenten Aushandlungsprozess unterliegen. Die *Mangle* lässt sich in dieser Weise nicht nur von Mikro- auf Meso- und Makrosituationen übertragen, sie bietet neben ihren sozialtheoretischen Implikationen auch Analysepotenzial für klassische gesellschaftstheoretische Fragestellungen. Die *Mangle* sucht mit der Betonung materialer *Agency* gerade keinen technologischen Determinismus oder andere reduktionistische Erklärungsmuster, sondern setzt bei den Vermischungen an:

> we need to recognize the existence of an impure, posthuman dynamics, reciprocally linking and transforming on the one hand the scale and boundaries of social actors, their social relations, disciplines, and goals, and on the other machines and their material performances. (ebd., S. 176).

Pickering selbst hat die *Mangle of Practice* in den letzen Jahren auf weitere Fälle und Felder ausgedehnt: etwa in praxistheoretischer Perspektive (Pickering 2001) oder allgemeiner als sozialtheoretischen Ansatz (Pickering 2005) oder als verbindendes Konzept zwischen Wissenschaft und Gesellschaft (Pickering und Guzik 2008). Die Allanwendbarkeit der *Mangle* als „theory of everything" (1995, S. 246 ff.) zeigt, dass sie vor allem heuristischen Wert als sensibilisierendes Konzept besitzt. In dieser Allgemeinheit bleibt allerdings nicht viel mehr als eine allgemeine Dialektik von Ermöglichen und Einschränken übrig. Interessanter wäre es, die *Mangle* und die ihr verwandten Konzepte systematisch zum Vergleich unterschiedlicher Fälle etwa in Wissenschaft, Wirtschaft oder Politik zu nutzen, um den vielfältigen Verschränkungen von menschlicher und materieller *Agency* in Prozessen sozialen Wandels nachzugehen.

Literatur

Blumer, Herbert. 1954. What's wrong with social theory? *American Sociological Review* 19 (1): 3–10.
Callon, Michel. 1986. Some elements of a sociology of translation: Domestication of the scallops and the fishermen of Saint Brieuc bay. In *Power, action and belief: a new sociology of knowledge?* Hrsg. John Law, 196–233. London: Routledge.
Collins, Harry M. 1981. Son of seven sexes. The social destruction of a physical phenomenon. *Social Studies of Science* 11 (1): 33–62.
Collins, Harry M., und Steven Yearley. 1992. Epistemological chicken. In *Science as practice and culture*, Hrsg. Andrew Pickering, 301–326. Chicago: Chicago University Press.
Fleck, Ludwik. 1980 [1935]. *Entstehung und Entwicklung einer wissenschaftlichen Tatsache.* Frankfurt a. M.: Suhrkamp.
Fujimura, Joan H. 1988. The molecular biological bandwagon in cancer research. Where social worlds meet. *Social Problems* 35(3): 261–283.
Galison, Peter. 1985. Bubble Chambers and the Experimental Workplace. In *Observation, experiment, and hypothesis in modern physical science*, Hrsg. Peter Achinstein und Owen Hannaway, 309–373. Cambridge: MIT Press.
James, William. 1907. Pragmatism's conception of truth. *The Journal of Philosophy, Psychology and Scientific Methods* 4 (6): 141–155.
James, William. 2002 [1909]. *The meaning of truth.* Mineola: Dover.
Latour, Bruno. 1986. Visualization and cognition. Thinking with eyes and hands. In *Knowledge and society. Studies in the sociology of cultural past and present*, Hrsg. Henrika Kucklik und Elizabeth Long, 1–40. New York: Jai Press.
Latour, Bruno. 1995. The „pedofil" of Boa Vista. A photo-philosophical montage. *Common Knowledge* 4 (1): 144–187.

Law, John. 1986. On the methods of long distance control. Vessels, navigation, and the portuguese route to India. In *Power, action and belief: A new sociology of knowledge?* Hrsg. John Law, 234–263. London: Routledge.

Noble, David F. 1984. *Forces of production. A social history of industrial automation.* New York: Knopf.

Pickering, Andrew, Hrsg. 1992. *Science as practice and culture.* Chicago: Chicago Univ. Press.

Pickering, Andrew. 1993. The mangle of practice. Agency and emergence in the sociology of science. *American Journal of Sociology*, 99 (3): 559–589.

Pickering, Andrew. 2001. Practice and posthumanism: social theory and a history of agency. In *The practice turn in contemporary theory*, Hrsg. Theodore R. Schatzki, Karin Knorr-Cetina, und Eike Savigny, 163–174. New York: Routledge.

Pickering, Andrew. 2005. Decentering sociology. Synthetic dyes and social theory. *Perspectives on Science* 13 (3): 352–405.

Pickering, Andrew, und Keith Guzik, Hrsg. 2008. *The mangle in practice. Science, society and becoming.* Durham: Duke Univ. Press.

Star, Susan L., und James R. Griesemer. 1989. Institutional ecology, ‚translations' and boundary objects: Amateurs and professionals in Berkeley's Museum of Vertebrate Zoology, 1907-39. *Social Studies of Science* 19:387–420.

Strauss, Anselm L. 1978. A social world perspective. *Studies in Symbolic Interaction* 1 (1): 119–128.

Werner Rammert: Wider technische oder soziale Reduktionen

Valentin Janda

Wer sich aktuell für die Arbeiten Werner Rammerts interessiert, der stößt schnell auf sein letztes Buch ‚Technik – Handeln – Wissen' aus dem Jahr 2007. Die Zusammenstellung von Aufsätzen liefert der Leserin und dem Leser Einblicke in große Teile seines Schaffens. Die für sich genommen sehr zugänglichen Aufsätze eignen sich aber nicht als Werkschau. Zu verschlungen und zu eng aufeinander bezogen sind dort seine diversen Interessen, Forschungsgegenstände und Konzepte gefasst. In pragmatistischer Manier und wie in den Science & Technology Studies (STS) durchaus üblich, stehen Handeln und Technik vor dem Wissen. Allerdings – und hier unterscheiden sich seine Arbeiten deutlich vom STS-Standard – entwirft Rammert durch die Auseinandersetzung mit Technik sozial- und gesellschaftstheoretische Konzepte.

Im vorliegenden Text werden die aus der Auseinandersetzung mit Technik hervorgehenden mikro- und makrosoziologischen Ambitionen besonders hervorgehoben. Eine prozessuale Sicht auf Technik, spezifische handlungstheoretische Forschungsinteressen und ein ethnografischer Zugang bringen Werner Rammert dazu, Technik als einen Grundbegriff des Sozialen zu verstehen. In seinen Arbeiten zur Technikgenese und Innovationsforschung stoßen ihn seine mikrosoziologischen Interessen auf die Erkenntnis, dass eine saubere funktionale Differenzierung heute nicht mehr existiert und neue Formen der Vergesellschaftung bereits weit verbreitet sind.[1]

---

[1] Die Grenzen funktionaler Systeme überschreitet auch Werner Rammert selbst permanent, die Vielfalt seiner Tätigkeiten machen ihn zum Grenzgänger: Dazu gehören Veröffentlichungen in technikwissenschaftlichen Sammelbänden (vgl. Rammert 2010a und Rammert 2009),

V. Janda (✉)
Institut für Soziologie, TU Berlin, 10587 Berlin, Deutschland
E-Mail: valentin.janda@tu-berlin.de

Um das Werk zu ordnen, ziehe ich eine idealtypische Trennlinie zwischen der großen Diagnose der ‚Innovation der Gesellschaft' und mikrosoziologischen Anregungen zu ‚Technik und Interaktion'. Zunächst werden die mikrosoziologischen und handlungstheoretischen Konzepte unter den Begriffen Technisierung, Handlungsträgerschaft und Technografie diskutiert. Im zweiten Abschnitt ist der aktuelle Begriff der Innovation mein Ausgangspunkt. Es folgt eine Rekonstruktion des gewichtigsten Arguments gegen funktionale Differenzierung, um die Entwicklung der gegenwärtig weiten und gesellschaftsdiagnostischen Thesen systematisch nachzuzeichnen.[2]

Insgesamt, und hier zeichnet sich bereits der gewählte zweiteilige Aufbau ab, plädiert Werner Rammert für eine Aufnahme der Technik in den Werkzeugkasten der soziologischen Grundbegriffe. Zweitens zeigt er, dass Analysen von Innovationsprozessen Argumente gegen eine funktionale Differenzierung liefern.

1 Mikrosoziologie der Technik

Werner Rammert ist eine der zentralen Figuren der Wissenschafts- und Techniksoziologie im deutschsprachigen Raum. Sein Beitrag zu diesem Feld erschließt sich, wenn man die ideengeschichtliche und institutionelle Entwicklung der *Techniksoziologie* einbezieht: Zwar thematisieren bereits einige soziologische Klassiker ‚Technik', die erste Debatte um die Technik in der Soziologie in Deutschland war allerdings die Technokratiedebatte zwischen Schelsky, Habermas, Gehlen und Anderen (vgl. Schubert 2011, S. 105; Niewöhner 2012, S. 90 ff.). Sie war eher politisch als theoretisch zugespitzt. Darauffolgend und stärker empirisch und alltagsweltlich orientiert, debattierten in den 1980er und frühen 1990er Jahren – in der „Blütezeit der deutschen Techniksoziologie" (Schubert 2011, S. 107, *Übers. V.J.*) – Autoren wie

---

eine umfangreiche Gutachtertätigkeit (u. a. als DFG Gutachter des Sonderforschungsbereichs ‚Reflexive Modernisierung' von 2002 bis 2007 und als Gutachter im deutschen Wissenschaftsrat seit 2006), die Herausgeberschaft der Zeitschrift für Soziologie von 1984 bis 1990, der Vorsitz der Sektion Wissenschafts- und Technikforschung der Deutschen Gesellschaft für Soziologie von 1992 bis 1997, aber auch das Engagement für die universitäre Lehre als geschäftsführender Direktor des Institut für Soziologie der TU Berlin über 13 Jahre. Von 2012 bis 2014 war er Sprecher des von der Deutschen Forschungsgemeinschaft geförderten Graduiertenkollegs ‚Innovationsgesellschaft heute'.

[2] Ich lege dabei Wert darauf, den Aufbau, die Entwicklung und die inneren Verweisungen seines Werkes zu zeigen. Rezeption und Verbindungen zur englischsprachigen STS werden nur am Rande behandelt.

Hans Linde (1972), Bernward Joerges (1996), Karl Hörning (1989) und auch Werner Rammert über die ‚Wirkung' und die ‚Gemachtheit' von Technik.[3] Die aufkommenden STS und die stark zunehmende Informatisierung von Wissenschaft und Technik prägen seit den 1990er Jahren eine zweite Phase in der deutschsprachigen Diskussion der Wissenschafts- und Technikforschung. Gewissermaßen ist Werner Rammert ein Produkt der ‚ersten Phase' und ein Produzent der ‚zweiten Phase'.

Ich ordne die folgende Darstellung anhand zentraler Begriffe wie Technisierung (2.1), Handlungsträgerschaft der Technik (2.2) und Technografie (2.3), da eine zeitliche Ordnung zahlreiche Redundanzen erzeugen würde.

1.1 Von der Technik zur Technisierung

In der Debatte der 1980er Jahre um die Technik in der Soziologie, forderten Bernward Joerges und Karl Hörning eine Rückkehr zur gegenständlichen Technik (vgl. Heintz 1993, S. 249). Joerges problematisiert die von ihm diagnostizierte Verschiebung von sozialen Normen in technische Normen:

> Im historischen Verlauf verlegen moderne Gesellschaften große Teile ihrer Sozialstruktur in maschinentechnische Strukturen, die mehr oder weniger erfolgreich versiegelt, dem Alltagsbewußtsein der Bürger entzogen werden (Joerges 1996, S. 120).

Hörning begegnet der These von Joerges mit einem praxistheoretischen Argument. Mit jeder Handlung, so Hörning, verliere die Technik ein wenig von ihren deterministischen Zügen, denn jede Handlung interpretiert und vergesellschaftet die Technik:

> Je intensiver aber – und dies ist mein zentraler Ausgangspunkt – technische Dinge in einer Gesellschaft zirkulieren, je höher ihr technisches Entwicklungsniveau ist, desto weniger ist die technologisch-deterministische These angebracht – denn desto weniger tritt ‚die' Technik als eine unabhängige Größe auf (Hörning 1989, S. 91).

Rammert, als junger Vertreter der damaligen Diskussion, legt einen alternativen Begriff von Technik vor – jenseits von Sachzwang und sozialer Konstruktion von Technik (vgl. Rammert 1989, S. 129, 1993a, S. 293). Er bringt den Vorschlag in die Debatte ein, nicht die Wirkung von Technik (Joerges) oder die Kulturalisierung von technischen Geräten durch Handlungspraxen (Hörning) als Ausgangspunkt

---

[3] Rammert war an der Debatte inhaltlich, aber auch als Herausgeber der zehn Jahrbücher ‚Technik und Gesellschaft' beteiligt (vgl. Rammert 1982–1997, 1983, 1989, 1993a, 1997). Die Sammelbände liefern einen guten Überblick über die Debatte.

des Technikbegriffs zu nehmen, sondern Technik als *Prozess der Technisierung* zu verstehen (vgl. Rammert 1989, S. 129, 2008, S. 353). Aktivitäten können stärker oder schwächer technisiert sein und werden dabei nicht nur von technischen Geräten getragen, sondern gleichrangig von körperlichen Bewegungen, physischen Dingen und symbolischen Zeichen (vgl. Rammert 1989, S. 134). Allerdings tritt

> der materielle Artefaktcharakter [...] in seiner Bedeutung weit hinter das funktionale Operationsschema zurück (Rammert 1989, S. 134; vgl. auch 1993a, S. 306, 2008, S. 352).

Die Technisierung beruht auf einer Vernachlässigung, denn Technisierung steigert die Zuverlässigkeit und Kontrollierbarkeit von Aktivitäten, indem die Relevanz des sozialen Kontexts verringert wird:

> Eine Verknüpfung von Handlungen wird dadurch technisch, daß sie von anderen sinnhaften Bezügen, wie dem Erwarten einer Antwort oder dem verständigen Vollziehen eines vorher abgesprochenen Arbeitsganges, freigesetzt ist und die Kombination der abgelösten Elemente ausschließlich unter dem Gesichtspunkt des Ineinandergreifens und Funktionierens organisiert wird (Rammert 1989, S. 135).

Diese graduelle Form der Technisierung ist offen für *körperliche Bewegungen, physische Dinge, symbolische Zeichen* und vor allem für die empirisch häufig auffindbaren Mischungen von Körpern, Dingen und Zeichen als Merkmal des „soziotechnischen Systems" (Rammert 1989, S. 147, 2000a, S. 41 f.). Rammert untersucht Technisierung dabei als intersubjektive Interaktivität zwischen Subjekten (Akteur – Akteur), mediale Interaktivität von Subjekten und Objekten (Akteur – Objekt) und interobjektive Intra-Aktion (Objekt – Objekt) (vgl. Rammert 2008, S. 353).[4]

Technik durch Technisierung zu ersetzen und als Trägermedien neben Maschinen auch Körper und Symbole einzubeziehen, verallgemeinert zwar das Verständnis von Technik, besonders im Vergleich zu den engeren (Gegen-) Begriffen von Linde, Joerges und Hörning. Aber die weite Bestimmung von Technik jenseits von Alltagsgegenständen öffnet zwei neue Perspektiven: Erstens, die Debatte um die Handlungsträgerschaft von Technik, die auch intensiv in der STS geführt wurde. Zweitens, die Entwicklung einer Methode, mit der Begriffe und Konzepte empirisch untersuchbar werden.

---

[4] Maßgeblich für das hier vorgestellte Konzept ist der bereits zitierte Aufsatz von 1989, eine entsprechende Definition von Technik findet sich in Rammert 2000a, eine methodische Erweiterung des Konzepts findet sich in Rammert 2008.

1.2 Wer oder was handelt – die Handlungsträgerschaft der Technik

Die im Folgenden skizzierte Position schließt an die Debatte in den STS um soziale Konstruktion und Folgen von Technik an. Rammert nimmt gemeinsam mit Ingo Schulz-Schaeffer (2002) eine eigenständige Position gegenüber der populären Idee der symmetrischen Anthropologie der Akteur-Netzwerk-Theorie (ANT) ein, die sich gleichzeitig ebenfalls von humanistischen Konzepten (vgl. Collins und Kusch 1998) abgrenzt. Im Anschluss an das oben skizzierte Technikverständnis zeichnet dieser Abschnitt Rammerts Forschungsinteressen nach.

Zunächst ordnen die beiden Autoren die Debatte um die Handlungsträgerschaft von Technik anhand von vier Kategorien. Dabei stehen Beiträge, die die soziale Zuschreibung von Handlungsfähigkeit untersuchen solchen Beiträgen gegenüber, die Agency als beobachtbares empirisches Phänomen konzeptualisieren. Des Weiteren werden die Beiträge danach unterschieden, ob die Ansätze mit starken oder schwachen konzeptuellen Annahmen über die Handlungsträgerschaft starten und deshalb normativ oder deskriptiv sind (vgl. Rammert und Schulz-Schaeffer 2006, S. 23 ff. und insb. 29). Rammert und Schulz-Schaeffer positionieren sich in der Debatte, in Differenz zur ANT, als frei von begrifflichen Vorentscheidungen und empirisch offen (vgl. Rammert und Schulz-Schaeffer 2002, S. 39).[5]

Dennoch ähnelt die Position von Rammert und Schulz-Schaeffer der ANT zunächst stark, insofern Agency nicht prinzipiell eine Eigenschaft von sozialen Akteuren sein muss (vgl. Rammert und Schulz-Schaeffer 2002, S. 40 f.).[6] Während die beiden Autoren es für unabdingbar halten, diese Frage empirisch zu beantworten, werfen sie der ANT Normativität vor, da durch die symmetrische Anthropologie Alles und Jeder als Handlungsträger zwangsverpflichtet werde (vgl. Rammert und Schulz-Schaeffer 2002, S. 43; Rammert 2006, S. 185). Für Rammert und Schulz-Schaeffer ist die Frage nach der Handlungsträgerschaft von Technik nicht ontologisch oder durch die Setzung von Begriffen zu beantworten, sondern empirisch durch die Beobachtung der jeweiligen soziotechnischen Konstellation, so ihre Kritik an der ANT. Die empirische Offenheit und die begriffliche Dreiteilung bieten ein grobes Instrumentarium, um erstens aktuelle empirische Probleme zu bearbeiten und zweitens Anschluss zu finden an die Agency-Debatte in den STS.

Es findet sich aber noch ein weiteres gewichtiges Argument in diesem Aufsatz: Die Handlungsträgerschaft von Menschen ist eine neuere soziale Konstruktion und

---

[5] Für eine empirische Beantwortung der Frage nach Agency spricht Rammert sich bereits 1998 bzw. 2000 aus (vgl. Rammert 2000b, S. 147 und 150).

[6] Vgl. zur Akteur-Netzwerk-Theorie die Beiträge von Van Loon i. d. Bd.

keine unumstößliche Tatsache (vgl. Rammert und Schulz-Schaeffer 2002, S. 51 f.; Rammert 2006, S. 177). Der Aufstieg der Technik zum Handlungsträger ist deshalb kein Sonderfall, denn selbst die Anerkennung der menschlichen oder göttlichen Handlungsfähigkeit fußt auf sozialen Prozessen. Mit diesem Argument bringen die Autoren die hitzige Agency-Debatte auf eine ‚genießbare Temperatur'.[7]

Eine stärker interaktionistisch orientierte Vertiefung zum Handeln mit Technik anstelle des oben erörterten Handelns von Technik, findet sich in dem Aufsatz ‚Weder festes Faktum noch kontingentes Konstrukt: Natur als Produkt experimenteller Interaktivität' (vgl. Rammert 2007b). In pragmatistischer Manier schaltet sich Werner Rammert in die STS-Debatte ein, um den Laborkonstruktivismus, der „nur die Beobachtung der Beobachtung thematisiert", zu kritisieren. Er argumentiert gegen einen Naturalismus, der „alles Gewusste auf theoretische Erfahrung zurückführt" (Rammert 2007b, S. 71). Rammert sieht die Lösung in einem pragmatistischen Begriff *experimenteller Interaktivität* und orientiert sich an John Dewey. Sein Erkenntnisinteresse verschiebt sich in neueren Arbeiten von Fragen der Handlungsträgerschaft zu Konzepten der Interaktivität mit Technik:

> Denn Naturtatsachen sind nicht in derselben Weise kontingent wie gesellschaftliche Tatsachen. Was als natürlich gilt, was als Schönheit der Natur betrachtet wird oder wer über die Natur verfügen darf, das alles sind sozial konstruierte Tatsachen. [...] Aber das Schnee bei bestimmten Temperaturen schmilzt, Gase sich ausdehnen und Energie sich verliert, sind erfahrbare Naturtatsachen, die zwar auf unterschiedliche Weise untersucht werden können, aber [...] als nicht kontingente Beziehungen zwischen Ereignissen oder Objekten aufzufassen sind (Rammert 2007b, S. 69).

Für die Naturerfahrung in der Wissenschaft sowie allgemein in der Interaktion mit Objekten, schlägt Rammert den Begriff der *experimentellen Interaktivität* vor. Was ein Fluss oder ein Elementarteilchen ist, wird von Wissenschaftler_innen durch Stabilisieren, Wiederholen und Aufzeichnen von Ereignissen bestimmt. Dabei geraten die Ereignisse in eine bestimmte Ordnung, wobei sich kontingente und nicht-kontingente Ereignisse beständig vermischen (vgl. Rammert 2007b, S. 71).

1.3 Technografie

Die Vorstellung von Konzepten und Erkenntnisinteressen einer Mikrosoziologie der Technik schließt mit einer speziellen Forschungsmethode: der Ethnografie der

---

[7] Eine Kritik findet sich bei Cornelis Disco (2005, S. 53–59). Einen Anschluss an die Praxistheorie von Giddens für das Handeln mit Technik stellt Schulz-Schaeffer (1999) in ‚Technik und die Dualität von Ressourcen und Routinen' vor. Für eine Operationalisierung des diskutierten Ansatzes von Rammert eignet sich der Aufsatz ‚Technik in Aktion: Verteiltes Handeln in soziotechnischen Konstellationen' (vgl. Rammert 2006).

Technik oder *Technografie*. Wie die Workplace Studies oder die Laborstudien hat sich auch die Technografie von der klassischen Ethnografie langer Feldstudien in fernen Ländern gelöst (vgl. Luff et al. 2000; Latour und Woolgar 1986; Knorr Cetina 1991). Konzeptuell geleitet und mit ethnografischen Methoden arbeitend, fokussiert die Technografie auf bestimmte Ausschnitte des Sozialen. Dabei fertigt der Technograf detaillierte Beschreibungen seiner Beobachtungen an. Die zentrale Differenz zur klassischen Ethnografie resultiert aus einer Erweiterung des Methodeninventars. Technografen verwenden technische Hilfsmittel für die Datenerhebung: Neben der Videoaufzeichnung ist die *Webnografie*, das Speichern von Logfiles oder die Durchführung von Interaktivitätsexperimenten Teil der Technografie (vgl. Rammert und Schubert 2006b, S. 14).[8] Der Gewinn einer technisierten Dokumentation ist die geteilte Zugänglichkeit der Daten für verschiedene Forscher_innen sowie ihre ständige und wiederholbare Verfügbarkeit. Damit werden neue Formen der Auswertung, Falsifikation und Zweitauswertung möglich.

Die Methode der Technografie als Produkt der oben erläuterten Forschungsinteressen ist an bestimmte Begriffe und Konzepte gebunden, auch wenn der gleichnamige Sammelband von 2006 mit einer Vielfalt überrascht, die von Christian Heath bis zu Bruno Latour reicht (vgl. Rammert und Schubert 2006a).

Mit der *Technografie*, der *Technisierung* und der *Handlungsträgerschaft* liegen Konzept, Forschungsinteresse und Methode vor, die stellvertretend für die mikrosoziologischen Forschungen von Werner Rammert stehen und einen methodischen und theoretischen Rahmen für eine soziologische Technikforschung bereiten.

2 Technikgenese und Innovationsforschung

Fragen zur Genese von Technik beschäftigen Werner Rammert schon seit 1974. Bereits in seiner Diplomarbeit untersuchte er das Verhältnis von Technikgenese und Wissenschaft.[9] Später, in seiner Dissertationsschrift, fokussiert er das Wechselspiel in der Genese von Industriekapitalismus und Technik (vgl. Rammert 1983). Bekannter ist die Studie ‚Telefon und Kommunikationskultur', hier wird

---

[8] Der zitierte Sammelband ‚Technografie' zeigt das breite Spektrum technografischer Arbeiten von der Videografie (Rammert und Schubert 2006a) über die Webnografie (Strübing 2006) bis hin zu Interaktivitätsexperimenten (Hahne et al. 2006), die ‚Praxis der Apparatemedizin' von Schubert (2006) ist dagegen für eine Vertiefung besonders geeignet.

[9] Die Diplomarbeit erschien später unter dem Titel ‚Die Bedeutung der neuzeitlichen Technik für Genese und Struktur der neuzeitlichen Wissenschaft' und wurde von Niklas Luhmann und Peter Weingart begutachtet (vgl. Rammert 1981).

die Erfolgsgeschichte des Telefons anhand der Kommunikationskultur im Ländervergleich erläutert (vgl. Rammert 1993b). Den sozialen Dynamiken der Genese technischer und anderer Innovationen ist Rammert bis heute auf der Spur geblieben. Dabei hat sich die Perspektive von einer marxistisch orientierten Industrie- und Technikforschung über eine differenzierungstheoretische Innovations- und Organisationsforschung (vgl. Rammert 1997, 2000c) zu einer Diagnose erweitert, die alle Ebenen und Teilsysteme der Gesellschaft einbezieht. Dabei wird gezeigt, wie die funktionale Differenzierung zunehmend durch eine *fragmentale Differenzierung* abgelöst wird (vgl. Rammert 2010b, 2007c).

Für die Vorstellung von Technikgenese und Innovationsforschung bietet es sich nun an, die Arbeiten zeitlich zu ordnen. Ich beginne dabei mit den neueren Arbeiten. Auf diese Weise wird die Entwicklung des zentralen Argumentes ersichtlich: Eine sauber ausdifferenzierte Arbeitsteilung, bspw. zwischen Konstruktion und Vertrieb in der Technikgenese – darauf wird Werner Rammert durch sein mikrosoziologisches Interesse immer wieder gestoßen – existiert nicht. Die Genese neuer Technik wie auch anderer Innovationen, entsteht lokal und situativ. Aus diesen Beobachtungen entwickelt Werner Rammert seine Kritik an der funktionalen Differenzierung.

2.1 Fragmentierung und Innovationsforschung

In dem 2010 erschienenen Aufsatz ‚Die Innovationen der Gesellschaft' findet sich ein sehr weiter Begriff von Innovation (vgl. Rammert 2010b). Mit sozialen, ökonomischen und künstlerischen Formen von Innovationen verschafft sich Rammert Distanz gegenüber fremden und eigenen begrifflichen Engführungen des Innovationsbegriffs, die auf technische oder ökonomische Relationen fixiert sind (vgl. Rammert 2010b, S. 22). Als Ursache der Engführung sieht Rammert allgemein „die Relevanz für die Wirtschaft [...], die den technischen Neuerungen das eindeutige Übergewicht bei der öffentlichen und offiziellen Hochschätzung sichert" (Rammert 2010b, S. 25). Ferner sei die Reduktion des technischen auf das materielle Artefakt anstelle des sozio-technischen Systems, ebenfalls zu kritisieren (vgl. Rammert 2010b, S. 25). [10]

> Erstens gibt es nicht nur technische Innovationen, sondern viele andere, die wir erst einmal als kulturelle, ökonomische, wissenschaftliche oder soziale Innovationen bezeichnet haben. Zweitens fällt auf, dass weder die technischen noch die sozialen

---

[10] Bemerkenswert dabei ist, dass er selbst früh durch Arbeiten zum Verhältnis von Industriekapitalismus und Technik seinen Zugang zu diesem Themenfeld fand (vgl. Rammert 1981, 1983, 1988).

Neuerungen allein auftauchen, sondern jeweils Neuerungen auf anderen Feldern mehr oder weniger stark voraussetzen oder mit bedingen, etwa nach dem Motto: Keine Reformation ohne Buchdruck [...] und keine neuen Geschäftsmodelle und Gemeinschaftsformen ohne das Internet. (Rammert 2010b, S. 26)

Neben dieser Offenheit fordert Rammert eine analytische Trennung zweier Merkmale von Innovationen. Erstens beruhen Innovationen auf Kreationen, Erfindungen, Variationen technischer Art[11], ebenso entscheidend aber sind soziale Prozesse der Selektion, Diffusion und Institutionalisierung (vgl. Rammert 2010b, S. 22).

Diese begriffliche Ausweitung der Analyse über technische Innovationen und ihre ökonomische Verwertung hinaus ist zwar interessant und zutreffend, sie schwächt den Begriff allerdings auch in seiner Aussagekraft. Erst durch eine Differenzierung des Innovationsbegriffs anhand der Dimensionen zeitlich, sachlich und sozial bekommt der Begriff Kontur (vgl. Rammert 2010b, Abschn. 3).[12] Anhand von wirtschaftlichen, politischen, sozialen und künstlerischen Innovationen werden die Begrifflichkeiten geprüft und nach den zeitlichen, sachlichen und sozialen Relationen geordnet (vgl. Rammert 2010b, S. 40 ff.). Dieses neuere Verständnis einer Innovation von Rammert ist damit klar umrissen: Innovationen haben eine graduel technische Seite und sind fest an soziale Praktiken gebunden. Sie finden sich in der Geschichte der Politik oder der Kunst genauso wie in der Geschichte der Technik, wo ihnen schon immer eine erheblich größere Aufmerksamkeit zukam. Für eine Analyse von Innovationen schlägt Rammert vor, diese auf zeitlicher, sachlicher und sozialer Ebene zu untersuchen.

Gerade die neueren Arbeiten enthalten gesellschaftsdiagnostische Überlegungen. Über die Aktualität und Verbreitung des Phänomens Innovation knüpft Rammert Verbindungen zu aktuellen Gesellschaftsdiagnosen und fordert „die Besonderheiten eines relational-referentialen Typus" (Rammert 2010b, S. 47) der Innovation gegenüber der bekannten Zweck-Mittel Rationalität Max Webers zu erforschen. Rammert erklärt Innovation zu einem allgemeinen gesellschaftlichen Prinzip, ja sogar zu einer Notwendigkeit, da er die Gesellschaft „unter dem Imperativ von Kreativität und Innovation" (Rammert 2010b, S. 47) wähnt.[13]

---

[11] Die oben dargestellte Erweiterung dinghafter, materieller Technikbegriffe zu stärker oder schwächer ausgeprägten Prozessen der Technisierung spiegelt sich auch hier.

[12] „Dabei wird einem analytischen Schema gefolgt, das von Kant in systematischer Absicht entwickelt und von Luhmann (1970, S. 118) immer wieder erfolgreich für soziologische Theoriebildungszwecke angewandt worden ist" (Rammert 2010b, S. 29).

[13] Diese Thesen werden am deutlichsten in Rammert (2010b) und in Rammert (2013) dargestellt.

Rammert erweitert den Begriff der Innovation systematisch: von einer innerorganisationalen Notwendigkeit (vgl. Rammert 1981, 1983, 1988), über eine Herausforderung für Wirtschaft und Politik (vgl. Rammert 1997, 2000c) zu einem gesamtgesellschaftlichen Phänomen (Rammert 2007c, 2010b, 2013). Dieses Phänomen dient Rammert heute als Kritik an der funktionalen Differenzierung, obwohl Rammert seine Innovationsforschung in den 1980er Jahren als Systemtheoretiker begann. Die aktuelle Argumentation zur fragmentalen Differenzierung beruht konzeptuell auf einer Kritik an der funktionalen Differenzierung der Systemtheorie: Rammert beobachtet systematische Übergriffe zwischen Funktionssystemen, die einer sauberen funktionalen Trennung entgegenstehen. Die aus dem mikrosoziologischen Interesse resultierende Einsicht, dass in der Genese von Technik permanent die Grenzen von sozialen Systemen überschritten werden und eine saubere Ausdifferenzierung nicht stattfindet, nährt seine Kritik an der Systemtheorie. Damit ist Widerspruch zwischen den systemtheoretischen Annahmen und den empirischen Beobachtungen der Ausgangspunkt für Kritik an der funktionalen Differenzierung und für den vorgestellten Innovationsbegriff.

2.2 Innovative Übergriffe zwischen Funktionssystemen

Rammerts Diagnose der fragmentalen Differenzierung beruht auf einer Kritik an der funktionalen Differenzierung: „Gegenwärtig scheinen sich die Grenzen zwischen den Teilsystemen zu verwischen" (Rammert 2007c, S. 192).[14] Grundlage der Kritik ist eine prinzipielle „Wahlverwandtschaft [...] zwischen jeweils einem Typ der sozialen Differenzierung [segmentär, stratifikatorisch, funktional Anm. VJ] und einem Regime der Wissensproduktion" (Rammert 2007c, S. 193). Unter Bezug auf Uwe Schimank klassifiziert Rammert die Produktion von Wissen und Innovation in den unterschiedlichen Typen von Differenzierung wie folgt: Segmentäre Gesellschaften produzieren Wissen lokal und in Gruppen, demgegenüber ist die Produktion von Wissen in stratifikatorisch-differenzierten Gesellschaften zentralisiert und universell verbindlich (vgl. Rammert 2007c, S. 194 f.). Funktional differenzierte Gesellschaften dagegen produzieren Wissen komplementär – d. h. die Teilsysteme sind voneinander unabhängig und gleichzeitig hoch spezialisiert (vgl. Rammert 2007c, S. 195). Da aber heute gerade nicht die Unabhängigkeit und Spezialisierung, sondern vielmehr enge Kooperation zwischen Funktionsbereichen

---

[14] Auch hier scheint Rammerts interaktionistische Grundhaltung hindurch: „Interaktiv bedeutet, dass Wissen erst im Gebrauch von Informationen, also in Aktionen und Interaktionen, entsteht" (Rammert 2007c, S. 211).

(z. B. Wissenschaft und Wirtschaft) zu beobachten ist (vgl. Rammert 2007c, S. 203), distanziert sich Rammert von der funktionalen Differenzierung und beruft sich auf die „logische Möglichkeit (Schimank 1996, S. 151) und die empirische Gültigkeit eines vierten Typus der Differenzierung: die fragmentale Differenzierung" (Rammert 2007c, S. 195).

Was aber sind Merkmale dieser neuen Differenzierung und welche Phänomene weisen auf sie hin? Während Ulrich Beck und Anthony Giddens die reflexive Modernisierung als Reaktion auf die funktionale Ausdifferenzierung beschreiben (vgl. Beck et al. 1996), nimmt Rammert ihre Diagnose einer steigenden Reflexivität der Moderne auf (vgl. Rammert 2000c, S. 166), bestimmt aber die fragmentale Differenzierung als eigene Form. Fragmental differenzierte Gesellschaften gliedern sich in Verbünde von politischen, ökonomischen sowie kulturellen Akteuren und Institutionen, die heterogen in ihrer Zusammensetzung und hochspezialisiert in ihrem Wissen sind. Dabei profitieren fragmentierte Gesellschaften auch von Wissensbeständen, die in der zuvor funktional differenzierten Gesellschaft entstanden sind (vgl. Rammert 2007c, S. 196). Innerhalb der ‚Fragmente' wird vorhandenes Wissen ständig neu kombiniert. Ein typisches empirisches Phänomen der fragmentierten Gesellschaft sind z. B. regionale Netzwerke (vgl. Rammert 2007c, S. 196f).

Die These der fragmentalen Differenzierung bedeutet nichts geringeres, als einen gesellschaftsstrukturellen Wandel von differenzierten Teilsystemen zu in sich heterogenen, aber untereinander ähnlich aufgebauten Netzwerken. Rammert nähert sich der – in dieser Reichweite – neuen These der fragmentalen Differenzierung mit den oben genannten organisationstheoretischen Argumenten an. In drei Aufsätzen aus den späten 1990er Jahren plädiert er für neue netzwerkförmige Koordinationsformen. Ein Festhalten an funktionaler Spezialisierung erzeuge die Gefahr, dass Technik und Wirtschaft neuen internationalen Herausforderungen nicht mehr gewachsen sind, exemplarisch nennt Rammert hier die Automobil- und Computerindustrie (vgl. Rammert 1997, 2000c, 2000d). Das in Wirtschaft, Wissenschaft und Politik häufig auffindbare Phänomen der Koordinationsform ‚Netzwerk' dient in den neueren Argumentationen als Beleg für die fragmentale Differenzierung. Hieran zeigt sich die zentrale Stellung der Technikgeneseforschung: Technik wird gewöhnlich in großen Organisationen entwickelt, die anzutreffende Vermischung von technischem und ökonomischem Wissen und Praktiken ist ein obligatorischer Passage-Punkt für die oben beschriebene Fragmentierung auf gesellschaftlicher Ebene. Ihre empirische Existenz widerlegt für Rammert die Logik der sauberen Ausdifferenzierung, die funktionale Ausdifferenzierung bekommt folgenreiche Risse.

3 Fazit – Technik als Grundbegriff der Soziologie

Werner Rammerts Interesse gilt der Technik, als Mikrosoziologe analysiert er die Interaktion mit Technik und fragt nach der Handlungsfähigkeit von Technik. Als Innovationssoziologe untersucht er die Frage, wie Innovationen entstehen. Der Untersuchungsgegenstand ‚Technik' erzeugt Nähe zu den STS, allerdings gelten Rammerts Forschungen in erster Linie der ‚Allgemeinen Soziologie', zur Erweiterung des Phänomenbereichs und als Ausweitung des Handlungskonzeptes oder als Beitrag zur Debatte um die Differenzierung der Gesellschaft. Der besondere Anspruch Rammerts, ausgehend von der Erscheinungsform der Technik die allgemeine soziologische Theorie konzeptuell zu bereichern, geht weit über die STS hinaus.

Die Mikrophänome Interaktion und Handlung und die Makrophänomene Innovation und Fragmentierung sind auf zweierlei Art eng miteinander verbunden: Ganz offensichtlich durch den Untersuchungsgegenstand Technik, aber auch sein Interesse für die Mikrosoziologie verbindet die Innovationsforschung mit dem Forschungsgegenstand Technik in Aktion. Schließlich macht die ethnografische Methode die unordentlichen Prozesse erst sichtbar, die Rammert als zentrales Argument gegen die funktionale Differenzierung verwendet.

In Werner Rammerts Arbeiten zeigt sich deutlich: überall ist Technik ein konstitutives Element des Sozialen. So können wir ethnografisch beobachten, dass Handeln selbst technisch sein kann und dass Interaktionen vermehrt auf materielle Entitäten bezogen sind. Auf der organisationalen Ebene können wir erkennen, dass innovatorisches Handeln quer liegt zu der scheinbaren funktionalen Ordnung. Die empirisch auffindbare produktive Mischung von Wissen und Akteuren aus verschiedenen gesellschaftlichen Teilbereichen ist deshalb ein Indikator für einen tiefgreifenden Wandel, der alle Ebenen und Bereiche der Gesellschaft umfasst. Werner Rammert macht keine Techniksoziologie im engeren Sinne, er steht für eine Soziologie des Technischen, die *Technisierung, Handlung, Interaktivität* und *Differenzierung* als soziologische Grundbegriffe zu erneuern sucht.

Literatur

Beck, Ulrich, Anthony Giddens, und Scott Lash. 1996. *Reflexive Modernisierung. Eine Kontroverse*. Frankfurt a. M.: Suhrkamp.
Collins, Harry M., und Martin Kusch. 1998. *The shape of actions. What humans and machines can do*. Cambridge: MIT Press.

Disco, Cornelis. 2005. Back to the drawing board: Inventing a sociology of technology. In *Inside the politics of technology. Agency and normativity in the co-production of technology and society*, Hrsg. von H. Harbers, 29–60. Amsterdam: Amsterdam Univ. Press.

Hahne, Michael, Erik Lettkemann, Renate Lieb, und Martin Meister. 2006. Going Data in Interaktivitätsexperimenten: Neue Methoden zur Analyse der Interaktivität zwischen Mensch und Maschine. In *Technografie. Zur Mikrosoziologie der Technik*, Hrsg. von W. Rammert und C. Schubert, 275–309. Frankfurt a. M.: Campus Verlag.

Heintz, Bettina. 1993. *Die Herrschaft der Regel. Zur Grundlagengeschichte des Computers.* Frankfurt a. M.: Campus Verlag.

Hörning, Karl. 1989. Vom Umgang mit den Dingen – Eine techniksoziologische Zuspitzung. In, *Technik als sozialer Prozess*, Hrsg. von P. Weingart, 90–127. Frankfurt a. M.: Suhrkamp.

Joerges, Bernward. 1996. *Technik, Körper der Gesellschaft. Arbeiten zur Techniksoziologie.* Frankfurt a. M.: Suhrkamp.

Knorr-Cetina, Karin. 1991. *Die Fabrikation von Erkenntnis. Zur Anthropologie der Naturwissenschaft.* Frankfurt am Main: Suhrkamp Taschenbuch Verlag.

Latour, Bruno und Steve Woolgar. 1986. *Laboratory life. The construction of scientific facts.* Princeton: Princeton Univ. Press.

Linde, Hans. 1972. *Sachdominanz in Sozialstrukturen.* Tübingen: Mohr Siebeck.

Luff, Paul, Jon Hindmarsh, und Christian Heath, Hrsg. 2000. *Workplace studies. Recovering work practice and informing system design*. New York: Cambridge Univ. Press.

Luhmann, Niklas. 1970. *Soziologische Aufklärung. Aufsätze zur Theorie sozialer Systeme.* Opladen: Westdeutscher Verlag.

Niewöhner, Jörg. 2012. Von der Wissenschaftssoziologie zur Soziologie wissenschaftlichen Wissens. In *Science and technology studies. Eine sozialanthropologische Einführung*, Hrsg. von S. Beck, J. Niewöhner, und E. Sørensen, 77–101. Bielefeld: transcript.

Rammert, Werner. 1981. *Die Bedeutung der Technik für Genese und Struktur der neuzeitlichen Wissenschaft.* Bielefeld: B. Kleine.

Rammert, Werner, Hrsg. 1982–1997. *Technik und Gesellschaft. Jahrbuch 1-10.* Frankfurt a. M.: Campus Verlag.

Rammert, Werner. 1983. *Soziale Dynamik der technischen Entwicklung. Theoretisch-analytische Überlegungen zu einer Soziologie der Technik am Beispiel der „science-based industry".* Opladen: Westdeutscher Verlag.

Rammert, Werner. 1988. *Das Innovationsdilemma. Technikentwicklung im Unternehmen.* Opladen: Westdeutscher Verlag.

Rammert, Werner. 1989. Technisierung und Medien in Sozialsystemen. Annäherung an eine Soziologie der Technik. In *Technik als sozialer Prozess*, Hrsg. von P. Weingart, 128–173. Frankfurt a. M.: Suhrkamp.

Rammert, Werner. 1993a [1990]. Materiell – Immateriell – Medial. Die verschlungenen Bande zwischen Technik und Alltagsleben. In *Technik aus soziologischer Perspektive*, Hrsg. von W. Rammert, 291–308. Opladen: Westdeutscher Verlag.

Rammert, Werner. 1993b [1990]. Telefon und Kommunikationskultur. Akzeptanz und Diffusion einer Technik im Vier-Länder-Vergleich. In *Technik aus soziologischer Perspektive*, Hrsg. von W. Rammert, 239–266. Opladen: Westdeutscher Verlag.

Rammert, Werner. 1997. Innovation im Netz. Neue Zeiten für technischen Innovationen: heterogen verteilt und interaktiv vernetzt. *Soziale Welt* 48: 397–416.

Rammert, Werner, Hrsg. 2000a. *Technik aus soziologischer Perspektive 2. Kultur- Innovation-Virtualität.* Opladen: Westdeutscher Verlag.

Rammert, Werner. 2000b [1998]. Giddens und die Gesellschaft der Heinzelmännchen. Zur Soziologie technischer Agenten und Systeme Verteilter Künstlicher Intelligenz. In *Technik aus soziologischer Perspektive 2. Kultur-Innovation-Virtualität,* Hrsg. von W. Rammert, 128–156. Opladen: Westdeutscher Verlag.

Rammert, Werner. 2000c [1997]. Auf dem Weg zu einer post-schumpeterianischen Innovationsweise. Institutionelle Differenzierung, reflexive Modernisierung und interaktive Vernetzung im Bereich der Technikentwicklung. In *Technik aus soziologischer Perspektive 2. Kultur-Innovation-Virtualität,* Hrsg. von W. Rammert, 157–173. Opladen: Westdeutscher Verlag.

Rammert, Werner. 2000d [1999]. Wer ist der Motor der technischen Entwicklung heute? In *Technik aus soziologischer Perspektive 2. Kultur-Innovation-Virtualität,* Hrsg. von W. Rammert, 174–189. Opladen: Westdeutscher Verlag.

Rammert, Werner. 2006 [2003]. Technik in Aktion: Verteiltes Handeln in soziotechnischen Konstellationen. In *Technografie. Zur Mikrosoziologie der Technik,* Hrsg. von W. Rammert und C. Schubert, 163–195. Frankfurt a. M.: Campus Verlag.

Rammert, Werner. 2007a. *Technik – Handeln – Wissen. Zu einer pragmatistischen Technik- und Sozialtheorie.* Wiesbaden: VS Verlag für Sozialwissenschaften.

Rammert, Werner. 2007b [1999]. Weder festes Faktum noch kontingentes Konstrukt: Natur als Produkt experimenteller Interaktivitat. In *Technik - Handeln - Wissen. Zu einer pragmatistischen Technik- und Sozialtheorie,* Hrsg. von W. Rammert, 65–77. Wiesbaden: VS Verlag für Sozialwissenschaften.

Rammert, Werner. 2007c [2003]. Zwei Paradoxien einer innovationsorientierten Wissenspolitik. Die Verknüpfung heterogenen und Verwertung impliziten Wissens. In *Technik – Handeln – Wissen. Zu einer pragmatistischen Technik- und Sozialtheorie,* Hrsg. von W. Rammert, 191–212. Wiesbaden: VS Verlag für Sozialwissenschaften.

Rammert, Werner. 2008. Technographie trifft Theorie. Forschungsperspektiven einer Soziologie der Technik. In *Theoretische Empirie. Zur Relevanz qualitativer Forschung,* Hrsg. von H. Kalthoff, 341–367. Frankfurt a. M.: Suhrkamp.

Rammert, Werner. 2009. Hybride Handlungsträgerschaft: Ein soziotechnisches Modell verteilten Handelns. In *Intelligente Objekte. Technische Gestaltung, wirtschaftliche Verwertung, gesellschaftliche Wirkung,* Hrsg. von O. Herzog und T. Schildhauer, 23–33. Berlin: Springer.

Rammert, Werner. 2010a. Die Pragmatik des technischen Wissens oder: „How to do words with things". In *Technologisches Wissen. Entstehung, Methoden, Strukturen,* Hrsg. von K. Kornwachs, 37–59. Berlin: Springer.

Rammert, Werner. 2010b. Die Innovationen der Gesellschaft. In *Soziale Innovation. Auf dem Weg zu einem postindustriellen Innovationsparadigma,* Hrsg. von J. Howaldt, 21–51. Wiesbaden: VS Verlag für Sozialwissenschaften.

Rammert, Werner. 2013. *Vielfalt der Innovation und gesellschaftlicher Zusammenhalt. Von der ökonomischen zur gesellschaftstheoretischen Perspektive.* Berlin: TUTS, TU-Berlin Working papers.

Rammert, Werner, und Ingo Schulz-Schaeffer. 2002. Technik und Handeln. Wenn soziales Handeln sich auf menschliches Verhalten und technische Abläufe verteilt. In *Können*

Maschinen handeln? Soziologische Beiträge zum Verhältnis von Mensch und Technik, Hrsg. von W. Rammert und I. Schulz-Schaeffer, 11–64. Frankfurt a. M.: Campus Verlag.

Rammert, Werner, und Cornelius Schubert, Hrsg. 2006a. *Technografie. Zur Mikrosoziologie der Technik*. Frankfurt a. M.: Campus Verlag.

Rammert, Werner, und Cornelius Schubert. 2006b. Technografie und Mikrosoziologie der Technik. In *Technografie. Zur Mikrosoziologie der Technik*, Hrsg. von W. Rammert und C. Schubert, 11–21. Frankfurt a. M.: Campus Verlag.

Schimank, Uwe. 1996. *Theorien gesellschaftlicher Differenzierung*. Opladen: Leske + Budrich.

Schubert, Cornelius. 2006. *Die Praxis der Apparatemedizin*. Frankfurt a. M.:Campus Verlag.

Schubert, Cornelius. 2011. In the middle of things. Germanys ongoing engagement with STS. *Tecnoscienza* 2 (2): 103–113.

Schulz-Schaeffer, Ingo. 1999. Technik und die Dualität von Ressourcen und Routinen. Zur sozialen Bedeutung gegenständlicher Technik. *Zeitschrift für Soziologie* 28: 409–428.

Strübing, Jörg. 2006. Webnografie? Zu den methodischen Voraussetzungen einer ethnografischen Erforschung des Internets. In: *Technografie. Zur Mikrosoziologie der Technik*, Hrsg. von W. Rammert und C. Schubert, 249–274. Frankfurt a. M.: Campus Verlag.

Hans-Jörg Rheinberger: Experimentalsysteme und epistemische Dinge

Kevin Hall

Seit den Laborstudien von Bruno Latour und Steve Woolgar (1979) oder auch Karin Knorr-Cetina (1981) in den 1970ern gerät die Produktion von Wahrheit und wissenschaftlichen Fakten zunehmend in den Fokus gesellschaftswissenschaftlicher und wissenschaftshistorischer Forschung.[1] Neben der apparativen und der experimentellen Seite des Forschungsprozesses werden hier die komplexen Bedingungen der Konstruktion der wissenschaftlichen Gegenstände und Phänomene in den Experimenten selbst thematisiert. Zur Rekonstruktion der Geschichte wissenschaftlicher Gegenstände dienten ihnen ihre ethnographischen Beobachtungen und das unpublizierte Material aus den Laboren: Labortagebücher, Briefe, Forschungsanträge und Forschungsberichte. In dieser Ausrichtung deutet sich ein Wechselverhältnis zwischen Gegenstand und Experiment an, in dem ForscherInnen aktiv die Gegenstände der Wissenschaft im Experiment konstruieren. Bisherige Wissenschaftstheorien nahmen eine Theorie-Dominanz in den Wissenschaften an und bezogen Experimentalprozesse nur als Testinstanz zur Bestätigung oder Zurückweisung von Hypothesen ein (vgl. Rheinberger und Hagner 1993, S. 7–8; Rheinberger et al. 1997, S. 8). Bisher vorhandene Ansätze für anti-positivistische Wissenschaftstheorien untersuchten hauptsächlich die Physik wie beispielsweise Thomas Kuhn, Paul Feyerabend oder auch Imre Lakatos.[2] Sie schrieben dabei

---

[1] Vgl. hierzu die Beiträge von Van Loon und Kirschner i. d. Bd.
[2] Vgl. zum Verhältnis von Wissenschaftstheorie und Wissenschaftsforschung den Beitrag von Greif i. d. Bd.

K. Hall (✉)
Institut für Kulturanthropologie/Europäische Ethnologie,
60323 Frankfurt a. M., Deutschland
E-Mail: Hall@em.uni-frankfurt.de

eine Geschichte von Theorien und Konzepten, also eine Ideengeschichte (vgl. Rheinberger und Hagner 1993, S. 23).

Die Laborstudien warfen gleich mehrere Fragen auf: Wenn der Gegenstand des Experiments erst im Experiment durch das Handeln der ForscherInnen hervorgebracht wird, was ist dann der epistemische Status des Experiments? Wie kann das Experiment zur Entdeckung neuer wissenschaftlicher Tatsachen führen, wenn es derart von den Theorien und dem Handeln der ForscherInnen überformt ist? Und schließlich: Ist die Physik der beste Modellgegenstand für die Wissenschaftstheorie?

In seinem bisherigen Hauptwerk *Experimentalsysteme und epistemische Dinge* schlägt Hans-Jörg Rheinberger Antworten auf diese Fragen vor. Der Geschichte der „entkörperten Ideen" in der Wissenschaftsgeschichte stellt er darin eine Geschichte der „epistemischen Dinge" – „Dinge, in denen Begriffe verkörpert sind" – gegenüber (Rheinberger 2006, S. 16). Rheinberger (2006) verfolgt drei Ziele. Er will erstens „auf der Grundlage des Begriffs ‚Experimentalsysteme' eine Epistemologie des modernen Experimentierens" entwerfen. Zweitens versteht er „die Dynamik der Forschung als einen Prozess der Herausbildung epistemischer Dinge". Und drittens will er diese Fragen mit einer Fallstudie über die Entwicklung eines Experimentalsystems zur Biosynthese von Proteinen im Reagenzglas im Labor von Paul C. Zamecnik an der Harvard University in den Jahren zwischen 1947 und 1962 verbinden (ebd., S. 7).

Im Folgenden wird Rheinbergers Antwort auf die obengenannten Fragen vorgestellt. Nach einer kurzen Darstellung der theoretischen Verortung Rheinbergers stelle ich den Begriff der *Experimentalsysteme* vor (Abschn. 2). Rheinberger zufolge stellten WissenschaftlerInnen in ihren Versuchsreihen verschiedene, ihnen schon bekannte Elemente (Messgeräte, technische Apparaturen, Reaktionen mit bekannten Agenzien, etc.) zusammen, um Neues zu entdecken. Wie dieses Ensemble bekannter Dinge dennoch mehr leiste als die Überprüfung von Theorien, beschreibt Rheinberger mit dem Konzept der *differentiellen Reproduktion* (Abschn. 3). Indem es nicht einfach Bekanntes repliziert, sondern es variiert, spannt das Experimentalsystem einen *Darstellungsraum* auf, in dem das Neue seine materiellen Spuren hinterlassen kann (Abschn. 4). Es sind diese materiellen Spuren, welche zum wissenschaftlichen Objekt werden und als *epistemisches Ding* – als Ding, dem das Erkenntnisinteresse der WissenschaftlerInnen gilt – Bedeutung erhalten. Können die Spuren des epistemischen Dings beständig reproduziert werden, so können sie in andere Experimentalanordnungen eingefügt werden. Das epistemische Ding wird so zu einem *technischen Ding* (Abschn. 5). Es bleibt dann nur noch zu klären, inwiefern das Neue mehr ist als die bloß konstruktivistische Handlung der WissenschaftlerInnen (Abschn. 6).

1 Die Tradition der historischen Epistemologie

Rheinberger grenzt sich ab von dem klassischen Verständnis der Epistemologie als einer Theorie der Erkenntnis. Stattdessen verortet er sich in der französischen Tradition der *Épistémologie*.[3] Diese Tradition bildete sich an der Wende des 19. zum 20. Jahrhundert heraus, als es zu einer Problemumkehr in der klassischen, philosophischen Tradition der Erkenntnistheorie kam. Wurde vorher das Verhältnis zwischen Begriff und Objekt ausgehend vom erkennenden Subjekt behandelt, setzte nun die Reflexion auf dieses Verhältnis am Objekt selbst an. Statt also – wie in der klassischen Tradition der Erkenntnistheorie – zu fragen, wie eine unverstellte Erkenntnis der Realität für die Subjekte möglich sein könnte, fragte die *Épistémologie* nun, welche Bedingungen geschaffen werden müssen, damit ein Gegenstand unter den jeweiligen Umständen zum Gegenstand eines empirischen Wissens gemacht werden kann (vgl. Rheinberger 2007, S. 11-12).

Als Direktor des Max-Planck-Instituts für Wissenschaftsgeschichte in Berlin liegt Rheinbergers Forschungsinteresse auf der Geschichte und Epistemologie des Experimentierens in den Lebenswissenschaften. Anders als bisherige Wissenschaftstheorien (Carnap, Duheme, Feyerabend, Kuhn, Lakatos, Popper oder auch Quine) sei die historische Epistemologie mit konkreten Dingen, Experimentalsystemen und historischen Kontingenzen befasst (vgl. Rheinberger und Hagner 1993, S. 7; Rheinberger 2007, S. 11-12). Sie stelle eine „Pragmatogonie" dar, insofern sie versuche, die Entstehungsgeschichte von Repräsentationen beziehungsweise epistemischer Dingen durch die wissenschaftliche Praxis zu rekonstruieren (vgl. Rheinberger 2006, S. 22, 139).[4] Der Begriff der historischen Epistemologie vereine die

---

[3] Vgl. hierzu den Beitrag von Wulz i. d. Bd.

[4] Der Begriff der *Pragmatogonie* wurde von Michel Serres (1987) geprägt. Bruno Latour (1998) griff den Begriff später auf, um damit David Bloors (1991) Symmetrieprinzip auf die Relation zwischen Menschen und Nichtmenschen zu verallgemeinern. Etymologisch setzt sich der Begriff aus den griechischen Wörtern pragma (Ding, Sache) und gonos (entstanden) zusammen und könnte etwa übersetzt werden mit „was aus der Sache/Tat entstanden ist" (vgl. de Beer 2010, S. 6). Die Pragmatogonie sei als Beschreibung eines Prozesses notwendig eine frei erfundene Erzählung. Sie beschreibe, wie durch eine Reihe von Substitutionen eine rein soziale Sache zunehmend immer mehr „Objekte" benötige, um die soziale Sache zusammenzuhalten. In der Pragmatogonie werde die Perspektive des Objekts eingenommen, um zu zeigen, wie es ein Kollektiv zusammenhalte (vgl. Latour 1990, S. 74-75). In seiner Pragmatogonie des Soziotechnischen stellt Latour (1994) dar, wie durch die Übertragung menschlicher Tätigkeiten auf Nichtmenschen, die Reichweite sozialer Beziehungen zeitlich und räumlich erweitert worden sei. Wenn Rheinberger seinen Ansatz als Pragmatogonie bezeichnet, verbindet er damit zwei Ansprüche: Er nimmt die Perspektive der Dinge ein, um zu zeigen, welche Wirkung sie auf die Erkenntnis der WissenschaftlerInnen haben. Zum

beiden parallel zueinander verlaufenden Bewegungen der Historisierung der Wissenschaftsphilosophie und der Epistemologisierung der Wissenschaftsgeschichte. Diesen beiden Bewegungen lägen vor allem zwei Ereignisse zugrunde: Einerseits die Überwindung der klassischen Physik Newtons und dem damit verbundenen Thema der wissenschaftlichen Revolutionen, welches in der Wissenschaftsphilosophie mit Thomas Kuhn aufkam; andererseits die wiederholt fehlgeschlagenen Versuche, eine einheitliche Grundlage aller Naturwissenschaften zu finden. Rheinberger sieht in der Abwesenheit einer einheitlichen Grundlage der Naturwissenschaften jedoch keinen Mangel. Vielmehr sei ihre plurale Verfasstheit sogar die Bedingung der schnellen Entwicklungen in der Moderne (vgl. Rheinberger 2007, S. 13).

2 Experimentalsysteme

Rheinberger entlieh den Begriff *Experimentalsysteme* der Alltagssprache in den Bereichen der Molekularbiologie und Biochemie, in denen er selbst auch tätig war (vgl. Rheinberger und Hagner 1993, S. 8; Rheinberger 2006, S. 26).[5] Der Systembegriff bezieht sich nicht auf den Systembegriff Luhmanns (Wissenschaft als System). Vielmehr bezieht er sich auf eine Experimentalanordnung etwa im Sinne Ludwik Flecks (vgl. Rheinberger und Hagner 1993, S. 9). Das Experimentieren sei demnach nicht auf einen isolierten Akt beschränkt. Es handle sich immer um ein ganzes System von Experimenten und Kontrollen. Den Kontrollen komme die Funktion der ‚Interpretationshilfe' und ‚Kontrastfolie' zu. Der Systembegriff beschreibe daher eine lose Kohärenz der technischen und organischen Elemente einer Versuchsanordnung. Die Wahl des Experimentalsystems lege die Art der Fragen und Antworten fest, welche ein/e ForscherIn erhalten könne, weil sich die Art der Spuren je nach Experimentalsystem unterscheide (vgl. Rheinberger 2006, S. 21).

Rheinberger zufolge besteht eine Versuchs- oder Experimentalanordnung aus verschiedenen Experimenten und Kontrollen, die Wissen produzieren sollen, das der/die Wissenschaftler/In noch nicht hat. Das heißt, dass das gesuchte Wissen

---

anderen zeigt er, wie die Experimentalsysteme sowie die epistemischen und technischen Dinge *in actu* zur Bildung von wissenschaftlichen Kollektiven beitragen.

[5] Nach dem Abschluss seines Magisterstudiums der Philosophie, Soziologie, Linguistik und Biochemie in Tübingen 1973, diplomierte Rheinberger in Biologie und Chemie in Berlin, promovierte 1982 und habilitierte schließlich 1987 in Molekularbiologie. Zwischen 1982 und 1990 war er Forschungsgruppenleiter am Max-Planck-Institut für Molekularbiologie bevor sich sein Forschungsinteresse zunehmend der Wissenschaftsgeschichte zuwendete. 1997 wurde er schließlich zum Direktor des Max-Planck-Instituts für Wissenschaftsgeschichte.

noch nicht scharf definiert ist. Es ließe sich auch sagen, dass Experimentalsysteme so konstruiert sind, dass sie Antworten auf Fragen geben sollen, die noch nicht gestellt werden können. Daher können die Experimente auch keine klaren Antworten geben. Um die Ergebnisse eines Versuchs (Signale, Rauschen, Reaktionsprodukte, etc.) einzugrenzen, müssten sie bereits im Voraus bekannt sein. Eine eindeutige Interpretation ließe sich nur durch Rückbezug auf theoretische Vorannahmen – im Sinne des Testens einer Hypothese – erreichen. Dies würde jedoch den Raum für die Emergenz von Neuem schließen statt ihn zu öffnen (vgl. ebd., S. 24).

Im Anschluss an Kuhn ist der Forschungsprozess für Rheinberger nicht auf ein Ziel gerichtet. Wie in Darwins Evolutionstheorie kommt der Impuls des Prozesses aus der Vergangenheit und ist nach „vorne offen" (ebd., S. 25). Die Mehrdeutigkeit jedes Experiments erfordere von den ForscherInnen eine Entscheidung darüber, welcher Deutung weiter nachgegangen werden soll. Mit der Auswahl und Festlegung auf eine Deutung würden bestimmte Signale als Ergebnis des Experimentalsystems unterdrückt und andere verstärkt. Rheinberger schließt sich Bachelards Einsicht an, dass sich die einfache Situation des Experiments als Prüfverfahren einer Hypothese „‚als Produkt eines Vereinfachungsprozesses'" ergibt und das „zwangsläufig historische Produkt eines Reinigungsprozesses" ist (ebd., S. 25–26). Experimente, welche klare Antworten auf Fragen zu geben vermögen, sind Rheinberger zufolge abhängig von vorherigen Experimenten, in denen die Signalvielfalt auf ein erwünschtes Signal reduziert wurde.

Der Begriff der Experimentalsysteme beziehe sich auf die Rahmenbedingungen des Forschens als Tätigkeit. Er umfasse Instrumente und Messgeräte, Präparationsvorrichtungen und die nötigen technischen Fertigkeiten für ihre Anwendung, die Objekte, denen die Vorrichtungen gälten, sowie die Räume, in denen sie in Beziehung zueinander gesetzt würden. Wissenschaft könne demnach nicht mehr einfach als „System von Begriffen" beschrieben werden. Vielmehr materialisierten Experimentalanordnungen Fragen und brächten die materiellen Einheiten und die in ihnen verkörperten Begriffe – die epistemischen Dinge – hervor (vgl. ebd.). Daher bezeichnet Rheinberger Experimentalsysteme auch als die „kleinste integrale Einheit empirischer Forschung" (2009, S. 396).

Rheinberger unterscheidet zwischen zwei Gruppen von Aspekten in Experimentalsystemen (vgl. Rheinberger 2009): Die erste Gruppe von Aspekten sind die sozial-institutionellen. Innerhalb dieser Gruppe von Aspekten werden Experimentalsysteme als lokal begrenzte, konkrete Forschungszusammenhänge betrachtet, die eine kohärente Umgebung für die Aktivitäten der ForscherInnen erzeugen. Sie strukturieren das Laborleben, beispielsweise indem sich ForscherInnen in ihrer Tagesplanung nach der Wachstumsrate ihrer Zellkulturen richten müssen, um sie rechtzeitig zu ernten, und dienen der Abgrenzung zu anderen Forschungsarbeiten.

Somit schaffen sie Identität und Individualität sowie einen Wiedererkennungswert in der Wissenschaftsgemeinschaft. Die zweite Gruppe von Aspekten, die Gruppe der epistemisch-technischen Aspekte, ist maßgeblich für die Antwort auf die Frage danach, wie Neues aus dem Experimentalprozess hervorgehen kann.

3 Die differentielle Reproduktion

Für Rheinberger ist das Experiment als Instanz zum Testen von Hypothesen nur ein Sonderfall der Funktion des Experimentierens in den Naturwissenschaften. Das Experimentalsystem erzeugt nicht nur neues Wissen, sondern auch Fragen, die vorher noch nicht gestellt werden konnten. Damit erzeuge es etwas radikal Neues. Dies muss überraschen, besteht die Experimentalanordnung doch nahezu ausschließlich aus bekannten Elementen. Das Experimentalsystem erhält nach Rheinberger gerade durch den Rückgriff auf bekannte Versuchselemente und ihre Wiederholung seine Kohärenz. Das Neue in Experimentalsystemen ist bei Rheinberger gekoppelt an die Miterzeugung bekannter Phänomene. Die Innovation wird erst sichtbar durch den Vergleich mit existierenden, bekannten Phänomenen. In diesem Zusammenhang kann Wiederholung daher nicht die bloße Duplikation oder Kopie des Bekannten meinen. Es muss eine *differentielle Reproduktion* des Experimentalsystems erreicht werden (vgl. Rheinberger 2006, S. 88–90). Die Reproduktion zielt nicht auf eine Replikation identischer Beobachtungen. Sie zielt auf Variation (vgl. ebd., S. 96). Experimentalsysteme erzeugen so weitere Bedeutungen aus sich (vgl. ebd., S. 39). Die differentielle Reproduktion werde Rheinberger zufolge durch die Anwendung von drei Prinzipien im Forschungsalltag erreicht: Das *Symmetrieprinzip* fordere, dass alle möglichen Kombinationen der in der Versuchsanordnung vorkommenden Komponenten auch entgegen den erwarteten Ergebnissen als Kontrolle getestet werden sollten. Müsse einmal innerhalb einer Serie von Experimenten ein neues Präparat oder eine neue Charge von Materialien eingesetzt werden, weil die alte Charge aufgebraucht sei, so fordere das *Homogenitätsprinzip*, den letzten Versuch der vorhergehenden Serie zu wiederholen. Diese Vorsichtsmaßnahme macht die neue Versuchsserie anschlussfähig an die alte, indem sie zeigt, dass die neuen Versuchsmaterialien die gleichen Ergebnisse hervorbringen wie die alten. Schließlich fordere das *Exhaustionsprinzip* einen umfassenden Test der Reihe ähnlicher Verbindungen oder Präparate. Die Experimentalanordnung werde durch diese Regeln zu einem „experimentellen Spinnennetz", das so geknüpft sein müsse, „dass Aussicht auf unerwartete Beute besteht" (ebd., S. 94–95). Erst durch die Verknüpfung mit bekannten Beobachtungen und vor ihnen als Kontrastfolie könne das Neue als Differenz zum Alten bereits Bekannten in Erscheinung treten. Diese Prinzipien sind wesentlich für die Weise, wie Experimentalsysteme zur Entdeckung von Neuem führen. Durch die Änderung kleinster Details von Versuch zu Versuch werden einerseits bestimmte Spuren unterdrückt und andere verstärkt. Andererseits bietet der Aufbau eines Versuchsfeldes durch die Variation der Versuchsbedingungen die Möglichkeit, die eigenen Versuche mit „benachbarten Netzwerken von Versuchen in Berührung" zu bringen. Schließlich erhalten die ForscherInnen durch das Befolgen dieser Prinzipien ein besonderes Gespür für das Experimentalsystem. Rheinberger bezeichnet es als „Virtuosität", „Erfahrenheit", „stummes Wissen" und im Anschluss an Lacan als „intime Exteriorität" (ebd., S. 20–23, 92–93). ForscherInnen lernen, mit dem Experimentalsystem als Werkzeug und mit ihren Händen zu denken, die neuen Spuren zu verstärken und ihnen zu folgen.

In welcher Form erscheint nun aber das Neue? Dieser Frage geht Rheinberger nach, indem er Experimentalsysteme als Darstellungsräume untersucht.

4 Experimentalsysteme als Darstellungsräume

Rheinberger grenzt seine Epistemologie von dem Projekt der Aufklärung ab. Dieses Projekt habe die Welt so darstellen wollen, wie sie wirklich sei, um ihre Beherrschung zu ermöglichen. Der Empirismus und der Rationalismus seien als zwei Formen aus dem Projekt der Aufklärung hervorgegangen, dieses Ziel zu erreichen. Während der Empirismus die wahre Darstellung auf eine unverstellte Beobachtung und deren Wiederholbarkeit gegründet habe, habe der Rationalismus den Eingriff in die Wirklichkeit als Repräsentation verstanden, durch die Begriffe verwirklicht würden (vgl. ebd., S. 126). Für Rheinberger repräsentieren Experimentalsysteme nicht einfach ‚die Welt da draußen'. Ebenso wenig seien sie rein konstruktivistische Setzungen, die lediglich durch die Konstruktionsleistung ihrer Schöpfer Realität erlangen. Vielmehr schüfen sie Daten und Fakten, die als materielle Bedeutungsträger des Wissens fungierten. Sie bildeten den Raum, in dem Spuren aufgezeichnet werden könnten. Experimentalanordnungen seien Räume der Visualisierung. Das Wissenschaftsobjekt bilde sich hierbei als ein Gefüge von materiellen Spuren heraus. Indem die Spuren jedes Experiments aufeinander bezogen würden, erweitere sich die Experimentalanordnung und damit der Darstellungsraum um jedes einbezogene Experiment.

Repräsentation und Darstellung implizieren die Existenz eines Dargestellten. Rheinberger stellt allerdings fest, dass der Begriff der Darstellung vieldeutig sei als die bloße *Darstellung von etwas* als ein Entsprechungsverhältnis. Im Theater erhalte die „Darstellung ‚als' Repräsentation den doppelten Sinn einer Stellvertretung und gleichzeitigen Verkörperung" (ebd., S. 127). Der/die SchauspielerIn stehe nur für seine/ihre Rolle, aber verkörpere sie auch durch sein/ihr Handeln. Im Labor werde der Begriff der Darstellung wieder anders verwendet. Hier meine die Darstellung einer Chemikalie eine Verkörperung als Handlung, die zur Herstellung eines spezifischen Stoffes führt. Die Darstellung führe so zur Realisierung des Dargestellten. Damit umfasse Darstellung die Bedeutungen Stellvertretung, Verkörperung und Realisierung einer Sache. Wie weiter oben schon angesprochen erhält das Neue seine Bedeutung nur durch die Beziehung zu bereits bekannten Experimenten: „Wissenschaftliche Repräsentationen können letztlich nur in *Ketten* von Darstellungen Bedeutung erhalten" (ebd., S. 130 [Hervorhebung im Original]). Diese Struktur teilt die Produktion wissenschaftlicher Erkenntnisse mit der Semiotik, insofern die Zeichen ihre Bedeutung nicht von der bezeichneten Sache erhalten, sondern durch ihre Beziehung zu anderen Zeichen.

Unter Rückgriff auf Derridas (1983) *Grammatologie* bezeichnet Rheinberger die Elemente, aus denen sich das Gefüge materieller Spuren im Experimentalsystem zusammensetzt, als „Grapheme" (Rheinberger 2006, S. 130–131).[6] Sie sind graphische Abdrücke, die durch die Interaktion eines unbekannten Objekts mit den Messinstrumenten entstehen. Ein Agarosegel in einem biochemischen Labor sei „einerseits ein analytisches Werkzeug zur Auftrennung von Nukleinsäure-Fragmenten" nach deren Größe. Gleichzeitig sei es aber auch eine graphematische Darstellung von Stoffen, die durch Anfärbung oder als Fluoreszenz, als Absorption oder radioaktive Punkte visualisiert würden (ebd., S. 137). Aber was *ist* nun das unbekannte Objekt?

5 Epistemische Dinge und technische Dinge

Rheinberger bezeichnet die Objekte des wissenschaftlichen Interesses als epistemische Dinge. Dabei kann es sich um Reaktionen, Funktionen oder Strukturen handeln. Sie sind Mischgebilde aus Objekten und den im Darstellungsraum des Experimentalsystems visualisierten Spuren. Durch Farbreaktionen, Graphen oder auf Ausdrucken eines Messgeräts werden die Signale und Zeichen als Grapheme sichtbar gemacht und erhalten so eine Substanz. Die *epistemischen Dinge* bilden so die Verkörperungen des noch-nicht-Bekannten. Das epistemische Ding definiert

---

[6] Zusammen mit Hanns Zischler übertrug Rheinberger Derridas *Grammatologie* ins Deutsche.

sich – mit Latour (1987, S. 87–88) gesprochen – durch die Liste seiner Aktivitäten und Eigenschaften, wie sie sich im Darstellungsraum einschreiben. Jede neue graphematische Spur als Eintrag in der Liste definiert das konkrete epistemische Ding um und gibt ihm eine neue Gestalt (vgl. Rheinberger 2006, S. 27–28).

Damit das noch Unbekannte sichtbar wird, muss es mit den technischen Bedingungen der Experimentalanordnung interagieren. Die technischen Bedingungen des Experimentalsystems, welche zur Sichtbarmachung des epistemischen Dings dienen, nennt Rheinberger die *technischen Dinge*. Sie determinieren die Wissensobjekte auf zweifache Weise. Einerseits sind die technischen Dinge die Instrumente, Aufzeichnungsapparate und standardisierten Modellorganismen mit dem ihnen zugehörigen Wissen. Der Vagheit der epistemischen Dinge steht die genaue Definiertheit der technischen Dinge gegenüber. Erst indem sie den aktuellen Reinheits- und Präzisionsstandards mit charakteristischer Bestimmtheit genügen, machen die technischen Dinge die epistemischen Dinge in einer bedeutungsvollen Weise operationalisierbar und handhabbar. Andererseits rahmen die technischen Dingen die epistemischen Dinge ein und integrieren sie in übergreifende Felder epistemischer Praktiken und materieller Wissenskulturen. In den technischen Dingen materialisiert sich das Wissen, insofern die technischen Dinge so konstruiert wurden, dass sie immer wieder die gleichen Phänomene zuverlässig zu reproduzieren vermögen. Durch ihre Beschaffenheit stecken die technischen Dinge den Horizont des Experimentalsystems ab und ermöglichen die Sichtbarkeit von etwas, das noch unbekannt ist. Im Experimentalsystem findet so die Verbindung des noch-nicht-bekannten epistemischen Dinges mit den schon-bekannten technischen Dingen statt (vgl. ebd., S. 29).

Epistemische Dinge und technische Dinge stehen in einem Wechselverhältnis zueinander. Ausreichend stabilisierte epistemische Dinge, die ein bestimmtes Phänomen stabil reproduzieren, lassen sich als technische Bausteine in bestehende Experimentalanordnungen einfügen (vgl. ebd., S. 29). Latour (2006) beschreibt diesen Vorgang als *Inskription*: Durch die Stabilisierung von erzeugten Spuren werden sie zu „unveränderlichen mobilen Elementen" (ebd., S. 267–276). Das epistemische Ding kann so aus seinem lokalen Kontext entfernt und als technisches Ding in andere Zusammenhänge eingefügt werden. Damit ist die Unterscheidung zwischen epistemischen und technischen Dingen als eine funktionale Unterscheidung bezogen auf das jeweilige Experimentalsystem zu verstehen. Wissenschaft, Technik und epistemische Dinge stehen in einem wechselseitigen Konstitutionsverhältnis zueinander, insofern sie einander für ihre jeweilige Fortentwicklung benötigen.

Hieraus entsteht ein scheinbares Paradox: Wenn technische Dinge stets so konstruiert sind, dass sie nur bekannte Phänomene reproduzieren und somit gegenwärtiges Wissen sichern und nicht überschreiten, wie können sie dann neue epistemische Dinge hervorbringen? Die wissenschaftliche Forschung basiert auf Technik, die eigentlich das Neue an den wissenschaftlichen Objekten auslöschen müsste, weil sie nur wiederholen kann, wofür sie konstruiert wurde. Gleichzeitig sollen die technischen Dinge Antworten auf gestellte Fragen geben, während die epistemischen Dinge eher neue und andere Fragen aufwerfen als jene, die gestellt wurden. Rheinberger sieht die Lösung dieses scheinbaren Paradoxons im Charakter der Natur der Wechselwirkung zwischen epistemischen und technischen Dingen. Sie ist selbst nicht-technisch. Wissenschaftler/Innen schüfen eine Offenheit für das Auftauchen neuer, unvorhersehbarer Ereignisse, indem sie die technischen Dinge auch für Aufgaben einsetzten, für die sie nicht vorgesehen sind. So überschreite das Experimentalensemble mit seinem nicht-technischen Charakter die Identitätsbedingungen für die Replikation der technischen Objekte. In neuen Kontexten könnten technische Dinge Eigenschaften aufweisen, die bei ihrem Entwurf nicht beabsichtigt waren (vgl. Rheinberger 2006, S. 34).

6 Experimentalsysteme: Das Neue ist mehr als die Replikation des Alten

Rheinbergers Epistemologie des Experimentierens ist alles andere als ein Empirismus. In allen Schritten der Darstellung sind die ForscherInnen beobachtend und erzeugend involviert. Sie intervenieren und kreieren, verstärken bestimmte Spuren und schwächen andere ab. Der von Rheinberger dargestellte Prozess wissenschaftlicher Arbeit scheint alles andere als einen unbeeinträchtigten Blick auf die Realität zu ermöglichen. Überall greifen die ForscherInnen konstruktiv ein. Doch Rheinberger ist auch kein Konstruktivist.

Das Experiment leistet mehr als die bloße Replikation der planmäßig erzeugten Spuren. Durch das zufällige Auftauchen von Spuren, wo sie nicht vorgesehen waren, verschwindet die konstruktive Leistung der ForscherInnen, oder in seinen eigenen Worten:

> Die List dieser Dialektik von Fakt und Artefakt, die List des Ereignisses schlechthin besteht eben darin, dass sie nur um den Preis der permanenten Dekonstruktion ihres konstruktivistischen Aspekts funktioniert. Das Neue kommt gerade nicht durch die dafür vorgesehene Pforte, sondern durch den unvorhergesehenen Riss in der Wand. (ebd., S. 133)

Die Systematik in der Anordnung von Versuchen und Kontrollen sowie die Überschreitung der Identitätsbedingungen der technischen Dinge in ihrer Anwendung ermöglicht das Auftauchen des Neuen. Das Neue ist bei Rheinberger jedoch keine neue Entität einer ‚Welt da draußen', sondern ein Ensemble visualisierter Spuren, die durch das Experimentalsystem miteinander in Zusammenhang gebracht wurden. Das Spurenensemble selbst ist Gegenstand der Erkenntnis und materieller Träger von Begriffen. Im Anschluss an Ian Hacking (1996, S. 219–228) ist ‚Realität' bei Rheinberger ein Begriff zweiter Ordnung, der die Folge des Reflektierens über die wissenschaftliche Praxis des Repräsentierens ist (vgl. Rheinberger 2006, S. 139).[7] Trotzdem ist nicht alles möglich. Damit die Repräsentationen epistemischer Dinge langfristig bestehen können, müssen sie „untereinander als kohärent und stimmig oder zumindest als komplementär betrachtet werden können" und als technische Dinge zu „Voraussetzungen einer erweiterten Praxis werden" (ebd., S. 138). Die Beschreibung der Systematik der Experimentalsysteme, mit der sie ForscherInnen ermöglichen, Neues zu entdecken, und die Konzeptionalisierung des Experimentierens als Praxis des Repräsentierens sind die Stärken von Rheinbergers *Pragmatogonie des Realen*. Seine Relativierungen dieser Systematik durch die Betonung der Rolle von Kontingenzen im Forschungsprozess wirken dagegen merkwürdig. Als Variationsbandbreite im Normalbereich der Experimentalpraxis ließe sich die Kontingenz selbst als Resultat einer gewissen Systematik fassen.

Obwohl sich bei Rheinberger vielfältige Bezüge auf Bruno Latours Arbeiten über die Symmetrie zwischen menschlichen und nichtmenschlichen Akteuren finden, schließt er sich in seinen Arbeiten nicht dem Forschungsprogramm der *Akteur-Netzwerk-Theorie* (ANT) oder den mit ihr verbundenen *Science and Technology Studies* (STS) an.[8] Sein Fokus liegt nicht auf der Wirkung wissenschaftlicher Innovationen auf soziale Beziehungen. Vielmehr beschäftigt er sich mit der Geschichte und Philosophie der Wissenschaften. Wie Peter Galison (1997, S. 5) schreibt Rheinberger seine Historiographie ausgehend von den Dingen. Galison gibt jedoch bei der Frage nach der Kohäsion der Wissenschaften die Perspektive der Dinge auf. Stattdessen entsteht bei ihm die Einheit der Wissenschaften über eine Pidginisierung der Verhandlungssprache zwischen WissenschaftlerInnen aus unterschiedlichen Wissenschaftskulturen. Rheinberger behält dagegen konsequent die Perspektive der Dinge bei. Ein Zusammenhang zwischen unterschiedlichen WissenschaftlerInnen entstehe durch ein „experimentelles Netzwerk von Objekten und Praktiken". Das Netzwerk erhält seinen Zusammenhalt und seine Reichweite durch den „Austausch epistemischer Dinge, Modelle, technischer Subroutinen und impliziten Wissens" (vgl. Rheinberger 2006, S. 171). Doch steht der Zusammenhalt nicht im Zentrum seines Interesses. Rheinberger stellt die epistemologische Frage danach, wie sich der

---

[7] Zum Werk Ian Hackings vgl. Hofmann i. d. Bd.
[8] Zur Akteur-Netzwerk-Theorie vgl. die Beiträge von Van Loon i. d. Bd.

Erkenntnisprozess in den Experimentalwissenschaften als Praxis des Repräsentierens gestaltet. Das heißt jedoch nicht, dass sein Ansatz für die Wissenschafts- und Technikforschung irrelevant wäre. So sehen etwa Hempel et al. (2010, S. 10) in den verschiedenen Formen der Überwachung einen Vorgang der Sichtbarmachung zur Erzeugung von Wissen über das Verhalten von Menschen. In Anlehnung an Rheinbergers epistemische Dinge müssten in diesem Vorgang für die Wissenserzeugung „Zeichen interpretiert, Spuren gelesen und Bewegungen kartographiert werden." Überwachung wird bei Hempel et al. in Analogie zu Experimentalsystemen in Bezug auf die Praxis des Repräsentierens untersucht.

Literatur

Bloor, David. 1991. *Knowledge and social imagery*. Chicago: University of Chicago Press.
de Beer, Carel Stephanus. 2010. Pragmatogony: The impact of things on humans. Phronimon 11/2: 5–17.
Derrida, Jacques. 1983. *Grammatologie*. Frankfurt a. M.: Suhrkamp.
Galison, Peter. 1997. *Image and logic. A material culture of Mikrophysics*. Chicago: The University of Chicago Press.
Hacking, Ian. 1996. *Einführung in die Philosophie der Naturwissenschaften*. Stuttgart: Reclam.
Hempel, Leon, Susanne Krassmann, und Ullrich Bröckling. 2010. Sichtbarkeitsregime: Eine Einleitung. In *Sichtbarkeitsregime. Überwachung, Sicherheit und Privatheit im 21. Jahrhundert*, Hrsg. von Leon Hempel, Susanne Krasmann und Ulrich Bröckling, 7–24. Wiesbaden: VS.
Knorr Cetina, Karin. 1981. *The manufacture of knowledge. An essay on the constructivist and contextual nature of science*. Oxford: Pergamon Press.
Latour, Bruno. 1987. *Science in action. How to follow scientists and engineers through society*. Cambridge: Harvard Univ. Press.
Latour, Bruno. 1990. The force and the reason of experiment. In *Experimental inquiries. Historical, philosophical and social studies of experimentation in science*, Hrsg. von Homer Eugene Le Grand, 81–98. Dordrecht: Kluwer Academic Publishers.
Latour, Bruno. 1994. Pragmatogonies. A mythical account of how humans and nonhumans swap properties. *American Behavioral Scientist* 37/6:791–808.
Latour, Bruno. 1998. *Wir sind nie modern gewesen. Versuch einer symmetrischen Anthropologie*. Frankfurt a. M.: Fischer.
Latour, Bruno. 2006. Drawing things together: Die Macht der unveränderlich mobilen Elemente. In *ANThology. Ein einführendes Handbuch zur Akteur-Netzwerk-Theorie*, Hrsg. von Andréa Belliger und David J. Krieger, 259–307. Bielefeld: transcript.
Latour, Bruno, und Steve Woolgar. 1979. *Laboratory life. The social construction of scientific facts*. Beverly Hills: Sage.
Rheinberger, Hans-Jörg. 2006. *Experimentalsysteme und epistemische Dinge*. Frankfurt a. M.: Suhrkamp.
Rheinberger, Hans-Jörg. 2007. *Historische Epistemologie zur Einführung*. Hamburg: Junius.

Rheinberger, Hans-Jörg. 2009. Experimentalsysteme, In-vitro-Kulturen, Modellorganismen. In *Kulturgeschichte des Menschenversuchs im 20. Jahrhundert*, Hrsg. von Birgit Griesecke, Marcus Krause, Nicolas Pethes, und Katja Sabisch, 394–404. Frankfurt a. M.: Suhrkamp.

Rheinberger, Hans-Jörg, und Michael Hagner. 1993. Experimentalsysteme. In *Die Experimentalisierung des Lebens. Experimentalsysteme in den biologischen Wissenschaften 1850/1950*, Hrsg. von H.-J. Rheinberger und M. Hagner, 7–27. Berlin: Akademie Verlag.

Rheinberger, Hans-Jörg, Bettina Wahrig-Schmidt, und Michael Hagner. 1997. Räume des Wissens. Repräsentation, Codierung, Spur. In *Räume des Wissens. Repräsentation, Codierung, Spur*, Hrsg. von H.-J. Rheinberger, M. Hagner, und B. Wahrig-Schmidt, 7–21. Berlin: Akademie Verlag.

Serres, Michel. 1987. *Statues. Le Second Livre des Fondations*. Paris: Flammarion.

Geoffrey C. Bowker und Susan Leigh Star: Pragmatistische Forschung zu Informationsinfrastrukturen und ihren Politiken

Jörg Strübing

Die amerikanische Soziologin Susan Leigh Star (1954–2010) und ihr Mann, der in England geborene und in Australien aufgewachsene Historiker und Philosoph Geoffrey C. Bowker (*1953) haben unterschiedliche intellektuelle Wurzeln, die sich in ihrem zentralen gemeinsamen Werk *Sorting things out* konstruktiv ergänzen. *Susan Leigh Star*, die aus einem ländlich geprägten Arbeitermilieu in Rhode Island stammt, beginnt zunächst ein Philosophie-Studium in Harvard, findet sich dort aber nicht gut aufgehoben, steigt nach dem ersten Jahr aus und gründet Anfang der 1970er Jahre eine Öko-Kommune in Venezuela (vgl. Star 2007). Von der aufkommenden Frauenbewegung inspiriert, kehrt sie allerdings zurück ans Radcliffe College der Harvard University, wo sie ihr Studium 1976 in den Fächern Psychologie und Soziale Beziehungen abschließt. Das anschließende Promotionsstudium der Philosophie der Erziehungswissenschaften in Stanford bricht sie nach kurzer Zeit ab, weil sie die dortige Lehre als reduktionistisch empfindet[1], und wendet sich endgültig der Soziologie zu. Der Fachwechsel führt sie an die University of California in San Francisco, wo sie auf Anselm L. Strauss trifft, einen der führenden pragmatistisch-interaktionistischen Soziologen seiner Zeit und Mitbegründer des Forschungsstils der *Grounded Theory* (vgl. zu Strauss: Strübing 2007). Bei ihm promoviert sie 1983 mit einer wissenschaftssoziologisch-historischen Studie über die frühe Hirnforschung (vgl. Star 1989) und entwickelt in diesem Kontext das in

---

[1] Diese und einige weitere Informationen stammen aus einem Interview, das ich 1998 in Urbana-Champaign mit Leigh Star führen konnte.

J. Strübing (✉)
Institut für Soziologie, Universität Tübingen, 72074 Tübingen, Deutschland
E-Mail: joerg.struebing@uni-tuebingen.de

der Wissenschafts- und Technikforschung breit rezipierte Konzept der „Boundary Objects" (Star und Griesemer 1989; s. u.). Stars Hinwendung zur Wissenschafts- und Techniksoziologie hat ihre Wurzeln bereits im politischen Aktivismus ihrer frühen ‚Hippie-Zeit' und ist seitdem stark mit ethischen Perspektiven verbunden (vgl. Balka 2010, S. 647). In der Forschungsgruppe um Anselm Strauss kommt sie zudem mit dem amerikanischen Pragmatismus und der interaktionistischen Soziologie in der Tradition der Chicago School in Kontakt, einer Theorieperspektive, die ihr weiteres wissenschaftliches Werk nachhaltig prägen sollte. Von 1987 bis 1990 lehrt sie als Assistenzprofessorin in Irvine, Kalifornien und verbringt einen Teil diese Zeit als Fellow in Paris an der *École des mines*, wo sie mit Bruno Latour und Michael Callon arbeitet und ihren Mann Geoffrey kennenlernt. Weitere Stationen führen sie 1992 als Senior Lecturer an die University of Keele, Großbritannien und 1992 an die Graduate School of Library and Information Sciences der University of Illinois at Urbana-Champaign, wo sie gemeinsam mit Bowker über Informationsinfrastrukturen forschte.

Geoffrey C. Bowker stammt aus einer Lehrer- und Hochschullehrerfamilie, die abwechselnd in England und Australien lebt. Nachdem er zunächst als Archivar in Australien und als Fremdsprachenlehrer in England gearbeitet hat, promoviert er Anfang der 1980er Jahre an der University of Melbourne, Australien, in Wissenschaftsphilosophie und -geschichte. Danach geht er für mehrere Jahre als Forscher zu Bruno Latour an die *École des mines* und führt dort eine wissenshistorische Studie über die organisierte Erinnerungspraxis eines geophysikalischen Forschungsunternehmens durch (vgl. Bowker 1994). In Paris lernt er neben der Akteur-Netzwerk-Theorie auch seine spätere Frau Leigh kennen (Bowker 2010). Es folgen weitere Stationen an den Universtäten Keele (1990) und Manchester (1991) bevor er ab 1992 ebenfalls in die USA und an die University of Illinois at Urbana-Champaign wechselt. In Illinois haben Star und Bowker *Sorting Things* out verfasst und 1999 publiziert. Danach nahmen beide jeweils zeitgleich Professuren in San Diego (1999), Santa Cruz (2004) und zuletzt in Pittsburgh (2009) wahr. 2010 verstarb Susan Leigh Star völlig überraschend im Alter von nur 56 Jahren. Geoffrey Bowker lehrt inzwischen an der University of California in Irvine.

1 Forschungsfeld und theoretischer Hintergrund

Star gehört zu den BegründerInnen einer pragmatistisch-interaktionistischen Wissenschafts- und Technikforschung (vgl. Strübing 2005), die an die handlungsphilosophischen Grundprinzipien des klassischen amerikanischen Pragmatismus anknüpft. Dieser betont die Auflösung der cartesianischen Dualismen von Leib-Seele, Akteur-Umwelt, Individuum-Gesellschaft in eine Perspektive dynamischer Ko-Konstitution, deren *movens* der fortwährende Spannungswechsel von Zweifel und Gewissheit ist, sowie die perspektivgebundene Objektkonstitution im problemlösenden Handeln im Unterschied zu universalistischen Ontologien.[2] Seine Konkretion findet diese Theorieperspektive u. a. in der Theorie sozialer Welten, die Anselm Strauss mit seiner Arbeitsgruppe seit Mitte der 1970er Jahre in empirischen Studien zur Medizinsoziologie entwickelt und im Laufe der Jahre immer weiter auch theoretisch ausarbeitet (vgl. Strauss 1978, 1993). Gemeinsam mit Elihu Gerson, Adele Clarke, Joan Fujimura und anderen entwickelt Star aus diesem Ansatz eine spezifische Perspektive auf Technik, Wissen und Wissenschaft, in der es zentral um die Rekonstruktion der Verdinglichungsprozesse geht, deren Resultate jene Artefakte, symbolische Ordnungen, materielle und kognitive Strukturen sind, die unserem Handeln vorausliegen. Indem analytisch nicht nur deren soziale Genese, sondern im Sinne einer Ko-Konstitutionsperspektive auch ihre fortwährende Reproduktion in sozialen Prozessen des Entscheidens, Aushandelns und Erfindens in der praktischen Auseinandersetzung mit diesen Strukturmomenten aufgezeigt wird, bekommt der Ansatz zugleich eine politische Dimension: Die Etablierung einer Norm für den Krümmungsgrad von Bananen oder die Topographie eines Fernwärmenetzes gelingt nur insoweit als die Handelnden sich in ihren Praktiken darauf beziehen – und die Art, wie sie sich darauf beziehen, entscheidet über das Schicksal des jeweiligen Artefaktes, bzw. macht es zu dem, was es für uns ist. Damit vertritt Star (wie auch Bowker) ein *relationales* Verständnis von technischen und wissenschaftlichen Strukturen. Dies gilt insbesondere für Informationsinfrastrukturen, einem Forschungsgegenstand, den die beiden in den Mittelpunkt ihrer gut zwanzig Jahre währenden gemeinsamen Forschung stellen: „Infrastructure is a fundamentally relational concept" formulieren Star und ihre Kollegin Karen Ruhleder in einem Aufsatz über eine (gescheiterte) elektronische Kommunikationsplattform für Biologen (Star und Ruhleder 1996).

Das Interesse an Infrastrukturfragen speist sich zumindest bei Star aus einem ihre Forschungsbiographie durchziehenden Interesse an der Erforschung praktischer Formen der Bewältigung von Heterogenität in Wissenschaft und Technologie. Bereits in den frühen 1980er Jahren arbeitet sie in einem Projekt von Soziologinnen und Informatikern an der Erforschung sogenannter Multi-Agenten-Systeme, also offener, nicht-hierarchisch strukturierter, lern- und entwicklungsfähiger, proaktiver Computersysteme, für deren Modellierung auch soziologisches Wissen über

---

[2] Für einen einführenden Überblick vgl. Shalin 1986 und zum Werk des Pragmatisten John Dewey den Beitrag von Bammé i. d. Bd.

z. B. die praktischen Weisen der Öffnung und Schließung von Prozessen und sozialen Einheiten verwendet wird (vgl. Gerson und Star 1986; Hewitt 1986; Strübing 1998; Star 2004). Bereits hier taucht das Problem der Integration heterogener Entitäten auf, bei der die (produktive) Differenz zugleich erhalten, Austausch aber möglichst reibungsarm möglich sein sollte.

Dies führt Star weiter zur Erforschung heterogener Kooperationen in den Wissenschaften, Kooperationen also, die nicht nur situativ, sondern längerfristig Fachgrenzen überschreiten, ohne zur Etablierung eines neuen, hybriden Faches zu führen (vgl. Gläser et al. 2004). Das Besondere an dieser Form der Zusammenarbeit ist, wie Star herausarbeitet, dass es sich in der Regel um „Kooperation ohne Konsens" handelt (Star 2004), Arbeitszusammenhänge also, die erfolgreich sein können, ohne dass die beteiligten Wissenschaftlerinnen ein kongruentes gemeinsames Forschungsinteresse und -ziel verfolgen und ohne dass sie über ein einheitliches Verständnis der Methoden, Theorien und Gegenstände ihres Forschens verfügen (müssen). In dieser Diversität der Perspektiven liegt gerade die Kreativität und Produktivität heterogener, fachübergreifender Forschungszusammenhänge begründet. Zugleich aber stellt sich die Frage, wie unter diesen Bedingungen Kooperation überhaupt funktionieren kann. In ihren Studien zur Hirnforschung, vor allem aber in einer gemeinsam mit dem Wissenschaftsphilosophen James Griesemer durchgeführten Untersuchung über die Entwicklung eines zoologischen Museums für Wirbeltiere in Kalifornien im ausgehenden neunzehnten Jahrhundert schlägt sie als Erklärung die vermittelnde Leistung von „boundary objects" vor, von Objekten also, „die plastisch genug sind, um sich an die lokalen Bedürfnisse und constraints der sie verwendenden Parteien anzupassen, aber auch robust genug, um eine gemeinsame translokale Identität zu bewahren" (Star 2004, S. 70). Gerade weil die verwendeten Landkarten von Kalifornien, die Fragebögen der Forscher für die Fallensteller, die organisierte Sammlung im Museum und selbst die Exponate bzw. die erlegten Tiere es den verschiedenen Beteiligten (Trapper, Forscher, Museumsstifterin) erlaubten, ihnen sowohl je spezifische, perspektivgebundene Sinngehalte zuzuschreiben (das abgelieferte Tier als Broterwerb des Trappers und als Mittel zu Exemplifizierung einer bestimmten Forschungshypothese für den Biologen), zugleich aber auch eine gemeinsam geteilte und stabilisierte Bedeutung zu transportieren, konnten die unterschiedlichen Beiträge der verschiedenen Beteiligten sich wirkungsvoll ergänzen. Mit diesem Vorschlag setzt sich Star auch kritisch von der frühen Akteur-Netzwerk-Theorie ab, die mit dem Konzept des ‚interessement' eine monoperspektivische Antwort auf die im Kern identische Forschungsfrage gibt. Statt aus der Sicht eines fokalen Protagonisten rekonstruieren Star und die pragmatistische Wissenschafts- und Technikforschung Kooperationsprozesse in den Wissenschaften multiperspektivisch, weil sie davon ausgehen, dass alle Beteiligten simultan Übersetzungs- und Vermittlungsleistungen erbringen. Diese nur aus einer, dann dominant gesetzten Perspektive zu rekonstruieren, würde zwangsläufig die Beiträge der anderen Beteiligten in ihrer Eigenständigkeit und Authentizität marginalisieren (vgl. Star 2004, S. 67).

In diesem Argument klingt bereits ein weiteres Motiv der pragmatistischen Wissenschafts- und Technikforschung durch, das man als ‚voice versus silencing' bezeichnen könnte (vgl. dazu Star und Strauss 1999): Geschichte wird in der Regel von Siegern geschrieben – mit der Folge, dass die Perspektiven der Besiegten, Dissidenten, Unterdrückten oder Marginalisierten in Vergessenheit zu geraten drohen. Die von Bowker und Star, aber auch von Strauss, Clarke oder Fujimura verfolgte Theorieperspektive zielt in diachroner wie in synchroner Perspektive auf die Rekonstruktion der Beiträge aller Beteiligten an Prozessen der Wissens- und Technikgenese. Ansatzpunkte dafür sind zum einen ein konsequenter Situationsbezug und zum anderen die Betrachtung von Wissenschaft und Technik als praktische Tätigkeiten. Situationsbezug bedeutet davon auszugehen, dass alle Entwicklungen und Hervorbringungen immer Ergebnis situierter Praktiken und Aushandlungen sind. Konzepte, Pläne, Logiken, Artefakte oder Konstellationen sind nur soweit und in der Weise handlungsrelevant, wie die Akteure sie sich situativ – und damit gebunden an die Lösung eigener Handlungsprobleme – zu eigen machen. In einem erweiterten Sinn bedeutet Situationsbezug damit aber auch, dass die im situierten Handeln relevant gemachten Strukturbezüge und Diskurse ebenfalls in ihrer Gemachtheit – in vorangegangenen und oder anderswo stattgehabten situierten Handeln hervorgebracht – dekonstruiert werden müssen.

Der Blick auf diese handlungspraktische Situiertheit schafft für die pragmatistisch-interaktionistische Forschung auch die Verbindung zwischen Wissenschaft und Technologie einerseits sowie dem Alltagshandeln andererseits bzw. zwischen Genese- und Nutzungsperspektiven von Technologien. Technologie ist, wie Star wiederholt betont, ubiquitär (vgl. Star 2007, S. 224): Wer sich ein Glas Wasser aus dem Wasserhahn in der Küche abzapft oder sich mit Nadel und Faden einen Knopf annäht, ist mittelbar und unmittelbar mit einer Vielzahl technologischer Bezüge konfrontiert – zumeist ohne diese im Handeln zu reflektieren. Logistiken der Trinkwasseraufbereitung und -verteilung, Messverfahren zur Bestimmung der Wasserqualität, wissenschaftliches Wissen über gesundheitsgefährdende Stoffe im Wasser oder aber industrielle Verfahren der Stahlhärtung und des Spinnens synthetischer Fäden etc. sind in diese unscheinbaren Alltagsverrichtungen fortwährend involviert. Es ist dieser Nexus von situiertem Alltagshandeln und übergreifenden, technologiebasierten Infrastrukturzusammenhängen, der auch im Zentrum von *Sorting Things out* steht.

2 Das Argument

Klassifizieren ist eine unvermeidliche alltägliche Praxis, die mit der Alltagsheuristik des Vergleichens einhergeht: Schon wenn wir den Gesichtsausdruck eines Freundes im einen und im anderen Moment (unwillkürlich) miteinander vergleichen und feststellen, dass er einmal ‚wie immer' und einmal ‚trauriger als sonst' guckt, benötigen wir ein *tertium comparationis*, einen gemeinsamen Bezugspunkt der beiden zu vergleichenden Objekte, d. h. wir klassifizieren was wir sehen (in unserem Beispiel eben als Gesichtsausdrücke, nicht als Hauttypen oder Frisuren). Diese Alltäglichkeit des Klassifizierens nehmen Bowker und Star zum Ausgangspunkt ihrer Argumentation und verweisen auf den Gegensatz zwischen Praktiken des Klassifizierens und der Definition von Klassifikationen: Während im formalwissenschaftlichen Verständnis Klassifikationen ein eindeutiges Klassifikationsprinzip, wechselseitig exklusive Kategorien und Vollständigkeit, also die Klassifizierung aller Entitäten eines definierten Bereichs (z. B. die Bücher eines regionalen Bibliotheksverbundes) voraussetzen, stellen Bowker und Star mit Blick auf die Praxis des Klassifizierens nüchtern fest: „No real-world working classification system that we have looked at meets these ‚simple' requirements and we doubt that any ever could." (Bowker und Star 1999, S. 11). Tatsächlich würden Klassifikationsregeln nicht konsistent angewandt bzw. es kommen partiell inkommensurable Regeln zur Anwendung, Objekte lassen sich mitunter nicht eindeutig einer bestimmten Kategorie zuordnen, und immer wieder gibt es Objekte, die außerhalb der Klassifikation bleiben, weil keine Kategorie auf sie passt.

In konkreten Situationen des Klassifizierens werden vorgegebene Klassifikationsregeln im Lichte der lokalen Anforderungen interpretiert und in mehr oder weniger modifizierter Form zur Anwendung gebracht. Man könnte nun argumentieren, die lokale Variation sei ein ‚Verstoß' gegen die Regeln des allgemeinen Klassifikationsschemas, doch hieße dies nichts anderes als diesen ein normatives Primat über die lokalen Praktiken zuzuerkennen. Die These von Bowker und Star ist hier differenzierter. Zunächst stellen sie nicht ein Klassifikationsschema in formal reiner Form und einzelne lokale Praktiken einander gegenüber, sondern gehen davon aus, dass empirische Klassifikationsschemata in sich bei weitem nicht so monolithisch und kohärent sind, wie die Definition es nahe legen würde. So stellen Bowker & Star mit Blick auf den ICD, den *International Code of Diseases* der Weltgesundheitsorganisation (WHO), einem ihrer empirischen Fälle, fest: „What we found was not a record of gradually increasing consensus, but a panoply of tangled and crisscrossing classification schemes held together by an increasingly harassed and sprawling international public health bureaucracy" (Bowker und Star 1999, S. 21).

Gerade weil Klassifikationen lokale und regionale Anwendungsfelder überspannen und wechselseitig anschlussfähig machen sollen, gerät die beanspruchte Kohärenz fortwährend unter Druck. Am Beispiel des ICD bedeutet das, dass die in unterschiedlichen Weltregionen geprägten, ethnisch, kulturell oder religiös unterschiedlichen Verständnisse von Gesundheit/Krankheit, Körper/Geist/Seele, Leben und Tod, aber auch die unterschiedlich ausgebildeten Praktiken des Heilens und die variierende Verfügbarkeit technischer Apparaturen zu Klassifikationsformen geführt haben, die gegenüber dem globalisierten Klassifikationsversuch der WHO ein widerständiges Eigenleben führen. Es etablieren sich also hybride Klassifikationssysteme, die etwa dort, wo Leben als mit der Zeugung beginnend verstanden wird, anders aussehen als in Kulturen, die den Lebensbeginn mit einem definierten Status der fötalen Entwicklung markieren (vgl. Bowker und Star 1999, S. 16).

Klassifizierung geht Hand in Hand mit Standardisierungen, ohne mit ihnen identisch zu sein. Sie sind, wie Bowker und Star notieren,

> two sides of the same coin. Classifications may or may not become standardized. If they do not, they are ad hoc, limited to an individual or local community, and/or of limited duration. At the same time, every successful standard imposes a classification system, at the very least between good and bad ways of organizing actions or things. (Bowker und Star 1999, S. 15)

Bowker und Star behandeln in ihrem Werk zwar vorrangig Klassifikationssysteme und die Praxis des Klassifizierens, betrachten Standards jedoch als unverzichtbaren Nebenaspekt, ohne dessen Betrachtung ihr Argument nicht funktionieren würde. Während Klassifikationen auch lokal, privat, ja individuell sein können („ganz im Geheimen", wie Astrid Lindgren ihre Lotta sagen lässt), stellen Standards immer schon das Ergebnis einer Aushandlung dar, sind ein „set of agreed-upon rules for the production of (textual or material) objects" (Bowker und Star 1999, S. 13). Sie überspannen damit verschiedene ‚Praxisgemeinschaften' – einen Begriff, den Bowker und Star von Jean Lave und Etienne Wenger (1991) übernehmen – und haben eine gewisse raum-zeitliche Reichweite. Damit sind sie geeignet und dienen häufig dazu, Arbeitszusammenhänge über Heterogenitäten und Distanzen zu koordinieren. Oft werden die Konventionen, die Standards darstellen, rechtlich besonders sanktioniert: Schon im Mittelalter wurde bestraft, wer seine Waren auf dem Markt mit nicht geeichten Gewichten aufwog. Weil Standards häufig einige Dauerhaftigkeit und Härte aufweisen und überdies eine Geschichte haben, unterliegen Versuche, sie zu modifizieren einer Pfadabhängigkeit, die auch eine kontinuierliche Verbesserung der Standards bzw. deren Anpassung an veränderte Umweltbedingungen erschweren oder verhindern kann.[3] Für die Etablierung und das Funktionieren von

---

[3] Vgl. das bekannte Beispiel des QWERTY-Schemas für Tastaturlayouts, das für Typenhebel-Schreibmaschinen technisch sinnvoll war, für Computertastaturen aber eher hinderlich ist (Vgl. David 1985).

Klassifikationen kommt hinzu, dass sie in der Regel auf bestehenden Ordnungen aufsetzen, d. h. sie sortieren etwas neu, was zuvor bereits sortiert war – zumindest auf der lokalen Ebene.

Indem Klassifikationssysteme unterschiedliche lokale Handlungszusammenhänge miteinander kompatibel machen, geraten situationsübergreifender Ordnungsanspruch und situierte Praktiken fast zwangsläufig in ein spannungsvolles Verhältnis, das sich nicht ohne Verlust in die eine oder die andere Richtung auflösen lässt. Lokale Akteure müssen also einen *modus vivendi*, mit den sie umstellenden, oft unsichtbar in ihrer Alltagswelt eingebetteten Klassifikationssystemen finden. Denn diese formen übergreifende Informationsinfrastrukturen, auf deren integrative und vermittelnde Leistung wir zunehmend angewiesen sind. Souveränes lokales Problemlösen setzt dann aber voraus, sich im lokalen Handeln die Implikationen, also z. B. die implizite Normativität von Klassifikationen, erschließen und verfügbar machen zu können.

Bowker und Star zeigen in ihren empirischen Fallstudien, wie Klassifikationssysteme als „Boundary Objects" funktionieren, die die Informationsbedürfnisse lokaler Praxisgemeinschaften erfüllen und zugleich eine überlokal vermittelbare Identität von Information gewährleisten. Dabei stehen Klassifikationen auf eigentümliche Weise zwischen Objekten, die klassifiziert werden, und dem Handeln, das sich diese Objekte über ihre Klassifiziertheit als geordnete verfügbar macht (vgl. Bowker und Star 1999, S. 285 ff.). Das, was wir zu einem gegebenen Zeitpunkt als Klassifikationssystem wahrnehmen, ist ‚geronnene Arbeit': Empirisch ist in diesem Sinne nicht das Klassifikationssystem das eher ein nachträgliches analytisches Destillat darstellt, sondern es sind die fortgesetzten, an diversen Orten und zu unterschiedlichen Zeiten stattfindenden Tätigkeiten des Klassifizierens, die praktisch Ordnungen hervorbringen, dabei aber immer wieder auf lokale Repräsentationen von Wissen aus anderen Kontexten (Klassifikationswissen) zurückgreifen (Bowker und Star 1999, S. 290).

3 Die Fälle

Über die verschiedenen Kapitel des Buches präsentieren Star und Bowker ihr Argument an einer Reihe empirischer Fälle, an denen jeweils bestimmte Elemente des Theoriekonstruktes entwickelt werden. Im ersten Teil geht es in drei Kapiteln um den schon erwähnten *International Code of Diseases*, der als Exempel für „largs-scale infrastructures" im Kontext multipler Organisationen dient (Bowker und Star 1999, S. 53 ff.). Der zweite Teil widmet sich dem Zusammenhang von

Klassifikation und Biographie und stützt sich auf empirische Studien über Tuberkulose. Hier wird u. a. argumentiert, dass eine Spannung besteht zwischen der wissenschaftlichen Klassifizierung von Epidemien als durch die Leistungen der Medizinforschung besiegt und dem biographischen Erleben, in dem Krankheiten wie Polio oder Tuberkulose auch nach Jahrzehnten noch ihren Niederschlag finden – in vorzeitiger Alterung oder Tod, die im Erleben mittelbar auf die frühere Erkrankung zurückgeführt werden können, ihr offiziell aber nicht zugerechnet werden (vgl. Bowker und Star 1999, S. 165 ff.). Ein weiteres Beispiel für den Zusammenhang von Klassifikation und Biographie sind Praktiken der „Rassenklassifizierung" im südafrikanischen Apartheids-Regime: Wann ist jemand „white", wann „coloured", gibt es auch andere legitime Kategorien, kann man zwischen ihnen ‚wandern', und wie schlägt sich das in den Biographien der so Klassifizierten nieder (Bowker und Star 1999, S. 195 ff.)? Der dritte Teil des Buches befasst sich in arbeits- und organisationssoziologischer Perspektive mit Klassifikationen. Dabei steht zunächst eine Studie über die Einführung eines Tätigkeitsklassifikationssystems für die Krankenpflege im Mittelpunkt (vgl. Bowker und Star 1999, S. 231 ff.). Es wird untersucht, was sich verändert, wenn bislang als integrierte Bestandteile krankenpflegerischen Handelns wahrgenommene Aspekte (z. B. Humor zeigen) nun in feinste Kategorien unterschieden und damit zugleich normativ fixiert werden (was ist Humor, was ist keiner?). Das zweite Kapitel dieses Abschnitts widmet sich dem Problem von Klassifizierung und organisierter Arbeit aus einer anderen Perspektive: Am Beispiel der Krankenpflegetätigkeiten, aber auch unter Rückgriff auf Bowkers frühere Studie über das französische geophysikalischen Unternehmen Schlumberger (vgl. Bowker 1994) geht es um organisiertes Vergessen, dass auf das Engste mit der Arbeit des Klassifizierens verbunden ist: Was nicht sichtbarer Bestandteil anerkannter Klassifikationen ist, wird aus Organisationsperspektive vergessen und verliert insofern seine Legitimation im Kontext der Organisation. Zugleich aber gibt es immer auch ‚gute Gründe' dafür, bestimmtes Organisationswissen in übergreifenden Repräsentationen von Klassifikationen nicht mehr auftauchen zu lassen.

Die theoretischen Erträge der Studien – die empirisch im Forschungsstil der *Grounded Theory* durchgeführt wurden – stellen die beiden abschließenden Kapitel des vierten Abschnitts dar. Im Zentrum steht dabei die Ausgestaltung der Konzepte „categorial work" und „boundary infrastructure" (Bowker und Star 1999, S. 286). Indem sie Klassifizieren als „categorial work" fassen, knüpfen Bowker und Star an das arbeits- und organisationssoziologische Vokabular von Anselm Strauss an, stellen aber auch Bezüge zur Harvey Sacks ethnomethodologischer Perspektive der „doing being" her (vgl. Sacks 1992). Das Verhältnis von „categorial work" und „boundary infrastructure" charakterisieren sie wie folgt:

> the institutionalization of categorial work across multiple communities of practice, over time, produces the structures of our lives, from clothing to houses. The parts that are sunk into the built environment are called here boundary infrastructures – objects that cross larger levels of scale than boundary objects. (Bowker und Star 1999, S. 287)

„Boundary infrastructure" referiert also auf die funktionale Leistung der reifizierten Ergebnisse fortgesetzter „categorial work".

4 Aktualität und Folgen

Die dramatische Aktualität einer wissens- und techniksoziologischen Beschäftigung mit alltäglichen Prozessen des Klassifizierens und Standardisierens in Informationsinfrastrukturen ist im Zeitalter von Facebook und Body-Maß-Index, von globalisierten Arbeitsmärkten und normierten Standards für ‚natürliche' Lebensmittel kaum von der Hand zu weisen.[4] Gerade weil der Zugriff computerisierter Infrastrukturen auf unser Alltagsleben allein seit dem Erscheinen von *Sorting things out* massiv gestiegen ist, sollte das Werk zur Standardlektüre der Wissenschafts- und Technikforschung gehören – wie übrigens auch der Sammelband, *Standards and their Stories* den Leigh Star und Martha Lampland 2009 publiziert haben und in dem sie den Fokus noch stärker auf alltägliche Prozesse des Quantifizierens und Formalisierens sowie auf Politiken richten, in die diese Praktiken eingebunden sind (vgl. Lampland und Star 2009). *Sorting things out* hat die Erforschung von Klassifikation und Standardisierung fest im Kanon der neuen Wissenschafts- und Technikforschung verankert. Eine ganze Reihe von Studien haben das Thema aufgegriffen und in unterschiedlichen Feldern vertieft: So etwa, um nur einige wenige zu nennen, Stefan Timmermans (2003) mit einer Arbeit über Status Dilemmata eines ingeniösen schwarzen Labortechnikers in Südafrika, Carrie Friese (2010) über Klassifikationspraktiken bei der repoduktionsmedizinischen Erhaltung biologischer Artenvielfalt, Joan Fujimura (2006) über Techniken der standardisierten Geschlechtsbestimmung, Lisa Messeri (2010) über Klassifizierungsprobleme in der Astronomie am Beispiel der Herabstufung des Pluto zu einen Zwerg-Planeten und Wolff-Michael Roth (2005) über die alltägliche Praktiken des Klassifizierens in der wissenschaftlichen Arbeit.

Stars Lebenswerk und insbesondere Bowker und Stars *Sorting things out* muss darüber hinaus zu den Gründungsdokumenten der neueren Diversitätsforschung

---

[4] Zu aktuellen Perspektiven der Infrastrukturforschung vgl. Niewöhner i. d. Bd.

gezählt werden und findet hier seine fortwährende Aktualität. Bedeutsam an ihrem Ansatz ist gerade der Einbezug von Wissen und Technologie, mit dem sie zeigen können, dass die Sichtbarkeit der immer existierenden ethnischen, sozialen, gender-bezogenen oder religiösen Diversität der globalisierten Welt in organisierten und technisierten Informationsinfrastrukturen in besonderer Weise bedroht ist. Ging es in der früheren pragmatistischen Wissenschafts- und Technikforschung stark um die Frage, wie heterogene Entitäten in produktiver Weise in Wechselverhältnisse gebracht werden können, so hat sich in der neueren Diskussion der Fokus verschoben auf die Frage, wie Diversität als Ressource in globalisierten Strukturen erhalten und zur Geltung gebracht werden kann. Im Kern aber steckt darin die gleiche Perspektive: Prozesse der Integration sind auf Dauer nur problemlösend, wenn sie – wie im Konzept der Boundary Objects/Infrastructures beispielhaft vorgedacht – über Heterogenitäten hinweg Austausch stiften und zugleich die Potentiale der Diversität zur Entfaltung bringen.

Literatur

Balka, Essen. 2010. Obituary: Susan Leigh Star (1954–2010). *Social Studies of Science* 40 (4): 647–651.

Bowker, Geoffrey C. 1994. *Science on the run: information management and industrial geophysics at Schlumberger, 1920–1940*. Cambridge: MIT Press.

Bowker, Geoffrey C. 2010. All knowledge is local. *Learning communities: Journal of Learning in Social Contexts* 6 (2): 138–149.

Bowker, Geoffrey C., und Star, S. L. 1999. *Sorting things out: Classification and its consequences*. Cambridge: MIT Press.

David, P. A. 1985. Clio and the economics of QWERTY. *The American Economic Review* 75 (2): 332–337.

Friese, Carrie. 2010. Classification conundrums: Categorizing chimeras and enacting species preservation. *Theory and Society* 39 (2): 145–172.

Fujimura, Joan. 2006. Sex genes: A critical sociomaterial approach to the politics and molecular genetics of sex determination. *Signs: Journal of Women in Culture and Society* 32 (1): 49–82.

Gerson, Elihu M., und Susan Leigh Star. 1986. Analyzing due process in the workplace. *ACM Transactions on Office Information Systems* 4 (3): 257–270.

Gläser, Jochen, et al. 2004. Einleitung: Heterogene Kooperation. In *Kooperation im Niemandsland. Neue Perspektiven auf Zusammenarbeit in Wissenschaft und Technik*, Hrsg. J. Strübing, et al., 7–24. Opladen: Leske + Budrich.

Hewitt, Carl. (1986). Offices are open systems. *Transactions of the ACM on Office Information Systems* 4 (3): 271–287.

Lampland, Martha, und Susan Leigh Star. 2009. *Standards and their stories: how quantifying, classifying, and formalizing practices shape everyday life.* Ithaca: Cornell Univ. Press.

Lave, Jean, und Etienne Wenger. 1991. *Situated learning: Legitimate peripheral participation.* Cambridge: Cambridge Univ. Press.

Messeri, Lisa R. 2010. The problem with Pluto: Conflicting cosmologies and the classification of planets. *Social Studies of Science* 40 (2): 187–214.

Roth, Wolf-Michael. 2005. Making classifications (at) work: Odering practices in science. *Social Studies of Science* 35 (4): 581–621.

Sacks, Harvey. 1992. On doing „Being Ordinary". In *Lectures on conversation,* Hrsg. H. Sacks und G. Jefferson, 413–429. Oxford: Blackwell.

Shalin, Dmitri N. 1986. Pragmatism and social interactionism. *American Sociological Review* 51: 9–29.

Star, Susan Leigh. 1989. *Regions of the mind: brain research and the quest for scientific certainty.* Stanford: Stanford UP.

Star, Susan Leigh. 2004. Kooperation ohne Konsens in der Forschung: Die Dynamik der Schließung in offenen Systemen. In *Kooperation im Niemandsland. Neue Perspektiven auf Zusammenarbeit in Wissenschaft und Technik,* Hrsg. J. Strübing, et al., 58–76. Opladen: Leske + Budrich.

Star, Susan Leigh. 2007. 5 answers. In *Philosophy of technology: 5 questions,* Hrsg. J.-K. B. Olsen und E. Selinger, 223–231. Kopenhagen: Automatic Press.

Star, Susan Leigh, und James R. Griesemer. 1989. Institutional ecology ‚Translations' and boundary objects: Amateurs and professionals in Berkeley's Museum of Vertebrate Zoology, 1907–1939. *Social Studies of Science* 19:387–420.

Star, Susan Leigh, und Karen Ruhleder. 1996. Steps toward an ecology of infrastructure: Design and access for large information spaces. *Informations Systems Research* 7 (1): 111–134.

Star, Susan Leigh, und Anselm L. Strauss. 1999. Layers of silence, arenas of voice: The ecology of visible and invisible work. *Computer-Supported Cooperative Work: The Journal of Collaborative Computing* 8:9–30.

Strauss, Anselm L. 1978. A social world perspective. *Studies in Symbolic Interaction* 1:119–128.

Strauss, Anselm L. 1993. *Continual permutations of action.* New York: W. de Gruyter.

Strübing, Jörg. 1998. Vom Nutzen der Mavericks: Zur Zusammenarbeit von Informatik und Soziologie auf dem Gebiet der Verteilten Künstlichen Intelligenz. In T. Malsch und H. J. Müller (Hrsg.), Proceedings zum Workshop ‚Sozionik: Wie VKI und Soziologie von einander lernen können'. auf der 22. Jahrestagung Künstliche Intelligenz, 15.–17. September in der Universität Bremen, Hamburg-Harburg: TU Hamburg-Harburg, S. 1–11.

Strübing, Jörg. 2005. *Pragmatistische Wissenschafts- und Technikforschung. Theorie und Methode.* Frankfurt a. M.: Campus.

Strübing, Jörg. 2007. *Anselm Strauss.* Konstanz: UVK.

Timmermans, Stefan. 2003. A black technician and blue babies. *Social Studies of Science* 33 (2): 197–229.

Wendy Faulkner: Feministische Technologiestudien

Felizitas Sagebiel

Wendy Faulkner hat, nicht unüblich für Forscher/Innen der Genderforschung eine interdisziplinäre Wissenschaftskarriere gemacht: angefangen als Biologin über einen Master in Science, Technology and Industrialization 1981 und einem Dr. phil fünf Jahre später an der University of Sussex. Am Institut für Wissenschaftsforschung im Fachbereich Soziologie der Universität von Edinburgh war sie ab 2004 Reader.

Eine chronische Krankheit hat sie dazu geführt aus der Universität Edinburgh verfrüht auszuscheiden; sie ist nun unter anderem als Textildesignerin für Harris Tweed im Nordwesten Schottlands tätig und schreibt im Internet über ihren biografischen Schritt so:

> I am available to help design and facilitate public engagement or public participation events or processes, and to train people in dialogic approaches to such activities. I am also available to mediate disputes between neighbors or colleagues. And, I could make you a unique bespoke coat out of Tweed and other lovely fabrics! (Faulkner 2007)

1 Kontextualisierungen: Meine Begegnungen mit den Forschungen und der Person Wendy Faulkners

Wendy Faulkner zählt zu den prominenten Vertreter/Innen der ‚feminist technology studies' (feministischen Technikforschung) und wurde im Rahmen meiner EU-Forschungsprojekte zu Gender und Ingenieurwissenschaften eine zentrale Re-

---

F. Sagebiel (✉)
Bergische Universität Wuppertal, Erziehungs-
und Sozialwissenschaften, 42119 Wuppertal, Deutschland
E-Mail: sagebiel@uni-wuppertal.de

ferenzquelle. Dies auch, da eine erste Sondierung der deutschen Techniksoziologie in den frühen 2000er Jahren deutlich zeigte, dass sie bezüglich Gender eine gravierende Leerstelle aufwies. Erstaunlich war dies, da die Frauen- und Geschlechterforschung in der Soziologie bereits Ende der 1980er Jahre mit der Gründung der Sektion Frauenforschung in der Deutschen Gesellschaft für Soziologie verankert war und ihre Forschungsperspektiven in viele zentrale soziologische Teildisziplinen integriert wurden. Die Techniksoziologie gehörte nicht dazu. Andererseits hat sich die deutsche Frauenforschung in den 1980er und 1990er Jahren zwar mit Technik beschäftigt, dies aber überwiegend unter gleichstellungspolitischen Perspektiven, um u. a. den Frauenanteil in technischen Disziplinen und Berufen zu erhöhen. Diese Bemühungen richteten sich überwiegend auf die Vorbereitung von Mädchen und Frauen für das technische Feld, die Studiengänge und Arbeitswelt selbst blieben unerforscht. Eine Ausnahme bildet die große qualitative Ingenieurinnenstudie von Doris Janshen und Hedwig Rudolph (1987), die über 100 Praktikerinnen interviewt hatten. Aber auch diese Studie stützte sich eher auf die, in der Frauenforschung damals vorherrschenden Sozialisationsansätze, als auf Konstruktionsansätze von Geschlecht und Technik. Im englischen Sprachraum gab es hingegen bereits einige Untersuchungen (u. a. McLean et al. 1996; Wajcman 1991/1996, Etzkowitz et al 2000, Carter und Kirkup 1990; Faulkner 2000).[1]

Persönlich konnte ich Wendy Faulkner besonders im Rahmen des europäischen Projekts PROMETEA kennenlernen, in dem wir beide ein sog. „Work Package" koordinierten (Lee et al. 2010; Sagebiel 2010).

2 Schwerpunkte der wissenschaftlichen Arbeit von Wendy Faulkner in den Science, Engineering & Technology Studies

Von den von Faulkner diskutierten theoretischen Ansätzen sollen die feministischen skizziert werden, von denen sie ihren konstruktivistischen absetzt (Faulkner 2001).[2] Als übermäßig technikoptimistisch kritisiert sie den liberalen Ansatz, der

---

[1] Mittlerweile gibt es auch verknüpft mit Forschungsförderungsprogrammen wie z. B. „Frauen an die Spitze" des BMBF und der möglichen Wissenschaftskarrieren in den akademischen Ingenieurwissenschaften eine wachsende deutsche feministische Technikforschung (Paulitz 2008).

[2] Vgl. zur feministischen Wissenschafts- und Technikforschung auch die Beiträge von Weber und Schmitz i.d.Bd.

Technik als genderneutral sieht und der Grundlage der meisten Initiativen ist, die versuchen mehr Frauen in die Technik zu bekommen. Sozialisation und Work-Life-Balance sind hier Schwerpunkte. Ein zweiter technikpessimistischer Ansatz sieht Technik als deterministisch patriarchal zur Durchsetzung männlicher Dominanz, z. B. in der Reproduktionstechnik. Dem ökofeministischen Ansatz, der die als maskuline Weltsicht konstruierte Trennung von Natur und Menschen kritisiert, stellt Faulkner den technikunkritischen Cyberfeminismus gegenüber. Ihren eigenen Ansatz sieht sie in der Vorstellung von der Ko-Konstruktion von Technologie und Gender, der darin optimistisch ist, dass Konstruktionen prinzipiell veränderbar sind. Damit könne auch die Ambivalenz der Beziehung zwischen Technik und Frauen besser erfasst werden. Für das bessere Verständnis der Beharrung der traditionell maskulinen Definition von Technik sieht sie in der kritischen Männlichkeitsforschung Potenziale:

> I believe the continued male dominance of engineering is due in large measure to the enduring symbolic association of masculinity and technology by which cultural images and representations of technology converge with prevailing images of masculinity and power (Faulkner 2001, S. 79).

Bei Faulkners Antwort auf die Frage wie Technologie vergeschlechtlicht ist bezieht sie sich auf Sandra Hardings Unterscheidung der strukturellen, symbolischen und Identitätsebene von Gender (Faulkner 2000a, S. 90).

Im Folgenden werde ich zwei Forschungsschwerpunkte Wendy Faulkners fokussieren: *Gender, Science and Technology* und *Genders in/of engineering*. Implizit ist die ethnografische Forschungsmethode auch Gegenstand dieses Beitrags, da bestimmte Ergebnisse nur durch Faulkners langfristige Beobachtungen und intensive Feldkontakte zustande kommen konnten[3]. Die Beziehungen zwischen Gender und Technologie stehen im Vordergrund ihrer Forschungen in den Jahren 1996 bis 2006. Faulkner betont in ihrer Biografie (Faulkner 2007), dass das Projekt „Genders in/of Engineering" als ethnographische Studie über IngenieurInnen angelegt war und vom Economic & Social Research Council (ESRC) zwischen 2003 und 2005 finanziert wurde. Die Studie hat international bedeutende Sichtbarkeit erlangt und große Anerkennung gefunden, und ist in Großbritannien auf beträchtliches Interesse der Praxis und Politik gestoßen. Grundlage der weiteren Ausführungen ist nun der Projektbericht (Faulkner 2006), weil hier die wichtigsten Forschungs-

---

[3] Mit ihren Forschungen zum ICT Bereich beschäftige ich mich nur am Rande, wenn ICT das untersuchte Feld von Faulkner ist. Nicht beschäftige ich mich mit ihren Studien zur politischen Diskussion der Stammzellenforschung.

fragen zusammengetragen worden sind, die Wendy Faulkner während der Jahre von 1996 bis 2006 beschäftigt haben.

Ihre zentrale Forschungsfrage ist: (Inwiefern) sind Praktiken, Kulturen und Identitäten der Ingenieurwissenschaften passender, angenehmer und unterstützender für (mehr) Männer als für Frauen? Sie untersuchte, inwiefern die Ingenieurwissenschaften geschlechtlich konnotiert sind und bestimmte Männlichkeiten oder Weiblichkeiten begünstigen bzw. konstruieren. Ihre qualitative Studie umfasst 66 IngenieurInnen, von denen sie 53 interviewte und 26 bei der Ausübung ihrer Arbeit beobachtete („job shadowed"). An fünf Arbeitsplätzen führte sie ihre Beobachtungen durch: eine Software Entwicklungsabteilung in den USA; zwei Büros einer Bauplanungsgesellschaft und zwei Stationen einer Ölgewinnungsgesellschaft in Großbritannien. Die Ergebnisse werden in vier Problemen gegliedert dargestellt (Faulkner 2006).

2.1 Wie man IngenieurIn wird: Das Problem des Verbleibs

Der Sozialisationsprozess zur IngenieurIn ist nach Faulkner lang und beschwerlich und nicht leicht durchzuhalten. Nicht die Gründe für die Berufswahl sind geschlechtsspezifisch, sondern das was die Befragten darüber erzählen. Frauen müssten immer eine Erklärung abgeben, weil die Berufswahl als ungewöhnlich gilt (vgl. Faulkner 2005). Viele der Frauen würden bei Studienbeginn einen rapiden Verlust an Selbstvertrauen erleiden. Als Frauen fielen sie auf, besonders die Studienanfängerinnen vor 1990. Von den späteren Jahrgängen empfanden einige keine Probleme als Minorität, andere empfanden sich zumindest am Anfang als sozial isoliert.

Als Kernexpertise gilt ein systematisches, analytisches Vorgehen zum Problemlösen (neben dem Kennen relevanter grundlegender Regeln). Viele Frauen und Männer hätten Vorgesetzte erlebt, die ihnen nicht die Fähigkeiten zum Beruf zutrauten und ihnen niemals die Gelegenheit gaben, dies zu beweisen. Darüber hinaus mussten einige Frauen mit einem feindlich gesinnten und nicht unterstützenden Chef kämpfen. Dies wurde als Form des Widerstands gegen das Eindringen von Frauen in diesen Beruf gedeutet. Deshalb schätzten sie teilweise den Vorteil der Solidarität mit anderen Ingenieurinnen als Kolleginnen oder durch Netzwerke von Ingenieurinnen.

Männerkarrieren waren schneller und erfolgreicher als die der Frauen. Viele Frauen und wahrscheinlich auch Männer hatten keine Chancen, weil sie keine strategische Karriereberatung und -unterstützung an kritischen Punkten ihrer Karriere bekommen haben. Besonders schwierig sei es im Bereich der Produktion. Faulkner berichtet über zwei Maschinenbauingenieurinnen, die in diesem Feld keine Karriere machen konnten, obgleich sie beträchtliche Expertise entwickelt hatten. Nach einem Wechsel ins Management und in die Ausbildung in der IT Branche hätten sie sich aber nicht mehr als richtige Ingenieurinnen gefühlt.

2.2 Was in IngenieurInnen vorgeht: Das Imageproblem

Nach Faulkner ist der klassische Stereotyp eines Ingenieurs ein Mann, der Technik liebt, aber sozial zurückgezogen bis unfähig ist. Dieser wechselseitige Ausschluss von Technik und Sozialem ist einer der Hauptgründe dafür, warum die Berufswahl von Ingenieurinnen bei Frauen als nicht passend für ihr Geschlecht angesehen wird. Tatsächlich sind Ingenieurinnen genauso begeistert von Technologie wie Ingenieure. Nur haben wenige einen „Bastlerhintergrund", aber immer mehr Männer haben auch wenig oder keine praktische Erfahrung, wenn sie in den Beruf einsteigen.

Spaß an der Technik differierte nicht nach Geschlecht. IngenieurInnen sehen keine Unterschiede zwischen Männern und Frauen in der Arbeit. Bejahende Antworten gingen in die konventionelle Richtung in der Weise, dass Frauen mehr Fähigkeiten im Umgang mit Menschen hätten und sich mehr um KollegInnen sorgten. Faulkner fand in keinem ihrer Untersuchungsfelder, dass Frauen bessere Fähigkeiten im Umgang mit Menschen hätten. Ingenieurwissenschaften können nicht ohne effektive Kommunikationsfähigkeiten ausgeübt werden. Die Mehrheit der IngenieurInnen wird durch berufliche Erfahrungen versierter im Umgang mit Konflikten, schwierigen Arbeitsbeziehungen, Kooperation mit KlientInnen und VertragspartnerInnen, in der Schaffung von Teams und der Motivation von Beschäftigten, in der Beratung von AnfängerInnen und beim Arbeiten unter Stress. Diesbezüglich fand Faulkner keine Geschlechterunterschiede. Die Unterschiede zwischen Frauen und zwischen Männern seien größer als die zwischen Frauen und Männern.

Faulkner fand drei Haupttypen von IngenieurInnen: 1) Frickler, die am ehesten dem klassischen Stereotyp entsprechen und soziale Interaktionen vermeiden; 2) IngenieurInnen mit organisatorischen und interpersonellen Fähigkeiten, die häufig ins Management und ins Marketing gehen; 3) IngenieurInnen mit mehr praktischen als theoretischen Fähigkeiten, zu denen die Mehrheit der männlichen und weiblichen Ingenieure gehörten. Die eigene Einordnung folgt stereotypen Images, obwohl diese nicht wirkliche IngenieurInnen spiegeln. Dieses Nichtübereinstimmen von Image und Wirklichkeit der ingenieurwissenschaftlichen Praxis hatte Faulkner bereits in vorgängigen Forschungen festgestellt (vgl. Faulkner 2000a, S. 92 ff.).

2.3 Wie die Ingenieurwissenschaften tatsächlich sind: Das Technische und das Soziale

In Bezug auf den Dualismus zwischen „technisch" und „sozial" stimmen die Stereotype nicht mit den Beobachtungen Faulkners überein. Ingenieurwissenschaftliche Praxis ist verschiedenartig (vgl. Faulkner 2005, S. 3) und zwar gleichzeitig technisch als auch sozial. Auch die offensichtlich technischen Rollen beinhalten soziale Elemente und führen zu Identitäten der ‚wirklichen' IngenieurInnen, die nicht den einseitig technischen Stereotypen entsprechen. Auf der einen Seite gilt Problemlösen als Kernexpertise. Auf der anderen Seite zelebrieren ingenieurwissenschaftliche Arbeitsplatzkulturen häufig eine sog. ‚Hammer und Nagel' Identität, obgleich das nicht die wirkliche Arbeit spiegelt. Diese Identität entspricht aber in dreierlei Weise vorhandenen Männlichkeitskonstruktionen: a) die offensichtliche Sicherheit und Materialität der Ingenieurwissenschaften, die sich machtvoll anfühlt und Ausdruck hegemonialer Männlichkeit ist (Standards, von denen angenommen wird, dass Männer sie anstreben); b) Technik ist stark männlich konnotiert. Die Macht z. B. der Bautechnologie wird häufig kulturell mit Männern und Männlichkeit in Industriekulturen assoziiert. Und die ‚Hammer und Nagel' Version der Ingenieurwissenschaften lässt für Frauen keinen Raum mehr; c) Im Rahmen des stereotypen Genderdualismus zwischen „technisch" und „sozial" heißt die Identifikation mit der technischen Seite Distanzierung vom Sozialen oder Herunterspielen desselben. Aus diesem symbolischen Dualismus zwischen „technisch" und „sozial" leitet Faulkner die fragile Situation von Ingenieurinnen ab:

> It seems likely that, so long as engineers and their profession celebrate a narrowly technicist identity, and so long as that identity remains closely tied up with available masculinities, women's membership as 'real' engineers will continue to be more fragile than men's (Faulkner 2006).

Nur eine Imageveränderung der Ingenieurwissenschaften, die die verschiedenartige Realität ingenieurwissenschaftlicher Praxis widerspiegelt, kann diese Situation verändern. Geschlechtliche Konstruktionen von Ingenieurwissenschaften sind widersprüchlich (vgl. Faulkner 2000a, S. 95 ff.)

2.4 Wie sehen ingenieurwissenschaftliche Arbeitsplatzkulturen aus: Männerräume und (un)sichtbare Frauen

> However, there are also many gender exclusive dynamics. Individually, these may appear minor, even trivial. Taken together, however, they have a 'dripping tap' effect

over time. They make engineering workplaces feel and operate like a fraternity – or ‚men's spaces' – in which it is harder for women engineers than men to 'belong' and get on (Faulkner 2006).

Faulkner (2006) nennt eine Reihe solcher Einzelaspekte, die die Arbeitsplatzkulturen für Ingenieurinnen schwierig machen:

- *Heikle Abwesenheiten: bündische Verbrüderung*
  Die Interaktionen zwischen Männern und Frauen sind auf der symbolischen Ebene andere, z. B. das Händeschütteln als Form der Vertrautheit gibt es zwar zwischen männlichen Ingenieuren aber nicht zwischen Ingenieuren und Ingenieurinnen, zwischen denen eine größere Formalität herrscht. Frauen müssten für die gleiche Form der interaktionellen Akzeptanz härter arbeiten.
- *Die allgemeine männliche Sprache beim Umgang unter IngenieurInnen* (vgl. Faulkner 2009, S. 7)
  Routineaustausch gibt es zwischen Männern, aber nicht mit Frauen. Die IngenieurInnen sind sich kaum über die potenziellen Auswirkungen der männlichen Sprache bewusst. Eine Ausnahme bildet das Fluchen, für das sich männliche Ingenieure teilweise entschuldigen.
- *Gesprächsthemen außerhalb der Arbeit reflektieren konventionelle Männerinteressen* (vgl. Faulkner 2009, S. 8)
  Während die meisten Gespräche über Themen außerhalb der Arbeit breit gefächert sind und Frauen wie Männer einbeziehen, verengen sich die Gesprächsthemen mit Externen auf genderstereotype Gegenstände, wie Fußball, Autos, Familien, mit der Folge der Marginalisierung der anderen, die sich dafür nicht interessieren.
- *Offensiver Humor und Gespräche über Sex werden toleriert* (vgl. Faulkner 2009, S. 10 f.).
  Viele Ingenieure vermeiden möglicherweise verletzende Witze und Gesprächsthemen, aber *an* einigen Arbeitsplätzen ist der Humor primitiv und offensiv, sexistisch, rassistisch und homosexualitätsfeindlich und beinhaltet schmutzige Reden. Obwohl viele solche Reden unangenehm empfinden, wird das nicht angesprochen, weil man befürchtet die Zugehörigkeit zur Gemeinschaft zu verlieren (Faulkner 2009, S. 12). Besonders ausgeprägt ist die beschriebene Kultur auf den Ölfeldern (Faulkner 2009, S. 11).
- *Machtvolle Männerzirkel und -netzwerke*
  Männernetzwerke sind in den Ingenieurwissenschaften normal, manche davon sind mächtig bezüglich der Bestimmung der Inhalte der Arbeit und der personellen Beförderung. Für Frauen und marginalisierte Männer kann das Dazugehören schwierig werden (vgl. Faulkner 2005), weil diese Männer durch

gemeinsame Interessen, Humor, Golf und Trinkgelage verbunden sind (vgl. auch Faulkner 2001, S 88).

- *Mehr Männlichkeiten als Weiblichkeiten stehen zur Verfügung.*
Ingenieurwissenschaftliche Arbeitsplatzkulturen sind für eine Reihe von Männlichkeiten passend –machohafte Kerle, Familienmänner, Faxenmacher, Machomänner, doofe Männer, weltmännische Männer, vornehme Männer – und so können sich die große Mehrheit von Männern wohl fühlen. Im Gegensatz dazu könnten Ingenieurinnen häufig nur entweder die konventionelle Weiblichkeit hoch- oder herunterspielen. Darüber hinaus gibt es wesentlich weniger 'alpha Frauen' als 'alpha Männer', die als Rollenmodelle am Arbeitsplatz zur Verfügung stehen (Faulkner 2009, S. 14).

- *Heterosexuelle Normen sind wirksam.*
Die meisten Ingenieurinnen haben im Unterschied zu den männlichen Ingenieuren sexuelle Anmache und Flirten erfahren. Junge Frauen sind sich der stattfindenden Vorgehensweisen oft nicht bewusst und wissen nicht wie sie darauf reagieren können.

- *- Das ‚in/visibility Paradox' verschlimmert die Situation von Ingenieurinnen am Arbeitsplatz.*
Darunter ist zu verstehen, dass Ingenieurinnen als Frauen sichtbar sind, aber dennoch von ihnen erwartet wird, dass sie einer der Burschen werden, damit sie in die Mehrheitskultur der Männer in diesem Raum passen. Zur gleichen Zeit wird erwartet, dass sie ihre Weiblichkeit nicht verlieren und sich nicht wie Männer auf bestimmten Gebieten verhalten. Das bedeutet Extraarbeit für Frauen, nicht für Männer.

Bezüglich der Vorherrschaft traditioneller Männlichkeit in den Arbeitsplatzkulturen gibt es nach Faulkner Unterschiede (Faulkner 2009, S. 16) zwischen Ölfeldförderung als klarem Männerort mit Dominanz von Machomännlichkeit und Marginalisierung von Frauen und den US Software Abteilungen, die relativ inklusiv sind. Relativierend erwähnt sie aber, dass es innerhalb der Abteilungen auch gute und schlechte Praxen gibt.

3 Realität, Image und Dualismen in den Ingenieurwissenschaften – Das Beharrungsvermögen des maskulinen Images

Wendy Faulkners Beitrag zu den feministischen Technikstudien besticht durch ihre Absage an einfache Lösungen. Sie betont offen ihre feministische Perspektive und setzt sich damit vom Mainstream der Techniksoziologie ab, zugleich kritisiert sie fundamental verschiedene feministische Zugänge und Erkennntnis-Selbstverständlichkeiten im Forschungsfeld Gender und Technik. Ihre Aufsätze bestechen durch analytische Klarheit und gleichzeitiger Komplexität der Genderanalyse, wobei sie in bewundernswerter Weise theoretische Fundierung und ethnografische Empirie verknüpft.

Zusammenfassend sind für Faulkner drei Probleme zentral: 1. die Gender Nicht/Authentizität: Es besteht eine Inkongruenz der gender- und ingenieurswissenschaftlichen Identitätskonstruktionen bei Frauen im Vergleich zur Kongruenz dieser Identitätskonstruktionen bei Männern. 2. Die Zugehörigkeit in den Ingenieurwissenschaften: Zahlreiche Genderdynamiken wirken sich so aus, dass ingenieurwissenschaftliche Arbeitsplatzkulturen als Männerräume fungieren, in die sich Ingenieurinnen (und einige Männer) einpassen oder andernfalls am Rand verbleiben müssen. 3. Der Dualismus von technisch und sozial: Dieser muss konfrontiert werden mit dem Arbeitsalltag der IngenieurInnen, nicht zuletzt eben auch mit technikverliebten Frauen und sozialfähigen Männern. „Gewahrwerden" ist ein Schlüsselproblem des Feldes, weil die meisten IngenieurInnen (Männer und Frauen) keine Notiz von subtilen Genderdynamiken nehmen und viele Gleichstellungs- und Diversity Maßnahmen ablehnen (Faulkner 2009, S. 17).

Literatur

Carter, Ruth, und Gill Kirkup. 1990. *Women in engineering: A good place to be?* Houndmills: Macmillan Education.

Etzkowitz, Henry, Carol Kemelgor, and Brian Uzzi. 2000. *Athena unbound: The advancement of women in science and technology.* Cambridge: Cambridge Univ. Press.

Faulkner, Wendy. 2000. The power and the pleasure: How does gender 'stick' to engineers? *Science, Technology & Human Values* 25 (1): 87–119.

Faulkner, Wendy. 2001. The technology question in feminism: A view from feminist technology studies. *Women's Studies International Forum* 24 (1): 79–95.

Faulkner, Wendy. 2005. Belonging and becoming: Gendered processes in engineering. In *The gender politics of ICT*, Hrsg. Jacqueline Archibald, Judy Emms, Frances Brundy, Eva Turner, 15–26 Middlesex: Middlesex Univ. Press.

Faulkner, Wendy. 2006. Gender in/of engineering. Research report http://www.aog.ed.ac.uk/__data/assets/pdf_file/0020/4862/FaulknerGendersinEngineeringreport.pdf. Zugegriffen: 16. Nov. 2013.

Faulkner, Wendy. 2007. Full curriculum vitae. http://www.sps.ed.ac.uk/__data/assets/pdf_file/0004/3478/WFfullCV07.pdf. Zugegriffen: 14. Nov. 2013.

Faulkner, Wendy. 2009. Doing gender in engineering workplace cultures. I. Observations from the field. *Engineering Studies* 1 (1): 3–18.

Janshen, Doris, Hedwig Rudolph, et al. 1987. *Ingenieurinnen – Frauen für die Zukunft.* Berlin: de Gruyter.

Lee, Lisa, Carme Alemany, und Wendy Faulkner. 2010. Good policies are not enough! The need for 'culture change' in achieving gender equality in engineering. In *PROMETEA. Women in engineering and technology research. The PROMETEA conference proceedings,* Hrsg. Godfroy-Genin, Anne-Sophie, 407–425. Berlin: LIT.

McLean, Christopher, Sue Lewis, Jane Copeland, Brian O'Neill, und Sue Lintern. 1997. Masculinity and the Culture of Engineering. *Australasian Journal of Engineering Education* 7(2): 143–156.

Paulitz, Tanja. 2008. Technikwissenschaften, Geschlecht in Strukturen, Praxen und Wissensformationen der Ingenieurdisziplinen und technischen Fachkulturen. In *Handbuch Frauen- und Geschlechterforschung. Theorie, Methoden, Empirie. 2. Erweiterte Aufl,* Hrsg. Ruth Becker, and Beate Kortendiek, 779–790. Wiesbaden: VS.

Sagebiel, Felizitas. 2010. Gendered organizational cultures in engineering research. In *PROMETEA. Women in engineering and technology research. The PROMETEA conference proceedings,* Hrsg. Godfroy-Genin, Anne-Sophie, 183–208. Berlin: LIT.

Wajcman, Judy. 1991/1996. *Feminism confronts technology.* Cambridge: Polity Press.

Helen Verran: Pionierin der Postkolonialen Science & Technology Studies

Josefine Raasch und Estrid Sørensen

Helen Verrans Werk hat seine Wurzeln in den Laborstudien, in denen davon ausgegangen wird, dass Wissen kein Inhalt eines rationalen Geistes ist, sondern durch Praktiken hergestellt – oder ‚performiert' wird und in oder als Praktiken existiert.[1] Die Akteur-Netzwerk Theorie (ANT) folgt dabei dem Prinzip der generellen Symmetrie, argumentierend, dass methodisch von einer Unterscheidung von Materie und Form verzichtet werden soll. Seit Ende der 1990er Jahren haben sich Vertreter dieses und anderer monistischen Ansätze dem Begriff ‚Ontologie' zugewendet, um Distanz zu einer rein epistemologischen Konzeption von Wissen einzunehmen. Unter diesen Befürwortern findet sich auch die in Melbourne lehrende Helen Verran.

Verran gilt als Pionierin der postkolonialen Science- & Technology Studies und ihr Werk wird international zunehmend einflussreicher. Im deutschsprachigen Raum initiierte sie zusammen mit Richard Rottenburg ein STS-Afrika-Netzwerk, wurde darüber hinaus jedoch hier bislang wenig rezipiert. Zentral in Verrans Projekten sind immer das politische Engagement und das Interesse daran, Möglichkeiten zu entwickeln, in denen kontroverse Realitäten neu konzipiert werden können. Verrans Arbeiten gehören wegen ihrer theoretischen und methodologischen Beiträge zu den Schlüsselwerken der STS. Drei Aspekte sind kennzeichnend

---

[1] Vgl. hierzu auch die Beiträge von Kirschner, Schubert und Van Loon i. d. Bd.

J. Raasch (✉) · E. Sørensen
Social Psychology & Social Anthropology, Ruhr-Universität Bochum, 44801 Bochum, Deutschland
E-Mail: josefine.raasch@rub.de

E. Sørensen
E-Mail: estrid.sorensen@rub.de

für den Beitrag dieser *relationalen Empirikerin* zu STS: Einerseits versucht sie mit dem Begriff des *Imaginary*, das Ontische und Epistemische zu verbinden. Andererseits bietet sie mit ihrem Begriff des *Disconcertment*, den wir hier als *Unruhe* übersetzen, eine Methode zur Untersuchung der Koexistenz verschiedener Ordnungen. Diese Methode ist mit dem Begriff der Multiplizität (vgl. Mol 2002) verwandt, stellt aber die Relationalität zwischen den Wissenden und der Welt stärker in den Fokus. Schließlich fungiert Verran als eine Art „postkolonialer Wachhund" der STS. Sie weist darauf hin, dass gerade *weil* die anglo-amerikanisch geprägten STS in ihrem Denken von einer geordneten westlichen Welt[2] ausgehen, sich Vertreter der STS für fehlende Kohärenz, Kontingenz und Fluidität interessieren würden. Dabei übersähen diese, dass eine solche Sicht zwar in der westlichen Welt relevant sein mag, jedoch in anderen Teilen der Welt vielleicht weniger gut passe (vgl. Law und Lin 2010). Dass nicht ein kulturrelativistischer Postkolonialismus die Konsequenz dieser Beobachtung sein soll, sondern eine *generative Kritik* vonnöten sei, wird Leserinnen und Lesern von Verrans Werken immer wieder vor Augen geführt.

Verrans ambitioniertes Projekt ist es, Ressourcen für eine *Re-Imagination* der westlichen Metaphysik anzubieten (vgl. Verran 2001). Entsprechend wird in diesem Kapitel der Fokus auf die wichtigsten theoretischen und methodologischen Begriffe ihres Werkes gelegt. Verran hat diese durch ethnographische Untersuchungen in vielen unterschiedlichen empirischen Feldern entwickelt und angewandt. Dazu gehören curriculare Entwicklungen in nigerianischen und australischen Schulen, Aushandlungen von Landeigentümerschaft bei australischen Viehhaltern und Ureinwohnern, informationstechnologische Praktiken in interkultureller Kommunikation, Umweltplanung und Umweltpolitik, sowie die Kommerzialisierung von Natur in Australien.

Wir werden uns in der Präsentation von Verrans Werk eher auf ihre theoretischen Konzepte als auf ihre empirischen Studien beziehen, und am Beispiel unserer eigenen Forschungen Anwendungsmöglichkeiten ihrer Begriffe aufzeigen. Verran hat viele sehr treffende Begriffe entwickelt, die sich nicht immer leicht ins Deutsche übersetzten lassen. Einige ihrer Begriffe übernehmen wir im Original. Sowohl diese als auch die übersetzten (mit den jeweiligen englischen Originalbegriffen in Klammern) setzen wir in *kursiv*.

---

[2] Wenn Verran von einer ‚westlichen' Welt schreibt, bezieht sie sich keinesfalls auf jene zwei Objekte, die sich dichotom zueinander verhalten, dem Westen und dem Rest der Welt. Vielmehr erklärt sie, dass generalisierende Modi nur in Beziehung zu einander unterscheidbar sind. Wie später ausgeführt, beschreibt sie diese als ko-existierend und in Spannung zu einander.

1 Das *Imaginary*

In der Bestrebung praxistheoretische Konzeptionen von Wissen gegen epistemologische durchzusetzen, hat der Begriff ‚Ontologie' breite Verwendung in den STS gefunden.[3] Obwohl Verran sich dieser Entwicklung grundsätzlich anschließt, verwirft sie das Konzept des Epistemischen nicht, sondern sucht nach Möglichkeiten, das Ontische und das Epistemische zusammen zu denken. Dieses ‚Querdenken' ist bezeichnend für ihr Werk. Von einem verwobenen Verhältnis ausgehend, sucht Verran nach einer Möglichkeit, das Ontische und das Epistemische als zusammen praktiziert zu untersuchen. Sie tut dies mit Hilfe des Begriffes des *ontischen/epistemischen Imaginary* (Verran 1998).

Das *Imaginary* besteht aus gelebten und praktizierten Bildern und Geschichten, die in Kollektiven immer wieder erzählt und vollbracht werden, und auf die sich immer wieder bezogen wird. Anders als dies bei Kants Begriff der „Vorstellung" und bei der westlichen Metaphysik der Fall ist, ist ein *Imaginary* also nicht im Geist angesiedelt, so Verran. Ein *Imaginary* ist keine Theorie oder Struktur, die es zu analysieren gilt. Es besteht aus genutzten, gesammelten und verbundenen Bildern und Geschichten, die sich in Routinen kollektiven Handelns entwickeln. Verran vollzieht die Praktiken des Imaginierens akribisch nach. In jenen Praktiken werden Einheiten gebildet, in denen die Realität geordnet wird. Diesen Prozess beschreibt Verran als *clotting*. Durch die Beschreibung der Verbindung von Materialität, Praktiken, Bildern und Geschichten sowie des *clottings* vermag Verran das Ontische und das Epistemische als ineinander verwoben zu konzipieren.

Dass *Imaginaries* Wissenspraktiken sind, welche die Welt und ihre Subjekte, Phänomene und Prozesse nicht nur fassen, sondern diese auch formen und herstellen, wird weiterhin durch den Begriff des *Engagements* (*commitment*) veranschaulicht (von Quine inspiriert) (Verran 2007). Der Begriff des *ontischen/epistemischen Engagements* wird in Verrans Texten alternativ auch durch *Ontisches tun* (*doing ontics*) ersetzt. Sie verdeutlicht damit, dass das Ontische und das Epistemische eben nicht getrennt vom sozio-materiellen Tun sind, sondern dass Menschen, Dinge, Wörter usw. in ihren *Imaginaries* ontisch und epistemisch *engagiert* und damit gebunden und ihnen verpflichtet sind. Um *Imaginaries* zu erforschen, muss also untersucht werden, welche *ontischen/epistemischen Engagements* diese einbeziehen.

Verran hat sich maßgeblich mit Zahlen auseinander gesetzt: In Schulen, in Umweltstatistiken und deren Verwendung in den Sozialwissenschaften im Allgemeinen. Während die meisten Forschenden, die sich für die Herstellung von

---

[3] Vgl. das Sonderheft von *Social Studies of Science* zum Thema „Ontological Turn": 2013: 43 (3).

Unterschieden interessieren, diese in Diskursen, Kultur usw. suchen, weist Verran auf Unterschiede hin, die durch Zahlen generiert werden. Ihr Fokus auf Zahlen verunsichere Wissenschaftler in den Sozialwissenschaften oft, führt Verran in einem Interview von Brichet und Winthereik (2010) aus, denn für diese sind Zahlen die „simpelste und sauberste aller Universalien, dabei gibt es überall auf Zahlen fettige menschliche Fingerabdrücke" (ders. 2010, S. 183, unsere Übersetzung). Basierend auf der Idee des *Imaginarys* argumentiert Verran, dass Zahlen weder vorgefundene Objekte (*found objects*) (Verran 2001, S. 18) noch abstrakte Symbole seien, die im Geist vorkommen (vgl. Verran 2001, S. 105), sondern Ergebnisse *ontischen/epistemischen Engagements* und damit immer wieder hergestellte Errungenschaften kollektiver Praktiken.

Verrans preisgekröntes Buch „Science and an African Logic" (2001) handelt von der Einführung eines westlichen, wissenschaftlichen Mathematik-Curriculums in nigerianischen Schulen am Ende der 1970er Jahre. Sie untersucht hier die *ontischen/epistemischen Engagements* der Englisch Sprechenden und die der Yoruba Sprechenden. In einem ihrer Beispiele diskutiert sie einen gravierenden Unterschied zwischen deren *Imaginaries* von Zahlen. Die Aussage in Yoruba „Ó fún mi ni ókúta mérin" wird konventionell als „He gave me four stones" übersetzt. Verran schlägt vor, den Satz wörtlich zu übersetzen: „He gave me stonematter in the mode of a group in the mode of four." (Verran 2001, S. 69) Während die Englisch Sprechenden in diesem Beispiel Welt um steinerne Objekte ordnen, ist die Welt bei Yoruba Sprechenden um Sorten von Materie (*matter*[4]) geordnet. Verran untersucht dann, wie Zahlen und Mengen durch kollektives Verweisen in bereits genutzten und neu entwickelten *Imaginaries* entstehen. Englisch Sprechende ordnen die Welt um *raumzeitliche Partikularien* (*spatiotemporal particulars*) und diesen Partikularien Qualitäten zu. Yoruba Sprechende dagegen, ordnen Wirklichkeit zunächst um Partikularien, die durch ihre Sorte bestimmt sind. Materie wird also hierbei um Sets von Charakteristiken gruppiert. Diese *sortlichen Partikularien* (*sortal particulars*) manifestieren sich in Modi. Verran erklärt in „Science and an African Logic" über mehrere Kapitel, wie diese verschiedenen *Imaginaries* von Zahlen durch unterschiedliche körperliche Praktiken des Zählens sowie durch unterschiedliche Praktiken des Geschäfte-Machens entstanden sind und aufrechterhalten werden. Durch die Unterscheidung zwischen raumzeitlichen und *sortlichen Partikularien*

---

[4] In dem Beispiel spricht Verran von Steinen, welche in einem westlichen *Imaginary* eindeutig als Materie einzuordnen sind. Im Englischen gelingt es Verran aber, *matter* doppeldeutig zu halten: es geht sowohl um das Materielle, als auch um das, was einen Unterschied macht – ‚what *matters*.'

kann Verran sowohl die Entstehungspraktiken der *Imaginaries* untersuchen, als auch die aus den Praktiken resultierenden Effekte (Verran und Christie 2007). Verran benutzt die beiden Beispiele der *Imaginaries* von Zahlen, um zu zeigen, dass die Welt sowohl aus Materie als auch aus Bildern und Geschichten besteht, und dadurch eine Errungenschaft kollektiver Rituale ist. Zahlen entstehen durch *Imaginaries*, und werden durch sie aufrechterhalten und verändert. Mit dem Begriff des *Imaginarys* wird es möglich, zu untersuchen, wie sich unterschiedliche Ordnungsprozesse bei den Yoruba Sprechenden und in der westlichen Zahlenlogik vollziehen. Durch das Ordnen wird „eine große Menge der irrelevanten Komplexität ausgeschlossen und für einen Moment wird das aktuelle kollektive Leben extrem einfach" (Verran 2001, S. 159, unsere Übersetzung). Im Ordnungsprozess ist das generalisieren eine zentrale, Wirklichkeit herstellende Praxis. Verran beschreibt das Ergebnis der Ordnungsprozesse als *geordnete/ordnende Mikrowelten*, also spezifisch arrangierte Zeiten und Räume, wo Rituale stattfinden.

In ihrer Forschung zur Herstellung geschichtlichen Wissens im Unterricht in einem Berliner Gymnasium analysierte Josefine Raasch u. a. verschiedene *Imaginaries* im Geschichtsunterricht (Raasch, In Vorbereitung). Mit dem Berliner Rahmenlehrplan Geschichte für die Sekundarstufe I zirkuliert ein *Imaginary*, durch das Geschichte zu einer raumzeitlichen Ordnung wird, in der Vergangenheit von Gegenwart getrennt sein muss. Dieses *Imaginary* sieht auch vor, dass geschichtliches Wissen im Geist verortet ist und hervorgerufen werden kann.
Am Beispiel eines Rollenspiel in einer 9. Klasse zu Entschädigungsleistungen für einen Mann, der im Dritten Reich wegen Bettelns zum Aufenthalt im Arbeitslager verurteilt wurde, beschreibt Raasch die Entfaltung eines anderen *Imaginaries* als jenem im Lehrplan Vorgesehenen. So elaborierte ein Schüler, der Mann hätte gewusst haben müssen, dass Betteln und Vagabundieren verboten gewesen seien. Wenn es schwierig gewesen sei, eine Arbeitsstelle zu finden, hätte der Mann, anstatt zu betteln, ins Arbeitslager gehen können, um sich nicht wegen Bettelns schuldig zu machen. Dieser Junge war, wie der Rest seiner Klasse nicht nur über Geschehnisse in einigen Arbeitslagern informiert worden, sondern er verurteilte diese auch nachdrücklich. Wie ist also sein Argument zu erklären? In dem *Imaginary* des Berliner Rahmenlehrplans Geschichte für die Sekundarstufe I würde eine solche Antwort als Unwissen über gegebene Tatsachen der Institution des Arbeitslagers eingeordnet. Statt die Aussage als defizitär und als Unwissen, oder gar als politisch motiviert zu verstehen, stellt sich vielmehr die Frage, durch welches *Imaginary*, und damit durch welche Bilder, Geschichten und Praktiken, die Antwort des Jungen geordnet war. Folgt man Verrans Konzeption, kann die Antwort des Jungen auch vor dem Hintergrund eines anderen *Imaginary* interpretiert werden. Eingebettet in spezifische soziomaterielle Gegebenheiten der Schule mobilisierte die Antwort des Jungen statt einer raumzeitlichen eine moralische Ordnung, als er die Handlungen des Mannes vor allem in Einheiten von ‚gut' oder ‚böse' ordnete und diese dabei an verurteilenswerten, aber eben gesetzlich legitimierten Gegebenheiten maß. Erst in einem zweiten Ordnungsschritt attribuierte er das neu entstandene Wissen zeitlich. Dieses, im Rollenspiel in

einem Klassenraum entstehende Wissen ist somit durchaus historisches Wissen; es ist jedoch von dem des Rahmenlehrplans zu unterscheiden. Während im *Imaginary* des Rahmlehrplans Geschichte um *raumzeitliche Partikularien* geordnet wurde, ordnete der Junge Geschichte um *sortale Partikularien*, speziell um Partikularien der moralischen Sorte.

In der Untersuchung konnten verschiedene *Imaginaries* über das Tun von Welt und Zeit im Geschichtsunterricht analysiert werden. Mit der Frage nach dem *Imaginary* des Jungen wurde eine ausschließlich raumzeitliche Ordnung von „Geschichte" infrage gestellt. Würden die verschiedenen *Imaginaries* reflektiert, könnten Lernende nicht nur erfahren, *dass* sie wissen, sondern auch, *wie* sie wissen (vgl. Verran 2007, S. 109).

2 Re-imagining

Verrans Analyse verschiedener *Imaginaries* könnte zu einer Vorstellung der Existenz pluraler, nebeneinander stehender *Imaginaries* verleiten. Im Fokus von Verrans Werk steht hingegen das Bemühen, Unterschiede komplexer zu konzipieren. Ein ähnliches Bemühen – und eine ähnliche Kritik sozialkonstruktivistischer Zugänge – findet man bei Annemarie Mol (2002), die den Begriff der Multiplizität geprägt hat.[5] Hier geht Verran einen Schritt weiter und unterstreicht, dass multiple Realitäten in Spannung zueinander existieren würden (vgl. Verran 1999, 2001). Durch das Offenlegen solcher Spannungen wird es möglich, Realitäten zu *re-imaginieren*. Dies lasse wiederum zu, sich ontisch und epistemisch neu zu engagieren (vgl. Verran 1998).

Die Fundierung ihrer Forschung auf *Re-Imagination* erlaubt eine generative Kritik (vgl. Verran 2001), und führt zurück zum Kernpunkt in Verrans Werk, einen Beitrag zur Entwicklung einer neuen Metaphysik für die westliche Welt zu leisten. Die bestehende westliche Metaphysik sei, laut Verran, von universalistischen und relativistischen Denkweisen dominiert. Diese würden meistens als Gegenpole konzipiert. Universalistische Wissenstraditionen gingen von einer singulären Wahrheit aus, während relativistische von vielen Wahrheiten ausgingen, je nach Perspektive. Ebenso wie es in der ANT diskutiert wird, besonders in Latours „Wir sind nie modern gewesen" (2008), weist auch Verran darauf hin, dass sowohl im Universalismus als auch im Relativismus von einer vorgegebenen Welt ausgegangen werde. Universalistisch und relativistisch argumentierende Wissenschaftler und Wissenschaftlerinnen nähmen dadurch in ihren Forschungen die Position eines oder einer *distanzierten beurteilenden Betrachtenden* (*distant judging observer*) ein, die eine

---

[5] Vgl. zum Werk von Annemarie Mol den Beitrag von Bischur/Nicolae i. d. Bd.

Unabhängigkeit zwischen Wissendem, Welt und Wissen impliziere (Verran 2001, S. 34). Anstatt sich als im ‚Hier und Jetzt' eingebunden zu verstehen, beurteilen relativistisch und universalistisch Argumentierende die Welt als ‚Da und Dann' seiend. Diese Kritik ist kein rein philosophisches Anliegen Verrans. Vielmehr geht es darum, dass die Position des/der *distanzierten beurteilenden Betrachtenden* keine Kritik zulässt, die zur Generierung neuer Möglichkeiten des Zusammenlebens beitragen kann (Verran 2001, S. 36).

In „Science and an African Logic" erklärt Verran, dass kulturrelativistische postkoloniale Forschung hervorhebe, dass in Nigeria schon ein hochkomplexes Zahlensystem vorhanden sei, das in der yoruba Sprache und in den yoruba Lebenspraktiken fundiert sei, sich aber grundlegend vom englischen und wissenschaftlichen Zahlensystem unterscheide. Das yoruba Zahlensystem sei *anders* als das wissenschaftliche, aber nicht primitiver, nicht konkreter und nicht weniger berechtigt, in das Mathematik-Curriculum einzugehen, wie es universalistisch argumentierende Fürsprecher des englischen Curriculums behaupten. In ihrer Position als *distanzierte beurteilende Betrachtende* übersähen relativistisch Argumentierende laut Verran aber, dass ihr Kulturrelativismus nur auf einer abstrakten, logischen Ebene Kritik an dem universalistischen Ansatz leistet. Praktisch würde ein kulturrelativistisches *Imaginary*, das die zwei Zahlensysteme getrennt nebeneinander stellt, zu einem Stundenplan führen, der das wissenschaftliche Zahlensystem am Vormittag einführen würde und das yoruba am Nachmittag. Verran nennt diese Konsequenz relativistischer Analysen eine Zahlen-Apartheit und ficht sie als eine moralisch unverantwortliche Kritik an: „The existence of ... two logics opposing each other in the imposition of resistance to colonizing suggests that a proper anticolonialist cultural policy here would be to maintain the purities" (Verran 2001, S. 27).

Re-Imagination zielt auf die Auflösung ‚bereinigter' *Imaginaries* durch eine Veränderung der Art wie Mathematik bzw. Zahlensysteme getan werden. Durch die Trennung des Epistemischen und des Ontischen können sich weder jene, die sich universalistisch positionieren noch solche, die sich relativistisch positionieren mit dem praktischen Tun der Mathematik beschäftigen, bzw. sie können keine generative Kritik liefern, die zur Verhandlungen der Art und Weise, wie ‚wir' (in Nigeria) Mathematik tun möchten, beiträgt. Entsprechend können sie auch keine Ressourcen für Verhandlungen über die Konsequenzen des Tuns der Mathematik für unser Zusammenleben bieten, im Sinne von unserer Vorstellung vom Land, unserer Art Handel zu betreiben, und von unserer Anschlussfähigkeit an die Vergangenheit der Yoruba, bzw. an die der englischen Welt. Genau hier liegt für Verran die Begründung und Legitimität der Forschung: Sie soll Ressourcen liefern, um Verhandlungen der „moralischen Frage", „wie wir leben sollen", zu fördern (Verran 2001, S. 34, 2010, unsere Übersetzungen).

Tab. 1 Gegenüberstellung universalistischer und relativischer Position und jener der generativen Kritik

	Universalismus/Relativismus	Generative Kritik
Wissen	Singuläre oder plurale (aber getrennte), bereinigte, wahre oder relative Erzählungen	Erzählungen, die Spannungen zwischen Imaginaries/Ontiken aufrechterhalten
Wissende/r	Distanzierte/r Beurteilende/r Beobachter/in	Unruhige/r sich Beziehende/r
Welt	Da und dann	Hier und jetzt

Verran schlägt darüber hinaus eine Methode zur wissenschaftlichen Erzeugung solcher Ressourcen vor. Sie stellt dabei das generative Moment des Forschungsprozesses in den Fokus, das sich als eine *Unruhe* (*disconcertment*) bei den Forschenden bzw. bei den Wissenden zeigt. Diese *Unruhe* ist ein körperliches Wissen über gleichzeitig getane aber divergierende *Imaginaries*, die die Forscherin oder der Forscher im Feld erlebt. Als Beispiel nennt Verran ihre Reaktion auf den nigerianischen Lehrer Mr. Ojo, der englische/euklidische Geometrie durch yoruba Messpraktiken lehrte. Sie beschreibt, wie dies *Unruhe* bei ihr erzeugte, weil Mr. Ojo dadurch zwei verschiedene Zahlensysteme koexistieren ließ, die sich in der westlichen Logik gegenseitig ausschließen würden (Vgl. Sørensen 2009; Verran 1999).

Verran kritisiert, dass die westliche Wissenschaft dazu neige, jede erlebte Unruhe, Spannung, Paradoxie, Unvereinbarkeit, Heterogenität usw. durch vereinheitlichende Prinzipien schnellstmöglich in Einstimmigkeit, Zusammenhang, Homogenität usw. umzudeuten. Solche Prinzipien seien z. B. der Kontrast von primitiv-komplex, die Verankerung von Perspektiven in getrennte sozio-kulturelle Hintergründe, die Trennung von Ontischem und Epistemischem und von Materie und Immaterie usw. Jene wissenschaftlichen Verfahren würden existierende Spannungen wegerklären (vgl. Verran 1999, 2001). Um dies zu verhindern, müssen der Forscher oder die Forscherin laut Verran den Zustand der *Unruhe* verlängern, um darin die Koexistenz der verschiedenen *Imaginaries* zu untersuchen. Was *logisch* nicht koexistieren kann, konnte im Beispiel Mr. Ojos *praktisch* koexistieren. Verran beschreibt die Lehrenden, die sie beobachtete: „[They] made choices between banal routines; selections between and among what were little more than alternative, familiar sequences of gestures with hands, words, and stuff" (Verran 2001, S. 29). Durch diese Praktiken haben sie zeitgleich verschiedene *Imaginaries* mobilisiert, die sowohl das englische als auch das yoruba Zahlensystem entfalteten. Durch das ‚Bereinigen' der *Imaginaries* durch universalistisch und relativistisch Argumentierende und die dadurch erfolgte Trennung in zwei grundverschiedene *ontische/epistemische Imaginaries*, würde der Weg zur Auseinandersetzung mit den

Möglichkeiten des Zusammenlebens der verschiedene *Imaginaries* verschlossen, so Verran. Ihre Methode soll *Re-Imagination* ermöglichen. Tabelle 1 zeichnet den Kontrast zwischen Universalismus/Relativismus und generativer Kritik auf.

In ihrer Forschung zu Jugendgefährdung durch gewalthaltige Videospiele untersucht Estrid Sørensen unterschiedliche Weisen, in denen „Gewaltspiele", „Jugendliche" und „Gefährdung" zusammen ontisch/epistemisch imaginiert und damit getan werden. An sich ist es kein überraschendes Ergebnis, dass es verschiedene Sichtweisen in der Gewaltdebatte gibt. Estrid Sørensen berichtet[6]:
„Verrans Herangehensweise folgend, begebe ich mich erst in die Felder der „Gewaltspiele", „Jugendliche" und „Gefährdung" hinein, und versuche im ersten Schritt, deren unterschiedliche sozio-technische Entstehungspraktiken zu beschreiben. Mit Verran unter der Haut beobachte ich, wie ich mich nach einiger Zeit im Forschungsfeld aufrege, wenn wissenschaftliche Ergebnisse durch Computerspieler polemisch kritisiert und ‚falsch' wiedergeben werden; so als gäbe es keine Verbindung zwischen Gewaltspielen und Aggression. Gleichzeitig beobachte ich, wie Freunde und Freude beim Spielen von Gewaltspielen entstehen. Ich merke eine *Unruhe* über die Koexistenz der Tatsache eines Links zwischen Gewaltspielen und Aggression und des Gegenteiligen, und fokussiere diese. Ich versuche nicht, in einer universalistischen Herangehensweise, die *Unruhe* zu beseitigen, indem ich ein Urteil darüber treffe, welche Zusammenhänge die wahren sind. Noch behebe ich die *Unruhe* relativistisch durch das Feststellen, dass unterschiedliche Personen und Kulturen einfach verschiedene Perspektiven auf das Gewaltmedium haben. Ich halte an der *Unruhe* fest, die mich zu weiteren Untersuchungen der Koexistenz von verschiedenen *ontischen/epistemischen* Konfigurationen von Gewaltspielen, Jugendlichen und Gefährdung und ihren gegenseitigen Beziehungen verleitet". Durch die Verwendung von Verrans Konzeptualisierung soll die Forschung ermöglichen, Ressourcen für eine *Re-Imagination* von Gewaltmedien anzubieten, und dadurch eine Reflexion darüber, wie wir in einer Welt zusammenleben möchten, die auch Gewaltmedien einschließt.

3 Schluss

Im Jahr 2003 wurde Helen Verran für ihren Beitrag zur praktisch-ontologischen Erforschung von Wissenschaft und Technik mit dem renommierten Ludwik-Fleck-Preis der „Society for Social Studies of Science" ausgezeichnet. Lucy Suchman unterstrich bei diesem Anlass, wie Verrans Terminologie die verbreitete Verwendung des Begriffs der ‚Übersetzung' in den STS in Frage stellt. Übersetzung setze die Logik der Umwandlung einer Praxisform in eine andere voraus sowie die sukzessive Ablösung von Praxisformen, nicht aber die Koexistenz solcher. Verran zeige aber,

---

[6] Wir haben im Folgenden den Stil der erzählenden ersten Person Singular übernommen, um das Hier-und-Jetzt auch textlich zu verdeutlichen.

dass Übersetzung nicht immer möglich noch wünschenswert sei. Sie sensibilisiere in den STS Forschende für eine sozio-technische und wissenschaftlich geprägte Welt, wo es Unterschiede gibt, die verbleiben oder sogar verbleiben sollen.

Nicht überraschend kritisierte Donald MacKenzie die „verkürzte" Darstellung des Relativismus in Verrans Buch. Michel Callon bemängelte, dass Verran sich weder mit der Verhandlung darüber, welche *Re-Imaginationsprozesse* von Relevanz sind, noch mit der Frage der Stabilisierung solcher Prozesse in modernen Gesellschaften beschäftigte.

In ihrem demnächst erscheinenden Buch „Nature and the Market. Ontology as intervention" geht Verran näher auf Macht-Prozesse ein und diskutiert *Environmentality* als einen Bereich, in dem Gouvernementalität und Natur als permanente Korrelative entstehen. Wieder stehen Zahlen im Fokus der Analyse. Verran untersucht, wie in der Klimadebatte sowohl Natur als auch sozialen Gruppierungen durch Zahlen generiert werden.

Literatur

Brichet, Nathalia, und Brit Ross Winthereik. 2010. Der er fedtede fingeraftryk overalt på tal: Introduktion til Hellen Verrans bog (2001) Science and an African Logic. *Tidsskriftet Antropologi* 62:179–188.

Latour, Bruno. 2008. *Wir sind nie modern gewesen: Versuch einer symmetrischen Anthropologie*. Frankfurt a. M.: Suhrkamp.

Law, John, und We-Yuan Lin. 2010. Cultivating disconcertment. *Sociological Review* 58: 135–153.

Mol, Annemarie. 2002. *The body multiple. Ontology in medical practice*. Durham: Duke Univ. Press.

Raasch, Josefine. im Erscheinen. Making history. The enactment of historical knowledge in the classroom. PhD Thesis, Swinburne University of Technology.

Senatsverwaltung für Bildung, Jugend und Sport Berlin, Hrsg. 2006. Rahmenlehrplan für die Sekundarstufe I. Jahrgangsstufe 7–10. Hauptschule. Realschule. Gesamtschule. Gymnasium. Landesinstitut für Schule und Medien Berlin-Brandenburg im Auftrag der Senatsverwaltung für Bildung, Jugend und Sport Berlin.

Sørensen, Estrid. 2009. *The materiality of learning: Technology and knowledge in educational practice*. New York: Cambridge Univ. Press.

Verran, Helen. 1998. Re-imagining land ownership in Australia. *Postcolonial Studies* 1 (2): 237–254.

Verran, Helen. 1999. Staying true to the laughter of Nigerian classrooms. In *Actor network theory and after*, Hrsg. von J. Law und J. Hassard, 136–155. Oxford: Blackwell.

Verran, Helen. 2001. *Science and an African logic*. Chicago: University of Chicago Press.

Verran, Helen. 2007. Metaphysics and learning. *Learning Inquiry* 1 (31): 31–39.

Verran, Helen. 2011. Imagining nature politics in the era of Australia's emerging market in environmental services interventions. *Sociological Review* 59 (3): 412–431.

Verran, Helen. 2013, forthcoming. *Nature and the market. Ontology as intervention.* Cambridge: MIT-Press.

Verran, Helen, und Michael Christie. 2007. Using/designing digital technologies of representation in aboriginal Australian knowledge practices. *Human Technology* 3 (2): 214–227.

Annemarie Mol: Multiple Ontologien und vielfältige Körper

Daniel Bischur und Stefan Nicolae

Annemarie Mol (*1958, Schaesberg, Niederlande) ist seit 2010 Professorin für Anthropologie des Körpers an der Universität Amsterdam. Nach einem Studium der Medizin, Philosophie und Politikwissenschaft in Utrecht und Amsterdam, promovierte Mol 1989 an der Universität Groningen. Zwischen 1996 und 2008 hatte sie die Sokrates Professuren für Politische Philosophie (an der Universität Twente, bis 2008) und für Sozialtheorie, Humanismus und Materialität (an der Universität Amsterdam, 2008–2010) inne. 2008 erschien die englische Übersetzung von *The Logic of Care. Health and the Problem of Patient Choice* (Mol 2008; org. ndl. *De Logica Van Het Zorgen Actieve Patienten En De Grenzen Van Het Kiezen*, 2005). Als Mitherausgeberin veröffentlichte sie 1998 mit Marc Berg *Differences in Medicine: Unraveling Practices, Techniques, and Bodies* (Berg und Mol 1998), 2002 mit John Law *Complexities. Social Studies of Knowledge Practice* (Law und Mol 2002) und 2010 mit Ingunn Moser und Jannette Pols *Care in Practice. On Tinkering in Clinics, Homes and Farms* (Mol et al. 2010a). 2002 erschien *The Body Multiple: Ontology in the Medical Practice*.

1 The Body Multiple

Der Versuch den *thematischen* Fokus von *The Body Multiple* zu rekonstruieren, lässt sich am besten mit dem beginnen, was das Buch *nicht* ist. Es ist erstens kein Buch über *den* Körper. Denn selbst wenn die Studie die Ergebnisse einer vierjähri-

---

D. Bischur (✉) · S. Nicolae
FB IV Soziologie, Universität Trier, 54286 Trier, Deutschland
E-Mail: bischur@uni-trier.de

S. Nicolae
E-Mail: nicolae@uni-trier.de

gen ethnographischen Forschung im „Krankenhaus Z", einer Universitätsklinik in den Niederlanden darstellt (vgl. Mol 2002, S. 1) und sich auf zahlreiche Interviews mit und Beobachtungen von Ärzt_innen, Patient_innen und Familienangehörigen sowie deren Interaktionen während Besprechungen, Visiten und Diagnoseverfahren von Arteriosklerose stützt, setzt Mol nicht an *einer* körperlichen Krankheit an. Dann ist es, zweitens, auch kein Buch über *die* Ontologie *der* Arteriosklerose. Indem Mol anhand ihres empirischen Materials eine „empirische Philosophie" der „Arteriosklerose" als in sozialen Praktiken engagierte Ontologien einer „physischen Krankheit" etabliert, geht sie auf Abstand gegenüber jedem Verständnis der Arteriosklerose als „Kranksein" (*illness*) und thematisiert diese vielmehr als „Krankheit" (*disease*) (Mol 2002, S. 27).[1] Es ist auch kein Buch über *den medizinischen* Umgang mit den an Arteriosklerose erkrankten Patient_innen im Krankenhaus (vgl. Mol 2002, S. 53). Mol vertritt keine organisationssoziologische Perspektive und identifiziert weder Trajekte des Krankheitsverlaufs, noch stehen die Einstellungen der Patient_innen angesichts der Diagnose im Vordergrund und sie beabsichtigt genauso wenig Machtverhältnisse, Herrschaftsdiskurse oder eine spezifische Optik des medizinischen Kontextes nachzuzeichnen.

Es geht vielmehr darum, die Konstruktionen von Patient_innenkörpern und Arteriosklerose als Praxeographie einer Krankheit (vgl. Mol 2002, S. 33) im medizinischen Setting zu analysieren. Darauf wird entlang der Engagementsmodi der Medizin mit Krankheit und erkrankten Körpern im Geflecht von sozialen Praktiken der Wissensgenerierung eingegangen. Mit ihrer Studie über Arteriosklerose verbindet Mol allerdings auch den Anspruch, die Erforschung von Krankheiten nicht dem Feld der Biomedizin zu überlassen (vgl. Mol 2002, S. 154). Und sie erteilt zugleich einem epistemologisch gefärbten Vokabular wie auch diskurs-konstruktivistischen Ansätzen eine dezidierte Absage (vgl. Mol 2002, S. 32*).[2] Mol setzt sich vielmehr, anknüpfend an Bruno Latours Diagnose einer pragmatischen Lücke von epistemischen wie auch ontologischen Differenzen (vgl. Latour 1995; Mol 2002, S. 30 ff.),

---

[1] Annemarie Mol greift eine, vor allem in der englischsprachigen Literatur zur Gesundheitssoziologie eingeführte Unterscheidung zwischen ‚*disease*' und ‚*illness*' auf, die im Deutschen als ‚*Krankheit*' und ‚*Kranksein*' übersetzt werden. Die theoretischen Implikationen dieser Unterscheidung – einmal die *physische Krankheit* und dann die *soziale Krankheit* – kommt so allerdings kaum zum Ausdruck (vgl. dazu auch Parsons 1965).

[2] Da Annemarie Mol in *The Body Multiple* eine Auseinandersetzung mit den Literaturbeständen in einem vom Haupttext abgesetzten ‚Subtext' führt, der grafisch das untere Drittel der Buchseiten füllt, aber nicht als Fußnotentext, sondern als ein eigener Textkörper durchläuft, haben wir uns dazu entschlossen, bei Verweisen auf ihren Subtext die Seitenangaben durch einen Asterix (*) zu markieren.

mit den Erscheinungsformen der Dinge in der Praxis auseinander.[3] Darüber hinaus sind die vielfältigen Praktiken der Wissensgenerierung auch nicht „perspektivisch" (Mol 1999, S. 10 f., 20 f., S. 76) im ontologischen Sinne von koinzidierenden Sichtweisen zu betrachten: Arteriosklerose *ist* unterschiedlich in lokalen Vernetzungen von Objekten und Menschen, von Patient_innen, behandelten Ärzt_innen, im Labor oder in der Pathologie „mobilisiert" (*enacted*). In den Blick werden Wirklichkeiten als Akte, als praktizierte Realitäten und damit als „multiple Ontologien" (vgl. Mol 2002, S. 5–6,1999, S. 75) genommen:

> This is the plot of my philosophical tale: that ontology is not given in the order of things, but that, instead, ontologies are brought into being, sustained, or allowed to wither away in common, day-to-day, sociomaterial practices. (Mol 2002, S. 6)

In *konzeptioneller* Hinsicht weist die Studie eine doppelte Argumentationsstruktur auf. Es handelt sich zum einen um eine ethnographisch gestützte Überwindung der Dualitäten Menschen-Subjekte/Natur-Objekte und Wissenssubjekt/Wissensobjekt. Diese im Grunde sowohl ontologische wie auch epistemologische Überbrückung wird dann in der theoretischen Verdichtung durch die Konstruktion von „multiplen Ontologien" und „Engagement mit Dingen" (*enactment*) reflektiert (Kap. 1–2). Sodann werden diese an Praktiken ablesbaren Ontologien zum anderen orthogonal im Zugriff auf die Variablen ihrer lokalen Transformationen als Koordination (Kap. 3), Distribution (Kap. 4) und Inklusion (Kap. 5) in einer begrifflich umformulierenden Geste durchdekliniert und im methodologischen Rückgriff als analytisches Instrumentarium integriert (Kap. 6).

1.1 Multiple Ontologien und Enactment

Die von Mol analysierten lokalen Praktiken sind streng von einem „kontextualistischen" Verständnis (vgl. Woolgar and Lezaun 2013) zu trennen: die Praxis, das Labor, das Krankenhaus, die Pathologie haben kein heuristisches Potenzial im Sinne eines sinnstiftenden Zusammenhangs. Die Arteriosklerose ist nicht „multipel" weil sie vielfältige Deutungen zulässt – sie ist „multipel" weil sie unterschiedlich „gemacht" wird. Mol behandelt die vielfältigen jeweils spezifisch in lokalen Situationen verankerten Erzählungen von Praktiken als Fragmente von Szenen, in denen jeweils Arteriosklerose selbst *ist*:

> In the consulting room something is *done*. It can be described as „pain in Mrs. Tilstra's left lower leg that begins on walking a short distance on flat ground and stops after rest." This phenomenon goes by the medical name *intermittent claudication*.

---

[3] Vgl. hierzu auch den Beitrag von Van Loon i. d. Bd.

> Whatever the condition of her body before she entered the consulting room, in ethnographic terms Mrs. Tilstra did not yet have this disease before she visited a doctor. She didn't *enact* it. (...) The desk, the chairs, the general practitioner, the letter: they all participate in the events that together „do" intermittent claudication. As does Mrs. Tilstra's dog, without whom she might not even have tried to walk more than fifty meters after which her left leg starts to hurt. (Mol 2002, S. 22 f)

Dieses *Sein* der Krankheit ist daher situativ und lokal in dem Sinne zu verstehen, als in jeder einzelnen erzählbaren Szene die Krankheit als das erscheint, was sie *selbst ist*. Daher steht in der praxeographischen Perspektive das „Sein" der Krankheit niemals allein sondern immer in der Verknüpfung ihrer jeweiligen spatialen Spezifik ihres praktischen *Enactment* (Mol 2002, S. 49), das sie zum Erscheinen bringt. Die Ontologien der Arteriosklerose untermauern diese theatralische Metaphorik: die Arteriosklerose ist „performiert" – allerdings jenseits, so Mols starke These von „*enacting* reality in practice" (Mol 2002, S. 50*), der Emergenzlogik eines vorgegebenen, bestehenden und performierten „Substrates" (Mol 2002, S. 32; vgl. Woolgar und Lezaun 2013, S. 324) - wird „engagiert" (vgl. Mol 2013, S. 380) oder zum Vorschein gebracht (Mol 2002, S. 31). Die „Enactments" der Arteriosklerose sind ihre verschiedenen und an Praktiken gebundenen Wirklichkeiten (vgl. Mol 1999, . 78 f.).[4] Diese Wirklichkeiten koexistieren, können sich aber auch ausschließen oder als uneinheitlich erscheinen (Moll 2002, S. 35):

> Doctors don't like it if the atherosclerosis of the interview does not coincide with that of the physical examination. But sometimes it happens. (...) There are two of them. Two objects. One is enacted through talking, the other through a hands-on investigation. The difference between them may not attract attention as long as the objects they enact coincide. (Mol 2002, S. 51)

Folgt man der Entstehungslogik der Diagnose, gilt dann das Augenmerk dem involvierten Spektrum von Akteuren, Objekten und Techniken, die mobilisiert und in *einem Akt* zur *Diagnose* und *Behandlung* zusammengefasst werden. Die Patient_innen *haben* oder *haben keine* Arteriosklerose.

---

[4] Wenn nun Mol diese *politische Ontologie der Multiplizität* anhand des „Enactments" der Arteriosklerose (Mol 2002) oder der Anämie (Mol 1999, Mol und Law 1994) etabliert, bedeutet dies in keiner Weise, dass es als ein Phänomen der Medizin oder von Krankheiten aufgefasst werden sollte. Vielmehr geht es Mol um eine generelle Ontologie. Daher ist ihre Forderung nach Überwindung von Perspektivismus und Konstruktivismus prinzipiell auf alle Phänomene anzuwenden. (Vgl. dazu etwa die Auseinandersetzung mit Geschlechts- und Genderperspektiven in Mol 2002, S. 19–20* und Hirschauer und Mol 1995; vgl. auch Hirschauer 1998).

1.2 Lokale Transformationen

Im Rahmen von Diagnose und Behandlung steht nichts weniger als die Einheit des Körpers der Patient_innen auf dem Spiel. Diese Einheit und somit auch die Krankheit selbst können dann wiedergewonnen werden, wenn nunmehr die Öffnung der angewandten Praktiken eine Erklärung für inkohärente Diagnosen liefern kann (vgl. Mol 2002, S. 64). Dazu wird eine Form integrativer Arbeit notwendig, um die potenziell auftretenden Inkonsistenzen durch eine begründete Gewichtung zu stabilisieren: „One of them wins. The other is discarded" (Mol 2002, S. 66). In Auseinandersetzung mit Michel Foucault, Bruno Latour und John Law geht Mol der Frage nach, wie sich die Macht der Diagnose nicht als ein Diskurs der Medizin oder ein einzelnes Netzwerk von Assoziationen aufzeigen lässt, sondern vielmehr differenzierte, miteinander verschränkte und dennoch unterscheidbare Assoziationen innerhalb und zwischen Netzwerken sichtbar werden und welche *Formen der Koordination* zwischen verschiedenen „Enactments" eines (multiplen) Objekts (wie die Krankheit Arteriosklerose eines ist) aufgrund welcher situativer und lokaler Kontexte jeweils dazu führen, dass die beteiligten Akteure *einen Modus des Ordnens* hervorbringen (vgl. Mol 2002, S. 54–71*).

Auch ein normativ informiertes Netzwerk reicht nicht aus, um das vielgestaltige Sein einer Krankheit (oder jeder anderen Realität) fassen zu können (vgl. auch Mol 1998). Ein Patient_innengespräch über die Beschwerden, die gefühlten Schmerzen im Bein, die Strecken, die die Patientin zu Fuß zurücklegen kann, die physische Untersuchung, das Tasten, Betrachten und Befühlen des betroffenen Beines durch die Fachärzt_innen, Blutdruckmessungen einer medizinischen Techniker_in an den Extremitäten der Patient_innen zur Berechnung des Druckverlustes – all diese Praktiken erzeugen erst jene Resultate, die zusammengebracht ein gemeinsames Objekt zum Vorschein bringen, sofern sie zur Übereinstimmung gebracht werden können. Die unterschiedlichen Arteriosklerosen müssen dann koordiniert werden: die Tests werden *addiert* (Mol 2002, S. 55 ff.) oder *aufeinander abgestimmt* (vgl. Mol 2002, S. 72 ff.). Während *Addition* als Form der Koordination eine hierarchisierte Auswertung von Untersuchungsergebnissen angesichts einer lokal verhandelbaren Relevanz der Tests darstellt,[5] setzt deren friktionsreiche *Kalibrierung* Prozesse und Instrumente der Übersetzung (bspw. zwischen klinischen Beobachtungen, Hochblutdruckwerten, Duplex-Graphiken und Angiografie) voraus (vgl. Mol 2002, S. 84 f.; vgl. auch Mol und Elsman 1996).

Auf die Artikulationsstruktur der Koordinationsformate greift sodann die Herstellung einer ideellen Koinzidenz von diagnostizierter und therapierter Ar-

---

[5] Zum Beispiel der Anämie vgl. auch Mol und Law (1994).

teriosklerose im Spannungsfeld von *Enacting* und *Counteracting* von Krankheit (vgl. Mol 2002, S. 93) zurück. Die Mobilisierungspraktiken von Arteriosklerose werden nun in der Behandlung als Konstruktionsorte (*sites*) der Krankheit ausgelegt und in ihrer *Distribution* analysiert. Den grundlegend kontrastiven Ontologien von Arteriosklerose der Diagnose und der Therapie flankierend (a) werden dann exemplarisch die Distribution der invasiven Behandlungen entlang der Patient_innenmerkmale (b) und des medizintypischen Erwartungshorizonts (c) wie auch das lokalisierte *Enactment* von Arteriosklerose als „Kondition" oder „Prozess" (d) (Mol 2002, S. 102 f., 115 f.) identifiziert. Der Distribution, so Mol (2002, S. 104) wohnt ein Phänomen des Ineinandergreifens von distribuierten Arteriosklerosen inne, das weit über die Verortung der Praktiken im Krankenhaus in medizinischen Spezialisierungen hinausgeht. Dabei wird gerade mit Blick auf die Verschränkung von „Kondition" (*Enactment* der Arteriosklerose in der Chirurgie) und „Prozess" (*Enactment* der Arteriosklerose in der Inneren Medizin) die facettenreiche Dynamik der Distribution anvisiert: dem Fokus auf Historizität der Krankheit in der Inneren Medizin steht „Kondition" nicht als ontologisches Pendant sondern als integrierter Bestandteil des „Prozesses" gegenüber. Diese potenziell wechselseitige Relationierung von „Kondition" (*verschlüsselte* Blutgefäße) und „Prozess" (*Verschlüsselung* der Blutgefäße) vermittelt als „Stadium" und „Schicht" zwischen den Arteriosklerosen:

> They create a place for the other reality inside their own – on their own terms. Thus, the condition „vessel encroachment" becomes a late stage in the process of encroachment, whereas the „process of encroachment" becomes an underlying layer in a patient poor condition. (Mol 2002, S. 105)

Die argumentative Figur von „Stadium" und „Schicht", die Vernetzung als Verzahnung von lokalen Ontologien, rekapituliert zum einen die Kritik an der Homogenitätsthese der perspektivistischen Ansätze und stellt zum anderen prägnant die Identifizierung einer_eines Agens und einer Adressat_in der Praktiken in Frage: wer oder was leidet unter Arteriosklerose (vgl. Mol 2002, S. 121) bzw. wer oder was mobilisiert (*enact*) die Krankheit (vgl. Mol 2002, S. 143). Die Leitidee eines Engagements der *Wirklichkeiten* in Praktiken bedarf m. a. W. einer Symmetrisierung von „multiplen Ontologien", die gemäß der Problematisierung der Arteriosklerose und des erkrankten Patient_innenkörpers methodologisch von den Praktiken her gedacht werden muss. Diese Symmetrisierung nimmt die Gestalt von lokal variablen *Inklusionen* der von Praktiken anvisierten Objekte („the entity afflicted", Mol 2002, S. 121), deren Ontologien in den Praktiken hervorgebracht allerdings nicht erschöpft werden. Es handelt sich darum – sofern die Praktiken zugleich auch ein *Enactment* von Normen und Standards sind (vgl. Mol 2002,

S. 121, 131) –, die *Systematik* der Praktiken zu beleuchten, die eine Konsistenz der mobilisierten Ontologien unterhält.

An dieser Stelle erwähnt Mol die „Szenen" (Mol 2002, S. 124) oder die „Repertoires" (Mol 2002, S. 125, 143), zwischen denen gewechselt (*switched, shifted*) wird und denen eine typische Rationalität der Akteure (*modes of reasoning*) und Kompetenzen (*skills*) zukommen (Mol 2002, S. 124). Diese Formen des Engagement mit der Wirklichkeit schließen somit nicht nur die Adressat_innen (Patient_innen, Arterien; vgl. Mol 2002, S. 123) sowie den_die Agens der Praktiken (Chirurg_in, Patholog_in; vgl. Mol 2002, S. 143) sondern auch die spezifischen und analytisch rekonstruierbaren Relationierungsmodi („Schneiden", „Reden"; Mol 2002, S. 143) mit ein.[6] So gelingt es Mol die Übergänge im Enactment, und dementsprechend auch in den Ontologien, – bspw. die Rückkopplung an soziale Referenzen im OP-Saal (vgl. Mol 2002, S. 124) – wie auch das Einbeziehen von gendersensiblen Statistiken in der Mobilisierung der individuellen Arteriosklerose und deren Prävention und Behandlung (vgl. Mol 2002, S. 130 ff.) methodisch nachzuzeichnen.

Die Reflektion über Praktiken als Gravitationspunkt von „*enacting* reality" (Mol 2002, S. 50*) in der Analyse der multiplen Ontologien erweitert Mol im medizinischen Zusammenhang abschließend in Richtung einer Untersuchung der Wertigkeitskonstruktion („enactment of *the good*", 2002, S. 176). Dies lässt sich im Rahmen von *The Body Multiple* durch die Dissonanz zwischen „Politics of Who" (Mol 2002, S. 166 f.) und „Politics of What" (Mol 2002, S. 172), durch die „Wahl" resp. „Erleben" des Guten erst als Forschungsdesiderat ausmachen und wird in dem späteren Werk von Annemarie Mol ein konstantes Thema darstellen.

2 Wirkungsgeschichte und spätere Entwicklungen

In der späteren Monografie über *The Logic of Care* greift Mol (2008) die wichtigsten Themen von *The Body Multiple* – die Foki auf Praktiken, auf die Problematik der multiplen Ontologien wie auch auf Fragen der lokalen Normierung – erneut auf. Mit der Definition von „Sorge" als „situated practice" (Mol et al. 2010c, S. 83) wird dabei pointierter auf die obige Differenzierung von „Politics of Who" und „Politics of What" eingegangen, die im Kontext der Behandlung und des Umgangs mit dem eigenen, an Diabetes erkrankten Körper als „Logik der Wahl"

---

[6] Mol zeigt das exemplarisch anhand des Umgangs mit dem toten Körper: „A corpse does not become a person by *adding* life to it, but by carefully taking away and putting back again a piece of cloth" (Mol 2002, S. 150). Für ähnliche umstrukturierende Praktiken vgl. Timmermans 1996.

("logic of choice") und „Logik der Sorge" („logic of care") als kontrastierende Engagementmodi mit dem Patient_innenkörper (und Hypoglykämie; vgl. auch Mol und Law 2004) umformuliert werden. Diese im Grunde kritische Auseinandersetzung mit einer martktorientierten Rationalität der Wahl zwischen strukturell ähnlichen Behandlungsformaten setzt zugleich an einer methodologischen Dekonstruktion des Akteursbegriffs wie auch an der Umformulierung der, in der Patient_innenbehandlung involvierten Normativität an. Die „Logik der Wahl" in der „medizinischen Ethik" (Mol et al. 2010b, S. 12 f.) mobilisiert *autonome* Patient_innen als „Kunden" und „Bürger" (Moll 2008, S. 66) deren Behandlungsoption in einer kausalen Verkettung (vgl. Mol 2008, S. 44) eingebettet ist, wobei das Gute im Vorfeld der individuellen Entscheidung als „Autonomie", „Gleichheit" und „Freiheit" (Mol 2008, S. 85 f.) im Anbetracht der Wahlchancen besteht. In der „Logik der Sorge" ist die Behandlung nie eine private Tatsache, denn sie involviert Ärzt_innen, Maschinen, Arzneimittel, Körper, Patient_innen, und Bezugspersonen (vgl. Mol 2008, S. 21): „the logic of care does not start with individuals but with collectives" (Mol 2008, S. 68). Die Kriterien der guten Behandlung orientieren sich sodann an „Aufmerksamkeit" (*attentivness*) und „Spezifizität" und werden nie einseitig formuliert (Mol 2008, S. 87). Vielmehr hängt die Wertigkeit der „Logik der Sorge" mit den Praktiken der Behandlung selbst, mit „logics incorporated in practices" (Mol 2008, S. 91) zusammen. Die Vielfältigkeit der Praktiken der Sorge führt damit zu der Vielfältigkeit der Krankheit und zu einer Pluralisierung der Normativität.

Auf eine spezielle Entwicklung der Normativität weisen Mols Analysen über das Essen und die Praktiken des Essens hin (vgl. Mol und Mesman 1996; Harbers et al. 2002; Mol et al. 2010b, 2013): Essen *ist* unterschiedlich in der Neonatologie: eine Zahlenserie, ein Fluid, eine lipide- oder glukosehaltige Lösung, ein Gewicht, eine Infusion (vgl. Mol und Mesman 1996, S. 429 f.), aber es gehörte auch zum „Prozess" der Arteriosklerose der Inneren Medizin (Mol 2002, S. 103) und ist Medium der Sorge im Hospiz (Harbers et al. 2002, S. 217) und mobilisiert darüber hinaus, in den kontrastiven Diätentechniken von „mind your plate!" und „enjoy your food!" differente „Ontonormen" (Mol 2013, S. 381).

Mit dem analytischen Instrumentarium der „Ontonormen" an dem Schnittpunkt von Ontologien und Normativitäten nimmt Mol (2013, S. 380) unmittelbar Bezug auf die aktuellen Debatten über den Status der Ontologie bzw. über einen „ontological turn"[7] in den Science and Technology Studies und bietet dadurch eine konzeptionelle Erweiterung der systematischen Artikulation von „Repertoires" in

---

[7] Für einen Überblick über die aktuellen Diskussionen vgl. van Heur et al. 2013 und Woolgar und Lezaun 2013.

The Body Multiple als Formen der lokalen Mobilisierung von Ontologien pluraler Entitäten (Mol 2002, S. 125, 143). Die Konstruktion von „Ontonormen" verweist in dreifachem Sinne auf die aktuelle Positionierung von Mols „multiplen Ontologien". Es handelt sich *erstens* um eine methodologische Stabilisierung der Praktiken im Spannungsfeld von einer stark konstruktivistischen Perspektive (vgl. bspw. Knorr-Cetina 1993, S. 559) und Bruno Latours Ansatz von „variablen Ontologien" (Latour 1995),[8] sofern Normativitäten in Praktiken transportiert werden und sie Übergänge zulassen, ohne damit ein Plädoyer für einen neuen Realismus einzuräumen.[9] Dies deutet *zweitens* im Anschluss an die Analyse der zwei Logiken der Sorge auf die Möglichkeit hin, den Körper *zugleich* als Agens und Adressat_in der Praktiken, als evaluierte *und* evaluierende Instanz auszulegen. Daran anknüpfend lassen sich abschließend *drittens* Mobilisierungen von „Ontonormen" als Praktiken der Wissenslegitimierung analysieren.

Literatur

Berg, M. und A. Mol, Hrsg. 1998. *Differences in medicine: Unraveling practices, techniques, and bodies*, Durham und London: Duke Univ. Press.

Harber, H., A. Mol, und A. Stollmeyer. 2002. Food matters: Arguments for an ethnography of daily care. *Theory, Culture & Society* 10 (2-3): 43–62.

van Heur, B., L. Leydesdorff und S. Wyatt. 2013. Turning to ontology in STS? Turning to STS through ‚ontology'. *Social Studies of Science* 43 (3): 341–362.

Hirschauer, S. 1998. Performing sexes and gender in medical practices. In *Differences in medicine. Unrevealing practices, techniques, and bodies*, Hrsg. M. Berg und A. Mol, 13–27. Durham: Duke Univ. Press Books.

Hirschauer, S., und A. Mol. 1995. Shifting sexes, moving stories: Feminist/constructivist dialogue. *Science, Technology & Human Values* 20 (3): 368–385.

Knorr Cetina, K. 1993. Strong constructivism – from a sociologist's point of view. *Social Studies of Science* 23 (3): 555–563.

Latour, B. 1995. *Wir sind nie modern gewesen. Versuch einer symmetrischen Anthropologie*. Berlin: Akademie-Verlag.

---

[8] Vgl. hierzu die Beiträge von Kirschner und Van Loon i. d. Bd.

[9] Dies bezieht sich sowohl auf einen ontologischen wie auch auf einen normativen Realismus: „This does not imply that I will use pre-given normative standards to cast normative judgements. The art is rather in analysing the norms embedded in practices (...)" (Mol 2013, S. 381) Die methodische Konsequenz wäre dann eine klare Absage an einen diskursanalytischen Ansatz, in dem Normativität nach ihrem herrschaftstheoretischen Profil untersucht wird.

Law, J. und A. Mol, Hrsg. 2002. *Complexities. Social studies of knowledge practice*, Durham und London: Duke Univ. Press.
Mol, A. 1999. Ontological politics: A word and some questions. In *Actor network theory and after*, Hrsg. L. Law und J. Hassard, 74–89. Oxford: Blackwell.
Mol, A. 2002. *The body multiple: Ontology in medical practice*. Durham: Duke Univ. Press.
Mol, A. 2008. *The logic of care, health and the problem of patient choice*. London: Routledge.
Mol, A. 2010a. Care and its values: Good food in the nursing home. In *Care in practise: On tinkering in clinics, homes and farms*, Hrsg. A. Mol, I. Moser, und J. Pols, 215–234. Bielefeld: transcript.
Mol, A. 2010b. Actor-network theory: Sensitive terms and enduring tensions. *Kölner Zeitschrift für Soziologie und Sozialpsychologie* 50:253–269.
Mol, A. 2013. Mind your plate! The ontonorms of Dutch dieting. *Social Studies of Science* 43 (3): 379–396.
Mol, A., und B. Elsman. 1996. Detecting disease and designing treatment: Duplex and the diagnosis of diseased leg vessels. *Sociology of Health & Illness* 18 (5): 609–631.
Mol, A., und J. Law. 1994. Regions, networks, and fluids: Anaemia and social topology. *Social Studies of Science* 24:641–671.
Mol, A., und J. Law. 2004. Embodied action, enacted bodies: The example of hypoglycaemia. *Body & Society* 10 (2–3): 43–62.
Mol, A., und J. Mesman. 1996. Neonatal food and the politics of theory: Some questions of method. *Social Studies of Science* 26:419–444.
Mol, A, I. Moser und J. Pols, Hrsg. 2010a. *Care in practice. On tinkering in clinics, homes and farms*, Bielefeld: transcript
Mol, A., I. Moser, und J. Pols. 2010b. Care: Putting practice into theory. In *Care in practice. On tinkering in clinics, homes and farms*, Hrsg. A. Mol, I. Moser, und J. Pols, 7–26. Bielefeld: transcript.
Mol, A., I. Moser, und J. Pols. 2010c. Authors' response. *Tecnoscienza* 2 (1): 83–86.
Parsons, T. 1965. Struktur und Funktion der modernen Medizin. Eine soziologische Analyse (dt. Übersetzung von Kapitel X aus Parsons 1951). In *Probleme der Medizin-Soziologie. (Sonderheft 3 der Kölner Zeitschrift für Soziologie und Sozialpsychologie)*, Hrsg. von R. König und M. Tönnesmann. Köln: Westdeutscher.
Struhkamp, R., A. Mol, und T. Swierstra. 2009. Dealing with In/dependence: Doctoring in physical rehabilitation practice. *Science, Technology & Human Values* 34 (1): 55–76.
Timmermans, S. 1996. Saving lives or saving multiple identities. *Social Studies of Science* 26 (4): 767–797.
Woolgar, S., und J. Lezaun. 2013. The wrong bin bag: A turn to ontology in science and technology studies. *Social Studies of Science* 43 (3): 321–340.

Karen Barad: Agentieller Realismus als Rahmenwerk für die Science & Technology Studies

Sigrid Schmitz

Karen Barad ist seit 2006 Professorin für Feminist Studies, History of Consciousness and Philosophy an der Universität von Kalifornien Santa Cruz (UCSC). Sie promovierte in Teilchenphysik und Quantenfeldtheorie an der State University of New York und beschäftigte sich schon Mitte der 1980er Jahre mit wissenschaftstheoretischen Fragestellungen zwischen Physik, Philosophie, Wissenschaftsforschung, poststrukturalistischer und feministischer Theorie. Von 1999 bis 2005 war sie Professorin für Women's Studies und Philosophie am Mount Holyoke College in Massachusetts. Karen Barad gründete 2010 zusammen mit Jenny Reardon das von der National Science Foundation finanzierte Graduiertenprogramm „Ethics and Justice in Science and Engineering Training Program" an der UCSC.

In der Scientific Community machte sich Karen Barad mit ihrem theoretisch-methodischen Rahmenwerk des *Agentiellen Realismus (agential realism)* einen Namen. So schlägt sie in „Meeting the Universe Halfway" (2007) eine Interpretation der Quantenphysik vor, die nicht nur die Grenzen von Physik und Philosophie überschreitet und Dualismen von menschlich/nicht-menschlich, Geist/Materie, Natur/Kultur hinterfragt, sondern auch Fragen nach dem konstitutiven Verhältnis von Subjekten und Objekten des Wissens in einen neuen Kontext stellt. Mit diesem Buch und weiteren zahlreichen Artikeln steht die Autorin heute im Zentrum der Debatte um Ansätze des *feministischen Materialismus (feminist materialism)*. Die folgende Vorstellung des Barad'schen Rahmenwerkes bezieht sich vorwiegend auf ihr Buch, referiert aber auch auf ihre Anfänge (Barad 1996) und auf die prominenteste Quelle (Barad 2003) im feministischen Science & Technology Diskurs.

S. Schmitz (✉)
Institut für Sozial- und Kulturanthropologie,
Universität Wien, 1080 Wien, Österreich
E-Mail: sigrid.schmitz@univie.ac.at

1 Grenzauflösungen: Natur/Kultur – Materie/Diskurs

Grenzauflösungen zwischen Natur, Kultur und Technik sind seit Jahren zentraler Bestandteil feministisch-wissenschaftstheoretischer Diskurse, in denen es um die kritische Auseinandersetzung mit (natur)wissenschaftlicher Forschungsmethodik und der darauf begründeten Wirkmacht des naturwissenschaftlichen Objektivitätsbegriffs geht. All diesen Ansätzen liegt eine kritische Haltung gegenüber dem metaphysischen ‚Entdeckungsmodell' zugrunde, das mit fortschreitender Methodik einen immer genaueren Erkenntnisgewinn über die zu untersuchende bzw. die zu repräsentierende Natur von Seiten der Kultur (in diesem Fall der Wissenschaft) postuliert. Das hier zugrunde liegende Modell des Repräsentationalismus fußt auf drei Prämissen: erstens auf der Trennung und Gegenüberstellung des erkennenden Subjekts und des erkannten Objekts; zweitens auf der Trennung und Unabhängigkeit von Ontologie und Epistemologie: Entitäten mit inhärenten Eigenschaften (ontologisch) ließen sich durch sprachliche oder visuelle Darstellungen (Repräsentationen) prinzipiell realitätsgetreu als Grundlage für Subjekt unabhängige Aussagen über die Natur eines Objektes (epistemologisch) abbilden. Die dritte Prämisse bezieht sich speziell auf die naturwissenschaftliche Methodik, die als neutrales ‚Werkzeug' zur Extraktion dieses Wissens über Naturobjekte genutzt werden könne. Naturwissenschaftliche Experimente werden hiermit als unabhängig sowohl von der Natur-Entität als auch vom erkennenden Subjekt definiert, als unbeeinflusste und unbeeinflussende Mittler zwischen den beiden Polen Natur und Kultur. Diese mit der Garantie der Wertneutralität ausgestattete Vorgehensweise sichert den Naturwissenschaften ein hohes Maß an Glaubwürdigkeit und damit eine zentrale Rolle bei der Bereitstellung ‚wahren' Wissens zur Deutung und Handhabung der Welt zu.

Es ist das Verdienst der Science & Technology Studies, aufgezeigt zu haben, dass weder eine beobachtungsunabhängige Form der Repräsentation über Entitäten zu erlangen ist, noch dass Methodologie eine neutrale Mittlerfunktion zwischen Ontologie und Epistemologie einnehmen kann. Das Erlangen von Wissen über Dinge ist immer ein Konstruktionsprozess und die Wissensproduzent_innen und ihre Wirkungen sind in die Wissensgenerierung einzubeziehen. Der Wissenschaftstheoretiker und Sprachphilosoph Ian Hacking prägte 1983 das Verständnis von Wissenschaft als Repräsentation und Eingriff.[1] Denn gerade die naturwissenschaftliche Experimentalpraxis entwickelt ihre ‚Erkenntnisse' erst durch experimentelle Manipulationen. Sie isoliert ein Naturobjekt im Labor, greift in Naturprozesse ein, und schließt aus den Ergebnissen dieser Eingriffe auf grundlegende Ge-

---

[1] Vgl. hierzu den Beitrag von Hofmann i.d.Bd.

setzmäßigkeiten. Damit ist das Experiment eben kein neutrales Instrument der Repräsentation sondern konstitutiv eingebunden in die Produktion von und das Wissen über ‚die Realität'.

Im radikalen Konzept des wissenschaftskritischen *Konstruktivismus* kann diese wissenschaftskritische Position aber dazu führen, dass jegliches Wissen über die Welt als sprachliche Konstruktion betrachtet und dem Vorwurf der Beliebigkeit von Wissenskonstruktionen ausgesetzt wird. Dieses Problem wurde in der postmodernen konstruktivistischen Auseinandersetzung um Erkenntnis vor allem von Seiten der Feminist Science Studies in den Fokus gerückt. Die entscheidende Frage dazu hat Donna Haraway schon 1988 formuliert:[2]

> Daher glaube ich, dass mein und unser Problem darin besteht, wie wir zugleich die grundlegende Kontingenz aller Wissensansprüche und Wissenssubjekte in Rechnung stellen, eine kritische Praxis zur Wahrnehmung unserer eigenen bedeutungserzeugenden, „semiotischen Technologien" entwickeln *und* einem nicht-sinnlosen Engagement für Darstellungen verpflichtet sein können, die einer „wirklichen" Welt die Treue halten.
> (Haraway 1996, S. 222–223, Original 1988, S. 579).

Dieses Zitat kann als grundlegender Anspruch des heutigen *feministischen Materialismus* gewertet werden (der damit nicht neu ist): Erkenntnisgewinnung jenseits der klassischen Metaphysik der Naturwissenschaften, in Anerkennung sowohl der Konstruktion von Erkenntnis (unter Beteiligung der Wissenschaftler_innen, der Objekte und experimentellen Apparaturen, der Sprache und der Repräsentationen und vieles mehr) als auch der Existenz einer materiellen Welt sowie der Anspruch auf die Übernahme von Verantwortung für die Auswirkungen der eigenen wissensgenerierenden Prozesse auf diese Welt.

In dieses Spannungsfeld lässt sich die Arbeit von Karen Barad einordnen. Sie wendet sich gegen eine Form des radikalen Konstruktivismus, wenn dieser die Verhandlung von wissenschaftlichem Wissen nur als rhetorische und machtgeladene Diskurse ansehe, wohl betonend, dass Konzepte, Methoden und Theorien die Wissensproduktion immer beeinflussen. Barad's Rahmenwerk des *Agentiellen Realismus* stellt in kritischer Auseinandersetzung mit dem wissenschaftlichen Repräsentationalismus einerseits und mit sozialkonstruktivistischen Ansätzen andererseits die Untrennbarkeit von Sein (Ontologie) und Wissen (Epistemologie), also von Materiellem und Diskursivem als zentrale These in den Mittelpunkt. Im Zentrum ihres Ansatzes steht die Prämisse, dass Natur und Kultur untrennbar verwoben sind. Dabei geht es Barad nicht darum, wie eine scheinbar präexistierende Natur von Kultur geprägt werde und auch nicht nur darum, durch die kulturelle

---

[2] Zum Werk von Donna Haraway vgl. Weber i.d.Bd.

Linse des Diskurses auf Natur zu schauen. Stattdessen bleibe das eine vom anderen nie unbeeinflusst: *Phänomene* der realen Welt konstituierten sich immer erst als Ausdruck einer fortwährenden *Intra-Aktion*. Mit ihrer Begrifflichkeit der *Onto-Epistemo-logie* strebt Barad eine Aufhebung der strikten Trennung von Ontologie und Epistemologie an, um die Möglichkeit des Verständnisses von Welt zwischen Realismus und Konstruktivismus zu verbessern und in ein Konzept der *verantwortungsvollen Objektivität* einzubinden.

Bevor ich mich den Begrifflichkeiten und Konzeptionen dieser *Onto-Epistemologie,* dem *Agentieller Realismus,* den *intra-aktiven Phänomenen* und der Konzeption *verantwortungsvoller Objektivität* zuwende, möchte ich kurz Karen Barad's erkenntnistheoretischen Zugang rekonstruieren. Unter der Prämisse des *diffraktorischen Lesens (diffractive reading)* möchte sie Perspektiven der Physik, der Wissenschaftsforschung, der Wissenschaftsphilosophie, des feministischen und poststrukturalistischen Diskurses sowie der kritischen Sozialtheorie *durch einander* lesen. Das Konzept des *diffraktorischen Lesens (diffractive reading)* wurde in der feministischen Epistemologie bekannt durch Donna Haraway (1997). Sie bezieht sich hier auf eine optisches Phänomen: das Auftreten von Interferenzen bei der Beugung von Licht- und anderen Wellen durch Hindernisse oder Spalten (Diffraktion). Die hierdurch induzierten zeitlich-räumlichen Wechselwirkungen zwischen den Wellen erzeugen heterogene Muster aus Licht und Schatten. Diese Diffraktionsmuster stellen den spiegelbildlichen Zusammenhang zwischen Original und Kopie in Frage: neue Muster entstehen in jedem Diffraktions-Spiel. Während Haraway den Begriff der Diffraktion als Metapher benutzt, um die Abbildhaftigkeit von Repräsentationsmodellen in Frage zu stellen und die Möglichkeit anderer Erkenntnisnarrationen zu betonen, bezieht Barad (2007, S. 71 ff.) sich konkreter auf das physikalische Phänomen der Diffraktion und der dabei entstehenden ‚neuen' Phänomene, mit mehreren Zielsetzungen. Erstens möchte sie statt einer Gegenüberstellung oder eines Schlagabtausches zwischen disziplinären Perspektiven (im Sinne einer reinen Reflexion, in der Positionen eher verfestigt denn überschritten werden) durch die verwobenen Kommunikation eine verbesserte Erkenntnis gewinnende Perspektive generieren:

> I am not interested in reading, say, physics and poststructuralist theory against each other, positioning one in a static geometrical relation to the other, or setting one up as the other's unmovable and unyielding foil [...], my approach is to place the understandings that are generated from different (inter)disciplinary practices in conversation with one another. (Barad 2007, S. 92 f.)

Zweitens verbindet Barad ein solches Vorgehen mit ihrem Ansatz, die Grenzen zwischen den Ontologien des Wissens und den beteiligten Wissenssubjekten aufzubrechen:

> [T]he diffractive methodology that I use in thinking insights from different disciplines (and interdisciplinary approaches) through one another is attentive to the relational ontology that is at the core of agential realism. It does not take the boundaries of any of the objects or subjects of these studies for granted but rather investigates the material-discursive boundary-making practices that produce „objects" and „subjects" and other differences out of, and in terms of, a changing relationality. (Barad 2007, S. 93)

Drittens fordert Barad diffraktorisches Lesen als konkrete (natur-)wissenschaftliche Methodik ein:

> I will argue that a diffractive mode of analysis can be helpful in this regard if we learn to tune our analytical instruments (that is our diffraction apparatuses) in a way that is sufficiently attentive to the details of the phenomena we want to understand. (Barad 2007, S. 73)

2 Agential Realism, intra-aktive Phänomene und Onto-Epistemo-logie

Der Ausgangspunkt der baradschen Konzeption des *Agentiellen Realismus*, also einer wirkmächtigen Realität, ist das Besterben, Materie und materielle Körper als relevante Beteiligte kritisch in den feministischen Diskurs zurück zu holen (wobei sicher angemerkt werden muss, dass Barad nicht die erste ist, die dies pointiert, s. u. Rezeption). Fußend auf der Kritik an der klassischen Trennung von Natur und Kultur, von Körper und Geist gehe es darum, die einseitige Zuordnung der Natur zum passiven Objekt zu lösen und ihr eine Handlungsmächtigkeit zuzugestehen, ohne dass diese *Agentialität* intentional zu verstehen sei. Barad argumentiert, dass im feministischen Diskurs die Berücksichtigung einer solchen Agentialität der Materie durch die poststrukturalistisch geprägte ‚linguistische Wende' teilweise herausgefallen sei. Der Fokus auf diskursive Praktiken zur Erklärung weltlicher Phänomene habe den Beiklang, dass poststrukturalistische Ansätze Materie als vollständig sprachlich konstruiert ansehen würden. Barad bezieht sich hier auf Butlers Performativitätsansatz, den sie als vorwiegend linguistisch-diskursiv einordnet, eine Interpretation, die sicherlich in dieser Schärfe auch infolge der Auseinandersetzung Judith Butlers mit Körperlichkeit nicht ganz haltbar ist.

Als wichtigen Punkt macht Barad aber eine Problematik poststrukturalistischer Ansätze deutlich: ihre Begrenzung, wenn Materialität nur als Produkt diskursiver und machtvoller Praxen (hier bezieht sich Barad auf Foucault) konzipiert wird. Materie bleibe in dieser Rezeption des radikalen Konstruktivismus einzig passive Oberfläche und Einschreibungsergebnis von Bedeutungszuweisungen bzw. Produkt von Modifikationen.

> To restrict power's productivity to the limited domain of the „social", for example, or to figure matter as merely an end product rather than an active factor in further materialization, is to cheat matter out of the fullness of its capacity. (Barad 2003, S. 810)

Barad betont stattdessen, dass es wichtig sei, einzubeziehen, wie Materie sich materialisiert und zwar in ihren Entwicklungen und Praktiken:

> any robust theory of the materialization of bodies would necessarily take account of how the body's materiality – for example, its anatomy and physiology – and other material forces actively matter to the process of materialization. (Barad 2003, S. 809)

Agency ist demzufolge nicht als eine Eigenschaft zu verstehen, die menschliche oder auch nicht-menschliche Entitäten besitzen können, sondern als ein *Tun* (*doing*), also als eine Tätigkeit, oder anders gesagt als eine wirkungsmächtige Praxis. Ins Zentrum des *Agentiellen Realismus* stellt Barad den Begriff der *Intra-Aktion* (*intra-action*): ein, in Abgrenzung zum Begriff der Inter-Aktion verfasster Neologismus. Statt auf interagierende Akteure zu fokussieren (wie z. B. Latour in seiner *Akteur-Netzwerk-Theorie* oder Donna Haraway in ihrem Konzept des *situierten Wissens*)[3] seien es die Prozesse der Wechselwirkungen, durch die sich weltliche *Phänomene* erst realisieren. Es gibt im baradschen Sinne also keine ‚Dinge' an sich, keine abgrenzbaren ontologischen Entitäten mit inhärenten Eigenschaften. Stattdessen materialisieren sich Phänomene erst durch dynamische Intra-Aktionen, in denen Diskurse und bedeutungsgenerierende Tätigkeiten, technische Apparaturen, Subjekte und materielle Komponenten beteiligt und verwoben sind.

In dieser Rekonzeptualisierung von Performativität und Handlungsmacht sind Phänomene nicht *nur* Produkte des sprachlichen Diskurses und des iterativen Zitierens. Die Beteiligung der Materie am Performativitätskonzept inkludiert ihre Historizität und die Anerkennung auch nicht-diskursiver Praxen als ebenso handlungsmächtig in den Intra-Aktionen der Phänomenkonstituierung (*agential intra-actions*).

---

[3] Vgl. hierzu die Beiträge von Weber und Van Loon i.d.Bd.

> Agential realism privileges neither the material nor the cultural: the apparatus of bodily production is material-cultural, and so is agential reality. (Barad 1996, S. 190)

Agentieller Realismus beschreibe also keine fixe Ontologie, sondern die kontinuierliche Herstellung und Veränderung von handlungsmächtiger Realität in Phänomenen durch materiell-diskursive Praktiken.

Auch wenn es um die Erforschung und Behandlung von (Natur-)Phänomenen geht, fordert Barad, das Zusammenwirken solch materiell-diskursiver Intra-Aktionen zwischen organischen und technischen, menschlichen und nichtmenschlichen Komponenten in den Mittelpunkt der Analyse zu stellen.

> If ‚humans' refers to phenomena, not independent entities with inherent properties but rather beings in their differential becoming, particular material [re]configurings of the world with shifting boundaries and properties that stabilize and destabilize along with specific material changes in what it means to be human, then the notion of discursivity cannot be on an inherent distinction between humans and nonhumans. (Barad 2003, S. 18)

In der Erkenntnisgewinnung gehe es immer um die Anerkennung sozialer und technischer Konstruiertheit von Wissen *und* um den Einbezug der Praxen einer extralinguistischen Realität. Für diese Verwobenheit von materiellen und diskursiven Praktiken in der Phänomenanalyse benutzt Barad den Begriff der *Onto-Epistemo-logie* (in älteren Arbeiten auch den Begriff der *Epistem-Onto-logie*, Barad 1996).

3 Post-humanistische Performativität und Apparate der Wissensproduktion

Mit der Grenzauflösung menschlich/nicht menschlich benennt Barad ihren Ansatz als *post-humanistische Performativität*. Grundlegend für diese Konzeption ist die Ausweitung der Intra-Aktionen zwischen Materie und Bedeutungszuschreibung (materiell-diskursiv) auf weitere, nicht-menschliche Akteure. Als technowissenschaftliche Praktiken sind auch technische Apparaturen, methodischen Prozeduren, Inskriptionsvorgänge der Laborpraxis und die damit verbundenen Interpretationsprozesse bei der Erkenntnisgewinnung im experimentellen Prozess untrennbar in die Phänomenkonstitution eingebunden.

Um materiell-diskursive und darin inkludierte technowissenschaftlichen *Intra-Aktionen* verständlich zu machen, bezieht sich Barad in ihrem Ansatz auf Entwürfe aus der Quanten- und Teilchenphysik und liest diese durch feministische Erkenntnistheorien und Ansätze der Science & Technology Studies. Sie fundiert ihren

Ansatz zunächst auf der Mikroebene auf Nils Bohrs Konzept des Komplementarismus und auf den quantenphysikalischen Erklärungen zum Spaltenexperiment. Am Phänomen-Komplex ‚Licht als Welle und Teilchen' zeigt sich, dass es nicht möglich ist, im gleichen Experiment unabhängige Objekteigenschaften zu klassifizieren, sondern dass Wellen- *oder* Teilcheneigenschaften des Lichtes nur mit bestimmten Apparaturen in bestimmten experimentellen Situationen *erzeugt* und dann beschrieben werden können. ‚Welle' oder ‚Teilchen' sind nach quantenphysikalischer Auffassung keine eigenständigen Objekteigenschaften des Lichts. Die tatsächliche Erzeugung des jeweiligen Phänomens realisiert sich erst in der Intra-Aktion von Licht und Messkonstellation im jeweiligen Apparat.

In den spezifischen experimentellen Situationen verbinden sich Material, Messung, Beschreibung und Interpretation zu *Apparaten der Wissensproduktion* (*agencies of observation*). Barad versteht diese Apparate nicht als abgeschlossene Einheiten. Sie seien weder neutrale (experimentelle) Werkzeuge zur Extraktion von Wissen über Naturobjekte noch reine ‚Einschreibungsgeräte' sozialer Praktiken (Barad 2007, S. 169). Mit diesem direkten Bezug zur Quantenphysik erweitert Barad die bisherigen Ansätze der Science & Technology Studies über die bedeutungsgenerierende Funktion der Wissenschaftler_innen hinaus. Erst in den materiell-diskursiven Intra-Aktionen des Apparates materialisieren sich bestimmte Phänomene in Überschreitung der Grenzen zwischen menschlich und nichtmenschlich, zwischen Natur und Kultur. Durch den Fokus auf intra-aktive Praxen verbindet sich auch eine Aufhebung der Objekt-Subjekt-Trennung in den Apparaten der Wissensproduktion, denn Beobachter_innen sind unweigerlich in die Phänomenkonstituierung eingebunden.

> Phenomena are produced through complex intra-actions of multiple material-discursive apparatuses of bodily production. Material discursive apparatuses are themselves phenomena made up of specific intra-actions of humans and non-humans, where the differential constitution of „human" (or „non-human") itself designates a particular phenomenon, and what gets defined as a „subject" (or „object") and what gets defined as an „apparatus" is intra-actively constituted within specific practices. (Barad 2007, S. 109)

4 Agentielle Schnitte, Kausalität, Reproduzierbarkeit und verantwortungsvolle Objektivität

In einem Verständnis, dass Phänomene nicht aus vorgängig getrennten Einheiten bestehen, erscheint es zunächst einmal unmöglich, kausale Beziehungen und noch weniger ihre Wirkungen in der Welt zu charakterisieren. Die Aufhebung der Subjekt-Objekt-Trennung impliziert weiterhin das Problem, Verantwortlichkeit für wissenschaftliches Forschen einzufordern, solange Verantwortlichkeit an die Vorstellung eines vom Objekt abgetrennten, äußeren Subjekts gebunden ist.

Im Rahmen ihres Ansatzes des agentiellen Realismus spezifiziert Barad ihren Apparatebegriff weiter in den Intra-Aktionen zwischen dem Material und den *Apparaten der Wissensproduktion (agencies of observation)*: Der je spezifische Apparat setze bestimmte Markierungen in der Phänomenkonstituierung, denn jeder Apparat sei ebenfalls eine spezifische Tätigkeit. Er produziere lokale, innerphänomenale Grenzziehungen (*agential cuts*), die nur in dieser Konstellation wirksam werden. In einem anderen Apparat und in einer anderen Konstellation könnten auch andere agentielle Schnitte wirksam werden. Es entstünden andere Intra-Aktionen und somit andere Phänomenkonstitutionen. Grenzsetzungen sind nach Barad demnach unabdingbarer Bestandteil sich konstituierender Phänomene. Sie realisieren bestimmte Möglichkeiten in einer bestimmten Art und Weise und schließen andere Möglichkeiten zu einem bestimmten Zeitpunkt und in einer bestimmten zeitlichen Struktur aus. Agentielle Schnitte haben materielle Konsequenzen und produzieren Bedeutung.

Karen Barad baut auf diesem Verständnis der Markierungen durch agentielle Schnitte ihr Kausalitätskonzept auf und begründet damit die Möglichkeit wissenschaftlich reproduzierbarer Analyse sowie weiterführend ihre Konzeption einer *verantwortungsvollen Objektivität* in folgender Weise. Durch agentielle Grenzziehungen realisieren sich im Phänomen lokale kausale Beziehungen. Bestimmte Intra-Aktionen haben Auswirkungen auf andere und realisieren damit Ausschnitte des Phänomens als raumzeitlich verfestigte *Komponenten (components)*. Damit induzieren diese Schnitte eine situative *agentielle Abtrennbarkeit (agential separabiltiy)* von Komponenten im Phänomen.

> It is through specific agential intra-actions that the boundaries and properties of the „components" of phenomena become determinate and that particular embodied concepts become meaningful. (Barad 2003, S. 815)

Die *agentielle Abtrennbarkeit* innerhalb des Phänomens ist die Grundlage für eine *Äußerlichkeit-innerhalb-von-Phänomenen* (*exteriority-within-phenomena*, Barad 2003, S. 815). Diese Konzeption lehnt zwar die Möglichkeit der Beschreibung feststehender Ursache-Wirkungsbezügen zwischen abgetrennten ontologischen Entitäten ab, aber durch die Markierung, also durch das Setzten der agentiellen Schnitte, werde eine Abtrennung und Charakterisierung von Wirkungen des Materials in den Apparaten der Wissensproduktion ermöglicht. In enger Anlehnung an die Konzeptionen der Science & Technology Studies bedeutet dies für den (natur)wissenschaftlichen Experimentalkontext: Erst die Tätigkeit des Messens realisiert die Möglichkeit zur Charakterisierung von ‚Untersuchungsgegenständen', genauer deren Wirkungen in der je spezifischen Messapparatur, von denen ausgehend das ‚Wissen' verhandelt wird.

Da im Apparat der Wissensproduktion (verstanden als Tätigkeit) Experimentator_innen, Messapparaturen, Messungen und Material inkludiert sind, ist die klassische raum-zeitliche Trennung von Beobachter_innen und Beobachtetem nicht aufrecht zu halten. Subjekte stehen weder außerhalb des Apparates, noch sind sie in klassischer Weise vom Objekt zu trennen. Die cartesianische Voraussetzung für Objektivität, also die Trennung von erkennendem Subjekt über das Objekt, von Diskursivität über Materialität wird hier obsolet.

In der baradschen Konzeption wird stattdessen die *agentielle Abtrennbarkeit* (*agential separability*) (als matierell-diskursive Tätigkeit) als Grundlage für *Objektivität* formuliert.

> Objectivity is not sacrificed with the downfall of metaphysical individualism. No classical ontological condition of absolute exteriority between observer and observed (based on metaphysics of individual separate states) is required. The crucial point is that the apparatus enacts an agential cut – a resolution of the ontological indeterminacy – *within* the phenomenon, *and agential separabilty – the agentially enacted material condition of exteriority-within-phenomena – provides the condition for the possibility of objectivity*. (Barad 2007, S. 175)

Mit dieser Konzeption von Objektivität geht es Barad darum, ihr Konzept des agentiellen Realismus für die Science & Technology Studies weiter fruchtbar zu machen. Ziel sei es einerseits, adäquates Wissen über Phänomene zu erlangen. Denn trotz der dynamischen Konstituierung von Phänomenen unter Wirkung vieler Intra-Aktionen besteht Barad auf der Möglichkeit, durch die genaue Beschreibung der je spezifischen Grenzsetzungen und agentiellen Schnitte, die mit der ‚Messung' gesetzt werden, kontextualisierte Ausschnitte des Phänomens zugänglich zu machen. Hiernach sind agentielle Schnitte konstruiert, sie konstituieren die Phänomene intra-aktiv und schreiben Bedeutung ein, aber sie sind reproduzierbar, wenn alle Bedingungen der Analyse transparent gemacht werden, wenn Entstehungszusammenhänge der Forschungsansätze, Bedeutungszusammenhänge der Interpretation und insbesondere die Apparate spezifische Inklusion der Praxen der Forschenden offen gelegt werden. Objektivität versteht Barad als Reproduzierbarkeit und Kommunizierbarkeit der Phänomene und diese sei möglich, weil Wissenschaftler_innen ihre Praktiken (agentielle Schnitts) aus Erfahrung einsetzen und deren Auswirkungen beschreiben können.

> [G]iven a particular set of constructed cuts, certain descriptive concepts of science are well-defined and can be used to achieve reproducible results. (Barad 1996, S. 185)

Agentielle Schnitte sind also ein Mittel zur kritisch reflexiven Auseinandersetzung – wissenschaftlich und gesellschaftlich – mit Phänomenkonstituierungen. Doch jede Grenzsetzung hat Konsequenzen, denn Apparate produzieren wirkmächtige Differenzen zwischen dem, was ermöglicht wird, und dem, was ausgeschlossen wird. Auch unter einer posthumanistischen Perspektive, unter der Forschende in die Praktiken der Apparate eingebunden sind, unter der Sein und Wissen, Materie und Diskurs untrennbar miteinander verschränkt sind und sich Phänomene in Intra-Aktionen (re-)konfigurieren, ist Objektivität im Baradschen Sinne nicht zu trennen von Verantwortlichkeit.

Verantwortliche Objektivität betont die Notwendigkeit einer kritischen Reflexion der Herstellung, Stabilisierung und möglichen Destabilisierung von Bedeutungen und Grenzen und damit verbunden der Verantwortung, welches Wissen und welches Sein dabei ausgeschlossen und unmöglich gemacht wird.

> Since different agential cuts materialize different phenomena- different marks on bodies- our intra-actions do not merely effect what we know and therefore demand an ethics of knowing; rather, our intra-actions contribute to the differential mattering of the world. *Objectivity means being accountable for marks on bodies, that is, specific materializations in their differential mattering.* We are responsible for the cuts that we help enact not because we do the choosing (neither do we escape responsibility because „we" are „chosen" by them), but because we are an agential part of the material becoming of the universe. Cuts are agentially enacted not by willful individuals but by the larger material arrangement of which „we" are a „part". (Barad 2007, S. 178).

In der Einbindung einer verantwortungsvollen Objektivität schon in den Vollzug jeder wissenschaftlichen Tätigkeit (und nicht erst in der Abschätzung ihrer nachträglichen Auswirkungen auf die Gesellschaft) formuliert Karen Barad (2007, S. 353 ff) den Anspruch einer *ethischen Verpflichtung (ethics of mattering)* für die Akzeptanz und Auseinandersetzung mit den durchgängigen Auswirkungen wissenschaftlicher und außerwissenschaftlicher materiell-diskursiver Praxen in der Realisierung von weltlichen Phänomenen. In ihren neueren Arbeiten (Barad 2012) erweitert sie hierzu ihren Rahmenbegriff zur Forderung nach einer *Ethico-Onto-Epistemo-logie*.

5 Rezeption

Karen Barad hat in den letzten Jahren insbesondere in den feministischen Science & Technology Studies eine intensive Rezeption erfahren (vgl. Bath et. al. 2011, Dolphin und van der Tuin 2008, van der Tuin 2011) und erste Umsetzungen ihres Rahmenwerkes auf konkrete Anwendungsfelder angeregt (vgl. Alaimo und Hekman 2008; Åsberg und Lum 2010; Barret und Bolt 2012; Coole und Frost 2010;

Hekman 2010). Ihre über Haraway hinaus gehende intensive Fokussierung auf die Einbindung agentieller Materialität in die Realitäts- und Wissenskonstruktion hat aber auch konträre Debatten ausgelöst. Dabei geht es aktuell um Fragen, inwieweit die Ansätze des Feminist Materialism im Vergleich zu den schon lange bestehenden Ansätzen der Feminist Science Studies als neu einzustufen sind und ob der ‚materielle Turn' umgekehrt nicht wiederum eine Re-Ontologisierung fördert, die der Materie Priorität über Diskursivität einräumt (vgl. Ahmed 2008; Davis 2009; van der Tuin 2008). Der Ausgang dieser Diskurse ist offen.

Literatur

Ahmed, Sara. 2008. Some preliminary remarks on the founding gestures of the new materialism. *European Journal of Women's Studies* 15 (1): 23–39.

Alaimo, Stacy, und Susan Hekman. 2008. Introduction: Emerging models of materiality in feminist theory. In *Material feminisms*, Hrsg. Von S. Alaimo und S. Hekman, 1–10. Bloomington: Indiana Univ. Press.

Åsberg, Cecilia und Jennifer Lum. 2010. Picturizing the scattered ontologies of Alzheimer's disease: Towards a materialist feminist approach to visual technoscience studies. *European Journal of Women's Studies* 17 (4): 323–345.

Barad, Karen. 1996. Meeting the universe halfway: Realism and social constructivism without contradiction. In *Feminism, science and the philosophy of science*, Hrsg. von L. H. Nelson und J. Nelson, 161–194. Dordrecht: Kluwer.

Barad, Karen. 2003. Posthumanist perfomativity: Toward an understanding of how matter comes to matter. *Signs: Journal of Women in Culture and Society* 28 (3): 801–831.

Barad, Karen. 2007. *Meeting the universe halfway: Quantum physics and the entanglement of matter and meaning*. Durham: Duke Univ. Press.

Barad, Karen. 2012. *Agentieller Realismus*. Berlin: Suhrkamp.

Barrett, Estelle, und Barbara Bolt. eds. 2012. Carnal knowledge – Towards a „New Materialism" through the Arts. London Tauris.

Bath, Corinna, Hanna Meißner, Stephan Trinkaus und Susanne Völker. 2011. *Geschlechter Interferenzen. Wissensformen – Subjektivierungsweisen – Materialisierungen*. Münster: LIT-Verlag.

Coole, Diana, und Samantha Frost. eds. 2010. New Materialisms – Ontology, Agency, and Politics. Durham: Duke University Press.

Davis, Noela. 2009. New materialism and feminism's anti-biologism: A response to Sara Ahmed. *European Journal of Women's Studies* 16 (1): 67–80.

Dolphijn, Rick, und Iris van der Tuin. 2012. *New materialism: Interviews & cartographies*. Open Univ. Press http://quod.lib.umich.edu/cgi/p/pod/dod-idx/new-materialism-interviews-cartographies.pdf?c=ohp;idno=11515701.0001.001.

Haraway, Donna. 1996. Situiertes Wissen. Die Wissenschaftsfrage im Feminismus und das Privileg der partialen Perspektive. In *Vermittelte Weiblichkeit. Feministische*

Wissenschafts- und Gesellschaftskritik, Hrsg. von E. Scheich, 217–248. Hamburg: Hamburger Edition. (Orignual: dies. 1988: Situated Knowledges: The Science Question in Feminism and the Privilege of Partial Perspective, in Feminist Studies 14/3, S. 575-599).

Haraway, Donna. 1997. *Modest_witness@second_millenium. FemaleMan©_Meets_OncoMouse.* New York: Routledge.

Hekman, Susan. 2010. The material of knowledge – Feminist Disclosures, Indiana: Indiana University Press

van der Tuin, Iris. 2008. Deflationary logic: Response to Sara Ahmed's imaginary prohibitions: Some preliminary remarks on the founding gestures of the new materialism. *European Journal of Women's Studies* 15 (4): 411–416.

van der Tuin, Iris. 2011. New Feminist Materialisms – Review Essay. *Women's Studies International Forum* 34 (4): 271–277.

Sheila Jasanoff: Wissenschafts- und Technikpolitik in zeitgenössischen, demokratischen Gesellschaften

Melike Şahinol

Vorliegender Aufsatz stellt zunächst einen biographischen Überblick über Sheila Jasanoffs Wirken als eine der Pionierinnen in den „Science & Technology Studies" (STS) dar.[1] Unter besonderer Berücksichtigung ihrer Monographie „Designs on Nature" werden die zentralen theoretischen Bezüge, Methoden, Thesen, Ergebnisse und Anwendungsfelder dargestellt. Die Weiterentwicklung ihrer Konzepte *co-production* und *civic epistemologies* mündet schließlich in ihr komparatives Projekt der *sociotechnical imagineries*, das diesen Artikel abrundet.

Sheila Jasanoff gehört zu den Schlüsselpersonen, die STS als Forschungsfeld etablierten. Sie erhält 1963 ihren B.A. in Mathematik am Radcliffe College, 1966 ihren M.A. in Linguistik an der Universität Bonn, 1973 ihren Ph.D in Linguistik an der Harvard University und 1976 ihren J.D. an der Harvard Law School. Bevor sie in Harvard an der John F. Kennedy School of Government eine Professur für „Science and Public Policy" und später die Pforzheimer Professur für „Science & Technology Studies" erhält, ist sie Gründungsvorsitzende des „Department of Science & Technology Studies" an der Cornell Universität. Außerdem gründet sie 2002 das „Science & Democracy Network", um die Qualität und Bedeutung der STS durch die Ausbildung des wissenschaftlichen Nachwuchses und durch die Vernetzungen zwischen STS und verwandten Bereichen zu ermöglichen und zu verbessern.

---

[1] Nach Rücksprache mit Sheila Jasanoff dienten mir hierfür als Grundlage ihre Online-Personenseiten der Harvard University und Wikipedia: http://www.hks.harvard.edu/about/faculty-staff-directory/sheila-jasanoff http://en.wikipedia.org/wiki/Sheila_Jasanoff.

M. Şahinol (✉)
Institut für Soziologie, Universität Duisburg-Essen,
47057 Duisburg, Deutschland
E-Mail: melike.sahinol@uni-due.de

Jasanoff nimmt in ihrer Laufbahn zahlreiche bedeutende Gastprofessuren in den USA, Europa und Japan an. Sie dient dem Board of Directors der American Association for the Advancement of Science (AAAS) und der Society for Social Studies of Science (4S) als Präsidentin. Während ihrer wissenschaftlichen Laufbahn erhält Jasanoff mehrere renommierte Preise und Ehrungen, darunter den Bernal Prize von der Society for Social Studies of Science, 2010 das Guggenheim Fellowship, ein Ehrenkreuz der Regierung von Österreich, die Ehrendoktorwürde von der Universität Twente (NL) und 2011 den Sarton Chair for the History of Science der Universität Gent (BE). In ihrer Forschung konzentriert sich Jasanoff auf das Verhältnis von Wissenschaft und Staat in zeitgenössischen, demokratischen Gesellschaften, wobei ihr Fokus auf der Rolle von Wissenschaft und Technik in Recht und Politik liegt. Zentral dabei ist der Prozess der öffentlichen Meinungsbildung. Ihre Arbeiten sind relevant für Wissenschafts- und Technikforschung, vergleichende Politik-, Recht- und Gesellschaftswissenschaften, politische und rechtliche Anthropologie sowie Policyforschung. Ihre Forschung hat eine umfangreiche empirische Breite und beschäftigt sich mit Themen wie Wissenschaftsregulation, Wissenschaftsberatung, Biotechnologie und Klimawandel in den Vereinigten Staaten, im Vereinigten Königreich, in Deutschland, der Europäischen Union und in Indien. Als eine Pionierin in STS hat Jasanoff mehr als 100 Artikel und Beiträge verfasst und ist Autorin und (Mit-)Herausgeberin von mehreren Monographien und Sammelbänden, darunter „Controlling Chemicals" (Brickman et al. 1985), „The Fifth Branch" (Jasanoff 1994), das die ‚Disziplin' entschieden mitgeprägte zweite „Handbook of Science and Technology Studies" (Jasanoff et al. 2001/1995), „Science at the Bar" (Jasanoff 1997/1995) und „Designs on Nature" (Jasanoff 2005).

Ein Teil ihrer Arbeiten zeigt, in welcher Art und Weise die politische Kultur verschiedener demokratischer Gesellschaften einen Einfluss darauf hat, wie Evidenz und Expertise in der Politikgestaltung bewertet werden. In ihrem ersten Buch „Controlling Chemicals" (Brickman et al. 1985) untersucht sie die Regulation von toxischen Substanzen in den Vereinigten Staaten, Deutschland und dem Vereinigten Königreich. In ihren Analysen wird deutlich, wie die Routinen der Entscheidungsfindung in den jeweiligen Ländern unterschiedliche Konzepte bzw. Vorstellungen erzeugten, was als evident betrachtet wird und wie Expertise in einem bestimmten politischen Kontext auszusehen und zu funktionieren hat.

Jasanoff hat auch einen Beitrag zur Erforschung der Wechselwirkungen von Wissenschaft und Recht geleistet. Wie die sozial eingebetteten Institutionen wie Wissenschaft und Recht miteinander ‚interagieren' und sich bis zu einem gewissen Grad gegenseitig konstituieren wird in „Science at the Bar" (Jasanoff 1997/1995) deutlich.

1 Designs on Nature: Science and Democracy in Europe and the United States

Im Folgenden wird der Gebrauch verschiedener Modi der öffentlichen Rechtfertigung („public reasoning") von Wissenschafts- und Technikentscheidungen in unterschiedlichen Gesellschaften unter besonderer Berücksichtigung der Monographie „Designs on Nature: Science and Democracy in Europe and the United States" (Jasanoff 2005) aufgezeigt. Darin werden die institutionelle Einbettung und Gestaltung politischer Belange durch die bürokratische Maschinerie moderner Staaten eingegrenzt und bearbeitet. Unterschiede werden teilweise eindeutig über die bürgerliche Bildung widergespiegelt, welche Jasanoff als *civic epistemologies* bezeichnet. Die Beurteilung der Bürger_innen von wissenschaftlichen Wahrheitsansprüchen ist maßgeblich von ihrer kulturellen, historischen und politischen Einbettung abhängig.

Wie Biotechnologiepolitik in unterschiedlichen Staaten auf unterschiedliche Weise konstituiert wird, verdeutlicht Jasanoff in „Designs on Nature" durch eine multipel situierte Ethnographie (in Anlehnung an Marcus 1998). Sie gibt einen historischen Abriss über die Entwicklungen in Bereichen der Biotechnologien und thematisiert dabei Debatten um genetisch veränderte Organismen und Lebensmittel, Reproduktionstechnologien, embryonale Stammzellenforschung und die Neurowissenschaften. Dabei hebt die Autorin folgende Hauptargumente hervor: Demokratietheorien kommen nicht ohne eine detailliertere Betrachtung von Wissenschafts- und Technologiepolitik in modernen Gesellschaften aus. Die Biowissenschaften und ihre Anwendungen haben weltweite ontologische Veränderungen und Reklassifizierungen hervorgebracht, die neue Entitäten erzeugen. Zudem führen neue Methoden der Biowissenschaften zu einem neuen Verständnis von Altbekanntem. Solche Änderungen beinhalten ein grundlegendes Überdenken der Identität des Menschen und seinem Platz im weiteren Zusammenhang von natürlichen, sozialen und politischen Ordnungen. Aus diesen Veränderungen resultieren „unexpected innovations in administrative and judicial practices, forms of citizen participation, and discourses of public persuasion [...] around genetics and related areas of science and technology." (Jasanoff 2005, S. 7) Das zweite wichtige Argument liegt darin, dass in allen drei Ländern, die Biopolitik in unterschiedlichem Maße in solchen Projekten vollzogen wird, die die Staatsbildung bzw. die nationale Identität an einem wichtigen Wendepunkt der Weltgeschichte berühren. Ein klares Beispiel ist nach Jasanoff Deutschland:

> Deliberation on what is at stake in biotechnology policy has been tied to two recurrent narratives of nationhood: the still unfinished project of reconstituting German identity after two world wars and the Holocaust, and more recent questions about how that identity should be articulated in the aftermath of reunification; competing

and increasingly intense discussions of Europeanization only make more urgent the need to work out the meanings of German nationhood. (Jasanoff 2005, S. 7)

Das dritte Argument betrifft den Zusammenhang der politischen Kultur des jeweiligen Staates und dessen Einfluss auf zeitgenössische Biotechnologie(politik). Die Art und Weise wie die drei verschiedenen Staaten und Europa Wissenschaft und Technik regulieren, ist neben der komplexen Vernetzung ihrer spezifischen wissenschaftlichen und technologischen Ressourcen, Ergebnis ihrer spezifischen politischen Kultur.

2 Wissenschaftspolitik im nationalen Vergleich

Zunächst beschreibt Jasanoff (vgl. Jasanoff 2005, S. 42–67) drei *controlling narratives*, die die Entwicklung der Biotechnologiepolitik in den USA, dem Vereinigten Königreich und in Deutschland charakterisieren. Jasanoff (ebd., S. 94–118) analysiert die europäische Biotechnologiepolitik im Laufe der letzten 25 Jahre von 1980 an. Sie argumentiert, dass die Europapolitik und europäische Biotechnologiepolitik in dieser Zeitspanne in einem interdependenten Verhältnis zueinander gestanden haben. Biotechnologiepolitik ist sowohl durch die Europapolitik geformt worden, auch war sie selbst formgebend für die Europapolitik: „biotechnology as a site of both world-making and nation-building" (Burri 2008, S. 134). Die Autorin beschreibt die unsicheren, non-linearen Prozesse der politischen Integration der EU. „Conflicts arose around three site of contestation- the initial framing of regulatory policy, the definition of the ‚public' and its interests, and the role of ethics in science and technology policy." (Jasanoff 2005, S. 78) Sie konzeptualisiert die europäische Biotechnologiepolitik dieser Periode als eine Seite der *co-production* (ein früheres Konzept von Jasanoff 2013/2004): Europa wurde durch die Integration der unterschiedlichen Wirtschaftssysteme, Politik und Kulturen und durch die Konsolidierung Europas von einem abgegrenzten Bereich der Biotechnologie vereint.

Jasanoff (vgl. Jasanoff 2005, S. 94–224) fokussiert die Einzelheiten der Regulation von Biotechnologien in den genannten Staaten. In „Unsetteld Settlements" (Kap. 4) stellt sie den Anstieg der Regulierungsmaßnahmen von gentechnisch veränderten Organismen dar. Diese Regulierungsmaßnahmen basierten auf der Annahme, dass die Problematiken gentechnisch veränderter Organismen zunächst als Problematiken technischer Natur begriffen wurden. Jasanoff kontrastiert den Anstieg der institutionalisierten Risiko-Folgenabschätzung und des Risikomanagements in den USA, im Gegensatz zum Vorsorgeprinzip in Europa, als einen wesentlichen regulativen Unterschied. „Food for Thought" (Kap. 5) knüpft gewissermaßen an diesem Thema an, indem gentechnisch veränderte Lebensmittel und in diesem Zusammenhang Diskussionen zu Kontroversen über die Lebensmittelsicherheit in Europa dargestellt werden. Die Autorin hebt in diesen Kapiteln die stabilisierende Wirkung der Vernetzung von Regierungen, Expertengemeinschaften und Öffentlichkeit auf neue Technologien hervor. Entwicklungen assistierter Reproduktionstechniken (ART) werden in „Natural Mothers and Other Kinds" (Kap. 6) fokussiert. Die US-Regulierung von In-Vitro-Fertilisation und Embryonenforschung erfolgt über ihre Einbettung in das Abtreibungsgesetz, das insbesondere die individuellen Rechte der Frauen hervorhebt. In Deutschland spielen vor allem die Achtung vor dem menschlichen Leben sowie die Menschenwürde eine maßgebliche Rolle bei ART-Regulierungsprozessen. Die neuen Möglichkeiten durch ART zwang die deutsche Regierung, eine neue konzeptionelle Sprache zu entwickeln, um die ART-Nutzung und dessen Potenzial in der biomedizinischen Forschung zu regeln. Im Anschluss daran geht es in Kap. 7 „Ethical Sense and Sensibility" um Entwicklungen der ethischen Regulierung der biomedizinischen Forschung, die menschliche Probanden einschließt. In diesem Kapitel betrachtet Jasanoff die Entstehung der Bioethik und den Einfluss der institutionellen Praxis auf philosophische Statusprinzipien von ‚Leben', ‚Menschenwürde' und ‚Gerechtigkeit'. Sie deckt einen interessanten Widerspruch in der ethischen Regulierung der Biotechnologie auf: während man versucht einen normativen Rahmen für zum Schutze von Versuchspersonen bereitzustellen, wird dieser normative Rahmen ständig durch den rasanten technologischen Fortschritt beschnitten. Denn in diesem rasanten technologischen Fortschritt verändert sich der Sinn des Lebens fortwährend:

> Regardless of its specific national embeddings, official bioethics in all three countries functioned most often as a consequentialist discourse, reacting to novelties put forward in the first instance through science and technology. The ethics of changing the world through kind-making made only an occasional glimmering appearance on the discursive agenda [...]. Arguments for meaningful deliberative politics of kind-making did not emerge in any case form official bioethics in any of its initial close encounters with state policy. (Jasanoff 2005, S. 202)

In Kap. 8 „Making Something of Life" geht es schließlich um die Patentierung von Gensequenzen sowie von genetisch modifizierten Organismen. Durch die Neuerungen in den Biowissenschaften und -technologien verwischen Grenzen zwischen Mensch und Tier, DNA-Sequenzen können sowohl für diagnostische als auch für therapeutische Zwecke genutzt werden und es stellen sich grundsätzliche Fragen nach der Patentierbarkeit von menschlichem Leben. Im Zuge dessen stellen sich auch Fragen nach den Grenzen der Patentierbarkeit von Natur: „The extension of ownership claims deep into matter that used to be considered human or natural, and hence beyond the reach of private exploitation, created uncertainty and confusion for patent officers, judges, activists, and members of general public." (Jasanoff 2005, S. 223).

Jasanoff (2005, S. 225–271) reflektiert die Veränderungen des Verhältnisses von Wissenschaft und Gesellschaft in einem breiteren Kontext und sieht darin einen neuen sozialen Vertrag („New Social Contract", Kap. 9). Schließlich zeigt sie, dass das Konzept des *public understanding of science* (PUS) reduktionistisch ist.[2] Dessen Wert müsste man in liberal-demokratischen Gesellschaften anzweifeln, wo es vor allem um *civic epistemologies* (Kap. 10), d. h. um Bürger_innenbeteiligung anstatt um faktisches Wissen geht. Durch das Konzept der *civic epistemologies* lenkt Jasanoff den Blick weg von (falschen) Annahmen darüber, was die Öffentlichkeit über die Wissenschaft wissen sollte. Stattdessen werden in diesem Kapitel die kulturelle Gebundenheit und die historische Situiertheit institutioneller Prozesse aufgezeigt, durch welche ‚Wissen' als glaubwürdig akzeptiert werden kann.

> Civic epistemology refers to the institutionalized practices by which members of a given society test and deploy knowledge claims used as a bias for making collective choices. Just as any culture has established folkways that give meaning to its social interactions, so I suggest that modern technoscientific cultures have developed tacit knowledge-ways through which the assess the rationality and robustness of claims that seek to order their lives: demonstrations or arguments that fail to meet these tests may be dismissed as illegitimate or irrational. (Jasanoff 2005, S. 255)

Diese kollektiven Wissensarten seien unverwechselbar, systematisch, oftmals institutionalisiert, sowie durch die Praxis artikuliert und nicht etwa in formalen Regeln festgelegt.

Auf Basis ihrer Studien entwickelt Jasanoff sechs Dimensionen der *bürgerlichen Epistemologien*: 1. die dominierenden Typen partizipativer Verfahren der öffentlichen Meinungsbildung, 2. die Methoden zur Sicherstellung der politischen Verantwortlichkeit bzw. Rechenschaftspflicht, 3. die Praktiken öffentlicher Kundgebungen und Demonstrationen, 4. die bevorzugten Methoden der Zuweisung von Objektivität, 5. die akzeptierten Grundlagen von Expertise und 6. die Sichtbarkeit der Fach- bzw. Expert_innengremien. Diese Dimensionen, die sich allerdings mit der Zeit verändern oder über alle Gesellschaftsbereiche verteilen können, sind in den verschiedenen Staaten unterschiedlich ausgeprägt, was die Tab. 1 verdeutlichen soll:

---

[2] Dabei handelt es sich um in den 1980er Jahren aufkommende Programme zur Wissenschaftsvermittlung in der Öffentlichkeit, um einen Beitrag für ein besseres öffentliches Verständnis über Wissenschaft zu leisten. PUS-Programme erfolgten meist massenmedial vermittelt oder über traditionelle Umfrageformen.

Tab. 1 Civic epistemologies – A comparative view (©Jasanoff 2005, S. 259)

	United States contentious	Britain communitarian	Germany consensus-seeking
Styles of public knowledge-making	Pluralist, interest-based	Embodied, service-based	Corporatist, institution-based
Public accountability (basis for trust)	Assumptions of distrust; legal	Assumptions of trust; relational	Assumption of trust; role-based
Demonstration (practices)	Sociotechnical experiments	Empirical science	Expert rationality
Objectivity (registers)	Formal, numerical, reasoned	Consultative, negotiated	Negotiated, reasoned
Expertise (foundations)	Professional skills	Experience	Training, skills, experience
Visibility of expert bodies	Transparent	Variable	Nontransparent

Jasanoff schlägt vor, dass die interkulturellen Unterschiede nach wiederkehrenden Mustern der jeweiligen kollektiven Beurteilungen gruppiert werden. Großbritannien, Deutschland und die Vereinigten Staaten, so fasst sie zusammen, repräsentieren drei verschiedene Modalitäten zur Herstellung von öffentlichem Wissen: gemeinschaftlich (*communitarian*), konsens-orientiert (*consensus-seeking*) und konflikthaft (*contentious*). So sieht Jasanoff in Großbritannien den gemeinschaftlichen Modus, in Deutschland den durch Verhandlung verschiedener Akteure erzielten Konsens und in den USA durch Konflikte herbeigeführte Lösungen als dominierend. Dennoch können Elemente aller drei Modalitäten in jedem Land vorgefunden werden, wenn auch in unterschiedlicher Tiefe oder Breite institutionalisiert. Die Relevanz liegt darin, dass jede „erkenntnistheoretische Tradition" (*epistemological tradition*) Konsequenzen für die demokratische Regierung hat: beispielsweise gibt es unterschiedliche Auffassungen darüber, was Transparenz bedeutet oder was eine angemessene Bürger_innenbeteiligung an der Entscheidungsfindung bezüglich technologischer Innovationen ist. In einer immer dichter werdenden Verflechtung der globalen Beziehungen werden Fragen nach der Entstehung und Aufrechterhaltung dieser Unterschiede in den jeweiligen politischen Kulturen elementar. „Civic epistemology finally is a conceptual tool for planting the politics of science and technology firmly in the social world, where it rightfully belongs." (Jasanoff 2005, S. 271)

3 Wissenschaftsrepubliken

Schließlich nimmt Jasanoff (2005, S. 272–292) in „Republics of Science" (Kap. 11) eine demokratietheoretische Reflexion der Ergebnisse ihrer Vergleichsstudie vor. Die in den vorangegangenen Kapiteln dargelegten Untersuchungen werden nach Besonderheiten der Verbindung von Wissenschaftspolitik und Politik im weitesten Sinne in drei Themenbereiche eingruppiert. Den ersten Bereich charakterisiert der Entwicklungsverlauf der politischen Kultur als Faktor des Zuspruchs für Biotechnologie. Das zweite Thema betrifft die Beziehung zwischen demokratischen Prozessen und des wissenschaftlichen und technologischen Wandels. Unter diese Rubrik fallen nationale Bemühungen, Biotechnologiepolitik zu betreiben. Durch diese nationalen Bemühungen werden Transformationsprozesse in Gang gesetzt, die die klassischen politischen Kategorien der Partizipation, Repräsentation und Deliberation betreffen. Das dritte Thema betrifft die politische Verantwortung in technologisch fortgeschrittenen Gesellschaften. Schlussendlich erhebt Jasanoff einen normativen Anspruch, indem sie sich für die Demokratisierung der Wissenschaft durch die Stärkung ihrer öffentlichen Dimensionen ausspricht. Einen Bedarf sieht sie unter anderem darin, dass man sich von der Vorstellung von Wissenschaft und Politik als getrennte Felder zu betrachten, lösen muss. Und so fordert Jasanoff auch von STS-Forscherinnen und Forschern nicht nur Laborstudien zu betreiben, demnach nicht in eine internalistische Sicht zu verfallen, sondern einen größeren, komparativen Rahmen für ihre Forschung zu wählen.

> Scientific cultures are a tone and the same time political cultures. Describing one without the other leads to partial vision, thin description, and inadequately informed critique. Any responsible ethnographer of modernity has to find an interpretive vantage point on both science and politics, and on their increasingly thick networking. (Jasanoff 2005, S. 290)

In Anbetracht des global verlaufenden und rasanten (technik-)wissenschaftlichen Wandels, drängt sich die Beschäftigung mit den Effekten wissenschaftlicher Innovationen entlang weitreichender Entwicklungspfade und ihrer Auswirkungen geradezu auf.

Zusammenfassend bietet „Designs on Nature" nicht nur eine historische Bezugnahme von Biotechnologiepolitik in Deutschland, Großbritannien, den USA und der EU, sondern veranschaulicht einschlägige Entwicklungen in den Biowissenschaften und die damit verbundenen, kulturell divergierenden Diskurse, Ethiken und Regulierungsbemühungen.[3]

---

[3] Zu weiterer Wissenschafts- und Technikforschung der Biowissenschaften, der Biotechnologie und der Biomedizin vgl. den Beitrag von Prainsack i. d. Bd.

Jasanoffs „Designs on Nature" leistet somit einen unbestreitbar wertvollen Beitrag für die STS-Literatur. Vor allem STS-Forscherinnen und -Forscher, die Beziehungen von Wissenschaft und Politik analysieren, sowie Regulierungsprozesse neuer Technologien verstehen wollen, bietet „Designs on Nature" ein wertvolles methodisches und begriffliches Repertoire (vgl. z. B. Felt und Wynne 2007; Kurath 2009; Smith 2009; Pickersgill 2011). Es gibt Impulse für komparative Studien zu Biotechnologiepolitik, weit über die Grenzen der USA oder Europas hinaus (vgl. u. a. Jasanoff und Kim 2009). Sheila Jasanoff geht es nicht darum, politische Lösungen vorzuschlagen. Komparative Studien sollen keine Befunde, sondern eine interpretative Kritik aufzeigen. Es geht vielmehr um Verstehen, denn um kausale Erklärungen – und zwar mit *epistemic charity*, die Unterschiede der zu beobachtenden Kultur im Auge behaltend: „It is to make visible the normative implications of different forms of contemporary scientific and political life, and to show what is at stake, for knowing and reasoning human beings, in seeking to inhabit them." (Jasanoff 2005, S. 291)

4 Ausblick: Forschungsplattform *sociotechnical imaginaries*

Komparative Studien sind ein wichtiger Teil von STS-Schlüsselkonzepten. Diese werden an der Harvard Kennedy School im „Program on Science and Technology Studies", dessen Direktorin Sheila Jasanoff ist, weiterentwickelt. Die Harvard STS-Forschungsplattform *sociotechnical imaginaries*[4] bietet eine Einführung in die gleichnamige theoretische Konzeption, die das frühere Konzepte Jasanoffs einschließt. Soziotechnische Vorstellungswelten sind „collectively imagined forms of social life and social order reflected in the design and fulfillment of nation-specific scientific and/or technological projects" (Jasanoff und Kim 2009, S. 120). Diese haben sich für die politischen Entscheidungsträger_innen in spätmodernen Gesellschaften besonders bewährt. Zukunftsvorstellungen helfen Neuinvestitionen in Wissenschaft und Technik zu rechtfertigen bzw. zu legitimieren. Andererseits werden Regierungen durch Fortschritte in Wissenschaft und Technik gezwungen, verantwortungsvoll mit öffentlichen Ressourcen umzugehen. In einer Lesart ist

---

[4] Die Internet-Forschungsplattform „sociotechnical imaginaries" behandelt neben methodischen Fragen zur Erforschung von „sociotechnical imaginaries" zentrale Theorien auf einer interdisziplinär breiten Literaturbasis. Zudem dient sie als Kommunikationsplattform, um Forschungsergebnisse eines breiten interdisziplinären STS-Publikums zugänglich zu machen und zu diskutieren. Vgl. http://sts.hks.harvard.edu/research/platforms/imaginaries/.

dieses Konzept mit dem der *co-production* (Jasanoff 2013/2004) verknüpft. Imaginationen helfen dabei, Antworten auf Fragen zu finden, „why, out of the universe of possibilities, some envisionings of scientific and social order end to win support over others- in other words, why some orderings are co-produced at the expense of others" (Jasanoff et al. 2013). Komparative Studien sind hier besonders zweckdienlich, um kulturspezifische Zukunftsvorstellungen herauszuarbeiten und Entscheidungsfindungsprozesse zu verstehen.

Jasanoff analysiert hauptsächlich in vergleichenden Studien Einflussfaktoren auf Wissenschafts- und Technikpolitik, die in zeitgenössischen, demokratischen Gesellschaften kulturell, historisch und politisch unterschiedlich (aus)geprägt sind. Insgesamt versteht es Jasanoff die sozialen Dynamiken in weltweit wichtigen und weitreichenden Themenkomplexen wie der Biowissenschaft und -technologie analytisch, detailliert und strukturiert aufzuzeigen. Ihre Forschung bietet eine hervorragende Rahmung für alle Wissenschafts- und Technikforscherinnen und -forscher, die sich für Entstehungsbedingungen und Entwicklungsverläufe von wissenschaftlichen und technischen Innovationen in zeitgenössischen, demokratischen Gesellschaften interessieren.

Literatur

Brickman, Ronald, Sheila Jasanoff, und Thomas Ilgen. 1985. *Controlling chemicals: The politics of regulation in Europe and the United States.* Ithaca: Cornell Univ. Press.
Burri, R. V. 2008. Book reviews: Designs on nature: Science and democracy in Europe and the United States. *Science Technology & Human Values* 33 (1): 134–137. doi:10.1177/0895904805303204.
Felt, Ulrike, und Brian Wynne. 2007. Taking European knowledge society seriously. Economy and society directorate, directorate-general for research, Luxembourg, office for official publications of the European communities.
Jasanoff, Sheila. 1994. *The fifth branch: Science advisers as policymakers.* Cambridge: Harvard Univ. Press.
Jasanoff, Sheila. 1997/1995. *Science at the bar: Law, science, and technology in America.* Cambridge: Harvard Univ. Press.
Jasanoff, Sheila. 2005. *Designs on nature: Science and democracy in Europe and the United States.* Princeton: Princeton Univ. Press.
Jasanoff, Sheila. 2013/2004. *States of knowledge: The co-production of science and the social order.* New York: Routledge.
Jasanoff, Sheila, und Sang-Hyun Kim. 2009. Containing the atom: Sociotechnical imaginaries and nuclear power in the United States and South Korea. *Minerva* 47 (2): 119–146.
Jasanoff, Sheila, Gerald E. Markle, James C. Peterson, und Trevor Pinch. 2001/1995. *Handbook of science and technology studies.* Thousand Oaks: Sage.

Jasanoff, Sheila, Sam Evans, Will Firestone, Ben Hurlbut, Sang-Hyung Kim, und Lee Vinse. 2013. *The sociotechnical imaginaries project: Program on science, technology and society* (STS) 2013. http://sts.hks.harvard.edu/research/platforms/imaginaries/. Zugegriffen: 23. April 2013.

Kurath, Monika. 2009. Nanotechnology governance: Accountability and governance in new modes of regulation and deliberation. *Science, Technology and Innovation Studies* 5 (2): 87–110.

Marcus, George E. 1998. *Ethnography through thick and thin*. Princeton: Princeton Univ. Press.

Pickersgill, Martyn. 2011. Connecting neuroscience and law: Anticipatory discourse and the role of sociotechnical imaginaries. *New Genetics and Society* 30 (1): 27–40.

Smith, Elta. 2009. Imaginaries of development: The rockefeller foundation and rice research. *Science as Culture* 18 (4): 461–482.

Nikolas Rose: Biopolitik und neoliberale Gouvernementalität

Martin G. Weiß

Nikolas Rose (geb. 1947), Gründer des *BIOS Centre for the Study of Bioscience, Biomedicine, Biotechnology and Society* an der *London School of Economics* und derzeit Professor am neugegründeten *Department of Social Sciences, Health and Medicine* am *King's College*, gehört zu den renommiertesten und meist zitierten britischen Soziologen der Gegenwart.

Das 2007 erschienene *Politics of Life Itself*, dessen Vorarbeiten bis in das Jahr 1998 zurückreichen (vgl. Rose 2007, S. vii–x), gilt heute als Standardwerk der Soziologie der Lebenswissenschaften im Kontext fortgeschrittener liberaler Demokratien. Roses Versuch den Gendiskurs in die spezifisch liberale Regierungsform einzuschreiben – in der Herrschaft nicht über Verbote und Gebote ausgeübt wird, sondern durch den subtilen ‚Zwang' zur Selbstregierung autonomer Individuen – wird heute ebenso kontrovers diskutiert, wie die in diesem Werk geprägten Begriffe des „biological citizen" oder der „presymptomatic prepatients". Hinter den detaillierten Analysen der aktuellen Entwicklungen in Biotechnologie und Biopolitik, verbirgt sich freilich mehr: eine scharfsinnige Interpretation des Verhältnisses von Macht und Subjektivität im Neoliberalismus.

1 Der Kontext: Governmentality Studies

Nach dem Studium der Biologie wandte sich Rose früh den gesellschaftspolitischen Aspekten der modernen Psychiatrie, Psychopharmakologie und Lebenswissenschaften zu. Als Initiator des *History of the Present research Network* gilt er als

M. G. Weiß (✉)
Institut für Philosophie, Alpen-Adria-Universität Klagenfurt,
9020 Klagenfurt a.W., Österreich
E-Mail: martin.weiss@aau.at

Mitbegründer der *Governmentality Studies*, die es sich zur Aufgabe gemacht haben Michel Foucaults Konzept der „Gouvernementalität" auf unterschiedlichste Bereiche moderner liberaler Gesellschaften anzuwenden (vgl. Kammler u. a. 2008, S. 380–385).

Unter neuzeitlicher „Regierung" versteht der späte Foucault den

> Kontaktpunkt, an dem die Form der Lenkung der Individuen durch andere mit der Weise ihrer Selbstführung verknüpft ist [...]. In der weiten Bedeutung des Wortes ist Regierung nicht eine Weise, Menschen zu zwingen, das zu tun, was der Regierende will; vielmehr ist sie immer ein bewegliches Gleichgewicht mit Ergänzungen und Konflikten zwischen Techniken, die Zwang sicherstellen, und Prozessen, durch die das Selbst durch sich selbst konstituiert oder modifiziert wird. (Foucault 1993, S. 203 f.)

Zwar thematisieren auch klassische Individualisierungsthesen den typisch modernen Zwang zur Freiheit, den die Überwindung der feudalen Ständegesellschaft und der Übergang zur Moderne mit sich bringt, deuten die moderne Gesellschaft aber prinzipiell doch als Gewinn an persönlicher Autonomie und Abnahme heteronomer Herrschaftsverhältnisse (vgl. Beck 1986).

Demgegenüber betonen Foucault und die an ihm orientierten *Governamentality Studies* die liberal-demokratischen Gesellschaften auszeichnende Verquickung von heteronomer Herrschaft und autonomer Selbstbestimmung, die dazu führt, dass Herrschaft *einerseits* zunehmend über internalisierte Normen ausgeübt wird, in deren Befolgung sich das moderne Subjekt als selbstbestimmt konstituiert:

> To rule citizens democratically means ruling them through their freedoms, their choices, their solidarities rather than despite these. It means turning subjects, their motivations and interactions, from potential sites of resistance to rule into allies of rule. (Rose 1996, S. 19)

Andererseits entstehen Herrschaftsstrukturen, bis hin zu realen Institutionen, gleichsam von selbst, als von niemandem konkret intendiertem „Effekt" unterschiedlicher gesellschaftlicher Diskurse, d. h. als „Effekt, der im Vorhinein absolut nicht vorgesehen war, und der nichts zu schaffen hat mit der strategischen List irgendeines meta- oder transhistorischen Subjekts, das ihn geahnt oder gewollt hätte." (Foucault 1978, S. 121)

Freilich macht diese moderne Form der Regierung, die nicht versucht die Freiheit der Individuen zu beschränken, sondern – viel ökonomischer – sich der Freiheit als Herrschaftsinstrument zu bedienen eine Unterscheidung von Autonomie und Heteronomie zunehmend schwierig und damit auch das Konzept des Widerstands und dessen Begründung problematisch (vgl. Weiß 2009).

In seinen frühen Studien zur Genealogie der psychologischen Wissenschaften – *The Psychological Complex* (Rose 1985), *Governing the Soul* (Rose 1990) und *Inventing our selves* (Rose 1996) – versucht Rose aufzuzeigen, dass das moderne, selbstbestimmte, autonome Subjekt des Neoliberalismus, der Herrschaft nicht nur nicht entgegensteht, sondern deren aller erstes Produkt ist. Der Macht-Wissens-Komplex aus Psychologie und liberaler Demokratie erzeugt das autonome Individuum als selbstverantwortliches Subjekt, dem es obliegt Möglichkeiten und Risiken abzuwägen und sich durch seine Entscheidungen selbst zu konstituieren. Das sich selbst regierende „unternehmerische Selbst" (Bröckling 2007) hat es nicht mehr mit Verboten und Geboten zu tun, sondern mit Möglichkeiten und Risiken, die es selbst zu ‚managen' hat: „Risiken folgen also nicht unmittelbar aus der industriell-gesellschaftlichen Realität, sondern sie repräsentieren eine Form des Denkens der Realität – mit dem Ziel, sie [die Realität] ‚regierbar' zu machen." (Lemke u. a. 2000, S. 22)

2 Der Risikodiskurs der Gentechnik

Für Rose ist der gegenwärtige Diskurs über Risiken gekennzeichnet durch „a family of ways of thinking and acting that involve calculations about probable futures in the present followed by interventions into the present in order to control that potential future." (Rose 2007, S. 70) Das Feld auf dem der so verstandene Risikodiskurs und die Frage nach der Regierung der Risiken heute am prominentesten geführt wird, ist jener der medizinischen Biotechnologie im Allgemeinen und der Gentechnik im Besonderen.[1]

Denn spätestens nach der Veröffentlichung der ersten Ergebnisse des *Human Genome Projects*, das sich der vollständigen Kartierung des menschlichen Genoms verschrieben hatte, wurde offensichtlich, dass das deterministische Modell der klassischen Genetik, demnach ein Gen ein Protein und somit eine phänotypische Eigenschaft bestimmen würde, nicht länger haltbar war (vgl. Keller 2000).

Das deterministische Genmodell wird Rose zufolge zunehmend von probabilistischen und epigenetischen Erklärungen verdrängt (Rose 2007, S. 47; Rose 2007, S. 51; vgl. Müller-Wille und Rheinberger 2009). Gene gelten nicht mehr als die Zukunft unerbittlich vorschreibendes Schicksal, sondern als bloße Anlage möglicher phänotypischer Expression, deren tatsächliches Zumtragenkommen von

---

[1] Vgl. hierzu auch den Beitrag von Barbara Prainsack i. d. Bd.

zahlreichen, zumindest zum Teil beeinflussbaren äußeren Faktoren abhängt. Gendiagnostische Verfahren geben in den meisten Fällen keinen Aufschluss darüber, ob man krank oder gesund ist, sondern lediglich darüber, mit welcher Wahrscheinlichkeit man in einem bestimmten künftigen Zeitraum eine bestimmte Krankheit entwickeln wird. Das genetisch bedingte Risiko etwa an Brustkrebs zu erkranken lässt sich so ermitteln, damit aber auch in gewisser Weise ‚regieren', insofern sich das Risiko durch präventive Maßnahmen, wie etwa Brustamputationen und der Entfernung der Eierstöcke, drastisch reduzieren lässt, auch wenn diese Interventionen freilich keine absolute Sicherheit bieten (vgl. Weiß 2009).

Hinter dem genetischen Risikodiskurs verbirgt sich ein dreifacher Paradigmenwechsel: Von der Kausalität zur Korrelation, vom Symptom zur Disposition und vom Schicksal zur Eigenverantwortlichkeit.

Der Übergang vom Kausalitäts- zum *Korrelationsparadigma* bedeutet das Ende deterministischer Vorhersagen und damit den Eintritt in eine Sphäre der prinzipiellen Unsicherheit, in der sich Tatsachenaussagen in approximative Angaben über die Wahrscheinlichkeit des tatsächlichen Eintretens bestimmter Möglichkeiten auflösen:

> The new life sciences, of which genomics is only one aspect, thus opens up a space of uncertainty, not certainty. While the calculation of risk often seems to promise a technical way of resolving uncertainty, risk calculations offer no clear-cut algorithm for the decisions of doctors or their actual or potential patients. Contemporary biopolitics thus operates in practices of uncertainty and possibility. (Rose 2007, p. 52)

Die Verabschiedung des Symptoms zugunsten bloßer *Dispositionen* führt zu einer verwirrenden Verwischung des Unterschiedes von Möglichkeit und Wirklichkeit, insofern nun bereits die bloße Veranlagung zu einer Krankheit als pathologischer Zustand gilt. Rose spricht treffend von der Erzeugung von „präsymptomatischen Patienten" und „Proto-Krankheiten" (Rose 2007, S. 94). Die zunehmende Nivellierung der Differenz zwischen Möglichkeit und Wirklichkeit wird vor allem an den durchaus realen Wirkungen deutlich, die heute die bloße Möglichkeit einer späteren akuten Erkrankung zeitigt, wie die Brustkrebsgendiagnostik drastisch vor Augen führt. Ähnlich wie in utopischen Gesellschaftsmodellen wird hier die (mögliche) Zukunft zum bestimmenden Grund gegenwärtiger Handlungen und die Gegenwart – in einer seltsamen Umkehrung der Zeitrichtung – gleichsam zum Produkt der (möglichen) Zukunft (vgl. Jonas 2003). Dies wird besonders am „Präventionsdiskurs" in Medizin und (medizinischer) Forensik deutlich:

> Like risk thinking the idea of susceptibility brings potential futures into the present and tries to make them the subject of calculation and the object of remedial inter-

vention. This generates the sense that some, perhaps all, persons, though existentially healthy are actually asymptomatically or pre-symptomatically ill. (Rose 2007, p. 19)

Doch schon lange geht es nicht mehr nur darum zukünftige Kranke, Präpatient_innen, ausfindig zu machen, zu behandeln oder zumindest zu entsprechender verantwortlicher Lebensführung aufzufordern – mit dem Ziel das Risiko des Ausbruchs der in ihnen schlummernden Pathologien zu verringern – sondern auch darum, zukünftige Gewalttäter_innen, Präkriminelle, ausfindig zu machen, noch bevor sie ihre erste Tat begehen.

Da antisoziales Verhalten im herrschenden psychiatrischen Diskurs auf chemische Abläufe im Gehirn zurückgeführt wird und diese wiederum auf genetische Grundlagen, hat sich die Forensik in den letzten Jahren vermehrt der genetischen Grundlagen antisozialen Verhaltens zugewandt. Da der Diskurs über genetische Prädispositionen zu antisozialem Verhalten letztlich auf eine Infragestellung der Verantwortung des verbrecherischen Subjekts hinausläuft, der zum Spielball seiner erblichen Anlagen wird, könnte man annehmen, dass dieser Diskurs das Justizsystem, das auf der Schuldfähigkeit und Schuldeinsicht der Angeklagten gründet, in eine tiefe Krise gestürzt hat. Dem ist aber nicht so: Zwar berichtet Rose von einzelnen Fällen, in denen Gerichte aufgrund nachgewiesener genetischer Vorbelastung Angeklagten verminderte Schuldfähigkeit und damit mildernde Umstände zuerkannt haben, doch bilden diese die Ausnahme. Denn die weit gängigere Reaktion des Rechtsstaats auf die Infragestellung der individuellen Verantwortlichkeit durch den Gendiskurs, besteht in einer Ausweitung der Straffähigkeit auch auf nicht voll zurechnungsfähige Täter_innen:

> Far from biological explanations of conduct mitigating responsibility in the criminal justice system [...] the resurgence of such explanations has gone hand in hand with a renewed emphasis on the moral culpability of all offenders, irrespective of biological, psychological, or social disposition, and a move away from logics of reformation to those of social protection that is linked with some rather general shifts in the government of conduct in liberal societies. [...] Rather than seeing the reactivation of the eugenic strategies of the first half of the twentieth century that sought to eliminate members of subpopulations whose tainted constitution predisposed them to immorality and criminality [...], these new biological conceptions of the origins of pathological conduct are bound up with a new ‚public health' conception of crime control. (Rose 2007, p. 226)

Der Umstand, dass das Justizsystem auf die Krise des Konzepts der Verantwortung mit einer de facto Abschaffung der Gewährung mildernder Umstände bei Unzurechnungsfähigkeit reagiert, ist Rose zufolge das Symptom einer generellen Abkehr des Strafvollzuges vom Ziel der Resozialisierung, das durch das Ziel des Schutzes der Bevölkerung verdrängt wird (vgl. Rose 2007, S. 232). „Genetic predisposition is thus a double-edged sword, which may diminish blameworthiness for the crime at the same time as it indicates the probability that the criminal may be dangerous in the future and is beyond redemption, hence justifying the death penalty." (Rose 2007, S. 235)

Die gleichzeitige Identifikation der kriminellen Persönlichkeitsstörung mit dem Verlust an Selbstbeherrschung, zeigt, wie der Diskurs der Verbrechensprävention mit dem Subjektdiskurs des herrschenden Neoliberalismus zusammenhängt, insofern die Ursache für antisoziales Verhalten letztlich in einer mangelnden Fähigkeit des Verbrechers oder der Verbrecherin gesehen wird sich selbst zu regieren, zu kontrollieren und zu managen. Der Verbrecher, der Gewalttätige, ist derjenige, der nicht in der Lage ist zum Unternehmer seiner selbst zu werden. Ist diese Unfähigkeit genetisch bedingt und nicht behebbar, muss das Risiko für die Allgemeinheit, dass das unbeherrschbare – d. h. sich selbst nicht beherrschen könnende, potentiell-kriminelle – Individuum darstellt, dadurch gebannt werden, dass man es präventiv in Gewahrsam oder zumindest nach abgebüßter Schuld in Sicherheitsverwahrung nimmt:

> Actual or potential offenders are to be confined, not as members of a defective subpopulation or a degenerate race whose reproduction is to be curtailed, but as intractable individuals unable to govern themselves according to the civilized norms of a liberal society of freedom. (Rose 2007, p. 249)

Schließlich bedeutet der Wechsel vom Determinismus der klassischen Genetik hin zum Probabilismus der Epigenetik – also der Übergang hin zu von Umweltfaktoren beeinflussbaren Wahrscheinlichkeiten tatsächlicher phänotypischer Expression genotypischer Anlagen – dass Krankheiten nicht mehr unvorhersehbare unverschuldete Schicksalsschläge sind, sondern bis zu einem gewissen Grad regierbare Ereignisse, deren Eintreffen, bzw. Schwere, vom Handeln des betroffenen Subjekts zumindest mit abhängt. Den Ausbruch der Krankheit hat das Subjekt gewissermaßen selbst zu verantworten. Kurz: Wer heute noch an Brustkrebs erkrankt, trägt dafür eine Mitverantwortung. Wenn Krankheiten zu beeinflussbaren Risiken werden, die das Subjekt durch aktives Handeln – durch die Umstellung seines Lebensstils, oder durch Unterlassung von Verhaltensweisen, die die Wahrscheinlichkeit des Ausbruchs der Krankheit erhöhen – beeinflussen kann, wird es möglich sie in die neoliberale Lebensform des sich selbst regierenden unternehmerischen Selbst einzugliedern: „Genetic forms of thought have become intertwined with the obligation to live one's life as a project" (Rose 2007, S. 129). Im Zeitalter der Biotechnologie sind wir nicht mehr nur für unsere äußeren Lebensumstände verantwortlich, sondern auch für unser leibliches Ich: „Our somatic, corporeal, neurochemical individuality now becomes a field of choice, prudence, and responsibility." (Rose 2007, S. 40). Das biologische Leben selbst ist regierbar geworden, zum Gegenstand der Regierung des Selbst, ebenso wie der Politik. Wie diese politische Regierung des Lebens durch die Selbstregierung der Individuen in unseren neoliberalen Gesellschaften funktioniert, ist denn auch eines der Hauptthemen von *The Politics of Life itself*.

3 Die fünf Paradigmen gegenwärtiger Biopolitik

Während es der Biopolitik des 18. Und 19. Jahrhunderts um Gesundheit, Hygiene, Geburten- und Sterberaten ging, wandelte sich diese „Gesundheitspolitik" zu Beginn des 20. Jahrhunderts in eine „eugenische Politik", der es – getrieben von der Angst vor biologischer „Degeneration" – um die biologische Qualität der Bevölkerung ging. Gegenwärtige Biopolitik hingegen hat sich der „Kontrolle" des Lebens selbst verschrieben: „[...] It is concerned with our growing capacities to control, manage, engineer, reshape, and modulate the very vital capacities of human beings as living creatures." (Rose 2007, S. 3)

In den gegenwärtigen neoliberalen Gesellschaften unterscheidet Rose fünf miteinander verwobene Dispositive der Macht über das Leben selbst: Molekularisierung, Optimierung, Subjektivierung, somatische Expertise und Ökonomisierung. Unter *Molekularisierung* versteht Rose die Tendenz aktueller biotechnologischer Diskurse das Lebendige nicht mehr als Organismus zu betrachten, sondern als Ansammlung prinzipiell isolierbarer molekularer Mechanismen, die als solche aus ihrem raumzeitlichen Kontext herausausgelöst, isoliert und/oder neu zusammengesetzt werden können. Das molekularisierte Leben, wie es etwa der Synthetischen Biologie zugrunde liegt, ist beliebig manipulierbar (vgl. Weiß 2011). Eine normative natürliche Ordnung der Dinge gibt es nicht mehr. Mit dem Abhandenkommen eines normativen Lebensbegriffs geht das Paradigma der *Optimierung* einher. Denn wenn es keine Ordnung des Lebendigen mehr gibt, verlieren auch die Begriffe Gesundheit und Krankheit ihren orientierenden Sinn. Wo Verbesserung möglich ist, wird der bisher als normal (bzw. gesund) bezeichnete Zustand zur Pathologie. Die Frage nach dem individuellen und kollektiven „guten Leben" stellt sich vor diesem Hintergrund völlig neu. Der Biopolitik geht es heute nicht mehr darum die Qualität der Bevölkerung zu verbessern, sondern im Sinne der „liberalen Eugenik" (Habermas 2005), darum vom Markt vorgegebenen Möglichkeiten zur individuellen Verbesserung zu ergreifen: „What we have here, then is not eugenics but is shaped by forms of self-governing imposed by the obligations of choice, the desire for self-fulfillment, and the whish of parents for the best lives for their children." (Rose 2007, S. 69) Mit (biologischer) *Subjektifikation* meint Rose den Umstand, dass sich im Zeitalter der Biotechnologien Individuen, aber auch Kollektive, zunehmend über ihre biologischen Eigenschaften und Zustände definieren. Rose verwendet dafür wie bereits in früheren Publikationen (Rose, Novas 2005) den auf Adriana Petryna (2002) Paul Rabinow (1996) und Deborah Heath u. a. (2004) zurückgehenden Begriff der „Biological Citizenship" (vgl. Lemke und Wehling 2009).[2] Neben den schon länger existierenden Betroffenenverbänden und Patientenorganisationen treten heute „genetische Communities" von Personen, die ihre Zusammengehörigkeit über bestimmte genetische (Krankheits-)Dispositionen definieren. Rose interpretiert diese (Re-)Biologisierungstendenzen in der Selbstkonstitution gegenwärtiger Subjektivität als Ausdruck einer „somatischen Ethik" der es um die Aufwertung leiblicher Existenz gehe (vgl. Rose 2009). Rose zufolge handelt es sich bei den neuen Formen biologischer bzw. genetischer Bürgerschaft um Formen der ermächtigenden Selbstidentifikation mit einer Gruppe auf Grund ähnlicher biologischer Eigenschaften, genetischer Dispositionen oder bestimmter Pathologien, aus denen dann der Anspruch auf Rechte abgeleitet wird, wie das bei den immer einflussreicher werdenden Patientenorganisationen zu beobachten sei. Zwar habe es auch schon in der Vergangenheit Versuche gegeben bestimmte Personen auf der Grundlage ihrer biologischen Merkmale einer bestimmten Gruppe zuzuordnen – man denke nur an den Rassebegriff –, doch habe es sich dabei zumeist um Fremdzuschreibungen mit klaren diskriminierenden Absichten gehandelt. Bei den aktuellen Formen der biologischen Bürgerschaft hingegen handelt es sich um ermächtigende, die Autonomie der einzelnen dieser „biologischen Bürger" stärkende, Selbstzuschreibungen.

All diese Entwicklungen fördern das Entstehen neuer *Expert_innen* – vom Genetiker bis zur Reproduktionsmedizinerin – die selbst wieder von Pastoralexperten umlagert werden: den Bioethiker_innen. Die „Regierung" der durch die Biotechnologie eröffneten Möglichkeiten der biologischen Selbstkonstitution erfolgt Rose zufolge maßgeblich durch diese Experten-Pastoral-Macht, die das Subjekt der Gentechnologie in seinen autonomen Entscheidungen anleitet:

> These new pastors of the soma espouse the ethical principles of informed consent, autonomy, voluntary action, and choice and nondirectiveness. [...] These [principles] blur the boundaries of coercion and consent. They transform the subjectivities of those who are counseled, offering them new language to describe their predicament, new criteria to calculate its possibilities and perils [...]. (Rose 2007, p. 29)

---

[2] Zum Werk von Paul Rabinow vgl. den Beitrag von Thomas Lemke i. d. Bd.

Mit der anfangs erwähnten Molekularisierung des Lebendigen hängt schließlich auch der letzte Aspekt gegenwärtiger Biopolitik zusammen: der *Biokapitalismus*, d. h. die Verwandlung von Genen, Geweben, Organen, Organismen in (patentierbare) Ware:

> Life itself has been made amenable to [...] new economic relations, as vitality is decomposed into a series of distinct and discrete objects – that can be isolated, delimited, stored, accumulated, mobilized, and exchanged, accorded a discrete value, traded across time, space, species, contexts, enterprises – in the service of many distinct objectives. (Rose 2007, p. 7; see Sunder Rajan 2006)

4 Die Diktatur der Zukunft: Biopolitik als Präventionstechnologie

Was die fünf Momente gegenwärtiger Biopolitik vereint, ist ihre Ausrichtung auf die individuelle und kollektive Zukunft, deren „Regierung" dem selbstbestimmten Subjekt des Neoliberalismus obliegt (vgl. Rose 2007, S. 20). Gemäß dem Credo der Synthetischen Biologie, das besagt, dass wir nur verstehen können, was wir herstellen können (Weiß 2011), ist das molekularisierte Leben immer schon als Objekt zukünftiger Manipulation konzipiert. Als manipulierbares kennt das Leben keine immanenten Grenzen mehr. Was vor seiner Verfügbarkeit als natürlich, bzw. normal galt, ist nun, da es verfügbar ist, ein ständig zu verbesserndes zufälliger Ausgangspunkt. Die Verfügbarkeit des molekularisierten Lebens verlangt nach Optimierung. Der mögliche zukünftige bessere Zustand ist das Ziel, dass als Zweckursache die Interventionen in der Gegenwart lenkt. Ebenso zukunftsorientiert wie der Optimierungsdiskurs ist der epigenetische Dispositionsdiskurs, der jeden, wie gesund er auch gegenwärtig sein mag, als zukünftigen Patienten definiert, dessen erwarteter (erwünschter oder befürchteter) Zustand, sein gegenwärtiges Leben und die Formen seiner Subjektivierung bestimmt. Im Zeitalter der probabilistischen Epigenetik ist die Zukunft aber prinzipiell unsicher und unberechenbar und lässt sich bloß als schwer zu fassende Möglichkeit denken, deren Verwirklichung lediglich wahrscheinlich ist. Deswegen benötigt das von Potentialitäten umstellte unternehmerische Selbst ein Heer von Expert_innen, die es in seinen Entscheidungen berät. Schließlich ist auch die Kommodifizierung des Lebens, d. h. die Verwandlung des Lebens in Ware, das Ergebnis der Zukunftsorientierung neoliberaler Subjektivität bzw. der kapitalistischen Wirtschaftsordnung, insofern der treibende Motor des Kapitalismus im Konzept prinzipiell unbeschränktem zukünftigen Wirtschaftswachstums besteht (vgl. Weiß 2014).

Die neue Lebensform, die sich im Kontext der modernen Biotechnologien konstituiert, gründet, wie die neoliberale Gesellschaft, deren integraler Teil sie ist, in einer „Politik der Utopie" (Jonas 2003), die ihre bestimmenden Ursachen im Künftigen hat.

Grundsätzlich sind in Bezug auf die zeitliche Begründungsstruktur individuellen und kollektiven Handelns drei Modelle möglich: eine Begründung aus der Vergangenheit (überkommene Traditionen, genealogische Herrschaftsverhältnisse), ein dezisionistischer Rekurs auf unmittelbare Entscheidungen in der Gegenwart und schließlich die Berufung auf zukünftige zu verwirklichende oder zu vermeidende Zustände. Obschon diese Begründungsstrukturen natürlich nie in Reinform auftreten, sondern immer nur in unterschiedlichen Mischformen, findet sich die erstere vornehmlich in traditionellen, vormodernen Gesellschaften, die zweite in diktatorischen Regimen und die dritte in sozialistischen und neoliberalen Gesellschaftsmodellen (vgl. Weiß 2012). Doch während die Gegenwart bestimmende Zukunft des Sozialismus – der von deterministischen Gesetzen der Geschichte ausging – noch unausweichlich und völlig sicher war, ist die Zukunft, die das individuelle und kollektive Leben im Neoliberalismus bestimmt, ein verunsicherndes Gebilde aus selbst zu managenden Chancen und Risiken, Hoffnungen und Ängsten. Das Subjekt und die Gesellschaft, die damit umzugehen gerade erst zu lernen anfangen, sind der eigentliche Gegenstand von Nikolas Roses *Politics of Life itself*. Die neuesten Entwicklungen der Biotechnologie und Biopolitik, dienen ihm dabei als symptomatische Beispiele.

Literatur

Beck, Ulrich. 1986. *Die Risikogesellschaft. Auf dem Weg in eine andere Moderne*. Frankfurt a. M.: Suhrkamp.

Bröckling, Ulrich. 2007. *Das Unternehmerische Selbst. Soziologie einer Subjektivierungsform*. Frankfurt a. M.: Suhrkamp.

Foucault, Michel. 1978. *Dispositive der Macht. Über Sexualität, Wissen und Wahrheit*. Berlin: Merve.

Foucault, Michel. 1993. About the beginning of the Hermeneutics of the self. *Political Theory* 21 (2): 198–227.

Habermas, Jürgen. 2005. *Die Zukunft der menschlichen Natur. Auf dem Weg zu einer liberalen Eugenik?* Frankfurt a. M.: Suhrkamp.

Heath, Deborah, Rayna Rapp, und Karen-Sue Taussig. 2004. Genetic citizenship. In *Companion to the anthropology of politics*, Hrsg. D. Nugent, 444–464. Oxford: Blackwell.

Jonas, Hans. 2003. *Das Prinzip Verantwortung. Versuch einer Ethik für die technologische Zivilisation*. Frankfurt a. M.: Suhrkamp.

Kammler, Clemens, Rolf Parr, und Ulrich J. Schneider, Hrsg. 2008. *Foucault-Handbuch*. Stuttgart: Metzler.
Keller, Evelyn Fox. 2000. *The century of the gene*. Cambridge: Harvard Univ. Press.
Lemke, Thomas, und Peter Wehling. 2009. Bürgerrechte durch Biologie? Kritische Anmerkungen zur Konjunktur des Begriffs ‚biologische Bürgerschaft'. In *Bios und Zoë. menschliche Natur im Zeitalter ihrer technischen Reproduzierbarkeit*, Hrsg. Martin G. Weiß, 72–108. Frankfurt a. M.: Suhrkamp.
Lemke, Thomas, Susanne Krasmann, und Ulrich Bröckling. 2000. Gouvernamentalität, Neoliberalismus und Selbsttechnologien. In *Gouvernamentalität der Gegenwart*, Hrsg. T. Lemke, S. Krasmann, und U. Bröckling, 7–40. Frankfurt a. M.: Suhrkamp.
Müller-Wille, Staffan, und Hans-Jörg Rheinberger. 2009. *Das Gen im Zeitalter der Postgenomik*. Frankfurt a. M.: Suhrkamp.
Petryna, Adriana. 2002. *Life exposed: Biological citizens after Chernobyl*. Princeton: Princeton Univ. Press.
Rabinow, Paul. 1996. *Arificiality and enlightenment: From sociobiology to biosociality. Essays on the anthropology of reason*. Princeton: Princeton Univ. Press.
Rose, Nikolas. 1985. *The psychological complex. Psychology, politics and society in England 1869–1939*. London: Routledge and Kegan Paul.
Rose, Nikolas. 1990. *Governing the soul: The shaping of the private self*. London: Routledge.
Rose, Nikolas. 1996. *Inventing ourselves: Psychology, power, and personhood*. Cambridge: Cambridge Univ. Press.
Rose, Nikolas. 2007. *The politics of life itself. Biomedicine, power, and subjectivity in the twenty-first century*. Princeton: Princeton Univ. Press.
Rose, Nikolas. 2009. Was ist Leben? – Versuch einer Wiederbelebung. In *Bios und Zoë. menschliche Natur im Zeitalter ihrer technischen Reproduzierbarkeit*, Hrsg. Martin G. Weiß, 152–179. Frankfurt a. M.: Suhrkamp.
Rose, Nikolas, und Carlos Novas. 2005. Biological citizenship. In *Global assemblages: Technology, politics and ethics as anthropological problems*, Hrsg. A. Ong und S. Collier, 439–463. Oxford: Blackwell.
Sunder Rajan, Kaushik. 2006. *Biocapital: The constitution of postgenomic life*. Durham: Duke Univ. Press.
Weiß, Martin G. 2009. Die Auflösung der Menschlichen Natur. In *Bios und Zoë. menschliche Natur im Zeitalter ihrer technischen Reproduzierbarkeit*, Hrsg. Martin G. Weiß, 34–55. Frankfurt a. M.: Suhrkamp.
Weiß, Martin G. 2011. Verstehen wir, was wir herstellen können? Martin Heidegger und die Synthetische Biologie. In *Was ist Leben – im Zeitalter technischer Machbarkeit? Beiträge zur Ethik der Synthetischen Biologie (Lebenswissenschaften im Dialog)*. Bd. 11, Hrsg. P. Dabrock, 173–195. Freiburg: Alber.
Weiß, Martin G. 2012. Dangerous affinities. Jacques Derrida, Walter Benjamin, Carl Schmitt and the Specter of a Deconstructivist Theodicy. In *Neigbohrs and neigbhorhoods. Living togehter in the German-speaking world*, Hrsg. Y. Almong und E. Born, 20–37. Newcastle: Cambridge Scholars Publishing.
Weiß, Martin G. 2014. Müßiger Widerstand? Vom subversiven Nichtstun der Philosophie am Ende der Geschichte. In *Tun und Lassen. Kulturphilosophische Debatten zum Verhältnis von Gabe und kulturellen Praktiken*, Hrsg. Steffi Hobuß, 33–52. Bielefeld: transcript.

Teil IV
Perspektiven

Reassembling Ethnographie: Bruno Latours Neugestaltung der Soziologie

Joost van Loon

Akteur-Netzwerk Theorie (ANT) ist der kontroverse Name einer bunten Sammlung von Einsichten, die Ende der 1970er Jahre der Wissenschafts- und Technikforschung entsprungen sind, und danach wie ein Virus viele Bereiche der Sozialwissenschaften angesteckt haben. Mittlerweile hat sich unter diesem Label eine eigene Strömung innerhalb der Sozialwissenschaft etabliert, die auch im deutschsprachigen Raum zunehmend als eine Variante der Handlungstheorie in Kombination mit poststrukturalistischen Denkweisen akzeptiert wird.[1]

In diesem Beitrag beschränke ich mich auf die spätere Arbeit von Bruno Latour, dem bekanntesten Vertreter der ANT, durch den ich selbst angesteckt worden bin, nachdem er 1994 an der Universität Lancaster einen Vortrag über „Technische Vermittlung" gehalten hat. Es geht um eine Auseinandersetzung mit den Denkweisen Latours oder besser: wie wir mit Latour denken und dadurch eine neue Art von Sozialwissenschaft gestalten können.

Wenn man eine Akteur-Netzwerk-Analyse konzipiert, ist es nicht ratsam im Vorfeld festzulegen wer die zu untersuchenden Subjekte und Objekte sind. Das heißt, dass wir dem Akteurstyp ‚Mensch' keinen speziellen Sonderstatus zuschreiben sollten, da im Vorfeld nicht sicher festzustellen ist, welcher Akteur der

---

Dieser Artikel ist mit Hilfe von Laura Unsöld und Hilde Alberter aus dem Englischen übersetzt worden.

---

[1] Für eine allgemeine Einführung in Latours Werk und der Entstehung der ANT vgl. Wieser (2012).

J. van Loon (✉)
KU Eichstätt-Ingolstadt, Allgemeine Soziologie und Soziologische Theorie,
85072 Eichstätt, Deutschland
E-Mail: joost.vanloon@ku.de

wichtigste sein wird. Man muss dabei versuchen, das Forschungsfeld so flach wie möglich zu halten, da jegliche Form der Abkürzung die Realität unserer Untersuchungsobjekte weder nachweisbar noch nachvollziehbar machen würde. Dafür werden zusätzliche Instrumentarien benötigt, die wir als Medien bezeichnen können.[2] Mit Hilfe des Konzepts der Nachvollziehung werde ich die von dem ersten Teil des Schlüsselwerks *Reassembling the Social* (Latour 2005) abgeleiteten fünf Unbestimmtheiten von Kontroversen erforschen, weil dadurch ein Rückschluss auf die umstrittene Objektivität von Akteur-Netzwerken ermöglicht wird. Der Fokus liegt dabei auf Ethnografie, weil das Denken mit Latour durch ethnografische Forschung mir als der einfachste Weg erscheint.

1 Ethnografie

Die ANT ist eine besondere Variante der Ethnografie (vgl. Geertz 1973/2003), weil sie insbesondere zwei Aspekte hervorhebt: 1) die aktive Rolle, die Objekte bei der Herstellung von Objektivität spielen und 2) ein Verständnis von Ethnografie im Sinne von ‚jemandem eine Stimme zu geben' anstatt ‚im Namen von jemandem zu sprechen' wie viele andere Formen von Sozial- und Kulturforschung.

Ich bin der Meinung, dass eine Ethnografie nur dann jemandem oder etwas eine ‚Stimme geben' kann, wenn sie es erlaubt, das, was sie beschreibt *(graphéin)*, gegen die Berichte, die darüber geschrieben werden, verteidigen zu können. Sie wird nur dann zu einer Stimme, wenn sie dem/der Andere/n *(ethnos)* erlaubt, ein/e Andere/r zu bleiben (vgl. Van Loon 2000). Nur wenn die Anderen andere bleiben, kann ihre Objektivierung durch deskriptive Berichte ein Mittel zur Subjektivierung als politische Handlung werden. Deswegen möchte ich mit dem Begriff der Objektivität herausstellen, dass die menschlichen und nichtmenschlichen Entitäten, welche die Basis unserer Beschreibungen sind, aktive Teilnehmer darstellen. Somit weise ich die weitverbreitete negative Assoziierung von Objektivierung als Dehumanisierung zurück.

Subjekte und Objekte sind nicht gleichzusetzen mit aktiven im Gegensatz zu passiven Entitäten, geschweige denn mit Menschen bzw. *Nichtmenschen* (vgl. Callon 1986/2006; Latour 2005). *Subjektiv* und *objektiv* sind in erster Linie Adjektive,

---

[2] Medialität wird innerhalb der ANT meistens in Bezug auf das allgemeinere Konzept der Technologie behandelt. Ich verwende hier Medien, um die Mediatorrolle der Technik stärker zu betonen.

die auf spezielle Arten des Engagements hinweisen. Eine subjektive Art des Engagements ist auf Virtualisierung ausgerichtet; sie erschafft zwischen dem nicht-mehr und dem noch-nicht einen Bereich des Möglichen, in dem „Dinge stattfinden können" (Van Loon 2008). Eine objektive Art des Engagements zielt auf Aktualisierung ab; die Begrenzung der Möglichkeiten, die wir mit einer Form des Widerstands im Verwirklichen assoziieren können. Objektivierung ist das Erschaffen von Objekten: Entitäten, die sich widersetzen und daher wirklich werden. Subjektivierung ist die Realisierung von Aktion: der Eröffnung von Möglichkeiten und daher z. B. eine notwendige Voraussetzung für Entscheidungen (Van Loon 2012). Subjekte und Objekte sind relationale Begriffe, die sich auf Formen der Betätigung beziehen und stehen nicht für die Eigenschaft der sich in Betätigung befindenden Entitäten.

2 Nachvollziehen

Neben Objektivieren und Subjektivieren sollen an dieser Stelle ein paar weitere Schlüsselkonzepte eingeführt werden. Eines dieser Konzepte ist Nachvollziehen. Im Gegensatz zum Begriff *comprehension* im Englischen, wird im Deutschen eine größere Vielfalt der Assoziationen deutlich. Das Verb Nachvollziehen kann nicht nur im Sinne von ‚verstehen' aufgefasst werden, sondern auch als ‚feststellen' – das ist die Form, in der es im streng methodologischen Sinne gebraucht wird –, als wiederherstellen (Nachvollziehen als Imitation), als wieder in Kraft setzen (Nachvollziehen als Wiederholung) und schließlich im Sinne von wieder aufbauen – in dieser Form wird es gebraucht, wenn von Verantwortlichkeit im Sinne von ‚Rechenschaft ablegen' (*accounting*) gesprochen wird.

Feststellen, verstehen, imitieren, wiederholen, wieder in Kraft setzen und wieder aufbauen können in einem Begriff zusammengefasst werden: *Re-assembling* (Wieder-zusammen-bauen). Deswegen bezeichnet Latour (2005) die Polemik mit der er versucht die Soziologie zu erneuern als „*Reassembling the Social*". Dabei lenkt die polemische Form seiner Argumentation etwas von seinem völlig ernst gemeinten Ziel ab: nämlich eine Art von Sozialwissenschaft zu schaffen, die versteht, was das Soziale und was Wissenschaft zu bedeuten hat.

Um als Wissenschaft zu gelten, muss sie sich mit der Darstellung der Welt als für sich sprechend beschäftigen. Die Welt miteinzubeziehen ist für jede *empirische* Wissenschaft von Bedeutung. Das ‚Miteinbeziehen' ist das, was *Reassembling* meint: Es macht die Welt nachvollziehbar. Man kann jedes Element, wie es in den Weltschaffungsprozess involviert ist, nachvollziehen. Das Nachverfolgte wie auch die Verfolgerin hinterlassen Spuren; das Miteinbeziehen führt zu einem Bericht, der selbst Teil von dem ist, was er miteinbezieht: *„There is no time out"*, wie Garfinkel (1967/1991) mit großer Wirkung sagte.

3 Fabrikationen, Fakten und Dinge von Belang

Manche Sozialwissenschaftlerinnen sind der Meinung, dass sich ihre Arbeit vollkommen von der Anderer wie z. B. Journalistinnen unterscheidet. Während Journalistinnen Geschichten erzählen, vielleicht dem Umsatz der Nachrichtenagentur zuliebe, aufgrund einer dominanten Ideologie oder um eine *Agora* zu erschaffen, arbeiten Sozialwissenschaftlerinnen mit ‚Fakten'. Das Ganze könnte man überspitzt wie folgt darstellen: Geschichten sind Fabrikationen, die erschaffen werden, während Fakten gegeben sind.

Nun begegnen uns beim Lesen der besten und aussagekräftigsten ethnologischen Berichte der Feldforschung eine Vielzahl von Geschichten (Clifford und Marcus 1986). Gleichzeitig stellt sich aber auch die Frage, wie die Sozialwissenschaften zu ihren Fakten gelangen? Erhebungen, Fragebögen, Interviews, Fokusgruppen, Beobachtungen, Experimente usw. sind ‚Datengeneratoren'. Die Daten werden generiert und existieren nicht als solche: Fragen müssen gestellt werden, Formulare müssen ausgefüllt werden, Zahlen und Texte müssen aufbereitet, zusammengefasst, bearbeitet, analysiert und interpretiert werden. Es ist ein unglaublicher Arbeitsaufwand nötig, um Fakten zu erhalten (Latour und Woolgar 1979). Diese sind Konstruktionen oder wie ihre Etymologie lehrt: „das was gemacht wurde". Es wäre sehr naiv, diese als ‚bloße Konstruktionen' zu bezeichnen, wenn man den Arbeitsaufwand bedenkt, der für ihre Generierung benötigt wird. Deswegen argumentiert Latour (2005, S. 116) dafür, Fakten als *Dinge von Belang* zu verstehen. Dinge von Belang steigern das wissenschaftliche Interesse, Tatsachen tun dies nicht.

Das Problem, welches der Sozialkonstruktivismus eingeführt hat, ist die welterschaffenden Tätigkeiten der (Natur-)Wissenschaften mit den de-mystifizierenden oder ‚weltbrechenden' *(world-breaking)* Konzepten der Sozialwissenschaften zu ersetzen. Statt die ‚weltschaffenden' Leistungen wissenschaftlicher Experimente anzuerkennen, wird Wissenschaft als Produkt ‚sozialen Krams' erklärt: soziale Beziehungen, soziale Praktiken, Interessen, Macht, Streit, Status, Kulturen, Weltansichten, Ideologien, Mythen, Glauben usw. (Latour 2005, S. 88–93).

Natürlich sind soziale Erklärungen auch Geschichten. Aber diese Geschichten ersetzen die Handlungen des Geschichtenerzählens einer Gruppe mit dem bereits existierenden Repertoire einer anderen. Wir müssen daher sehr vorsichtig sein, wenn wir von Fabrikationen sprechen. Denn, wenn wir die umgangssprachliche

Form dieses Wortes benutzen, sind wir schnell verleitet, an vollkommen Fantastisches oder an imaginäre Dinge zu denken, die in keiner Beziehung zur Wirklichkeit stehen. Aber wenn wir Fabrikationen im Sinne von Konstruktion, Produktion oder Arbeit verstehen, dann wird das ‚reale Welterschaffende' sichtbar. Was gute von schlechten Fabrikationen unterscheidet, hat dann nichts damit zu tun, wie gut diese die Welt abbilden, sondern wie gut sie die Welt repräsentieren. Bringen sie Affekte hervor? Und beziehen sie andere mit ein, sodass auch diese von den Affekten betroffen sind und am Prozess des Weltschaffens teilhaben?

Aus diesem Grund besteht Latour darauf, dass wir die Objektivität der Wissenschaftspraxis als Dinge von Belang betrachten. Dinge von Belang sind empirische Ereignisse und *deshalb* nicht homogen. Es geht nicht darum, definitive Antworten zu geben, sondern vielmehr Experimente zu beschreiben und Prozesse zu erlernen, welche die Heterogenität der Praxis von Fabrikationen kennzeichnen.

4 Das Virtuelle und das Aktuelle

Subjektivierer und Objektivierer produzieren unterschiedliche virtuelle und aktuelle Welten, weil sie immer in Beziehung zu etwas stehen. Wenn man Latour – und seinem Aktanten-Konzept verstanden als eine Versammlung von menschlichen und nichtmenschlichen Entitäten, die Handlungspotenziale konstituieren – folgt, dann ist es wichtig, die Analyseobjekte nicht *a priori* nur auf menschliche Akteure zu beschränken.[3] Callon und Latours (1992) Verteidigung des Prinzips der generalisierten Symmetrie dürfte bekannt sein: Da die Welt aus einer fast unendlichen Anzahl von unterschiedlichen Entitäten besteht, kann nicht im Vorhinein angenommen werden, welche Unterschiede wichtig sind und welche nicht. Dies ist eine *empirische* Frage. Um sicher zu gehen, dass wir in der bestmöglichsten Lage sind, um die Unterschiede zwischen Entitäten zu bemerken, müssen wir sie auf die gleiche Art und Weise betrachten: Nicht, weil sie ähnlich sind, sondern gerade weil sie unterschiedlich sind. Wenn Entitäten nicht auf die gleiche Art und Weise betrachtet werden, dann lässt sich nicht identifizieren, welche durch ihre Anwesenheit einen Unterschied produzieren und welche nicht (vgl. Wieser 2012).

Ziel des Symmetrieprinzips sollte es aber nicht sein zu polemisieren, sondern eine Form ethnografischer Forschung vorzuschlagen, die Objekte nicht bloß als

---

[3] Vgl. hierzu Emma Hemmingways (2007) vorbildliche und detaillierte Studie zur digitalen Fernsehnachrichtenproduktion.

Requisiten menschlicher Akteure, sondern als aktiv an der Realisierung des Sozialen Beteiligte versteht. Zum Beispiel wird die Rolle digitaler Medien in der Organisation von Redaktionsräumen in einer Ethnografie der Produktion von Online-Nachrichten völlig sichtbar (vgl. Hemmingway und Van Loon 2011). Merkmal des Digitalen ist die Reduktion auf elektrische Impulse, die lediglich einen Unterschied zwischen ‚ein' (1) und ‚aus' (0) machen. Deshalb ist der Schalter genauso wie die Elektrizität ein Aktant; auch das Kupferkabel: wenn es nicht da ist, passiert gar nichts. Inwieweit würde uns aber ein sozialkonstruktivistisches Verständnis des Digitalen helfen, eine Aussage über Schalter, Elektrizität oder Kupferkabel zu treffen? Jede dieser Entitäten hat eine ganz eigene Geschichte, oder besser gesagt: Über jede dieser Entitäten könnten viele Geschichten erzählt werden. Menschliche Akteure spielen zweifellos eine wichtige Rolle in vielen dieser Geschichten. In der Tat, Menschen sind oft Motivatoren für Erfindungen und dies muss wörtlich genommen werden im Sinne von Motivierung als ‚In-Bewegung-Bringen'. Das bedeutet allerdings nicht, dass eine Erfindung immer auf menschliche Motivation reduziert werden kann (vgl. Van Loon 2008).

In der von psychoanalytischer Logik infiltrierten Kultur westlicher Gesellschaften sind wir es gewohnt, Motivation als etwas innerhalb des menschlichen Seins zu verstehen, obwohl Freud selbst die Triebe (Es) mit Faktoren, die vor dem Individuum existieren, verbunden hat: Sie gehören zur Natur oder zum Mythos. Deleuze und Guattari (1980/1997) aber haben uns daran erinnert, dass Begehren keine Eigenschaft des Individuums, sondern eine externe Kraft ist. Das Unbewusste ist eine Vielfalt. Es wäre ein Fehler zu denken, dass Motivation vom Individuum stammt. Motivation vollzieht sich zwischen Entitäten: Sie ist eine Exteriorität. Daraus folgt automatisch, nicht nur menschliche Handlungen als motivierte zu verstehen.

Das gleiche gilt für Intentionalität. Man könnte behaupten, Menschen seien einzigartig, weil nur ihre Handlungen intentional sein können, da sie die Anwesenheit eines Bewusstseins voraussetzen. Aber aus eigenen Erfahrungen wissen wir, dass die meisten Dinge, die wir intentional, also absichtlich und zielorientiert, tun, uns überhaupt nicht bewusst sein müssen, um sie erfolgreich ausführen zu können (vgl. Garfinkel 1967/1991). Eine Gewohnheit, eine routinierte Handlung, wird nicht plötzlich absichtslos, weil sie nicht länger bewusst getan wird. Genauso wie wir sagen, dass alle Handlungen motiviert sind, können wir behaupten, dass alle Handlungen intentional sind. Wenn Intentionalität immer zielorientiert ist, bedeutet es, dass es grundsätzlich zwischen Entitäten passiert, oder besser: Intentionalität entsteht aus der Begegnung zweier (oder mehrerer) Entitäten.[4] Hierbei wird die Handlung einer Entität in Bezug zu einer anderen Entität gesetzt, z. B. ist die Inten-

---

[4] Vgl. hierzu das Verständnis von *prehension* bei Whitehead (1978).

tionalität eines Computersystems die, dass es große Mengen an Daten mit höherer Geschwindigkeit verarbeitet.

Wenn wir Intentionalität und Motivation als Ketten von Affekten (*prehensions*) verfolgen, müssen wir die Verbindungen nicht interpretieren: sie sind schlicht und einfach entweder da oder nicht. Nachvollziehen ist dann die Performanz der ‚Rechnungsführung' von Kausalität: es verfolgt ihre Kontinuität. Um die Kontinuität der Aktualität zu realisieren, benötigt man ‚Objektivierung': Spuren müssen zu Objekten werden, wie in der Forensik – die Analyse der Materialität kausaler Beziehungen (vgl. Pietz 2002). Konten müssen eine ununterbrochene Kette von Ursachen und Wirkungen aufzeigen können. Jede Unterbrechung bedeutet dann automatisch, dass es keine vollständige Kette mehr gibt. Um die unterbrochene Kette weiter nachzuvollziehen, braucht man dann wieder eine Subjektivierung. Genau dort hört die Aktualität auf und es entsteht Virtualität: die Analyse wird zur Interpretation und Wirklichkeiten und Möglichkeiten vervielfachen sich.

Da nun Ethnografinnen keine Buchhalter sind, ist zu erwarten, dass sie sich mehr mit der virtuellen Seite der Verwirklichung beschäftigen, denn sie arbeiten vor allem mit Analysen und Interpretationen möglicher Assoziationen.[5] Eine solche Soziologie ist, nach Gabriel Tarde (2009), eine Soziologie des Möglichen, oder was Isabelle Stengers (2007) *„Spekulativen Konstruktivismus"* nennt. Dieser Gedanke basiert auf der Philosophie von Alfred North Whitehead (1978) die voraussetzt, dass jede Wirklichkeit nur ein Ereignis ist, das sich in Formen des Erfassens (*prehension*) erfahren lässt und Wahrnehmung nur eine Art von Erfassen darstellt (und nicht umgekehrt). Erfassen ist somit die Aktivität des ‚Aufeinandereinwirkens' von zwei oder mehr Entitäten oder „Monaden" wie Tarde (2009) sagen würde. Erfassen erzwingt die Möglichkeit zur Erfahrung, die im Grunde immer noch eine Vielfalt darstellt. Um dieses Erzwingen besser zu verstehen, sollten Objektivierung und Objektivierer betrachtet werden. Nicht, weil sie etwa ausführlichere Wahrheiten hervorbringen würden, sondern weil sie Aktualitäten produzieren, die ohne neue Investition in Mediatoren nicht weiter virtualisiert werden können. Was aber zudem mit Nachdruck postuliert werden muss, ist, dass Subjektivierer erst selbst objektiviert sein müssen. Denn um handeln zu können, müssen diese schon wirklich (aktualisiert) sein. Virtualität existiert nur in Vielfalt: Die Singularität, die dies ermöglicht, ist keine Ausgeburt reiner Fantasie.

Daraus folgt, dass Ethnografie sich nicht ausschließlich auf nur einen Akteurstypus (der Subjektivierte) auf Kosten eines anderen (der Subjektivierer) fokussieren sollte oder umgekehrt. Ebenso kann sie sich nicht nur auf menschliche Akteure

---

[5] Dies hat eher mit der Wahl des Schreibansatzes zu tun. Gute empirische Sozialwissenschaftlerinnen sollten auch gute Konten und Berichte verfassen.

ausrichten – unabhängig davon, ob sie als Subjekte, Objekte oder beides behandelt werden. Für die Ethnografie sollte dies eigentlich keine große Herausforderung sein, da man sich im Alltag auch nicht so schwer damit tut, die Tätigkeiten von Nichtmenschen genauso wie die von Menschen zu erfahren (vgl. Latour 2005, S. 71).

5 Aktion

ANT stellt eine Ethnografie dar, die nicht postuliert, dass die Welt durch Wahrnehmung entsteht. Dies hängt nicht damit zusammen, dass sie glaube, es gäbe eine schon vorgegebene externe, an-sich-existierende Realität, sondern damit, dass die Vorstellung von Wahrnehmung als eine exklusive transzendentale Position des Menschen empirisch nicht nachvollziehbar ist. Deswegen muss die ANT sich von der Phänomenologie trennen; nicht weil sie falsch ist, sondern weil diese immer gezwungen ist, die Wirklichkeit als bedeutungsvoll zu betrachten. Wenn wir Whiteheads Primat der *prehension* folgen, brauchen wir nicht vorauszusetzen, dass Sinn als Affekt nur in bedeutungsvoller Form verwirklicht werden kann (vgl. Van Loon 2012). Erfassen findet statt, wenn Entitäten aufeinander treffen. Hierbei muss keine dieser Entitäten unbedingt menschlich sein, sodass von einem Ereignis gesprochen werden kann. Weil Erfassen immer mindestens zwei Entitäten benötigt – sonst könnten wir nicht von Affekt sprechen –, ist es nicht nötig, von einem mythischen Ursprung aller Wirklichkeit auszugehen. Obwohl im metaphysischen Sinne die Möglichkeit, dass es einen solchen Ursprung (z. B. Gott) gibt, nicht auszuschließen ist, erkennt die organische Philosophie Whiteheads, dass jede Handlung schon überholt und eingeholt ist (vgl. Latour 2005). Das bedeutet, dass es sinnlos ist vorauszusetzen, dass sich irgendetwas ergibt, das nicht durch etwas anderes irgendwie, irgendwann, irgendwo schon produziert worden ist.

Da eine Analyse grundsätzlich *in media res* beginnt, bleibt immer ein Gefühl von Willkür übrig, darüber was selektiert und in welcher Ordnung präsentiert wird. Man hat oft keine andere Wahl, als einfach irgendwo anzufangen und sich immer weiter vortastend umzuschauen. Deswegen ist es keine gute Idee, bereits zu Beginn mit dem Selektieren von Motiven und Intentionen anzufangen. Denn diese sollen selbstständig durch die Spuren, die sie hinterlassen, deutlich werden.

In einer Ethnografie stellt sich immer die gleiche Frage: wer handelt und was ermöglicht es, dass der Akteur oder die Akteurin handelt? Wenn wir Handlung als Aktion verstehen und Handelnde als Akteure, lässt sich leicht ein Vergleich zum Theater ziehen (vgl. Goffman 1959/1969). Wenn wir in einem Theater die Frage stellen, was Handlungen ermöglicht, werden wir sofort auf Skripte verwiesen. Aus diesem Grund wird in vielen empirischen Sozialforschungen nach einer (impliziten) Verfassung von Handlungsmustern gesucht: etwas, das bestimmt, dass Mitglieder ‚so und nicht anders' handeln. Wirkt diese Verfassung wie ein *Logos*, eine vernünftige, rationelle, diskursive gesetzliche Ordnung, d. h. hat sie eine Eigenlogik? Oder geht es um eine andere Art von bewogen werden, wie bei *Nomos*? In diesem Ansatz haben dann die Kräfte, die zu Handlungen zwingen (Motivation, Intentionalität), keine Eigenlogik, sondern sie bestehen aus bloßen affektiven Verknüpfungen zwischen Entitäten, die aufeinander einwirken.

Daher wird es nicht überraschen, dass die Ethnografie der ANT eine Handlungsordnung als Nomos und nicht als Logos versteht. Denn im Fall von Nomos hat man viel weniger Probleme mit Improvisationen – den kleinen Abweichungen von Skripten. Nomos ist nicht auf etwas anderes reduzierbar. Es gibt nur *prehensions* (Affekte). Abweichungen werden nicht wie beim Logos von außerhalb des Skripts generiert, sondern sie werden aufgefordert, motiviert, irritiert. Zudem sind Requisiten auch Akteure: Sie unterstützen die Performanz, halten sie aufrecht; sie sind stark an der Inszenierung beteiligt; sie aktualisieren das Imaginäre. Wie Latour (2005, S. 43) bereits gesagt hat: „action is overtaken" – Wir müssen immer weiter und immer woanders schauen.

6 Kollektive

Für Deleuze und Guattari (1997) ist ein Buch, zumindest ihr *Milles Plateaus*, eine Assemblage – eine Versammlung von Gedanken, Figurationen und Spekulationen. Ethnografische Forschung ist diesem sehr ähnlich: eine Assemblage von Aktions-Spuren Vieler. Sie ist ein Kollektiv.

Die Bildung von Akteur-Netzwerken ist als ein Prozess des Versammelns (*collecting*) zu verstehen. Beziehungen müssen gestaltet und vollzogen werden. Um dauerhaft zu werden, brauchen sie Wiederholung und das kann durch einfache Inszenierungen des ‚Gleichen-Tuns' immer wieder gemacht werden. Dieser Prozess wird in der Soziologie i. d. R. als „Institutionalisierung" bezeichnet (vgl. Berger und Luckmann 1966/1987). Institutionen wiederum bedürfen nichtmenschlicher Requisiten: Geräte, die Informationen aufnehmen, aufzeichnen, archivieren und übermitteln, damit diese Prozesse auch die gleichen Aktionen augenscheinlich ‚automatisch' abrufen (motivieren) können.

Die Soziologie erforscht wie Kollektive entstehen, bestätigt werden, sich entfalten, zerfallen und wie sie verschwinden. Was sie aber eigentlich gerne wissen würde, ist, was die Verwirklichung neuer Kollektive ermöglicht? Was macht Kollektive stärker? Was macht sie schwächer?

7 Fazit

Bisher wurden die fünf Quellen der Unbestimmtheit nach Latour (2005) dargestellt; in umgekehrter Reihenfolge. Ich habe gezeigt, warum die Ethnografie als Prozess des Nachvollziehens von Objekten verstanden werden sollte. Nachvollziehung ist die Erstellung riskanter Konten,[6] die „Dinge von Belang" übersetzen. Dafür brauchen sie Mediatoren: Akteure, die sich bemühen, die Situation, in die sie gebracht worden sind, zu transformieren.

Die Lektion Latours ist einfach: Alle Gegenstände sind potentielle Mediatoren, die sowohl als Objektivierer als auch als Subjektivierer einen Unterschied machen können. Das Schöne ist, dass wir diese Unterschiede nicht im Versteckten suchen müssen, weil sie sich selbst in Aktionen sichtbar machen. Die Aktion, auf die sich die Ethnografie als Eckstein ihrer Methode fokussieren könnte, ist daher das Erzählen von Geschichten. Medien sind sowohl als Objektivierer als auch Subjektivierer in der Ethnografie von Belang, wenn sie einen Unterschied machen. Nimmt man die Medialität der Ethnografie in den Blick, wird deutlich, dass die Konten, die den Prozess der Nachvollziehung formen, riskant sind, weil sie durch Objektivierung und Subjektivierung den Mediationsprozess verdoppeln.

Literatur

Berger, Peter L., und Thomas Luckmann. 1966/1987. *Die gesellschaftliche Konstruktion der Wirklichkeit. Eine Theorie der Wissenssoziologie.* Frankfurt a. M.: Fischer Taschenbuch.

Callon, Michel. 1986/2006. Einige Elemente einer Soziologie der Übersetzung. Die Domestikation der Kammmuscheln und der Fischer der St. Brieuc-Bucht. In *ANThology. Ein Einführendes Handbuch zur Akteur-Netzwerk-Theorie,* Hrsg. Andrea Bellinger und David J. Krieger, 135–174. Bielefeld: transcript.

Callon, Michel, und Bruno Latour. 1992. Don't throw the baby out with the bath school. A reply to Collins and Yearley. In *Science as practice and culture,* Hrsg. Andrew Pickering, 343–368. Chicago: Universiy of Chicago Press.

Clifford, James, und George E. Marcus, Hrsg. 1986. *Writing culture. The poetics and politics of ethnography.* Berkeley: University of California Press.

Deleuze, Gilles, und Félix Guattari. 1980/1997. *Tausend Plateaus. Kapitalismus und Schizophrenie.* Berlin: Merve.

---

[6] Ich bevorzuge den Begriff des Kontos vor den des Berichts, letzteres zu schnell die Interpretation einbezieht. Das Englische Wort „*account*" bezieht sich eher auf Rechnen und Beschreiben anstatt auf Interpretieren.

Garfinkel, Harald. 1967/1991. *Studies in ethnomethodology*. Cambridge: Polity.
Geertz, Clifford. 1973/2003. *Dichte Beschreibung. Beiträge zum Verstehen kultureller Systeme*. Frankfurt a. M.: Suhrkamp.
Goffman, Erving. 1959/1969. *Wir alle spielen Theater. Die Selbstdarstellung im Alltag*. München: Piper.
Hemmingway, Emma. 2007. *Into the newsroom. Exploring the digital production of regional television news*. London: Routledge.
Hemmingway, Emma, und Joost Van Loon. 2011. „We will always stay with a live, until we have something getter to go on. . .". The chronograms of 24 hour television news. *Time and Society* 20 (2): 149–170.
Latour, Bruno. 2005. *Reassembling the social. An introduction to actor-network-theory*. Oxford: Oxford Univ. Press. (dt.: 2007. *Eine neue Soziologie für eine neue Gesellschaft*. Frankfurt a. M.: Suhrkamp).
Latour, Bruno, und Steve Woolgar. 1979. *Laboratory life. The social construction of scientific facts*. London: Sage.
Pietz, William. 2002. Material considerations. On the historical forensics of contract. *Theory Culture & Society* 19 (5/6): 35–50.
Stengers, Isabelle. 2007. *Spekulativer Konstruktivismus*. Berlin: Merve.
Tarde, Gabriel de. 2009. *Monadologie und Soziologie*. Frankfurt a. M.: Suhrkamp.
Van Loon, Joost. 2000. Ethnography: A critical turn in cultural studies. In *Handbook of ethnography*, Hrsg. Paul Atkinson, Amanda Coffey, Sara Delamont, John Lofland, und Lyn Lofland, 273–284. London: Sage.
Van Loon, Joost. 2008. *Media technology: Critical perspectives*. New York: McGraw Hill Open Univ. Press.
Van Loon, Joost. 2012. The agency of ethical objects. *Studies in Qualitative Methodology* 12:191–207.
Whitehead, Alfred North. 1978. *Process and reality. An essay in cosmology*. New York: The Free Press. (dt.:1987. *Prozeß und Realität. Entwurf einer Kosmologie*, Frankfurt a. M.: Suhrkamp).
Wieser, Matthias. 2012. *Das Netzwerk von Bruno Latour. Die Akteur-Netzwerk-Theorie zwischen Science and Technology Studies und poststrukturalistischer Soziologie*. Bielefeld: transcript.

„Rote" Biowissenschaften, Biotechnologie und Biomedizin

Barbara Prainsack

Die kritische Analyse von Institutionen, Praktiken, und Technologien in den Biowissenschaften, der Biotechnologie und der Biomedizin (BBB) hat das Feld der STS entscheidend geprägt. Insbesondere die schnell wachsenden Investitionen in die biomedizinische Forschung im 20. Jahrhundert haben die humane Biomedizin nicht nur zu einer forschungs- und technologieintensiven Domäne werden lassen, sondern auch ihre gesellschaftliche, politische und kulturelle Relevanz erhöht.

Die BBB sind gesellschaftlich nicht bloß deshalb von wachsender Bedeutung, weil sie vor dem Hintergrund einer immer älter werdenden Bevölkerung in vielen Teilen der Welt zu einem zentralen Hoffnungsträger geworden sind, von dem man sich wichtige Beiträge zur Lösung der dringendsten sozialen Probleme erwartet (u. a. Borup et al. 2006; van Lente 2012), sondern auch, weil ihre zentralen Paradigmen und Praktiken häufig zu „kulturellen Ikonen" werden (Nelkin und Lindee 1995). Dies bedeutet, dass die in den BBB gängigen Vorstellungen davon, wer die wichtigsten „Akteure" im System sind – wie etwa die Köperflüssigkeit im Zeitalter der Humoralpathologie; später die Zelle; das Gen – und welche Kausalitäten das System determinieren, zentralen Einfluss auf gesellschaftliche Ontologien und auf Erklärungsmuster menschlichen Handelns haben. So prägte etwa die kanadische Epidemiologin Abby Lippman (1991) in den frühen 1990er Jahren den Begriff der ‚Genetisierung', welcher in der Folge nicht bloß als eine Beschreibung der zentralen ontologischen Ausrichtung der Biomedizin und Biowissenschaften im ausgehen-

---

Ich danke Thomas Lemke und Hub Zwart für hilfreiche Diskussionen zu diesem Beitrag.

B. Prainsack (✉)
Department of Social Science, Health & Medicine, King's College London, WC2R 2LS, London, Großbritannien
E-Mail: barbara.prainsack@kcl.ac.uk

den 20. Jahrhundert, sondern auch als Weltanschauung verstanden wurde: Gene wurden, so die Genetisierungsthese, nicht nur als determinierender Faktor für unsere Körper betrachtet, sondern auch für unsere sozialen Beziehungen, sowie für Organisationskategorien wie Geschlecht, ‚Rasse', und Alter (u. a. Pálsson 2007). Dabei ist es wichtig, festzuhalten, dass jene Paradigmen und Ordnungsmuster, welche jeweils die BBB dominieren, keineswegs isoliert von gesellschaftlichen Werten und Praktiken entstehen, sondern mit ihnen ‚ko-produziert' werden (vgl. Jasanoff 2004).

Eine Zäsur für die STS-Forschung im Bereich der BBB stellt das Humangenomprojekt dar, das in den frühen 1990er Jahren seinen Anfang und mit der Publikation eines Rohentwurfs des menschlichen Genoms im symbolträchtigen Jahr 2000 sein vorläufiges Ende fand (vgl. Zwart in Druck; Buyx und Prainsack in Druck). Das Humangenomprojekt stellt nicht nur deshalb einen Wendepunkt dar, weil es den Beginn von *big science* – d. h. daten- und ressourcenintensiver Forschung – innerhalb der Biowissenschaften markierte und damit eine Veränderung des Forschungsgegenstandes der STS in diesem Bereich bedeutete, sondern auch wegen seines direkten Einflusses auf die STS-Forschung. Sozialwissenschaftliche „Begleitforschung" war nämlich von Anfang an in das Humangenomprojekt integriert; ein kleiner, doch nicht unwesentlicher Prozentsatz (ca. 2–4 %) der Forschungsgelder, die in das Humangenomprojekt flossen, waren für die Erforschung der ethischen, rechtlichen, und sozialen Implikationen (*ethical, legal, and social implications, ELSI*[1]) der Genomik reserviert. Die große Anzahl an Forscherinnen und Forschern, die sich nun mit ELSI-Themen befassten, kamen aus verschiedenen Ursprungsdisziplinen. Viele von ihnen waren oder sind im engeren oder weiterne Sinne dem Feld der STS zuzurechnen; entweder weil sie mit Konzepten und Methoden arbeiten, die im Kernbereich der STS liegen; weil sie in STS-Studienprogrammen unterrichten; oder weil ihre Arbeit von Debatten im Feld der STS geprägt wird. In jüngerer Vergangenheit interessieren sich auch Forscherinnen und Forscher innerhalb der kritischen und interpretativen Politikfeldforschung vermehrt für biomedizinische und biowissenschaftliche Entwicklungen, und treten stärker mit STS in Dialog (vgl. Prainsack und Wahlberg 2013).

---

[1] Es soll an dieser Stelle darauf hingewiesen werden, dass auch heute die Felder der STS und ELSI natürlich nicht deckungsgleich sind. Obgleich sich viele Forscherinnen und Forscher im ELSI-Bereich auch den STS zurechnen gibt es andere, die sich anderen, weniger interdisziplinären Disziplinen wie etwa den Rechtswissenschaften, der Philosophie, oder der Bioethik, zugehörig fühlen. Gleichzeitig ist, wie dieser Band auch illustriert, das Feld der STS viel weiter als der Bereich, den ELSI-Forschung abdeckt.

1 Technologischer Fortschritt in der Biomedizin: Zwischen Techno-Determinismus und Sozio-Essenzialismus

Der Soziologe Stefan Timmermans und der Sozialmediziner Marc Berg publizierten 2003 einen Aufsatz, in dem sie die sozialwissenschaftliche Forschung an medizinischen Technologien in drei Gruppen unterteilten: 1) Arbeiten, die von technologischem Determinismus geprägt sind; 2) von sozialem Essenzialismus getragene Ansätze, und 3) jene, die beide Verkürzungen vermeiden und Technologien in ihrem praktischen Kontext verorten (vgl. Timmermans und Berg 2003).[2] Obwohl Timmermans und Berg sich in ihrer Analyse hauptsächlich auf soziologische Beiträge konzentrierten, ist ihre Diagnose auch für den weiteren Bereich der STS-Forschung in diesem Themenfeld relevant. Unter technologischem Determinismus verstehen Timmermans und Berg die – in den Arbeiten der Autorinnen und Autoren meist implizite – Annahme, es sei in erster Linie die Technologie selbst, die bestimmte Dinge ‚tue' und bestimmte Szenarien produziere. Diese Vorstellung ist häufig mit einer technologieskeptischen Grundstimmung verknüpft, in der technologischer Fortschritt erstens in Isolation von sozialen Entwicklungen gesehen wird, und zweitens einen bedrohlichen Eindringling in den menschlichen Handlungsspielraum darstellt.

Die Ausrichtung des sozialen Essenzialismus ist solchen Annahmen diametral entgegengesetzt. Autorinnen und Autoren, die Timmermans und Berg dem sozialen Essenzialismus zurechnen, sehen medizinische Technologien in erster Linie als Vehikel für soziale Werte und Praktiken. Technologien sind diesen untergeordnet, können sie aber katalysieren und ihre Verbreitung erhöhen (vgl. Timmermans und Berg 2003). So begann die Stigmatisierung von ‚Behinderung' nicht etwa mit der Erfindung und Verbreitung pränataler Diagnosemethoden; Technologien wie Ultraschall, Amniozentese oder genetische Präimplantationsdiagnostik stellen vielmehr bloße Artikulationsformen sozialer Stigmatisierung dar. Sozialer Essenzialismus – welcher freilich kein Kennzeichen ist, das sich die meisten Autorinnen und Autoren selbst auf die Fahnen schreiben würden – ist in den Sozialwissenschaften laut Timmermans und Berg weitaus häufiger zu finden als technologischer Determinismus.

---

[2] Der Philosoph Andrew Feenberg entwarf Ende der 1990er Jahre eine ähnliche, jedoch weiter gefächerte Typologie: Er unterschied zwischen technologischem Instrumentalismus (welcher Timmermans und Bergs sozialem Essenzialimus ähnlich ist), technologischem Determinismus, Substantivismus, und einer kritischen Technologietheorie. Siehe Feenberg 1999.

Den ‚goldenen Mittelweg' zwischen beiden Paradigmen stellen, nach Ansicht der Autoren, jene Forschungsbeiträge dar, die medizinische Technologie in ihrem konkreten praktischen Kontext betrachten. Timmermans und Berg werten den wachsenden Einfluss der STS – und hier besonders der durch Actor-Network Theory (ANT) inspirierten Ansätze[3] – auf die Medzinsoziologie in den 1990er Jahren als wesentlichen Impuls in diese Richtung (Timmermans und Berg 2003, S. 103). Autorinnen und Autoren in der Tradition der ‚*theory in practice*', wie Timmermans und Berg diese Ausrichtung nennen, schreiben Technologie durchaus auch performative Kraft zu: Handlungsfähigkeit und Wirkkraft – *agency* – ist nicht bloß auf menschliche Akteurinnen und Akteure beschränkt. Die *agency* technologischer Konfigurationen ist jedoch niemals als unabhängige Kraft zu sehen, sondern sie ist stets mit sozialen, politischen, und ökonomischen Praktiken und Narrativen verschränkt. Timmermans und Berg (vgl. 2003, S. 104) nennen die Verbreitung der Röntgentechnologie als Beispiel: Diese konnte sich in der Medizin erst dann durchsetzen, als die Maschinen, das fotografische Material, und die Ausbildung von Röntgenologinnen und Röntgenologen standardisiert und Röntgenaufnahmen mit den Ergebnissen anderer Technologien integriert waren. All diese Prozesse sind nicht nur von rein technologischen Faktoren bestimmt (vgl. auch Golan 2004).

2 Kernbereiche der STS-Forschung in den BBB

Die Frage danach, wie Wissen – und insbesondere autoritatives, institutionell untermauertes ‚wissenschaftliches' Wissen – produziert wird, steht im Zentrum der STS; diese Frage ist daher auch für STS-Forscherinnen und Forscher in den BBB zentral. Zahlreiche Autorinnen und Autoren haben in empirischen Fallstudien die starke Kontextbezogenheit von Wissenspraktiken herausgearbeitet, welche die Vorstellung ‚universalen' biomedizinischen Wissens in Frage stellen (eine grobe Übersicht gibt Cambrosio 2009). Dem steht jedoch ein relativer Mangel an Theorien gegenüber, welche diese nuancierten empirischen Einsichten konzeptionell beherbergen. Dieser Mangel ist in der Tatsache begründet, dass die STS, trotz der großen Bedeutung, die sie konkreter wissenschaftlicher und technologischer Praxis zuschreibt, über keine Theorie der Praxis verfügen. Die Position, dass Wissen erstens immer aus dem Tun heraus entsteht, und zweitens mit ihm untrennbar verknüpft ist, wird von vielen STS-Forscherinnen und Forschern zwar in ihren eigenen Studien de facto eingenommen, aber nicht systematisch expliziert (vgl. auch Pickering 1995, S. 4).

---

[3] Vgl. hierzu die Beiträge von Sørensen/Raasch, Bischur/Nicolae und Van Loon i. d. Bd.

Auch die ANT ist nicht als Praxistheorie zu verstehen: Sie schreibt die Analyse von Praktiken zum Verständnis von Prozessen, Phänomenen, und Entwicklungen vor, zielt jedoch nicht auf die Klärung und Bedeutung der Rolle von Praxis an sich ab.

STS-Theoriebildung im Feld der BBB konzentrierte sich bisher auf zwei Themen: Identitätsformen und Kommerzialisierungsprozesse. Viele STS-Forscherinnen und Forscher gehen der Frage nach, wie gegenwärtige Praktiken und Konzepte der Biomedizin und Biowissenschaften die Art und Weise, wie Menschen sich selbst und Kriterien sozialer Zugehörigkeit konstruieren, verändern. Von herausragender Bedeutung ist hier zweifellos das Werk des britischen Soziologen Nikolas Rose.[4] Inspiriert durch die Arbeit Michel Foucaults möchte Rose – mit Hilfe von Konzepten wie dem somatischen Selbst (Novas und Rose 2000) –jene Veränderungen verstehen, die das molekulare Paradigma in den Biowissenschaften im späten 20. und beginnenden 21. Jahrhundert auf Praktiken und Technologien der Selbstproduktion hatte und hat. Rose argumentiert, dass die molekulare Ebene zu einer wichtigen Artikulationsebene für individuelle Identität geworden ist. Rose (2007) belässt es jedoch nicht bei dieser Diagnose, sondern bettet sein Verständnis der Bedeutung molekularer Selbsttechnologien in eine weit gefasste Analyse (neo-)liberalen Regierens ein, welches die Selbstregierung von Individuen als wichtige Regierungsform miteinschließt (vgl. auch Lemke 2007). Paul Rabinows Idee der „Biosozialität" (Rabinow 2004/1992) ist, wie auch Roses Werk, von der Beobachtung unterlegt, dass die immer größer werdende Bedeutung der molekularen – und in den frühen 1990er Jahren insbesondere der genetischen – Dimension in den Biowissenschaften und in der Biomedizin zu einem wichtigen Substrat sozialer Gefüge geworden ist.[5] Neue soziale Gruppen, so Rabinow, würden auf der Basis genetischer Gemeinsamkeiten entstehen; und genau im Gegensatz zur Soziobiologie, welche den sozialen Bereich nach der Vorstellung der Natur zu formen versuchte, würde im Zeitalter der Biosozialität die ‚natürliche' – d. h. hier die biologische – Domäne nach sozialen Mustern geformt. Biologie würde also ‚machbar'. Während Rabinows Konzept der Biosozialität sich auf die horizontale Ebene der Beziehungen zwischen Individuen bezieht, sagt sie – im Gegensatz zu Novas' und Roses ‚somatischem Selbst' – nichts über das Verhältnis zu staatlicher Autorität aus. In letzterem Zusammenhang ist insbesondere auch das Werk der Anthropologin Adriana Petryna (2002) von Bedeutung, welches auf der Basis von Studien mit Menschen im strahlenverseuchten Gebiet nach dem Atomunfall von Tschernobyl (1986) argumentierte, dass die Kategorie der Bürgerschaft eine Umdeutung erfahren hatte. Während Bürgerschaft traditionell als Ausdrucksform politischer Teilhaberechte verstanden wurde, ga-

---

[4] Vgl. hierzu den Beitrag von Weiß i. d. Bd.
[5] Vgl. hierzu den Beitrag von Lemke i. d. Bd.

ben für die ukrainischen Strahlenopfer in Petrynas Studie die Gesundheits- und Sozialleistungen, die sie vom Staat erwarteten, ihrer Identität als Bürgerinnen und Bürger eine zusätzliche Dimension. Diese Dimension war zwar keineswegs auf den biologischen Körper *beschränkt*; die zentrale Bedeutung körperlicher Schmerzen und Bedürfnisse im Leben der Menschen, in Zusammenschau mit der Tatsache, dass staatliche Autoritäten für den Atomunfall als mitverantwortlich angesehen wurden, veränderte jedoch das Verhältnis der Menschen zu Staatlichkeit.

Der Begriff der ‚biologischen Bürgerschaft' und seiner Varianten, wie z. B. der genetischen Bürgerschaft (vgl. Heath et al. 2004; Rose und Novas 2004; Rose 2007; Lemke und Wehling 2009) hat innerhalb der STS-Forschung breite Rezeption erfahren, auch weil er einen Prozess widerspiegelt, der in vielen Kontexten am Schnittpunkt von Gesellschaft und Politik zu beobachten ist. Der Begriff der ‚biologischen Bürgerschaft' beschreibt nämlich die Verschiebung des Begriffes von Bürgerschaft weg von einem Verständnis, das primär auf die intellektuell-mentalen Kapazitäten einer Bürgerin oder eines Bürgers abstellte (für die oder den es im Verhältnis zu Staatlichkeit nur wichtig war, überhaupt einen Körper zu haben), hin zu einem Verständnis, welches die biologische Dimension als eine wichtige Artikulationsfläche für Identitäten, Rechte, und Pflichten voraussetzt. Dies bedeutet, dass einerseits – wie von Petryna beschrieben – biologische Merkmale und Bedürfnisse zu einer Grundlage von Erwartungshaltungen gegenüber staatlichen Autoritäten geworden sind;[6] andererseits können biologische Merkmale auch mit Gruppenidentitäten verbunden sein, die wiederum spezifische Teilhabe in staatliche Willensbildung innehaben oder fordern. Zu letzterem Punkt muss gesagt werden, dass die empirische Forschung bisher keine starken Hinweise darauf geliefert hat, dass Gruppenidentitäten – wie von Rabinow vorhergesagt – wirklich auf biologischen, oder gar genetischen, Gemeinsamkeiten beruhen. Gruppenidentitäten scheinen in erster Linie sozial geprägt zu sein; biologische und genetische ‚Evidenz' – wie etwa das Vorhandensein einer bestimmten Genvariante, oder die Pigmentierung der Haut – ist sozial mediatisierten und produzierten Narrativen in den meisten Fällen untergeordnet (vgl. Featherstone 2006; Prainsack und Hashiloni-Dolev 2009).

Während die Produktion von Recht und Wissenschaft (u. a. Jasanoff 2004, Lynch et al. 2008) innerhalb der STS immer schon stark verankert war und auch im Forschungsfeld der BBB einen wesentlichen Strang der STS-Forschung darstellt, nimmt die Thematik des Regierens – verstanden im weiten Sinne von *governance*,

---

[6] Hier denke man etwa an die wachsende Anzahl von Menschen, die von Demenz betroffen sein werden und vom Staat erwarten, die notwendige Pflege bereitzustellen oder finanziell zu unterstützen.

also Formen dezentralisierten, nicht-staatlichen Regierens einschließend – innerhalb der STS eine marginale Position ein. Dies dürfte darin begründet sein, dass nur wenige STS-Forscherinnen und Forscher aus der Politikwissenschaft kommen. Eine Ausnahme stellt hier Thomas Lemke dar, der mit seinen umfassenden Arbeiten zu Gouvernementalität und Biopolitik (u. a. Lemke 1997, 2007) einen wesentlichen Beitrag zum Schließen dieser Lücke geleistet hat. Auch Herbert Gottweis hatte mit seinem Buch *Governing Molecules* (Gottweis 1998) frühzeitig den Boden für Studien bereitet, die hegemoniale Diskurse als Regierungspraktiken untersuchen. Meine eigene Arbeit hat hier anhand der Regulierung embryonaler Stammzellenforschung in Israel konkret gezeigt, wie die Analyse diskursiver Praktiken auf individueller und kollektiver Ebene bestimmte Politikinhalte notwendig und andere im wörtlichen Sinn ‚undenkbar' macht (vgl. Prainsack 2006, 2011).

Viele STS-Autorinnen und Autoren haben zudem die enge Verknüpfung von Wissensproduktion in BBB und ökonomischen Prozessen enger untersucht (vgl. Helmreich 2008). Ihre Arbeiten analysieren Mechanismen und Praktiken der Kommerzialisierung der Biomedizin, der biowissenschaftlichen Forschung, oder des Begriffs des Lebens an sich (u. a. Franklin 2006; Walby und Cooper 2010; kritisch: Birch und Tyfield 2013). Einige Autorinnen und Autoren argumentieren darüber hinaus, dass die Kommerzialisierung des Lebens neue Märkte (vgl. Waldby und Mitchell 2006; Lock 2002) geschaffen hat. Viele betonen in diesem Zusammenhang auch die neuen Subjektivitäten und Identitäten, die die neuen Formen und Praktiken der Bio-Kommerzialisierung und des Biokapitals ermöglichen und mitproduzieren (u. a. Clarke et al. 2010; Sunder Rajan 2006; Thacker 2005). Besonders nennenswert in diesem Zusammenhang ist eine Gruppe europäischer Forscherinnen und Forschern, die ein gemeinsames Interesse an Bio-Objekten (*bio-objects*) eint. Unter Bio-Objekten verstehen sie alle jene Kategorien, Praktiken und Prozesse, welche Konfigurationen von Leben produzieren oder stabilisieren (vgl. Vermeulen et al. 2012). Ökonomische Aspekte stellen hier selbstredend einen wichtigen Schwerpunkt dar.

3 Verwandte Forschungsfelder

Obwohl STS-Forschung im Feld der BBB durch die in der vorangegangenen Übersicht besprochenen Forschungsschwerpunkte gekennzeichnet ist, war sie niemals klar von anderen Forschungsfeldern abgrenzbar. Dies ist unter anderem durch den großen Zuwachs an Wissenschaftlerinnen und Wissenschaftler zu erklären, die sich seit dem Beginn des Humangenomprojektes diesem Forschungsfeld zugewandt haben. Viele von ihnen kamen und kommen entweder aus den STS und wandten sich dann verstärkt bioethischen, rechtlichen, oder regulatorischen Fragen zu, oder umgekehrt. Zu den Forschungsfeldern, mit denen STS-Forschung im Bereich der BBB besonders viele Überschneidungen aufweist, gehören neben der Medizinsoziologie und -anthropologie auch die Rechtssoziologie, die Bioethik, die Medien- und Kulturstudien, die Wissenschaftsphilosophie und -geschichte, und qualitative Strömungen in der Politikwissenschaft.

4 Resümee und Ausblick

Empirische und konzeptionelle Arbeit in der Domäne der BBB hat das gesamte Feld der STS entscheidend mitgeprägt. Neben Studien zur Wissensproduktion, zu Innovation, und zu Regulierungsfragen haben insbesondere Arbeiten zu Identitäts- und Kommerzialisierungsformen innerhalb der BBB bedeutende Beiträge zur STS-Forschung geleistet. Bedingt durch das Vorhandensein erheblicher Fördermittel für sozialwissenschaftliche Forschung im Fahrwasser des Humangenomprojektes in den 1990er und 2000er Jahren konzentrierte sich bisher ein großer Teil der STS-inspirierten Forschung im Bereich der BBB auf Fallstudien im Feld der Genetik und Genomik. Mit dem Anlaufen neuer *big science*-Projekte, z. B. im Bereich der Mikrobiomik, der Neurowissenschaften, und der Synthetischen Biologie wendet sich nun auch die Aufmerksamkeit der STS-Forschung vermehrt diesen Wissenschafts- und Technologiefeldern zu. Für die nächsten Jahre ist zu erwarten, dass sich der Trend weg von einer spezifischen Fokussierung auf Genetik und Genomik fortsetzt. Zudem sind STS-Forscherinnen und Forscher vermehrt mit der Erwartung konfrontiert, sich bereits in frühen Stadien großer Projektkollaborationen mit Lebens- und Naturwissenschaften aktiv an Agenda-Setting zu beteiligen. Dies erhöht die Brisanz anderer Fragen, die sich ebenfalls im Kernbereich der STS befinden, wie die Frage nach der Definition und Rolle von Expertise, sowie danach, welche Rolle STS-Forscherinnen und Forscher im Prozess der Demokratisierung wissenschaftlicher Wissensproduktion und der Wissenschaftspolitik spielen und spielen sollen.

Literatur

Birch, Kean, und David Dyfield. 2013. Theorizing the bioeconomy: Biovalue, biocapital, bioeconomics or... what? *Science, Technology & Human Values* 38 (3): 299–327.
Borup, Mads, Nik Brown, Kornelia Konrad, und Harro van Lente. 2006. The sociology of expectations in science and technology. *Technology Analysis and Strategic Management* 18 (3): 285–298.
Buyx, Alena, und Barbara Prainsack. im Druck. Bioethics in the post-genomic era. *International encyclopedia of social and behavioral sciences*. 2, überarb Aufl. Oxford: Elsevier.
Cambrosio, Alberto. 2009. Introduction: New forms of knowledge production. In *Handbook of genetics and society: Mapping the new genomic era*, Hrsg. P. Atkinson, P. Glasner, und M. Lock, 465–468. Abingdon: Routledge.
Clarke, Adele E., Laura Mamo, Jennifer R. Fosket, Jennifer R. Fishman, und Janet Shim. 2010. *Biomedicalization: Technoscience, health and illness in the U.S*. Durham: Duke Univ. Press.
Featherstone, Katie, Paul Atkinson, Aditya Bharadwaj, und Angus Clarke. 2006. *Risky relations: Family, kinship and the new genetics*. New York: Berg.
Feenberg, Andrew. 1999. *Questioning technology*. Routledge: New York.
Franklin, Sarah. 2006. Bio-economies: Biowealth from the inside out. *Development* 49 (4): 97–101.
Golan, Tal. 2004. The emergence of the silent witness: The legal and medical reception of X-rays in the USA. *Social Studies of Science* 34 (4): 469–499.
Gottweis, Herbert. 1998. *Governing molecules: The discursive politics of genetic engineering in Europe and the United States*. Cambridge: MIT Press.
Heath, Deborah, Rayna Rapp, und Karen-Sue Taussig. 2004. Genetic citizenship. In *A companion to the anthropology of politics*, Hrsg. D. Nugent und J. Vincent, 152–167. Malden: Blackwell.
Helmreich, Stefan. 2008. Species of biocapital. *Science as Culture* 17 (4): 463–478.
Jasanoff, Sheila. 1995. *Science at the bar*. Cambridge: Berkeley Univ. Press.
Jasanoff, Sheila. 2004. The idiom of co-production. In *States of knowledge: The co-production of science and social order*, Hrsg. S. Jasanoff, 1–12. London: Routledge.
Lemke, Thomas. 1997. *Eine Kritik der politischen Vernunft – Foucaults Analyse der modernen Gouvernementalität*. Hamburg: Argument.
Lemke, Thomas. 2007. *Gouvernementalität und Biopolitik*. Wiesbaden: Verlag für Sozialwissenschaften.
Lemke, Thomas, und Peter Wehling. 2009. Bürgerrechte durch Biologie? Kritische Anmerkungen zur Konjunktur des Begriffes ‚biologische Bürgerschaft'. In *Bios und Zoë. Die menschliche Natur im Zeitalter ihrer technischen Reproduzierbarkeit*, Hrsg. M. Weiss, 72–207. Frankfurt a. M.: Suhrkamp.
Lippman, Abby. 1991. Prenatal genetic testing and screening: Constructing needs reinforcing inequities. *American Journal of Law and Medicine* 17:15–50.
Lock, M. 2002. *Twice dead: Organ transplantations and the reinvention of death*. Berkeley: University of California Press.
Lynch, Michael, Simon A. Cole, Ruth McNally, und Kathleen Jordan. 2008. *The contentious history of DNA fingerprints*. Chicago: University of Chicago Press.

Nelkin, Dorothy, und Susan M. Lindee. 1995. *The DNA mystique: The gene as a cultural icon.* New York: Freeman.

Novas, Carlos, und Nikolas Rose. 2000. Genetic risk and the birth of the somatic individual. *Economy and Society* 29 (4): 485–513.

Pálsson, Gísli. 2007. How deep is the skin? The geneticization of race and medicine. *BioSocieties* 2:257–272.

Petryna, Adriana. 2002. *Life exposed: Biological citizenship after Chernobyl.* Princeton: Princeton Univ. Press.

Pickering, Andrew. 1995. *The mangle of practice: Time, agency and science.* Chicago: University of Chicago Press.

Prainsack, Barbara. 2006. Negotiating life: The regulation of embryonic stem cell research and human cloning in Israel. *Social Studies of Science* 36 (2): 173–205.

Prainsack, Barbara. 2011. Overcoming embryonic exceptionalism? Lessons from analysing human stem cell regulation in Israel. *New Genetics & Society* 30 (3): 267–277.

Prainsack, Barbara, und Yael Hashiloni-Dolev. 2009. Religion and nationhood. In *Handbook of genetics and society: Mapping the new genomic era,* Hrsg. P. Atkinson, P. Glasner, und M. Lock, 404–421. Abingdon: Routledge.

Prainsack, Barbara, und Ayo Wahlberg. 2013. Situated bio-regulation—ethnographic sensibility at the interface of STS, policy studies, and the social studies of medicine. *BioSocieties* 8: 336–359.

Rabinow, Paul. 2004. Artifizialität und Aufklärung. Von der Soziobiologie zur Biosozialität. In *Anthropologie der Vernunft. Studien zu Wissenschaft und Lebensführung,* Hrsg. P. Rabinow, 129–152. Frankfurt a. M.: Suhrkamp. (Deutsche Übersetzung eines 1992 erstmals erschienenen Kapitels: Rabinow, Paul. 1992. Artificiality and enlightenment: from sociobiology to biosociality. In *Zone 6: Incorporations,* Hrsg. J. Crary und S. Kwinter, 234–253. New York: Zone).

Rose, Nikolas. 2007. *The politics of life itself: Biomedicine, power and subjectivity in the twenty-first century.* Princeton: Princeton Univ. Press.

Rose, Nikolas, und Carlos Novas. 2004. Biological citizenship. In *Global assemblages. Technology, politics, and ethics as anthropological problems,* Hrsg. A. Ong und S. J. Collier, 439–463. Oxford: Wiley-Blackwell.

Sunder Rajan, Kaushik. 2006. *Biocapital: The construction of postgenomic life.* Durham: Duke Univ. Press.

Thacker, E. 2005. *The global genome: Biotechnology, politics, and culture.* Cambridge: MIT Press.

Timmermans, Stefan, und Marc Berg. 2003. The practice of medical technology. *Sociology of Health and Illness* 25:97–114.

van Lente, Harro. 2012. Navigating foresight in a sea of expectations: Lessons from the sociology of expectations. *Technology Analysis and Strategic Management* 24 (8): 769–782.

Vermeulen, Niki, Sakari Tamminen, und Andrew Webster, Hrsg. 2012. *Bio-objects: Life in the twentyfirst century.* Farnham: Ashgate.

Waldby, Catherine, und Melinda Cooper. 2010. From reproductive work to regenerative labour: The female body and the stem cell industries. *Feminist Theory* 11 (1): 3–22.

Waldby, Catherine, und Robert Mitchell. 2006. *Tissue economies: Blood, organs and cell lines in late capitalism.* Durham: Duke Univ. Press.

Zwart, Hub. in Druck. The human genome project: History and assessment. *International encyclopedia of social and behavioral sciences.* 2., überarb. Aufl. Oxford: Elsevier.

Perspektiven der Infrastrukturforschung: care-ful, relational, ko-laborativ

Jörg Niewöhner

1 Einleitung: ökologische Perspektiven auf Infrastrukturierung

Infrastrukturen waren lange Zeit Untersuchungs- und Gestaltungsobjekte der technischen Disziplinen. Zwar vermitteln Infrastrukturen „reflection and action upon the world" (Lock 1993, S. 133) und sind somit häufig unmittelbar verwickelt in das Ordnen menschlicher Interaktion und Praxis. Trotzdem hat sich die sozial- und kulturwissenschaftliche Forschung diesem Phänomen lange Zeit nicht produktiv gewidmet.

Dies ändert sich mit der ethnographisch-ökologischen Perspektive auf Infrastrukturen, die Susan Leigh Star und Kolleg_innen am Schnittfeld von feministischer Kritik, ethnographischer Wissenschaftsforschung und Ethnomethodologie in den 1980er ins Leben rufen. Der Beitrag von Jörg Strübing in diesem Band gibt ausführlicher über diese Entwicklung Auskunft. An dieser Stelle seien daher nur zwei Aspekte rekapituliert. Erstens sei betont, dass der Ausgangspunkt für Star und andere das Konzept der unsichtbaren Arbeit war. Ein besseres Verständnis asymmetrischer Macht- und Herrschaftsverhältnisse ist also von Beginn an ein wichtiges Anliegen dieser Forschung. Problematisiert werden diese Aspekte vor allem durch einen Fokus auf das Verschwinden politischer, sozialer oder moralischer Entscheidungen in und durch Infrastruktur. Zweitens bemüht man sich in dieser Forschung um eine klare Definition des Infrastrukturbegriffs. Infrastruktur zeichne aus, dass sie eingebettet, transparent, zeitlich und räumlich ausgreifend sei. Zudem werde

J. Niewöhner (✉)
Institut für Europäische Ethnologie, Humboldt-Universität zu Berlin,
10099 Berlin, Deutschland
E-Mail: joerg.niewoehner@staff.hu-berlin.de

sie erlernt, sei Teil konventionalisierter Praxis und immer auch verkörperter Standard. Sie setze auf eine bestehende Basis auf, sei modular veränderbar und werde vor allem in ihrem Versagen sichtbar (Star und Ruhleder 1996, S. 34).

Diesem zunächst relativ engen Infrastrukturbegriff stehen heutzutage deutlich weiter gefasste Konzepte gegenüber. Dies spricht zum einen für die enorme Anschlussfähigkeit und Popularität des Konzepts und der Art von Forschung, die die Ethnographie von Infrastruktur ermöglicht. Es verweist aber auch auf eine zunehmend spürbare Gezeitenwende in den Sozial- und Kulturwissenschaften. Nachdem über Jahrzehnte viel konzeptuelle wie empirische Energie darauf verwendet wurde, Verständnisse des Sozialen und Gesellschaftlichen zu verflüssigen, mehren sich in den letzten Jahren die Versuche, dieser Auflösung von starren kategorialen Unterscheidungen wieder greifbarere und damit auch materieller verankerte analytische Konzepte an die Seite zu stellen. Teil dieser Suchbewegung sind auch verschiedene Lesarten des Infrastrukturalismus (vgl. Delitz und Höhne 2011). In dieser Erweiterung des ursprünglichen Entwurfs einer Infrastrukturforschung steckt in doppeltem Sinne Sprengkraft.

Erstens weicht man damit von der zentralen Prämisse durkheimscher Sozialforschung ab, nach der das Soziale nur durch Soziales zu erklären sei. Symbolik und Semiotik wird hier das Materielle zur Seite gestellt. Es handelt sich um eine Bewegung, die zwar in vielen poststrukturalistischen Ansätzen von Foucault bis Deleuze sowie dem weiten Feld der Akteur-Netzwerk-Forschung und den feministischen Kritiken längst vollzogen ist; aber eben auch eine Bewegung, die für viele Bereiche der Sozial- und Kulturwissenschaften nach wie vor eine große Herausforderung darstellt. Gerade in Feldern, wo das Risiko der Naturalisierung bzw. Reifizierung sozialer Tatsachen als kritisches Problem im Raum steht und wo Technikdeterminismus lauert, löst diese Forderung nach prinzipieller materiell-semiotischer Symmetrie des Infrastrukturalismus Unbehagen aus.

Zweitens transportiert das Konzept des Infra*strukturalismus* selbstredend Assoziationen mit strukturalistischem Denken. Die wichtigen Strukturalismen vor allem der Anthropologie – von Levi-Strauss bis zu Bourdieu, wenn auch in jeweils unterschiedlicher Form – haben zwar weniger Schwierigkeiten mit dem materiell-semiotischen Symmetriegebot. Sie haben sich jedoch immer wieder der Determinismuskritik ausgesetzt gesehen.[1] Die Freiheitsgrade des individuellen Subjekts wie die Akteurszentrierung gerade in Fragen normativer Bewertung gelten jedoch bis heute als wichtiger Gewinn der Sozial- und Gesellschaftstheorien der 1970er Jahre fortfolgend. Theoretischen Bewegungen, die über Begriffe wie Hand-

---

[1] Dies allerdings häufig polemischer als zumindest für die Empirie-nahen Analysen notwendig und hilfreich war.

lungsträgerschaft (agency), Infrastruktur, Regelmäßigkeit oder Muster versuchen, Modi des Ordnens in sozialen Praktiken zu problematisieren, werden daher rasch als ontologisch reduktionistisch verworfen (vgl. Law 1994; Roepstorff et al. 2010).

Ein Text über aktuelle Entwicklungen und Perspektiven der Infrastrukturforschung begibt sich also in die Nähe der Grundfesten der Sozial- und Kulturwissenschaften und damit auf schwieriges Terrain. Mir scheint es sowohl eine Überforderung für das Format dieses Beitrags als auch eine unnötige Achtlosigkeit meinerseits, den sich derzeit entfaltenden grundlegenden Debatten mit breitem „Pinselstrich" und großen Konzepten zu begegnen. Stattdessen möchte ich mich im Folgenden in drei pointierten Abschnitten Problematisierungen widmen, die ich für produktive Ausgangspunkte für empirische wie theoretische Entwicklungen halte. Dabei greife ich immer wieder beispielhaft auf mir vertraute Forschungsfelder zurück, möchte aber betonen, dass diese bis zu einem gewissen Grad austauschbar sind. Es geht um methodisch-theoretische Problematisierungen, weniger um spezifische Themen oder Felder. Es versteht sich dabei von selbst, dass diese Auswahl keinen Anspruch auf Vollständigkeit erhebt oder auch nur von sich behauptet, die wichtigsten Bewegungen der derzeitigen Forschung herauszugreifen. Es handelt sich um drei Bewegungen, von denen ich als Forscher am Schnittfeld von ethnographischer Wissenschaftsforschung, Stadtforschung und Sozialanthropologie meine, dass sie geeignet sind, um Wissen zu produzieren, mit dem andere weiterdenken können – „for others to invent around" (Strathern 2002).

2 Care: Die Pflege von Infrastrukturierungsprozessen

Infrastruktur ist ein grundlegender Bestandteil sozialer Ordnungsprozesse. Forschung zu Infrastruktur nimmt daher die Verbindungen zwischen formalisiertem Wissen, sozialer Interaktion und organisationaler Struktur in den Blick – zunächst durch einen Fokus auf Standards und Klassifikationen als Praxis (vgl. Bowker und Star 1999; Star und Bowker 1995). Die Wende hin zu einer relationalen Perspektive problematisiert Infrastruktur dann als kontinuierliche Koordinations- und Netzwerkarbeit, die die vielfältigen Verbindungen zwischen sozialer Organisation, moralischer Ordnung und technischer Integration herzustellen und aufrechtzuerhalten bemüht ist.

In der aktuellen Forschung wird diese Perspektive häufig noch um einen weiteren Schritt vorangetrieben. Infrastruktur wird theoretisch noch weiter verflüssigt, in dem sie noch stärker prozessual konzipiert wird. Dabei wird sich vielfach an Deleuzes Verständnis des ‚device' orientiert: „[a multi-linear ensemble] composed of different sorts of lines. [...] Each line is broken, is subjected to variations in direction, bifurcating and splitting, subjected to derivations" (Deleuze 1989, S. 185; Muniesa et al. 2007). Infrastruktur wird in dieser Perspektive zu einem Prozess der kontinuierlichen Infrastrukturierung, der vielfach auch als ‚ökologisch' bezeichnet wird (vgl. Niewöhner im Erscheinen; Star und Ruhleder 1996). Diese Verschiebung weg von technischer Entität hin zu dynamischem Netzwerk betont die Kontinuität und Komplexität der Arbeit, die das Funktionieren von Infrastruktur garantiert; Arbeit, die im Substantiv Infrastruktur weniger gut zur Geltung kommt, als im Verb infrastrukturieren: „Discussing ‚infrastructure' as a noun [...] suppresses the variety of material and non-material components of which it consists, the efforts required for their integration, and the ongoing work required to maintain it" (Bossen und Markussen 2010). Der Blick auf Infrastrukturieren ist also zuvorderst der Versuch, spezifische Formen der Vernetzung von Akteuren, Technologien und moralischen Ordnungen analytisch zu fassen.

Aus dieser Problematisierung von Infrastruktur als Infrastrukturierung erwächst meines Erachtens eine doppelte Rolle für Infrastrukturierungsforschung in der Wissenschafts- und Technikforschung. Zum einen geht es um eine ko-laborative Beteiligung und kritische Auseinandersetzung im Prozess des Infrastrukturdesigns und -aufbaus. Dazu mehr in den folgenden beiden Abschnitten. Zum anderen geht es um die kontinuierliche Pflege von Infrastrukturierungsprozessen. Infrastrukturierungsprozesse bedürfen der kontinuierlichen Pflege, da es ihre genuine Aufgabe ist, die politischen, sozialen und ethischen Prioritäten und Entscheidungen, die während ihres Aufbaus und ihrer Entwicklung gesetzt werden, unsichtbar zu machen. Wichtigste Aufgabe einer sozialwissenschaftlichen Infrastrukturierungsforschung ist es daher, diese Entscheidungen sichtbar und damit hinterfragbar zu halten. Ich habe für diese Aufgabe den Begriff des ‚Pflegens' gewählt, um einen Bezug zum Konzept ‚Care' herzustellen, so wie es in den letzten Jahren v. a. von Annemarie Mol ausgearbeitet worden ist (vgl. Mol 2008; Mol et al. 2010).[2] Care in diesem Sinne bezeichnet den Vermittlungsvorgang zwischen alternativen Ordnungsprozessen.[3] Im Kern geht es hier um die Frage, wie im Alltag alternative Ordnungsansprüche und -prozesse miteinander umgehen; wie sie sich unterstützen, wie sie kollidieren oder aneinander vorbeilaufen; wie sie sich legitimieren und welche Rechenschaftspflichten sie auf sich nehmen und wie sie diesen nachkommen. Infrastrukturierungsprozesse greifen mit einer gewissen Systematik in diese Verhandlungen alternativer Ordnungsprozesse ein. Infrastrukturen verkörpern

---

[2] Vgl. zum Werk von Annemarie Mol den Beitrag von Bischur und Nicolae i. d. B.
[3] Ein geeignetes deutsches Wort fehlt bisher in der Diskussion und weder Pflege noch Achtsamkeit oder ‚sich kümmern' trifft wirklich den Gehalt.

Dispositionen für bestimmte Ordnungen bzw. verkörpern Tendenzen, Konflikte in die eine und nicht eine andere Richtung aufzulösen. Praxistheoretischer gewendet: *Infrastrukturierungsprozesse sind nicht-triviale Vermittlungen der losen Kopplungen innerhalb von Praxiskomplexen.* ‚Nicht-trivial' verweist im Sinne von Foersters (vgl. von Foerster und Pörksen 2006) darauf, dass Infrastrukturierung kein Phänomen ist, dass lediglich Input auf lineare und immer gleiche Art und Weise in Output verwandelt. Infrastrukturierung ist nicht trivial, denn es handelt sich immer häufiger um lernende Prozesse, um Prozesse, die auf Feedback reagieren und die durch die Prozesse, die in und durch sie ablaufen, selbst verändert werden. Sie tun dies in unterschiedlichem Maße; am deutlichsten vielleicht im Falle von mobiler Kommunikationsinfrastruktur, wo sich nutzergenerierte georeferenzierte Daten ständig verändern und so der Infrastrukturnutzer_in immer wieder auf andere Weise zur Verfügung stehen bzw. gegenübertreten. Der Begriff ‚lose Kopplungen innerhalb von Praxiskomplexen' (vgl. Reckwitz 2003) verweist darauf, dass einzelne Praktiken sich häufig zu größeren Komplexen zusammenschließen bzw. eben durch Infrastrukturierungsprozesse zu solchen zusammengehalten werden. Reckwitz verweist zu Recht darauf, dass diese Zusammenschlüsse und Ordnungsbestrebungen „eine Quelle von ‚Agonalität' [darstellen], d. h. [die] Konkurrenz unterschiedlicher sozialer Logiken in sozialen Feldern, und von interpretativen Mehrdeutigkeiten [deutlich machen]" (Reckwitz 2003, S. 295). Infrastrukturierung manifestiert sich also als elementarer systematischer und lernender Eingriff in die Agonalität lose gekoppelter sozialer Praktiken. Das Care-Konzept fordert die analytische Aufmerksamkeit ein für diese Agonalität bzw. dafür, wie diese Agonalität jeweils aufzulösen versucht wird.[4]

Infrastrukturierungsprozesse können also als nicht-triviale Vermittlungen loser Kopplungen innerhalb von Praxiskomplexen verstanden werden. Analytisch zu fragen, wie Infrastrukturierung nun *care-ful* agiert oder nicht (vgl. Law und Singleton 2013), bedeutet also konkret, die Qualität dieser Vermittlungen und ihrer Effekte daraufhin zu untersuchen, welchen spezifischen Umgang mit Agonalität sie ermöglichen und produzieren und wie sie ihn rechtfertigen. Letztlich geht es erstens um eine analytische Erweiterung von Leigh Stars ursprünglicher Frage nach dem alltäglichen Unsichtbar-Werden von Arbeit und Erfahrung durch verkörperte Standards und Klassifikationen. Die analytische Sensibilität ist nun breiter angelegt. Sie fragt nach der Beteiligung und Spezifik von Infrastrukturierungsprozessen in der „Enaktierung" (enactment) spezifischer Ordnungsmodi (Mol 2002). Zweitens

---

[4] Die in ihm notwendig transportierte Normativität, d. h. die implizite wertende Neigung des Konzepts, spezifische Logiken und Ordnungsprozess anderen vorzuziehen, ist meines Erachtens nach nicht hinreichend diskutiert.

geht es in einer konsequent praxistheoretischen Weiterentwicklung nicht mehr um Akteure und ihre bewussten strukturrelevanten Entscheidungen. Vielmehr geht es um materiell-semiotische Praktiken, in denen es analytisch zu spezifizieren gilt, wie Menschen und Technologien in ihren Umwelten zusammenwirken – die ökologische Weiterentwicklung des ursprünglichen Infrastrukturkonzepts durch Star selbst hat diesen Schritt bereits entscheidend mit vorbereitet.

Diese Erweiterung des Infrastrukturkonzepts eröffnet im konkreten Forschungs- und Analyseprozess neue Möglichkeiten. Als Beispiel möchte ich die neuere Stadtforschung anführen. Die schiere Komplexität heutiger Stadtentwicklung, die in theoretischen Bewegungen hin zur *assemblage* oder zum *flow* ihren Ausdruck findet, macht es schwierig, Verantwortung bzw. Rechenschaftspflichten sinnvoll Akteuren zuzuordnen (vgl. McFarlane 2011). Meist sind Verschiebungsprozesse in städtischen Alltagen Folge einer Vielzahl von mehr oder minder interdependenten Entwicklungen. Diese werden häufig als systemisch oder emergent verstanden; eine Problematisierung, die verhindert, dass städtische Problemlagen als Effekte von klar identifizierbaren Ursachen begriffen werden können. Die Zurückverfolgung einer Kausalkette von Effekt zu Ursache bzw. einem Ursachenkomplex, dem Verantwortung zugeschrieben werden könnte, gestaltet sich schwierig, wenn Problemlagen in der Interaktion der Akteure, d. h. zwischen traditionellen Verantwortungsträgern, entstehen.

Die praxistheoretische Analyse von Infrastruktur bietet hier eine Alternative, in dem die analytische Aufmerksamkeit den beobachtbaren Praktiken und ihren Effekten entgegengebracht wird und nicht die Suche nach Ursachen und verantwortlichen Akteuren im Vordergrund steht. Das Konzept der ‚infrastructural violence' ist ein gutes Beispiel für einen solchen Ansatz in der marxistischen Tradition struktureller Gewalt (vgl. Rodgers und O'neill 2012). Es geht um die Frage, wie soziale Exklusion und Marginalisierung in städtischen Alltagen verankert sind. Gerechtigkeit und Verantwortung werden hier nicht, wie im liberalen Denken der Rechtssysteme und Moralphilosophien üblich, auf der Ebene individueller Akteure verankert. Vielmehr geht es um Struktureffekte auf und durch die Ebene „des Sozialen". Infrastrukturen aller Art, und besonders sichtbar in Städten, stellen Verbindungen her zwischen Menschen selbst und zwischen Menschen und ihren Umwelten bzw. Ressourcen. Sie üben damit aktiv oder passiv soziale Kontrolle aus. Aktive infrastrukturelle Kontrolle bzw. Gewalt bezeichnet nach Rodgers (vgl. Rodgers und O'neill 2012) bewusste Infrastrukturierung, wie im viel diskutierten Fall der diskriminierend niedrigen Brücken auf Long Island, deren Bau Robert Moses verantwortet hat (vgl. Winner 1980; Joerges 1999). In dieser Perspektive bleibt Infrastruktur materielles Artefakt, dem spezifische Vorstellungen von gesellschaftlicher Ordnung eingeschrieben werden, die dann im Gebrauch als Affordanzen wieder zu Tage treten (können). Passive infrastrukturelle Gewalt zielt (vgl. Ferguson 2012; Gupta und Sharma 2006) auf die meist unintendierten Nebeneffekte von Infrastrukturierung und auf die emergenten Folgen von Entscheidungen in komplexen Systemen. Meist stehen dabei Ausschlussmechanismen und Marginalisierungen im Vordergrund.

Das Konzept der infrastrukturellen Gewalt eröffnet damit eine ökologische Perspektive auf die technisch vermittelte Verschränkung von politischen, wirtschaftlichen und moralischen Ordnungen und alltäglicher Praxis. Städtische Phänomene wie bspw. Marginalisierung werden als prinzipiell transiente Stabilisierungen von systemischen Ordnungsprozessen wahrgenommen. Die Forschung zielt auf das Wie dieser Stabilisierungen. Sie umgeht so das Problem der individuell zurechenbaren, akteursbedürftigen Verantwortlichkeit und schafft neue Interventionsmöglichkeiten und -legitimitäten. Allerdings vermag diese Forschung das Problem der klar identifizierbaren Rechenschaftspflichten nicht zu lösen. Hier bedarf es der Zusammenarbeit mit Rechtswissenschaft und Philosophie, um systemischen Effekten als juridischem und moralischem Phänomen habhaft zu werden.

3 Zentrum und Peripherie relational rekonfigurieren

Die Unterscheidung von Zentrum und Peripherie spielt in der sozial- und kulturwissenschaftlichen Forschung seit den 1970er Jahren eine zentrale Rolle. Zum einen verweist das Begriffspaar auf die Konzentration von Macht in Zentren und auf die systematische Ressourcenausbeutung der Peripherie in einem globalen System politischer Ökonomien. Es geht um Konflikt und Herrschaft in globalen Ordnungen, wie sie in *dependency theory* und world *systems theory* diskutiert worden sind. (vgl. Frank 1967; Wallerstein 1974; auch Hannerz 2001) Zum anderen geht es aber immer auch um kulturelle Autorität, um die Herstellung von gesellschaftlichem Konsens und um die (unter)ordnende Wirkung von Zentrum vis-a-vis Peripherie, d. h. es geht um omnipräsente Prozesse jeder menschlichen Gemeinschaft, die nicht notwendig in den Registern von Wettbewerb und Herrschaft ausgetragen werden müssen (vgl. Shils 1975).

Beide Perspektiven gerieten mit dem Ende des Kalten Krieges und einer rapide zunehmenden Globalisierung unter Druck (vgl. Hannerz 2001). Zentren vervielfältigen sich, lösen sich von geographischen Räumen und stehen in zunehmend vielfältigen Verhältnissen zu einander. Postkoloniale Bewegungen dekonstruieren die Erzählungen von homogenen Zentren und damit ihre kulturelle Autorität. Stattdessen werden Zentrum und Peripherie vermischt. Etablierten Asymmetrien in politisch-ökonomischer und kultureller Autorität werden Theorien der Kreolisierung, Hybridisierung und Dekolonialisierung entgegengesetzt, die immer auch die Genealogie existierender Formationen neu erzählen. Verschiedene ‚Other' werden so historisch, empirisch und normativ Teil des Eigenen. Jedoch: wenn postkoloniale Fluiditäten auch Konzepte von ‚cultural apparatus' und ähnlich räumlich wie ideologisch konzentrierte Entitäten ersetzen, so bleibt doch die Frage nach Austauschbeziehungen und Ordnung erhalten. Die Frage ‚was ist Zentrum für wen' (vgl. Hannerz 2001) weist zwar auf gravierende Verschiebungen seit 1989 hin. Sie löst das Grundproblem aber nicht auf, das mit Zentrum-Peripherie angesprochen ist. Sie vervielfältigt es.

Der Infrastrukturbegriff hilft hier, das Begriffspaar auf neue Art und Weise zu problematisieren und analytisch verfügbar zu machen. Er nimmt die theoretischen Sensibilitäten der feministischen Kritiken und Akteur-Netzwerk-Theorie(n) auf und ermöglicht eine konsequent relationale Perspektive (vgl. Beck 2008). Diese fragt erstens nach dem konkreten Wie des Verbindens und Austauschens (vgl. Niewöhner et al. 2012); zweitens in ökologischer Manier nach den Beziehungen zwischen Beziehungen (vgl. Rorty 1994 zit. in Beck 2008: 174 f.) und postuliert damit drittens, dass Entitäten den Beziehungen analytisch nachgeordnet sind (vgl. Law und Hassard 1999). In einer solchen Perspektive ist das Zentrum nicht mehr alleiniger Ort der Gestaltung und die Peripherie der Ort der Nutzung, der Aneignung und des Widerstands. Bezüge changieren, Richtungen ändern sich, Bewegung wird an vielen Stellen initiiert. Im Vordergrund stehen nun die Dichte und Stabilität von Austauschbeziehungen, die wechselseitigen und rückkoppelnden Bewegungen in Netzen. Euklidisch-räumliche Metaphern sind hier nur noch ein Teil eines neuen analytischen Vokabulars, das auf Dynamiken, Attraktoren und Oszillationen zielt (vgl. Law und Mol 2001).

Der Blick auf Infrastrukturierung lenkt damit die analytische Sensibilität auf die Praxis des Gestaltens bzw. auf die vielfältigen Praktiken in denen Phänomene konkrete Formen annehmen. Diese Prozesse zentrieren zwar immer auch kulturelle, politische oder wirtschaftliche Autorität. Es zeigt sich aber, dass Formen des dezentralen und dezentrierenden Designs in verschiedensten Praxiswie Forschungsfeldern vermehrt zum Einsatz kommen. Dies betrifft so unterschiedliche Sektoren wie bspw. Energieversorgung und Städtetourismus: beides Fälle in den kulturelle (Bädeker) und wirtschaftliche (Energiekonzerne) Autorität auffallend deutlich zentriert waren und vielleicht noch sind. Die rasante Entwicklung alternativer Zentren zeigt deutlich, welches Transformationspotential in Infrastrukturentwicklungen liegt. So entstehen rasch Bürgerkraftwerke, lokale

Wind- und Sonnenkraftwerke oder Mikrogenerierung auf Hausebene. Ebenso entwickeln sich unterschiedlichste Formen virtueller und vor allem milieuspezifischer Reiseführung.

Ganz entscheidend für diese neuen Dynamiken jenseits von Zentrum und Peripherie sind die Verschränkungen von Wissens- und Gestaltungspraktiken. Wie funktioniert Gestaltung überhaupt, wenn das, was ehemals Zentrum war, nun in komplexe Austauschsysteme eingebunden ist und deutlich weniger klar ist, für wen und mit welchen Konsequenzen gestaltet wird. Wie kennt oder weiß eine Stadtverwaltung heutzutage die verschiedenen Subkulturen und Milieus, die sich kontinuierlich und rasch verändern? Und welche Formen der Planung und Intervention sind dieser Fluidität überhaupt noch angemessen? Diese Dynamiken stellen ein wichtiges Forschungsfeld für die Wissenschafts- und Technikforschung dar.

4 Vernetzte Forschung

In diesem letzten kurzen Abschnitt möchte ich hervorheben, dass Infrastrukturierung nicht etwas ist, was nur außerhalb von Wissenschaft geschieht und daher als extern zur universitären Wissensproduktion untersucht werden kann. Wissenschaftliche Wissensproduktion hängt in immer dichterer Weise mit technischen „Serviceleistungen" zusammen – vielfach derart, dass diese Unterscheidung zwischen Inhalt und Service zunehmend sinnentleert erscheint (vgl. Palfner 2012). Unter dem Begriff Cyber- oder E-Infrastruktur wird seit einiger Zeit die Entwicklung von hochkapazitären Rechenleistungsnetzwerken diskutiert und vorangetrieben, die in vielen Forschungsfelder nicht nur elementarer Bestandteil sondern auch wichtige Triebfeder für Wissensproduktion und Kreativität sind. In den Geowissenschaften und speziell der Erdsystem- und Klimaforschung sind enorme Rechenkapazitäten Grundvoraussetzung für aufwendige Modellierungsprozesse. In den molekularen Lebenswissenschaften und den multizentrischen Studien der epidemiologischen und klinischen Forschung geht es weniger um Rechnergeschwindigkeit, als um die Vernetzung von großen Datenmengen, die in unterschiedlichen Studien erhoben wurden (vgl. Bauer 2008). Hier stehen Fragen von Zugang, Kompatibilität und Kumulation im Vordergrund der Netzwerkbestrebung. Und auch in den Geisteswissenschaften werden in Projekten wie TextGrid zunehmend Rechenkapazitäten bereitgestellt, um die Projektvernetzung, Datendokumentation und -archivierung sowie direktere Verfügbarkeit zu gewährleisten.

In vielfacher Hinsicht verwandeln sich Informationsinfrastrukturen – und das gilt nicht nur für Cyberinfrastrukturen sondern ähnlich für Zeitschriften- und Förderlandschaften oder Suchmaschinen – von technischen Dienstleistern, die von Administrator_innen versorgt werden, zu Wissensinfrastrukturen von deren Gestaltung und Funktionieren die Kreativität, Effektivität und Innovationsfähigkeit von Forschungsprojekten geradezu abhängt. Dabei macht die hier vertretene Perspektive auf Infrastrukturierung deutlich, dass es sich um vielschichtige sozio-technische Prozesse handelt, die Denkprozesse und Arbeitsweisen, Formen von Interdisziplinarität und Gemeinschaftsbildung auf verschiedenste Weise mitgestalten (vgl. Palfner 2012).

Für die Infrastrukturforschung heißt dies zunächst, dass sie auf verschiedenen Maßstabsebenen, mit verschiedenen Messinstrumenten und in verschiedenen Forschungsformaten agieren muss, um die oft räumlich und zeitlich verteilten Effekte von Infrastrukturierung analysieren zu können (vgl. Bowker et al. 2010). Es heißt aber auch, dass Infrastrukturforschung immer häufiger in einem Modus der ko-laborativen Forschung agiert. Ko-laborativ bezeichnet in diesem Kontext das gemeinsame Arbeiten in einem Third Space (vgl. Marcus 2010), d. h. das gemeinsame Arbeiten an einer geteilten und gemeinsam entwickelten Fragestellung. Wissenschaftsforschung wird zum einen in ko-laborative Beziehungen in Forschungsfeldern gezogen, die gerade massiven Infrastrukturwandel durchlaufen. In solchen Forschungskontexten können Forschende fast nie unbeteiligte Beobachtende bleiben, sondern sind fast immer angehalten, sich aktiv in die Entwicklung einzubringen. Die Entwicklung und Pflege von Infrastrukturen wird damit zu einer geteilten Praxis zwischen verschiedenen communities of practice (vgl. Lave und Wenger 1991). Zum anderen setzt die Wissenschaftsforschung selber immer stärker auf cyberinfrastrukturelle Unterstützung: von bibliometrischen Verfahren, über zunehmend transnational vernetzte Forschungsverbünde, die ohne virtuelle Datenbanken und Kommunikationssysteme gar nicht mehr agieren können, bis hin zu Datengenerierung durch neue Kommunikationsmedien, crowd sourcing oder Schwarmintelligenz. Diese Veränderungen in der „eigenen" Wissensproduktionsinfrastruktur bergen großes Potential für neue empirische Qualitäten. Aber sie werden ohne Frage auch ihre neuen Ausschlussmechanismen, blinden Flecke und Richtungsvorgaben mit sich bringen. Diese zu reflektieren, ihnen immer wieder mit Diversifizierung und neuen matters of concern zu begegnen, wird eine wichtige Aufgabe für die Infrastrukturierungsforschung der nächsten Dekade sein.

Literatur

Bauer, Susanne. 2008. Mining data, gathering variables, and recombining information: The flexible architecture of epidemiological studies. *Studies in History and Philosophy of Biological and Biomedical Sciences* 39:415–426.
Beck, Stefan. 2008. Natur | Kultur. Überlegungen Zu Einer Relationalen Anthropologie. *Zeitschrift Für Volkskunde* 104:161–199.
Bossen, Claus, und Randi Markussen. 2010. Infrastructuring and ordering devices in health care: Medication plans and practices on a hospital ward. *Computer Supported Cooperative Work-the Journal of Collaborative Computing* 19:615–637.
Bowker, Geoffrey C., und Susan Leigh Star. 1999. *Sorting things out: Classification and its consequences.* Cambridge: MIT.
Bowker, Geoffrey C., Karen Baker, Florence Millerand, und David Ribes. 2010. Towards information infrastructure studies: Ways of knowing in a networked environment. In *International handbook of internet research*, Hrsg. Jeremey Hunsinger. Dordrecht: Springer.
Deleuze, Gilles. 1989. Qu'est-ce qu'un dispositif? Michel Foucault philosophe: rencontre internationale. Paris: Seuil. (Paris 9, 10, 11, janvier 1988).
Delitz, Heike, und Stefan Höhne. 2011. *Gefüge, Kollektive und Dispositive.* Zum ‚Infrastrukturalismus' des Gesellschaftlichen. Berlin: Call of Papers.
Ferguson, James. 2012. Structures of responsibility. *Ethnography* 13:558–562.
Frank, Andre Gunder. 1967. *Capitalism and underdevelopment in Latin America.* New York: Monthly Review Press.
Gupta, Akhil, und Aradhana Sharma. 2006. Globalization and postcolonial states (with commments). *Current Anthropology* 47:277–307.
Hannerz, Ulf. 2001. Center – Periphery relationships. In *International encyclopedia of the social and behavioral sciences*, Hrsg. Neil J. Smelser und Paul B. Baltes. Amsterdam: Elsevier.
Joerges, Bernward. 1999. Die Brücken des Robert Moses: Stille Post in der Stadt- und Techniksoziologie. *Leviathan* 1:43–63.
Lave, Jean, und Etienne Wenger. 1991. *Situated learning: Legitimate peripheral participation.* Cambridge: Cambridge Univ. Press.
Law, John. 1994. *Organizing modernity.* Oxford: Blackwell.
Law, John, und John Hassard. 1999. *Actor network theory and after.* Oxford: Blackwell and the Sociological Review.
Law, John, und Annemarie Mol. 2001. Situating technoscience: An inquiry into spatialities. *Environment and Planning D-Society & Space* 19:609–621.
Law, John, und Vicky Singleton. 2013. ANT and politics: Working in and on the world. *Qualitative Sociology* 36:485–502.
Lock, Margaret. 1993. Cultivating the body: Anthropology and epistemologies of bodily practice and knowledge. *Annual Review of Anthropology* 22:133–155.
Marcus, George E. 2010. Contemporary fieldwork aesthetics in art and anthropology: Experiments in collaboration and intervention. *Visual Anthropology* 23:263–277.
Mcfarlane, C. 2011. The city as assemblage: Dwelling and urban space. *Environment and Planning D-Society & Space* 29:649–671.

Mol, Annemarie. 2002. *The body multiple: Ontology in medical practice*. Durham: Duke Univ. Press.
Mol, Annemarie. 2008. *The logic of care. Health and the problem of patient choice*. London: Routledge.
Mol, Annemarie, Ingunn Moser, und Jeannette Pols, Hrsg. 2010. *Care in practice. On tinkering in clinics, homes and farms*. Bielefeld: transcript.
Muniesa, Fabian, Yuval Millo, und Michel Callon. 2007. An introduction to market devices. *The Sociological Review* 55:1–12.
Niewöhner, Jörg im Erscheinen: Infrastructure International Encyclopedia for the Social and Behavioral Sciences, Section Anthropology, 2nd edition, online.
Niewöhner, Jörg, Estrid Sorensen, und Stefan Beck. 2012. Science and technology studies aus sozial- und kulturanthropologischer Perspektive. In *Science and Technology Studies. Eine sozialanthropologische Einführung*, Hrsg. Stefan Beck, Jörg Niewöhner, und Estrid Sørensen. Bielefeld: transcript.
Palfner, Sonja. 2012. Das Deutsche Klimarechenzentrum – Kartographie eines Rechenraumes. In *Zur Geschichte von Forschungstechnologien: Generizität, Interstitialität & Transfer*, Hrsg. Hentschel, Klaus. Diepholz: GNT-Verlag, S. 455–477.
Reckwitz, Andreas. 2003. Grundelemente einer Theorie sozialer Praktiken – Eine sozialtheoretische Perspektive. *Zeitschrift für Soziologie* 32:282–301.
Rodgers, Dennis, und Bruce O'neill. 2012. Infrastructural violence: Introduction to the special issue. *Ethnography* 13:401–412.
Roepstorff, Andreas, Jörg Niewöhner, und Stefan Beck. 2010. Enculturing brains through patterned practices. *Neural Networks* 23:1051–1059.
Shils, Edward. 1975. *Center and periphery*. Chicago: Chicago Univ. Press.
Star, S. L., und G. C. Bowker. 1995. Work and infrastructure. *Communications of the Acm* 38:41.
Star, Susan Leigh, und Karen Ruhleder. 1996. Steps toward an ecology of infrastructure: Design and access for large information spaces. *Information Systems Research* 7:111–134.
Strathern, Marilyn. 2002. Not giving the game away. In *Anthropology, by comparison*, Hrsg. Andre Gingrich und Richard Fox. London: Routledge.
Von Foerster, Heinz, und Bernhard Pörksen. 2006. *Wahrheit ist die Erfindung eines Lügners Gespräche für Skeptiker*. Heidelberg: Carl-Auer-Systeme-Verl.
Wallerstein, Immanuel. 1974. *The modern world-system*. New York: Academic.
Winner, Langdon. 1980. Do artifacts have politics? In *The social shaping of technology*, Hrsg. Donald Mackenzie und Judy Wajcman. Milton Keynes: Open University.

The Sound (Studies) of Science & Technology

Stefan Krebs

> Der Autor dieses Beitrages ist Technikhistoriker und Teil der Sounders Community, die am Department of Technology & Society Studies der Universität Maastricht beheimatet ist. Seine Ausführungen sind durch seine eigenen Arbeiten in den Sound Studies und vor allem die Ausrichtung der Maastrichter Forschergruppe geprägt und damit stark selektiv, zudem sind die hier behandelten Themen und Literaturhinweise aufgrund der gebotenen Kürze unvollständig. Siehe für zusätzliche Informationen und Literaturhinweise Pinch und Bijsterveld 2012b, Bijsterveld und Krebs 2013.

1 Sound Studies: Disziplin, Forschungsfeld, Schlagwort?

Im Frühjahr 1999 widmete sich ein Themenheft der Zeitschrift *iris* einer Standortbestimmung der *Sound Studies*. In einem kurzen Editorial konstatierte Rick Altman (vgl. Altman 1999, S. 3), dass seiner Ansicht nach nun die Zeit für ein akademisches Feld der *Sound Studies* gekommen sei. Er begründete dies damit, dass Disziplinen mehrere Generationen für ihre Herausbildung benötigen und mittlerweile die vierte Generation in den *Sound Studies* den Stab übernommen habe. Die von Altman identifizierten Themenfelder – Musik, Medien und Film – verweisen darauf, dass er unter *Sound Studies* mehr oder weniger eine Subdisziplin der Medien- und Film-

---

S. Krebs (✉)
Faculty of Arts & Social Sciences, Maastricht University,
6211 LK Maastricht, Niederlande
E-Mail: s.krebs@maastrichtuniversity.nl

wissenschaften verstand, die den Ton als eigenständigen Untersuchungsgegenstand in den Blick nehmen sollte.

In ihrer Einleitung zu einem Themenheft der *Social Studies of Science* kritisieren Trevor Pinch und Karin Bijsterveld ein derart enges Verständnis der *Sound Studies*, die beiden sahen diese vielmehr als

> emerging interdisciplinary area that studies the material production and consumption of music, sound, noise, and silence, and how these have changed throughout history and within different societies, but does so from a much broader perspective than standard disciplines such as ethnomusicology, history of music, and sociology of music. (Pinch und Bijsterveld 2004, S. 636)

Für Pinch und Bijsterveld waren es also gerade nicht die traditionellen Disziplinen, wie die Musik- und Medienwissenschaften, die das in der Herausbildung begriffene Feld der *Sound Studies* vorantrieben. Vielmehr konstatierten sie, dass es die *Science & Technology Studies* seien, die sich vornehmlich mit der Materialität von Klängen, Technologien der Klangerzeugung und *klingender* Technik beschäftigten und damit zeigten, dass Klänge nicht nur historisch, gesellschaftlich und kulturell codiert sind, sondern auch von Wissenschaft und Technik und deren Instrumenten, Maschinen, Wissensbeständen und Praktiken geprägt werden. Zudem stellten die *Science & Technology Studies*, so die beiden Autoren, einen etablierten methodisch-theoretischen Rahmen bereit, der den in dieser Hinsicht bislang fragmentierten *Sound Studies* fehlte (vgl. ebd.: 2004, S. 636).

Bezug nehmend auf Altmans eingangs erwähntes Editorial merkte Michele Hilmes (2005, S. 249) in einer Rezension in leicht spöttischem Ton an, dass die *Sound Studies* anscheinend immer nur in der Herausbildung begriffen seien, dieser Prozess aber nie zu einem Abschluss komme. Wie Pinch und Bijsterveld erkannte auch Hilmes an, dass in den Film-, Radio- und Musikwissenschaften lesenswerte Einzelstudien zu teils ganz ähnlichen Themen erschienen seien, das Problem bleibe aber, dass diese Arbeiten kaum Notiz voneinander nähmen und vor allem keine gemeinsame Theoriebildung stattfinde, die versuche, die verschiedenen mediengebundenen Praktiken zusammenzudenken (vgl. Hilmes 2005, S. 252). Interessanterweise erblickte Hilmes in den von ihm zu besprechenden Büchern (Thompson 2002, Sterne 2003), die beide eine große Nähe zu den *Science & Technology Studies* aufwiesen, vielversprechende Ansätze, die so etwas wie den Beginn der von ihm so genannten *Sound Culture Studies* markieren könnten. Die gemeinsame Klammer zwischen Emily Thompsons *The Soundscape of Modernity* und Jonathan Sternes *The Audible Past* sieht Hilmes zum einen darin, dass beide Autoren sich weniger mit der technischen (Re-)Produktion von Tönen und Geräuschen beschäftigen, sondern vornehmlich die sozio-technischen

Bedingungen und Voraussetzungen für die Herausbildung neuer Hörpraktiken untersuchen. Zum anderen benutzen beide die *Moderne*, insbesondere die Entstehung der Mittelklasse im modernen Industriekapitalismus, als Referenzrahmen, der die privatisierte, individualisierte und kommodifizierte Aneignung neuer akustischer Technologien und Theorien erklären hilft (vgl. Hilmes 2005, S. 255).

Einer der von Hilmes rezensierten Autoren, Jonathan Sterne, hat im vergangenen Jahr die Anthologie *The Sound Studies Reader* herausgegeben, in der über 40 bereits publizierte Beiträge zusammengefasst sind, die einen guten Querschnitt der Themen und Disziplinen in diesem weiter wachsenden Feld bieten. In seiner kurzen Einführung spricht Sterne von Arbeiten, die sich bewusst selbst das Label *Sound Studies* gegeben haben. Zugleich bietet er eine Definition an, die alle von ihm ausgewählten Beiträge zusammenbinden soll: *Sound Studies* sind demnach geistes- und sozialwissenschaftliche Studien, die *klangliche Phänomene* als ihr Objekt haben,[1] wobei aber nicht alle Untersuchungen klanglicher Phänomene auch *Sound Studies* sind. Diese verstehen sich nämlich zudem als dezidiert interdisziplinäre Arbeiten und sind sich dabei ihrer vielfältigen historischen Wurzeln bewusst. Weitere Merkmale der *Sound Studies* sind für Sterne ihre Reflexivität und eine Grundhaltung der kritischen Infragestellung (vgl. Sterne 2012b, S. 4–5).[2]

Pinch und Bijsterveld stimmen mit Sterne darin überein, dass sich das Feld der *Sound Studies* mittlerweile etabliert habe und damit nicht länger in der Herausbildungsphase befände (vgl. ebd., S. 7). Zugleich identifizieren sie aber sechs Strömungen innerhalb der *Sound Studies*, die mehr auf die wachsende Heterogenität als auf eine Konsolidierung des Feldes verweisen (vgl. ebd., S. 7–10). Zu den Strömungen zählen Pinch und Bijsterveld die *Akustische Ökologie*, die im Umfeld der erstarkenden Umweltbewegung in den 1960er und 70er Jahren entstanden ist und sich der Erforschung historischer und gegenwärtiger sowie der Gestaltung zukünftiger Klanglandschaften widmet. Die ersten Vertreter dieser Richtung waren Murray Schafer, Barry Truax und Hildegard Westerkamp, die gemeinsam das *World Soundscape Project* an der *Simon Fraser University* in Vancouver initiierten (vgl. Truax 1978; Schafer 1994a).[3] Der nächste Bereich ist das Soundscape Design, zu dem hier mehr ingenieurwissenschaftliche Spielarten wie das industrielle *Sound Design* und *Sonic Interaction Design* (vgl. Spehr 2009; Franinović und Serafin 2013),

---

[1] Eine Übersetzung des englischen *sound* ist schwierig, da die deutschen Begriffe wie Geräusch, Klang, Ton, Schall jeweils nur einen Teil der Bedeutungen abdecken.
[2] Sterne benutzt den philosophiehistorisch aufgeladenen Begriff der *critique* (vgl. Sterne 2012b, S. 5).
[3] Zahlreiche Beiträge dieser Strömung versammelt die Zeitschrift *Soundscape: The Journal of Acoustic Ecology*.

aber auch Klangkunst und die architektonische Gestaltung von Hörräumen (vgl. LaBelle und Roden 1999) gezählt werden. Teile dieser Strömung wären im Sinne von Sternes Definition nicht unbedingt den *Sound Studies* zuzurechnen.[4] Dann gibt es zahlreiche wichtige Beiträge aus den Medienwissenschaften, die die soziokulturelle Aneignung von Klangtechnologien vom Phonograph, über Radio, Kino und Fernsehen bis zum mp3-Player untersucht haben (vgl. u. a. Douglas 1999; Gitelman 1999; Katz 2004; Bull 2007). Als vierte Strömung identifizieren Pinch und Bijsterveld Studien der Kultur- und Umweltgeschichte und der Anthropologie der Sinne. Hierzu gehören beispielsweise Arbeiten über den historischen Bedeutungswandel von Alltagsgeräuschen, die Geschichte der Lärmbekämpfung, die sich verändernden gesellschaftlichen Zuschreibungen eines Anrechts auf Lärm und Stille oder der kulturellen Codierung der Sinne (vgl. Burke 1993; Corbin 1995; Coates 2005; Howes 2005; Parr 2010). Daneben haben sich Teile der traditionellen Musikwissenschaft in den vergangenen Jahren unter dem Schlagwort *Sound Studies* einer Neuausrichtung ihrer Inhalte, wie der Integration neuer Technologien und Aufführungspraktiken verschrieben.[5] Und schließlich gibt es die ebenfalls wachsende Zahl von Arbeiten aus den *Science & Technology Studies* sowie der Technik- und Wissenschaftsgeschichte, die sich beispielsweise mit Lärmschutz in der Industrie, der Symbolik technischer Geräusche, der epistemischen Bedeutung von Geräuschen im Labor oder der Aneignung mobiler Unterhaltungstechnik beschäftigen (vgl. Braun 2002; Bijsterveld 2008; Kursell 2008; Sterne 2012c).

In den vergangenen zehn Jahren sind zahlreiche *Sound Studies* Einführungen und Handbücher publiziert worden (vgl. u. a. Bull und Back 2003; Erlmann 2004; Smith 2004; Schulze 2008; Sterne 2012a), wobei das *Oxford Handbook of Sound Studies* (Pinch und Bijsterveld 2012a) die größte Schnittmenge mit den *Science & Technology Studies* aufweist. Aber kann die Vielzahl dieser Sammelwerke auch als ein Zeichen der Wissenskonsolidierung gelesen werden? Daniel Morat (2012) kommt in einer Rezension zum gegenteiligen Schluss, wenn er schreibt:

> Leider findet in dem Handbuch aber keine systematische Auseinandersetzung mit Theorie- oder Methodenfragen statt. Die einzelnen Beiträge bieten faszinierende Ein-

---

[4] Zahlreiche Projekte, wie das 2011 von Holger Schulze initiierte *Sound Studies Lab* an der Humboldt-Universität zu Berlin, bewegen sich genau an der Schnittstelle von praktischem Sound Design, Klangkunst und kritischer Reflexion darüber. Mehr dazu unter www.soundstudieslab.org.

[5] Anstelle einschlägiger Literatur sei hier als Beispiel für diese Neuausrichtung der Musikwissenschaft auf die Studiengänge *Musikwissenschaft/Sound Studies* (Bachelor) an der *Rheinischen Friedrich-Wilhelms-Universität* Bonn und *Sound Studies* (Master) an der *Universität der Künste* in Berlin verwiesen.

blicke in einzelne Forschungsgebiete und Gegenstände der Sound Studies, sie liefern aber keinen Überblick und keine systematisierende Zusammenschau etwa der unterschiedlichen disziplinären oder methodischen Ansätze innerhalb der Sound Studies. (Morat 2012)

Dieser Einschätzung widerspricht auch die fortschreitende Institutionalisierung zunächst nicht: Zwar hat sich kürzlich die *European Sound Studies Association* (ESSA) konstituiert, und in den vergangenen Jahren etablierten sich einige neue Zeitschriften wie *Journal of Sonic Studies*, *SoundEffects* und *Interference*. Ein Blick in die Inhaltsverzeichnisse verweist aber nach wie vor auf die Heterogenität des Feldes. Aber es gibt auch Versuche einer Standpunktbestimmung, so widmen sich das vierte Heft der *Interference* sowie die zweite ESSA Tagung (2014) unter dem Titel „Sound Studies: A Discipline?" dezidiert Theorie- und Methodenfragen der *Sound Studies*.

Unabhängig davon, ob die *Sound Studies* nun eine entstehende Disziplin, ein interdisziplinäres Forschungsfeld ohne stringenten Theorie- und Methodenkanon oder schlicht ein Schlagwort sind, unter dem sich Arbeiten mit einem gemeinsamen Interesse an der Erforschung akustischer Phänomene wiederfinden, lässt sich derzeit festhalten, dass *Sound Studies* seit der Jahrtausendwende vermehrte Aufmerksamkeit erhalten haben. Dies betrifft nicht nur den wissenschaftlichen Bereich, sondern auch populärwissenschaftliche Darstellungen in Büchern, Radio-Features und Feuilletonartikeln. Dabei werden Klagen über die Lärmflut der modernen Industriegesellschaft ebenso verhandelt wie die Herausforderung der Verkehrsteilnehmer durch geräuschlose Elektrofahrzeuge oder das Verschwinden von analogen Alltagsgeräuschen wie dem Drehscheibentelefon.

2 Von Klanglandschaften und Hörpraktiken

Der kanadische Komponist Murray Schafer (1994a, b) hat eine Reihe von Themen und Begriffen auf die Agenda der *Sound Studies* gesetzt, die bis heute breit rezipiert werden. Da ist zunächst der Begriff *Soundscape*, der die akustische Umwelt, die Klanglandschaft bzw. Hörräume, als eigenen Untersuchungsgegenstand konstituierte. Obschon der Begriff zunächst neutral Hörräume als Untersuchungsfelder beschrieb, war Schafers primäres Anliegen eine Kritik der Klanglandschaft der modernen Industriegesellschaft, der er, im Vergleich zur vorindustriellen Soundscape, einen Qualitätsverlust der akustischen Signale und zugleich einen Anstieg ihrer Lautstärke attestierte. Natürliche und agrarische Klanglandschaften waren für Schafer *hi-fi* Soundscapes, in denen einzelne Geräusche klar herausgehört und identifiziert werden konnten, während für ihn in der *lo-fi* Soundscape der industriellen Moderne das Verhältnis von Signal zu Rauschen immer schlechter wurde. Mithilfe von Hörerziehung, *ear cleaning* (vgl. Schafer 1994a, S. 272), wollte Schafer dazu beitragen, die akustische Umwelt wieder hörbar zu machen, wobei er nicht eine bloße Lärmreduktion anstrebte, sondern die Komposition der modernen Klanglandschaft in ihrer Gesamtheit verändern, das heißt verbessern, wollte.

Der Begriff Soundscape ist zu einem Leitbegriff der *Sound Studies* avanciert, der aber meist ohne die normativen Implikationen verwandt wird (vgl. Kelman 2010.). Daneben hat Schafer weitere Begriffe eingeführt, wie (akustische) Zeichen, Signale und Symbole. Insbesondere der symbolischen Bedeutung von Geräuschen widmete er größere Aufmerksamkeit. So verwies er beispielsweise darauf, dass laute Geräusche historisch mit Macht und Männlichkeit konnotiert waren. Die Wirkmächtigkeit solcher symbolischen Verbindungen werden unter anderem erkennbar, wenn Kesselschmiede das Tragen von Gehörschutz ablehnten, da dies ihrem maskulinen Selbstbild widersprach, oder Maschinenlärm von Industriearbeitern als Zeichen der Prosperität gelesen wurde (vgl. Schafer 1994a, S. 76–78, 179; Bijsterveld 2008, S. 69–89). Auslegungen, was als Lärm verstanden wird, unterliegen entsprechendem historisch-kulturellen Wandel. Die Geschichte der Lärmbekämpfung ist dabei reich an Beispielen, wie zwischen verschiedenen gesellschaftlichen Gruppen, Expertenkomitees entsprechende Definitionen, Grenzwerte und Messverfahren aus- und neu verhandelt werden (vgl. Coates 2005; Bijsterveld 2008; Krebs 2012c). Eine andere Ebene symbolischer Bedeutungszuschreibungen hat der aus der französischen *Annales* Schule kommende Historiker Alain Corbin in seiner Arbeit über *Die Sprache der Glocken* (1995) herausgearbeitet. Er zeigt darin, wie in Frankreich des 19. Jahrhunderts der Klang der Glocken Räume, zeitliche Rhythmen und lokale Identitäten strukturierte. Die dabei verhandelten symbolischen Ordnungen drehten sich, ähnlich wie bei der Lärmbekämpfung, immer wieder um die Legitimität und Illegitimität von Klängen im sozialen Raum: So versuchten republikanische Bürgermeister nach der Revolution, das hergebrachte Kirchengeläut zu unterbinden, um damit Raum und Zeit zu desakralisieren (vgl. Corbin 1995, S. 285–383). Ähnliche Untersuchungen für die *Soundmarks* (vgl. Schafer 1994a, S. 274) des 20. Jahrhunderts stehen noch aus.

Ein weiteres Themengebiet, das von Schafer eingeführt wurde, sind die Entwicklung und Aneignung akustischer Aufnahme- und Wiedergabeverfahren. Für Schafer stellt die Entwicklung von Aufnahmetechnologien eine fundamentale Zäsur dar, denn mit ihrer Aufnahme konnten Klänge erstmals von ihrer Quelle getrennt und zeitlich und räumlich unabhängig wieder abgespielt werden. Schafer beschreibt die Trennung von Klang und Quelle als *schizophonia*, um das Unruhe und Verwirrung stiftende Potential dieser Technologie zu erfassen (vgl. Schafer 1994a, S. 273). Gleichzeitig plädiert er dafür mithilfe eben dieser Technologien Klangarchive aufzubauen, um bedrohte bedeutsame Geräusche, *sound souvenirs* (vgl. Schafer 1994a, S. 239), vor dem Vergessen zu bewahren.

In Abgrenzung zur Deutung akustischer Aufnahmetechniken als schizophon schlägt Jonathan Sterne vor, Aufnahmetechnologie als *Transducer* zu begreifen: als Wandler, die Klänge verwandeln, etwa in elektrische Ströme oder eine Abfolge von Nullen und Einsen, und diese wieder in Klänge rückverwandeln können (vgl. Sterne 2003, S. 22). Sterne wendet sich dann der Entwicklung von verschiedenen Technologien zur Klangreproduktion in der zweiten Hälfte des 19. Jahrhunderts zu. Dabei führt er den Begriff der *audile technique* ein, mit dem er beschreibt, wie die bürgerlichen Nutzer_innen dieser Technologien neue körperliche Techniken im Sinne des französischen Soziologen Marcel Mauss herausbildeten. Die Einverleibung dieser Hörtechniken ermöglichte die warenförmige Aneignung privater akustischer Räume. Diese Hörtechniken waren also an den gesellschaftlichen Status der Nutzer_in gekoppelt und dienten zugleich ihrer Statussicherung. Um 1900 etablierte sich nach Sterne ein neues bürgerliches *sonic regime*, das unsere Kultur(industrie) bis heute nachhaltig prägt (vgl. Sterne 2003, S. 33; 2012c).

Ein eng mit Sternes Arbeit verwandtes Themenfeld sind die Hörpraktiken von Ingenieur_innen, Wissenschaftler_innen und Mediziner_innen. Hören ist dabei Teil einer situierten, eingeschriebenen und verkörperten Wissenspraxis, wobei Geräusche als Ausgangspunkt für die Generierung, Legitimierung und Delegitimierung von Wissensbeständen dienen. Dazu gibt es eine Reihe von historischen Arbeiten, etwa zu Computeringenieur_innen, Automechaniker_innen oder Ornitholog_innen (vgl. Krebs 2012a, b; Bruyninckx 2013), sowie ethnographische Feld- und Laborstudien (vgl. Mody 2005; Supper 2012). Gemeinsam ist diesen Arbeiten, dass sie nach dem epistemischen Status des Hörens forschen, wobei sich zeigt, dass das Hören zwar in der alltäglichen Praxis eine entscheidende Rolle spielt, in den damit verbundenen Diskursivierungen aber oftmals als subjektiv und nachrangig erscheint. So wurde beispielsweise im Zuge von Professionalisierungsstrategien das *geschulte Ohr* des Experten zu einer regulativen Idee mit der die Hörpraktiken konkurrierender Akteursgruppen delegitimiert werden sollten (vgl. Krebs 2012b). Ein weiterer Aspekt ist die Kategorisierung von Hörmodi, *listening modes* (vgl. Pinch und Bijsterveld 2012b), die wie ähnliche Ansätze aus den Medien- und Musikwissenschaften (vgl. Chion 1994) das Hören in voneinander abgegrenzte sozio-technische Handlungs- und Ordnungszusammenhänge einbetten. Eine andere Strategie, die Subjektivität des Hörens zu überwinden, war die Substituierung des Ohrs durch technische Instrumente, zumeist mit visuellen Displays ausgestattet, die die Wissensgenerierung einem Regime *mechanischer Objektivität* unterwerfen sollte (vgl. Bruyninckx 2013). Dies wirft zugleich die Frage nach einer etablierten Hierarchie der Sinne beziehungsweise einem Primat des Visuellen in Wissenschaft und Technik auf (vgl. Pinch und Bijsterveld 2012b, S. 12–13). Die Antwort darauf ist nicht einfach, zumal es sich wohl kaum um ein bloßes Nullsummenspiel handelt, bei dem ein Sinn stets auf Kosten eines anderen mehr beziehungsweise weniger Bedeutung zugeschrieben erhält. Jonathan Sterne verweist darauf, dass oftmals kulturelle Stereotype in den Rang theoretischer Prämissen erhoben werden, weshalb er diese Diskussion auch als *audiovisual litany* charakterisiert (vgl. Sterne 2012b, S. 9). Die Hierarchisierung der Sinne macht aber abschließend darauf aufmerksam, dass den *Sound Studies* in den vergangenen Jahren mit dem ebenfalls wachsenden Feld der *Sensory Studies* (vgl. u. a. Howes 2005, 2009; Smith 2008) eine Konkurrenz erwachsen ist, die im Grunde die *Sound Studies* inkorporieren könnte – wobei die Frage nach einer möglichen *Disziplinwerdung* der *Sensory Studies* wieder auf den Anfang dieser Ausführungen zurückverweist.

Literatur

Altman, Rick. 1999. Sound studies: A field whose time has come. *Iris* 27: 3–4.
Bijsterveld, Karin. 2008. *Mechanical sound: Technology, culture, and public problems of noise in the twentieth century*. Cambridge: MIT.
Bijsterveld, Karin, und Stefan Krebs. 2013. Listening to the sounding objects of the past: The case of the car. In *Sonic interaction design*, Hrsg. von K. Franinovic und S. Serafin, 3–38. Cambridge: MIT.
Braun, Hans-Joachim, Hrsg. 2002. *Music and technology in the 20th century*. Baltimore: Johns Hopkins Univ. Press.
Bruyninckx, Joeri. 2013. Sound science: Recording and listening in the biology of bird song, 1880–1980 (unpublished PhD thesis). Maastricht: Maastricht University.
Bull, Michael. 2007. *Sound moves: iPod culture and urban experience*. New York: Routledge.
Bull, Michael, und Les Back, Hrsg. 2003. *The auditory culture reader*. Oxford: Berg.
Burke, Peter. 1993. Notes for a social history of silence in early modern Europe. In *The art of conversation*, 123–141. Ithaca: Cornell Univ. Press.
Chion, Michel. 1994. *Audio-vision: Sound on screen*. New York: Columbia Univ. Press.
Coates, Peter. 2005. The strange stillness of the past: Toward an environmental history of sound and silence. *Environmental History* 14 (4): 636–656.
Corbin, Alain. 1995. *Die Sprache der Glocken*. Frankfurt a. M.: S. Fischer.
Douglas, Susan. 1999. *Listening In: Radio and the American imagination*. New York: Times Books.
Erlmann, Veit, Hrsg. 2004. *Hearing cultures: Essays on sound, listening and modernity*. Oxford: Berg.
Franinović, Karmen, und Stefania Serafin, Hrsg. 2013. *Sonic interaction design*. Cambridge: MIT.

Gitelman, Lisa. 1999. *Scripts, grooves, and writing machines: Representing technology in the Edison era.* Stanford: Stanford Univ. Press.

Hilmes, Michele. 2005. Is there a field called sound culture studies? And does it matter? *American Quarterly* 57 (1): 249–259.

Howes, David, Hrsg. 2005. *Empire of the senses: The sensual culture reader.* Oxford: Berg.

Howes, David, Hrsg. 2009. *The sixth sense reader.* Oxford: Berg.

Katz, Mark. 2004. *Capturing sound: How technology has changed music.* Los Angeles: University of California Press.

Kelman, Ari. 2010. Rethinking the soundscape: A critical genealogy of a key term in sound studies. *The Senses & Society* 5 (2): 212–234.

Krebs, Stefan. 2012a. „Sobbing, whining, rumbling" – listening to automobiles as social practice. In *Oxford handbook of sound studies*, Hrsg. von T. Pinch und K. Bijsterveld, 79–101. Oxford: OUP.

Krebs, Stefan. 2012b. Automobilgeräusche als Information: Über das geschulte Ohr des Kfz-Mechanikers. In *Das geschulte Ohr: Eine Kulturgeschichte der Sonifikation*, Hrsg. von A. Schoon und A. Volmar, 95–110. Bielefeld: transcript.

Krebs, Stefan. 2012c. Standardizing car sound – Integrating Europe? International traffic noise abatement and the emergence of a European car identity, 1950–1975. *History and Technology* 28 (1): 25–47.

Kursell, Julia, Hrsg. 2008. *Sounds of science – Schall im Labor.* Berlin: MPI f. Wissenschaftsgeschichte.

La Belle, Brandon, und Steve Roden, Hrsg. 1999. *Site of sound: Of architecture and the ear.* Los Angeles: Errant Bodies.

Mody, Cyrus. 2005. The sounds of science: Listening to laboratory practice. *Science, Technology, & Human Values* 30 (2): 175–198.

Morat, Daniel. 2012. Rezension zu: *The Oxford handbook of sound studies*, Hrsg. von Trevor Pinch u. Karin Bijsterveld. Oxford: Oxford University Press. H-Soz-u-Kult, http://hsozkult.geschichte.hu-berlin.de/rezensionen/2012-4-121. Zugegriffen: 9. Nov. 2012.

Parr, Joy. 2010. *Sensing changes: Technologies, environments and the everyday.* Vancouver: UBC.

Pinch, Trevor, und Karin Bijsterveld. 2004. Sound studies: New technologies and music. *Social Studies of Science* 34 (5): 635–648.

Pinch, Trevor, und Karin Bijsterveld, Hrsg. 2012a. *The Oxford handbook of sound studies.* New York: Oxford Univ. Press.

Pinch, Trevor, und Karin Bijsterveld. 2012b. New keys to the world of sound. In *The Oxford handbook of sound studies*, Hrsg. von T. Pinch und K. Bijsterveld, 3–35. New York: Oxford Univ. Press.

Schafer, Murray. 1994a [1977]. *The soundscape: Our sonic environment and the tuning of the world.* Rochester: Destiny Books.

Schafer, Murray. 1994b. The soundscape designer. In *Soundscapes: Essays on Vroom and Moo*, Hrsg. von H. Järviluoma, 9–18. Tampere: Tampere University Printing Service.

Schulze, Holger, Hrsg. 2008. *Sound studies: Traditionen – Methoden – Desiderate.* Bielefeld: transcript.

Smith, Mark, Hrsg. 2004. *Hearing history: A reader.* Athens: University of Georgia Press.

Smith, Mark. 2008. *Sensing the past: Seeing, hearing, smelling, tasting, and touching in history.* Berkeley: University of California Press.

Spehr, Georg, Hrsg. 2009. *Funktionale Klänge: Hörbare Daten, klingende Geräte, und gestaltete Hörerfahrungen*. Bielefeld: transcript.

Sterne, Jonathan. 2003. *The audible past: Cultural origins of sound reproduction*. Durham: Duke Univ. Press.

Sterne, Jonathan, Hrsg. 2012a. *The sound studies reader*. London: Routledge.

Sterne, Jonathan. 2012b. Sonic imaginations. In *The sound studies reader*, Hrsg. von J. Sterne, 1–17. London: Routledge.

Sterne, Jonathan. 2012c. *MP3: The meaning of a format*. Durham: Duke Univ. Press.

Supper, Alexandra. 2012. Lobbying for the ear: The public fascination with and academic legitimacy of the sonification of scientific data (unpublished PhD thesis). Maastricht: Maastricht University.

Thompson, Emily. 2002. *The soundscape of modernity: Architectural acoustics and the culture of listening in America, 1900–1933*. Cambridge: MIT.

Truax, Barry. 1978. *The world soundscape project's handbook for acoustic ecology*. Vancouver: ARC.

Cultural Studies und Science & Technology Studies

Matthias Wieser

Science & Technology Studies (STS) und Cultural Studies haben sich unabhängig als eigenständige Interdisziplinen etabliert und institutionalisiert. Inhaltliche Verbindungen zwischen beiden wurden bisher wenig thematisiert, obwohl bereits in einem frühen und prominenten Handbuch der Cultural Studies ein Beitrag von Donna Haraway (1992) zu finden ist.[1] Zwar finden sich beispielsweise in den spannenden theoretischen Abenteuern der „New Cultural Studies" (Hall und Birchall 2006) anregende Kapitel zu der Beziehung zwischen Cultural Studies und Deleuze, Badiou oder gar Kittler, aber keines etwa zu Cultural Studies und STS. Selbst der Beitrag zu „posthumanities" (Badmington 2006), ein Thema zu dem die STS einiges zu sagen haben, erwähnt diese – abgesehen von Haraway – nicht. Dennoch gibt es eine ganze Reihe an Berührungspunkten zwischen beiden Forschungsfeldern, die in den 1990er Jahren insbesondere in den USA und von feministischer Seite betont und auch genutzt wurden. Im Zuge der 2000er Jahre und der zunehmenden Kritik an der Diskurs-, Text- und Bedeutungszentrierung vieler Studien im Namen der ‚Cultural Studies' sind diese Querverbindungen noch offensichtlicher und sichtbarer geworden. Im Folgenden soll diesen Berührungspunkten zwischen STS und Cultural Studies nachgegangen werden. Dafür werde ich zunächst die Frage nach der Rolle von Wissenschaft und Technik in den Cultural Studies und dann die

---

[1] Vgl. zur Werk von Donna Haraway den Beitrag von Weber i. d. Bd. Jutta Weber bin ich für einige Hinweise sehr dankbar.

M. Wieser (✉)
Institut für Medien- und Kommunikationswissenschaft,
Alpen-Adria-Universität Klagenfurt, 9020 Klagenfurt a.W., Österreich
E-Mail: matthias.wieser@aau.at

Frage nach kultureller Differenz in den STS stellen.[2] Danach verweise ich auf einige konzeptionelle, theoretische und methodische Konvergenzen der beiden Studies. Abschließend skizziere ich einen aktuellen Ansatz innerhalb der Cultural Studies, der explizit und gewissermaßen grundlagentheoretisch Bezug auf STS nimmt.

1 Cultural Studies und die Frage der Wissenschaft und Technik

Für die Gründerväter der Cultural Studies spielte die Problematisierung der Naturwissenschaften noch keine so zentrale Rolle (vgl. McNeil und Franklin 1991; Reinel 1999). Für die Herausbildung der britischen Cultural Studies stand die Abgrenzung und Kritik gegenüber ‚klassischen' sozial- und geisteswissenschaftlichen Disziplinen wie Literaturwissenschaft, Soziologie und Geschichtswissenschaft im Vordergrund. Die Wissenschafts- und Technikkritik der Frankfurter Schule fand durch die Konzentration auf die Kritik ihres elitären Kulturbegriffs und ihrer eindimensionalen Reduzierung der Populärkultur wenig Beachtung. In der damit verbundenen Hinwendung zum Althusserianismus wurde dessen Szientismus wenig hinterfragt (vgl. McNeil und Franklin 1991, S. 131).[3] In den US-amerikanischen Cultural Studies hingegen wurde stärker an die wissenschafts- und technikkritische Tradition der Kritischen Theorie angeschlossen (vgl. Balsamo 1998, S. 287–291).[4] Allerdings lässt sich in diesem Zusammenhang auch einwenden, dass die Wissenschafts- und Technikkritik der Frankfurter Schule zu stark auf einer epistemologischen Kritik der instrumentellen Vernunft fokussiere und zu einer Überbetonung des repressiven Charakters moderner Wissenschaft und Technik neige (vgl. Reinel 1999, S. 167). So gesehen hätte sie wie im Falle ihrer Kulturtheorie eher eine Anregung für eine mögliche Wissenschafts- und Technikforschung der Cultural Studies sein können, weil sie zwar den politischen Charakter von

---

[2] Ich wähle die englischen Bezeichnungen dieser Forschungsfelder, da es mir um die Darstellung der anglophonen Diskussion geht, welche in der deutschsprachigen Diskussion sowohl der Kulturwissenschaften als auch der Wissenschafts- und Technikforschung andere Formen angenommen hat, so dass die im Folgenden angesprochenen Wahrverwandtschaften dort eher fremd geblieben sind.

[3] In der Kritik am Althusserianismus in der Cultural Studies im Namen des Empirismus durch E.P Thompson sehen McNeil und Franklin (1991, S. 131) keine günstigen Ausgangspunkt für kritische Wissenschaftsforschung.

[4] Zur Vernachlässigung der Erforschung von Naturwissenschaften und Technik in den deutschsprachigen Kulturwissenschaften und Volkskunde vgl. Beck (1997).

Wissenschafts- und Technikentwicklung herausstellte, aber in einer sehr pessimistischen Perspektive, die wenig Raum für Eigensinn und Handlungsfähigkeit offen ließ.

Technik in Form von Kommunikationsmedien spielte allerdings von Anbeginn der Cultural Studies eine zentrale Rolle insbesondere im Werk von Raymond Williams (vgl. Balsamo 1998, S. 291-293). Seine Untersuchung technischer Formen wie dem Fernsehen und des Buchdrucks hat die wechselseitige Beeinflussung von Technik, kulturellen Praktiken und sozialen Institutionen hervorgehoben (vgl. Winter 2007). Von feministischer Seite wurde ihm allerdings die Vernachlässigung der Kategorie Gender in seiner Problematisierung naturwissenschaftlichen Wissens und ein zu positives Verständnis von Technik vorgeworfen (vgl. McNeil und Franklin 1991, S. 131-132). Williams historische Forschung zum Verhältnis von Technik, Kultur und Gesellschaft wurde in der ethnographischen Medienforschung der Cultural Studies empirisch fortgeführt, wobei der Fokus insbesondere auf der Nutzung und Aneignung anstatt der Medientechnik gelegen hat (vgl. Winter 1998).[5]

Neben der oben genannten Konzentration auf dem Kulturbegriff und einem gewissen Szientismus durch die Adaption des Althusserianismus sehen McNeil und Franklin (1991, S. 132) noch zwei weitere Gründe, weshalb Wissenschaft und Technik zunächst von den Cultural Studies vernachlässigt wurden: In der Fokussierung der Cultural Studies auf Sinn und Bedeutung, die sie in ihrer Herkunft aus der Literaturwissenschaft und Textanalyse begründet sehen, und dem Interesse für Alltags- anstatt Expertenkultur (vgl. auch Berland und Slack 1994).

Doch im Verlauf der 1980er Jahre sind Cultural Studies und STS näher aneinander gerückt, was McNeil und Franklin (1991, S. 133) mit der Konjunktur von ‚theory' und Postmodernismus in Zusammenhang bringen. Mit dem rasanten Erfolg der Cultural Studies in den 1980er Jahren auch außerhalb von Großbritannien insbesondere in Nordamerika und Australien, lässt sich eine zunehmende Aufmerksamkeit für poststrukturalistische Theorien wie Derridas Dekonstruktion, Foucaults Diskursanalyse und Deleuze/Guattaris Affekttheorie erkennen (vgl. Hall 2004; Grossberg 2007). Die interpretativen Soziologien der Chicago School, der Wissenssoziologie und des Symbolischen Interaktionismus waren bereits durch die Arbeit von Paul Willis und der Fieldwork Group am Birminghamer Centre for Contemporary Cultural Studies (CCCS) in den 1970ern etabliert worden (vgl. Winter und Azizov 2009). Sie spielten dann eine wichtige Rolle in der ethnographischen Medienforschung der Cultural Studies etwa bei David Morley und Dorothy Hobson

---

[5] So wurde übrigens auch in Deutschland die frühe – bereits cultural-studies-infizierte – Medienforschung im Rahmen der Techniksoziologie präsentiert vgl. Eckert und Winter (1987).

und insbesondere für die Studien von Norman Denzin (vgl. Winter 1998; Winter und Niederer 2008). Ob in expliziter oder impliziter Verbindung zu Goffmans ‚Mikrosoziologie' oder Foucaults ‚Mikrophysik der Macht' zielen Cultural Studies darauf ab, das Alltägliche in seiner situierten Lokalität zu analysieren, um dessen Einbettung in größere soziale, kulturelle und politische Kontexte und Probleme zu verdeutlichen und die Relevanz alltäglicher Praktiken für allgemeine sozialpolitische Probleme herauszustellen.[6] Für ihre konkrete empirische Erforschung von beispielsweise Subkulturen oder Fernsehzuschauerinnen, bedienen sie sich hauptsächlich qualitativer und ethnographischer Methoden, reflektieren gleichzeitig die Rolle des Forschers und hinterfragen die Adäquatheit empirischer Beschreibung.

Anknüpfungspunkte zwischen Cultural Studies und Science Studies entstanden zunächst insbesondere in der feministischen Forschung und den Gender Studies (vgl. McNeil und Fanklin 1991). Die Arbeiten von Sandra Harding, Emily Martin und Donna Haraway in den 1980er Jahren waren der Ausgangspunkt für eine ganze Reihe an feministischen Interventionen in die Kultur der Naturwissenschaften und Technik. Nun wurde die Brücke zwischen Feminismus und Cultural Studies zur Wissenschafts- und Technikforschung erweitert, was sich auch in der Bildung eine Forschungsgruppe zum Thema Wissenschaft und Technik am Birminghamer CCCS 1986 zeigt (vgl. McNeil und Franklin 1991, S. 130).[7] Das Aufkommen der Thematisierung von Wissenschaft und Technik in den Cultural Studies lässt sich im Zusammenhang mit der Verschiebung von marxistischen zu postmarxistischen und poststrukturalistischen Ansätzen sehen und mit der veränderten Situation durch die neuen sozialen Bewegungen und ihren Themen: Von Klasse zu *race*, Gender und Ökologie. Für diese Bewegungen waren wissenschaftskritische Fragen zentral und auch die Einsicht in die zunehmende Verwissenschaftlichung und Technisierung des Alltags und ihre Problematisierung. Im Feminismus waren diese Fragen bereits seit Anbeginn der zweiten Frauenbewegung nicht nur theoretische, sondern auch praktische: „scientific and medical power-knowledge as key sources of patriarchal control over women" (McNeil und Franklin 1991, S. 134). In diesem Sinne haben feministische Autoren die besondere Aufmerksamkeit und Sensibilität für die machtpolitischen Implikationen der (Natur-)Wissenschaft und Technik als dominantes kulturelles Bedeutungssystem in die Cultural Studies eingebracht.

Darüber hinaus ist in den letzten Jahren die Kritik sowohl an der Konzentration auf Signifikationsprozesse als auch auf Formen der Populärkultur innerhalb der Cultural Studies gewachsen, so dass Materialität und nichtmenschliche *agency* ein

---

[6] Zur Politik und Taktik des Projekts Cultural Studies vgl. Grossberg (1999).

[7] Den ‚Einbruch' des Feminismus in die Cultural Studies beschreibt Stuart Hall (2000) sehr anschaulich.

größeres Interesse in ihren Studien indigener Kulturen, Umwelt und Natur, Medienkultur und kulturellen Institutionen spielen (vgl. Grossberg 2007; Slack 2008; Escobar 1999; Couldry 2006; Teurlings 2004; Muecke 2009; Bennett 2013).

2 Science and Technology Studies und die Frage der Kultur

Etwa zur gleichen Zeit als die Cultural Studies sich für poststrukturalistische Theorien und Fragen von *race* und Gender öffnen – den späten 1970er Jahren – entwickeln Karin Knorr Cetina, Bruno Latour, Steve Woolgar, Sharon Traweek und Michael Lynch ihre Formen einer ‚Anthropologie der Naturwissenschaften', die sowohl von der interpretativen Sozialforschung und Ethnographie als auch zeitgenössischer französischer Philosophie und Semiotik inspiriert ist (vgl. Niewöhner et al. 2012). Insbesondere in den USA wurden diese Studien dann in den 1990er Jahren unter dem Begriff der Cultural Studies of Science diskutiert (vgl. Rouse 1992; Haraway 1994; Pickering 1995, S. 213–252; Martin 1998).[8]

Was für Pickering (1992) die kultur- und praxistheoretische Wende in der Wissenschafts- und Technikforschung markiert, bezeichnet Joseph Rouse (1992) als „cultural studies of science". Dabei geht es in erster Linie um eine Abgrenzung von damals neueren Ansätzen der Wissenschafts- und Technikforschung im Vergleich zur noch dominierenden Wissenssoziologie der (Natur-)Wissenschaften. Cultural Studies fungiert dabei für ihn mehr als eine Art Überbegriff, der relativ unbestimmt bleibt und neben tatsächlichen Ähnlichkeiten auch sicher dem damaligen Erfolg der Cultural Studies in den USA geschuldet ist (vgl. Balsamo 1998, S. 287). Unter cultural Studies of science versammelt er eine ganze Reihe an unterschiedlichen – in vorliegendem Buch versammelten – Schlüsselautor_innen der STS wie z. B. Ian Hacking, Karin Knorr Cetina, Michael Lynch, Bruno Latour, Donna Haraway und Susan Leigh Star, die teilweise aus sehr verschiedenen Perspektiven heraus argumentieren wie der Sprachphilosophie, der Phänomenologie, dem Poststrukturalismus oder dem Pragmatismus.[9] Die zentralen Merkmale, die diese

---

[8] In der europäischen oder besser ‚kontinentalen' Diskussion sind sich Cultural Studies und STS eher fremd geblieben, so sucht man beispielsweise in den Werken Bruno Latours und der Akteur-Netzwerk-Theorie (ANT) bis heute vergeblich nach Verweisen auf die Cultural Studies. Wenn ‚Kulturwissenschaften' angesprochen werden, dann wird auf Anthropologen wie beispielsweise Marc Augé, Philippe Descola und Marshall Sahlins verwiesen (vgl. Latour 2007).

[9] Vgl. hierzu die Beiträge von Hofmann, Kirschner, Kreil, Van Loon, Weber und Strübing i. d. Bd.

damals neue Form von Wissenschafts- und Technikforschung als Cultural Studies auszeichnen, sind nach Rouse (1992) ihr Antiessentialismus, ihre disziplinäre Offenheit, ihr interventionistischer und reflexiver Charakter sowie die Herausstellung der Heterogenität, Materialität und Performativität der Natur- und Technikwissenschaften. Andrew Pickering (1995) sieht seinen Mangle-Ansatz zwar als einen unabhängigen, aber dennoch mit dem von Rouse beschriebenen Cultural Studies-Approach komplementären und verbundenen Ansatz.[10] Die Cultural Studies of Science situieren Vernunft, Objektivität und Repräsentation bestimmter Natur- und Technikwissenschaften in bestimmten Zeiten und Räumen, d. h. sie historisieren Wissenschaft und stellen dabei ihre performativen und posthumanen Aspekte – die Verschränkung kultivierter, menschlicher Praktiken mit materieller, nichtmenschlicher *agency* – hervor. Dabei untergraben sie die Grenzen und Perspektiven ihrer ‚Heimat'-Disziplinen wie Soziologie, Geschichte, Philosophie und Ethnologie. So wie die Cultural Studies Karten der Gegenwartskultur erstellen, so kartieren cultural studies of science die Kultur der Wissenschaften. Diesen räumlichen Ansatz möchte er durch seinen Ansatz, der stärker die Zeitlichkeit, d. h. Transformation, von Praktiken hervorhebt, ergänzen (vgl. Pickering 1995, S. 213–252).

In den 1990er Jahren lässt sich eine zweite STS-Generation festmachen, die sich viel stärker als die von Pickering und Rouse beschriebene erste Pioniergeneration der Laborethnografie für Fragen sozialer Ungleichheit und kultureller Differenz im Hinblick auf Klasse, Ethnie und Geschlecht interessiert (vgl. Hess 2001). Darüber hinaus werden nun auch umweltpolitische und (post-)koloniale Problematiken in den (Natur-)Wissenschaften, der Technik und der Medizin thematisiert. Diese Generation stellt viel stärker die Einbettung von Wissenschaft und Technik in Machtbeziehungen und deren kulturellen Kodierungen in den Vordergrund.

> Whereas the first generation of STS ethnographers focused on opening the black box of social content of science and technology, [the] second generation [...] has tended to open the brown, yellow, purple, red, pink and other multicolored boxes of the culture and politics of science and technology. (Hess 2001, S. 242)

Besondere Charakteristika dieser ‚bunteren' Wissenschafts- und Technikforschung sind für David Hess (2001), eine Öffnung des Forschungsfeldes jenseits des Labors und der technowissenschaftlichen Kontroversen beispielsweise für die ‚klassischen' Themen der Cultural Studies wie Alltagskultur, Medien und soziale Bewegungen, und somit auch für andere Sichtweisen als jene der Expertinnen wie beispielsweise Marginalisierten oder ‚Betroffenen'.[11] Durch die explizitere Einbeziehung von

---

[10] Vgl. ausführlicher zu Andrew Pickerings *Mangle of Practice* Schubert i. d. Bd.
[11] Vgl. hierzu z. B. Epstein (1996) und Harding (2011).

Themen wie Macht und sozialer Ungleichheit wird verstärkt die Politik wissenschaftlichen Handelns und seiner Repräsentationen problematisiert und auch die Intervention ins Feld als Forscherin und Aktivist diskutiert (vgl. Hess 2001, S. 237).

So verwundert es auch nicht, dass im Zuge der *science wars* in den USA Cultural Studies und STS in einem Atemzug genannt wurden. Denn die *hoax* von Alan Sokal war in erster Linie ein Angriff auf die amerikanischen Cultural Studies und ihre erfolgreiche Institutionalisierung in den 1980er und 1990er Jahren. Doch die ‚Monographie zum Skandal' war eine allgemeine Abrechnung mit zeitgenössischer französischer Philosophie und der Wissenschaftsforschung, denn darin findet sich beispielsweise ein kritisches Kapitel zu Bruno Latour, aber nicht zu einem Vertreter der Cultural Studies (vgl. Sokal und Bricmont 1999). Das heißt auch die Gegner der Cultural Studies haben sie nicht nur mit ‚French Theory', sondern darüber hinaus mit STS assoziiert.

So lässt sich im Verlauf der 1990er Jahre ein offensichtliches Aufeinanderzubewegen von Cultural Studies und STS beobachten. STS interessieren sich zunehmend für das Leben außerhalb der Forschungslabore und rücken stärker Fragen von Macht, sozialer Ungleichheit und kultureller Differenz in den Vordergrund (vgl. Martin 1998; Hess 2001). Cultural Studies entdecken Wissenschaft und Technik als kulturelles Konfliktfeld und thematisieren Aspekte der Medialisierung und Popularisierung von Wissenschaft und Technik als auch ihre Sub- und Gegenkulturen (vgl. Ross 1991; Balsamo 1998). Während die Cultural Studies die Politik der Ökologie jenseits des Dualismus von Natur und Kultur für sich entdecken (Berland und Slack 1994; Escobar 1999; Pezzullo 2008; Muecke 2009), wird von Autorinnen der STS die Wissenschaftstechnik der Alltags- und Populärkultur zunehmend thematisiert (vgl. Latour 1996; Pinch und Bijsterveld 2004; Michael 2006).[12] Beide entdecken die Konstruktion von Märkten und entzaubern Strategien der Naturalisierung der Wirtschaft und ihrer Wissenschaften und Techniken (vgl. Callon 1998; Clarke 2004; Knorr-Cetina und Preda 2004; Gibson-Graham 2006; MacKenzie et al. 2007). Schließlich finden sich in der Medienforschung Verknüpfungen beider Ansätze (vgl. Teurlings 2004; Couldry 2006).

---

[12] Vgl. hierzu auch Krebs i. d. Bd.

3 Wahlverwandtschaften

STS nehmen ihren Ausgang in der post-positivistischen Wende der Wissenschaftstheorie;[13] Cultural Studies in den Diskussionen um den westlichen Marxismus bzw. Postmarxismus. Während sich die Cultural Studies primär für die Praktiken der Alltags- und Populärkultur interessieren, richten die STS ihren Blick auf die alltäglichen Praktiken in den Natur- und später auch Ingenieurwissenschaften und Medizin. Daran lässt sich bereits eine gewisse Komplementarität beider Perspektiven erkennen: Die „Experten des Alltags" (Hörning 2001) und die Alltäglichkeit der Experten. Trotz der unterschiedlichen Ausgangspunkte und der verschiedenen Untersuchungsgegenstände, so lässt sich vereinfachend, aber mit gutem Recht, sagen, dass beide ähnliche ‚Denkwerkzeuge' benutzen.[14] Mit diesen haben sie politische Dimensionen von Praktiken, wie z. B. forschen und fernsehen, deutlich gemacht, die bislang nicht als politisch oder machtvoll galten (vgl. Latour 1988; Winter 2001). Ein zentraler Punkt beider ist dabei, dass dies nicht einer Sichtbarmachung von etwas Unsichtbarem ist, sondern bereits in den Praktiken und Repräsentationen sichtbar ist denen ‚nur' gefolgt werden muss (vgl. Hall 1997; Latour 2007; Pickering 2008). Sie werfen dabei den ‚klassischen' Disziplinen der Geistes- und Sozialwissenschaften vor, diese Dimension(en) bislang unsichtbar gemacht zu haben, obwohl sie offen-sichtlich gewesen sind. Hierher rührt auch der anti-disziplinäre Gestus der beiden Studies (vgl. Grossberg 1999; Pickering 2008).

Beide schärfen ihren Blick für Formen und Praktiken der Repräsentation in Wissenschaft und Kultur (vgl. Lynch und Woolgar 1990; Hall 1997). Sie nehmen die ‚Krise der Repräsentation' ernst, was beide, die Grenzen zwischen Wissenschaft und Kultur verwischend, zu neuen Formen wissenschaftlichen Schreibens und Aufführens führt (vgl. Clifford und Marcus 1986; Latour 1996; Winter und Niederer 2008).

Stark beeinflusst von poststrukturalistischen und praxistheoretischen Überlegungen stellen beide das autonom handelnde menschliche Individuum in Frage. Dabei sind Gemeinsamkeiten in der Thematisierung und Problematisierung von Handlungsfähigkeit (*agency*) im Konzept des relationalen Materialismus (Law 2006) und dem Konzept der Artikulation (Slack 1996) unübersehbar, wenn auch ersteres deutlich stärker nichtmenschliche agency thematisiert.[15] Sowohl Akteur-Netzwerk als auch Artikulation werden als Möglichkeiten verstanden, ‚Kontexte' zu kartographieren. Allerdings ist in beiden Konzepten damit kein ‚einfaches' Ver-

---

[13] Vgl. hierzu Greif i. d. Bd.
[14] Vgl. hierzu ausführlicher Wieser (2012, S. 241–254).
[15] Vgl. hierzu auch Bennett (2013, S. 7–22).

ständnis von Kontext unabhängig von Praktiken zu verstehen. Sowohl Cultural Studies wie auch STS sind dabei an Praktiken interessiert, die erst Subjekt und Objekt, Akteur, Thema, Gegenstand und Problem mit hervorbringen. Dies geht einher mit einer Kritik an den Rationalisierungsgedanken und der Fortschritt gläubigkeit der Moderne. Cultural Studies und STS konfrontieren die Moderne mit ihren Anderen, seien es die (sub-)kulturellen, (post-)kolonialen, sexuellen, geschlechtlichen, materiellen und nicht-menschlichen Anderen der szientistischen und rationalistischen Moderne. Die Modernitätskritik beider versucht dabei aber auch den Fallstricken des Relativismus des Postmodernismus zu entgehen (Latour 2002; Grossberg 2007). Aus der Subjekt- und Modernitätskritik erwächst für beide die Frage nach der Möglichkeit von Kritik, Intervention und demokratischer Politik. Sie sind an vorhandenem, kritischem Potential interessiert und bezweifeln die Anwendung kritischen Vokabulars auf den Forschungsgegenstand bzw. die Beforschten. Kritik kann nicht von außen urteilen, sie muss innerhalb der Praktiken, die erforscht werden, sichtbar gemacht werden. Beide zielen auf eine positivere und konstruktivere Form von Kritik. Eine Form von Kritik, die nicht in die Operation des Entschleierns verstrickt ist, sondern Handlungsalternativen sichtbar macht. Hierbei stellen sie sich auch v. a. ethische Fragen ihrer Forschung im Hinblick auf Verantwortung.[16]

4 Der Material Turn in den Cultural Studies

In den letzten Jahren haben mehrere bekannte Vertreter der Cultural Studies in ihrer Forschung Bezug auf STS genommen. Generell steht dies im Kontext eines gesteigerten Interesse für die Materialität und Topologie von Kultur (Bennett und Healy 2009; Bennett und Joyce 2010; Lury et al. 2012).

Tony Bennett (2013) nutzt Einsichten der STS, um die Zentrierung großer Teile der Cultural Studies auf Bedeutung und Ideologie zu kritisieren und den „culture complex" in seiner materiellen Verteiltheit zu erforschen. Den kulturellen Komplex den er genauer erforscht ist das Museum. Dabei greift er auf Karin Knorr Cetinas (1988) für die STS programmatisch formuliertes Diktum des „Labors als Verdichtung von Gesellschaft" zurück,[17] um Museen als „civic laboratories" (Bennett 2013, S. 49) zu verdeutlichen. Sie mobilisieren und inszenieren ein spezifisches ziviles

---

[16] Vgl. zu Sorge und Verantwortung die entsprechenden Abschnitte bei Bischur/Nicolae und Niewöhner i. d. Bd.

[17] Vgl. hierzu Kirschner i. d. Bd.

Programm, im Sinne von Zivilisierung und Disziplinierung. Dabei versteht er Museen im Anschluss an Bruno Latour als Assemblage von Dingen, Texten, Menschen und Praktiken. Eine bestimmte Ausstellung oder ein bestimmtes Museum, stellt für ihn eine Technik zur Intervention in das Soziale und dessen Steuerung bereit. Kulturelle Institutionen wie Museen bezeichnet er als „working surfaces on the social" (Bennett 2013, S. 43). Er plädiert dafür Kultur als eine bestimmte öffentliche Form, die sich aus heterogenen Elementen zusammensetzt und, die das Soziale formt, zu analysieren. Kultur stellt keinen bestimmten Gegenstand oder Stoff dar, der bislang meist als das Symbolische, d. h. als Zeichen und Repräsentation, verstanden wurde. Kultur sollte besser als ein Effekt materiell heterogener Praktiken des Ordnens analysiert werden. Kultur als Assemblage differenter Entitäten unterscheidet sich dann von anderen Assemblagen durch ihre Form, d. h. in ihrer öffentlichen Organisation. Bennett (2007) interessiert die „Arbeit der Kultur" womit er bewusst auf die Doppeldeutigkeit der ‚Arbeit, die Kultur macht' verweist: Sowohl die Arbeit, die nötig ist, um Kultur als einen vom Sozialen distinkten und differenzierten Bereich erscheinen zu lassen, als auch die Bearbeitung des Sozialen durch Kultur. Dabei formuliert er fünf Prinzipien einer solchen Form der Analyse der Differenzierung und Performativität von Kultur und Sozialem: (1) Kultur und Soziales sind kein jeweils bestimmter Stoff oder Gegenstand, sondern unterscheiden sich in der unterschiedlichen öffentlichen Organisation heterogener Elemente; (2) Institutionen verstanden als Prozesse der Akkumulation, Klassifikation und des Ordnens stellen spezifische Beziehungen zwischen Objekten und Praktiken her, die dann als Kultur bezeichnet werden; (3) stabilisierte kulturelle Assemblagen bearbeiten dann das Soziale; (4) der *agency* nicht-menschlicher Akteure wird in der Analyse – im Vergleich zu klassischeren Formen der Kulturanalyse – besondere Aufmerksamkeit geschenkt; (5) der Fokus der Analyse liegt auf den Operationen und Interaktionen von (materiellen) Wissenspraktiken im Kontext ihrer öffentlichen Differenzierung von Kultur, Sozialem und Ökonomischem, die sowohl Ergebnis als auch Bedingung ist.

Anhand der Geschichte des Pariser Musée de l'Homme in den späten 1920er und 1930er Jahren zeigt Bennett (2013, S. 88–108) beispielsweise wie dieses als eine kulturelle Assemblage das Soziale bearbeitet hat. Die Etablierung des Musée de l'Homme stellt einen wichtigen Moment im Wandel des Verständnisses und der Darstellung Kolonialisierter in der französischen Geschichte dar.

Als kulturanthropologisches Museum versammelt es verschiedene Dinge wie Texte, Waffen, Werkzeuge und Körperteile und setzt diese als ‚Kultur' in Beziehung zueinander. Dabei verbindet es in erster Linie anthropologisches Wissen und seine Klassifizierungen mit ästhetischen Wissens- und Klassifikationsordnungen. Denn das Musée fungiert einerseits als eine Ausstellung, die verschiedene

Formen damals moderner Ausstellungspraktiken innovativ miteinander verknüpft und andererseits als ein volkskundliches Labor. Das Musée hat Erkenntnisse und Gegenstände sowohl der physischen Anthropologie als auch der Ethnologie gemeinsam präsentiert. Dadurch hat es den Menschen als natürliche Einheit in seiner kulturellen Differenz dargestellt. Es hat ein neues Paradigma auf den Weg gebracht, das die Einheit der Menschheit und die Vielfalt seiner Kulturen präsentiert. Das Musée etablierte sich dabei als Koordinationszentrum zwischen verschiedenen Museen, die für unterschiedliche Bereiche der Sammlung zulieferten. Mehr noch, es wurde zur zentralen Anlaufstelle für Expeditionen, die hier ihre Instruktionen erhielten, was in die Sammlung eingebracht werden sollte. Dadurch wurde es zu einem Motor einer sich verändernden Sicht auf Kolonialismus und kulturelle Differenz in Frankreich. Das Musée de l'Homme ist ein entscheidender Teil in der Transformation von der Lehnstuhl-Anthropologie zur Feldforschung. Es fängt an nicht mehr ausschließlich Körper und Gegenstände von Kulturen zu sammeln, sondern auch mediale Aufzeichnungen über diese. Das Musée fungiert gleichzeitig als wissenschaftlich-administrativer Komplex und als Ausstellung. Beides ist integraler Teil des Projekts ‚Großfrankreich' im Sinne einer Regierungsrationalität. Die Kolonien wurden als ein Teil und Bereicherung der *grande nation* anerkannt, gleichzeitig aber deren wissenschaftlicher Expertise und Verwaltung, die weiterhin politische Rechte ungleich verteilte, unterworfen.

5 Fazit

Ungeachtet ihrer zunächst unterschiedlichen Untersuchungsgegenstände sind zumindest große Teile der Cultural Studies und der STS insbesondere seit den 1980er Jahren durch eine gewisse Wahlverwandtschaft geprägt. Familienähnlichkeiten zwischen ihnen lassen sich in der Verbindung von poststrukturalistischen Theorien und ethnographischer Forschung mit einem besonderen Interesse für alltägliche Praktiken und einem Faible für (Selbst-)Reflexion sehen. Wechselseitige Lernprozesse lassen sich v. a. in einer zunehmenden Thematisierung marginalisierter Akteure in den STS und einem erneuerten Materialismus in den Cultural Studies feststellen.

Literatur

Badmington, Neil. 2006. Cultural studies and the posthumanities. In *New cultural studies. Adventures in theory*, Hrsg. Gary Hall und Clare Birchall, 260–272. Edinburgh: Edinburgh Univ. Press.
Balsamo, Ann. 1998. Introduction. Special issue „Cultural studies of science and technology" of *Cultural Studies* 12 (3): 285–299.
Beck, Stefan. 1997. *Umgang mit Technik. Kulturelle Praxen und kulturwissenschaftliche Perspektiven*. Berlin: Akademie.
Bennett, Tony. 2007. The work of culture. *Cultural Sociology* 1 (1): 31–47.
Bennett, Tony. 2013. *Making culture, changing society*. Abingdon: Routledge.
Bennett, Tony, und Chris Healy, Hrsg. 2009. Assembling culture. *Special Issue of Journal of Cultural Economy* 2 (1–2): 49–65.
Bennett, Tony, und Patrick Joyce, Hrsg. 2010. *Material powers. Cultural studies, history and the material turn*. London: Routledge.
Berland, Jody, und Jennifer D. Slack. 1994. On environmental matters. *Cultural Studies* 8:3–5.
Callon, Michel, Hrsg. 1998. *The laws of the markets*. Oxford: Blackwell.
Clarke, John. 2004. *Changing welfare, changing states. New directions in social policy*. London: Sage.
Clifford, James, und George E. Marcus, Hrsg. 1986. *Writing culture. The poetics and politics of ethnography*. Berkeley: University of California Press.
Couldry, Nick. 2006. Akteur-Netzwerk-Theorie und Medien. Über Bedingungen und Grenzen von Konnektivitäten und Verbindungen. In *Konnektivitäten, Netzwerke und Flüsse. Konzepte für eine Kommunikations- und Kulturwissenschaft*, Hrsg. Andreas Hepp, Friedrich Krotz, Shaun Moores, und Carsten Winter, 101–117. Wiesbaden: VS.
Eckert, Roland, und Rainer Winter. 1987. Kommunikationstechnologien und ihre Auswirkungen auf die persönlichen Beziehungen. In *Technik und sozialer Wandel. Verhandlungen des 23. Deutschen Soziologentages in Hamburg*, Hrsg. Burkart Lutz, 245–266. Frankfurt a. M.: Campus.
Epstein, Steven. 1996. *Impure science. AIDS, activism, and the politics of knowledge*. Berkely: University of California Press.
Escobar, Arturo. 1999. After nature. Steps towards an antiessentialist political ecology. *Current Anthropology* 40:1–30.
Gibson-Graham, J. K. 2006. *A postcapitalist politics*. Minneapolis: University of Minnesota Press.
Grossberg, Lawrence. 1999. Was Sind Cultural Studies? In *Widerspenstige Kulturen. Cultural Studies als Herausforderung*, Hrsg. Karl H. Hörning und Rainer Winter, 43–83. Frankfurt a. M.: Suhrkamp.
Grossberg, Lawrence. 2007. Cultural Studies auf der Suche nach anderen Modernen. In *Die Perspektiven der Cultural Studies. Der Lawrence-Grossberg-Reader*, Hrsg. Rainer Winter, 220–296. Köln: Herbert von Halem.
Hall, Stuart. 1997. The work of representation. In *Representation. Cultural representations and signifying practices*, Hrsg. Stuart Hall, 13–64. London: Sage.
Hall, Stuart. 2000 [1992]. Das theoretische Vermächtnis der Cultural Studies. In *Cultural Studies. Ein politisches Theorieprojekt, Ausgewählte Schriften*. Bd. 3, Hrsg. Nora Räthzel, 34–51. Hamburg: Argument.
Hall, Stuart. 2004. *Ideologie, Identität, Repräsentation, Ausgewählte Schriften*. Bd. 4, Hrsg. Juha Koivisto und Andreas Merkens. Hamburg: Argument.

Hall, Gary, und Clare Birchall, Hrsg. 2006. *New cultural studies. Adventures in theory.* Edinburgh: Edinburgh University Press.
Haraway, Donna. 1992. The promises of monsters. A regenerative politics for inappropriate/d others. In *Cultural Studies*, Hrsg. Lawrence Grossberg, Cary Nelson und Paula A. Treichler, 295–337. London/New York: Routledge.
Haraway, Donna. 1994. A game of cat's cradle. Science studies, feminist theory, cultural studies. *Configurations* 1:59–71.
Harding, Sandra, Hrsg. 2011. *Postcolonial science and technology studies reader.* Durham: Duke Univ. Press.
Hess, David. 2001. Ethnography and the development of science and technology studies. In *Handbook of ethnography*, Hrsg. Paul Atkinson, Amanda Coffey, Sara Delamont, John Lofland, und Lyn Lofland, 234–245. London: Sage.
Hörning, Karl Heinz. 2001. *Experten des Alltags. Die Wiederentdeckung des praktischen Wissens.* Weilerswist: Velbrück Wissenschaft.
Knorr-Cetina, Karin. 1988. Das naturwissenschaftliche Labor als Ort der ‚Verdichtung' von Gesellschaft. *Zeitschrift für Soziologie* 17:85–101.
Knorr-Cetina, Karin, und Alex Preda, Hrsg. 2004. *The sociology of financial markets.* Oxford: Oxford Univ. Press.
Latour, Bruno. 1988. *The pasteurization of France.* Cambridge: Harvard Univ. Press.
Latour, Bruno. 1996 [1993]. *Der Berliner Schlüssel. Erkundungen eines Liebhabers der Wissenschaften.* Berlin: Akademie.
Latour, Bruno. 2002 [1991]. *Wir sind nie modern gewesen. Versuch einer symmetrischen Anthropologie.* Frankfurt a. M.: Fischer.
Latour, Bruno. 2007 [2005]. *Eine neue Soziologie für eine neue Gesellschaft.* Frankfurt a. M.: Suhrkamp.
Law, John. 2006 [1992]. Notizen zur Theorie der Akteur-Netzwerk-Theorie. Ordnung, Strategie und Heterogenität. In *ANThology. Ein einführendes Handbuch zur Akteur-Netzwerk-Theorie*, Hrsg. Andréa Belliger und David J. Krieger, 429–446. Bielefeld: transcript.
Lury, Celia, Luciana Parisi, und Tiziana Terranova, Hrsg. 2012. Topologies of culture. Special Issue of *Theory, Culture & Society* 29 (4–5): 3–35.
Lynch, Michael, und Steve Woolgar. 1990. *Representation in scientific practice.* Cambridge: MIT Press.
MacKenzie, Donald, Fabian Muniesa, und Lucia Siu, Hrsg. 2007. *Do economists make markets? On the performativity of economics.* Princeton: Princeton Univ. Press.
Martin, Emily. 1998. Anthropology and the cultural study of science. *Science Technology, & Human Values* 23 (1): 24–44.
McNeil, Maureen, und Sarah Franklin. 1991. Science and technology. Questions for cultural studies and feminism. In *Off-centre. Feminism and cultural studies*, Hrsg. Celia Lury, Sarah Franklin, und Jackie Stacey, 129–146. London: HarperCollins.
Michael, Mike. 2006. *Technoscience and Everyday Life. The Complex Simplicities of the Mundane.* Maidenhead: Open University Press.
Muecke, Stephen. 2009. Cultural science? The ecological critique of modernity and the conceptual habitat of the humanities. *Cultural Studies* 23:404–416.
Niewöhner, Jörg, Estrid Sørensen, und Stefan Beck. 2012. Einleitung. Science and Technology Studies aus sozial- und kulturanthropologischer Perspektive. In *Science and Technology Studies. Eine sozialanthropologische Einführung*, Hrsg. Jörg Niewöhner, Estrid Sørensen, und Stefan Beck, 9–48. Bielefeld: transcript.

Pezzullo, Phaedra C., 2008. Cultural studies and environment, revisited. *Special Issue of Cultural Studies* 22 (3/4).
Pickering, Andrew. 1992. From science as knowledge to science as practice. In *Science as practice and culture*, Hrsg. Andrew Pickering, 1–26. Chicago: University of Chicago Press.
Pickering, Andrew. 1995. *The mangle of practice. Time, agency, and science.* Chicago: University of Chicago Press.
Pickering, Andrew. 2008. Culture, science studies & technoscience. In *The SAGE handbook of cultural analysis*, Hrsg. Tony Bennett und John Frow, 291–310. London: Sage.
Pinch, Trevor/ Bijsterveld, Karin , Hrsg. 2004. Sound Studies. New technologies and music. Special Issue of *Social Studies of Science* 34.
Reinel, Birgit. 1999. Reflections on cultural studies of technoscience. *European Journal of Cultural Studies* 2 (2): 163–189.
Ross, Andrew. 1991. *Strange weather. Culture, science and technology in the age of limits.* London: Verso.
Rouse, Joseph. 1992. What are cultural studies of scientific knowledge? *Configurations* 1 (1): 57–94.
Slack, Jennifer. 1996. The theory and method of articulation in cultural studies. In *Stuart hall. Critical dialogues in cultural studies*, Hrsg. David Morley und Kuan-Hsing Chen, 112–127. London: Routledge.
Slack, Jennifer. 2008. Resisting ecocultural studies. *Cultural Studies* 22:477–497.
Sokal, Alan, und Jean Bricmont. 1999. *Eleganter Unsinn. Wie die Denker der Postmoderne die Wissenschaften mißbrauchen.* München: Beck.
Teurlings, Jan. 2004. Dating shows and the production of identities. Institutional practices and power in television production. Dissertation Freie Universität Brüssel, Belgien. http://home.medewerker.uva.nl/j.a.teurlings/bestanden/Teurlings_DatingShows.pdf. Zugegriffen: 30. Juli 2008.
Wieser, Matthias. 2012. *Das Netzwerk von Bruno Latour. Die Akteur-Netzwerk-Theorie zwischen Science & Technology Studies und poststrukturalistischer Soziologie.* Bielefeld: transcript.
Winter, Rainer. 1998. Die Bedeutung der Ethnographie für die Medienforschung. *medien praktisch* 3:14–18.
Winter, Rainer. 2001. *Die Kunst des Eigensinns. Cultural Studies als Kritik der Macht.* Weilerswist: Velbrück Wissenschaft.
Winter, Carsten. 2007. Raymond Williams (1921–1988): Medien- und Kommunikationsforschung für die Demokratisierung von Kultur und Gesellschaft. *Medien & Kommunikationswissenschaft* 55 (2): 247–264.
Winter, Rainer, und Zeigam Azizov. 2009. Cultural studies in the past and today. Interview with Stuart Hall. http://www.rainer-winter.net/images/stories/pdfs/interview%20with%20stuart%20hall%2C%2021st%20january%202008%20rwza.pdf. Zugegriffen: 24. Feb. 2011.
Winter, Rainer, und Elisabeth Niederer, Hrsg. 2008. *Ethnographie, Kino und Interpretation - Die performative Wende der Sozialwissenschaften. Der Norman-Denzin-Reader.* Bielefeld: transcript.

Verzeichnis der Autorinnen und Autoren

Bammé, Arno, Prof. Dr., ist Professor emeritus für die Didaktik der Weiterbildung am Institut für Technik- und Wissenschaftsforschung der Alpen-Adria-Universität Klagenfurt und ehem. Direktor des Interdisziplinären Kollegs für Wissenschafts- und Technikforschung in Graz. Derzeit Leiter der Ferdinand-Tönnies-Arbeitsstelle an der Alpen-Adria-Universität Klagenfurt und Fachvorstand der Sektion „Abendländische Epistemologie" beim „Amt für Arbeit an unlösbaren Problemen und Maßnahmen der Hohen Hand" in Berlin. Forschungsschwerpunkte: Technik- und Wissenschaftsforschung, Literatur und Soziologie, Didaktik der Sozialwissenschaften und wissenschaftlicher Weiterbildung. Veröffentlichungen u. a.: *Wissenschaft im Wandel. Bruno Latour als Symptom.* Marburg: Metropolis 2008; *Science and Technology Studies. Ein Überblick.* Marburg: Metropolis 2009; *Homo occidentalis. Von der Anschauung zur Bemächtigung der Welt. Zäsuren abendländischer Epistemologie.* Weilerswist: Velbrück 2011.

Berger, Wilhelm, ao. Prof. Dr., ist außerordentlicher Professor am Institut für Technik- und Wissenschaftsforschung, stellvertretender Leiter des Universitätszentrums für Frauen- und Geschlechterforschung sowie Prodekan der Fakultät für Interdisziplinäre Forschung und Fortbildung der Alpen-Adria-Universität Klagenfurt. Forschungsschwerpunkte: Wissenschafts- und Technikforschung, Sozial- und Kulturphilosophie. Veröffentlichungen u. a.: *Philosophie der technologischen Zivilisation*, München: Fink 2006; *Quer zu den Disziplinen. Gender in der inter- und transdisziplinären Forschung.* Wien: Turia + Kant 2008 (Hrsg. mit Kirstin Mertlitsch); *Macht*, Wien: Facultas UTB 2009; *Tiefer Gehen. Wandern und Einkehren im Karst und an der Küste.* Klagenfurt: Drava 2011 (mit Werner Koroschitz und Gerhard Pilgram); *Was ist Philosophieren?* Wien: Facultas UTB 2014.

Bischur, Daniel, Dr., ist wissenschaftlicher Mitarbeiter am Institut für Soziologie der Universität Trier. Forschungsschwerpunkte: Wissenssoziologie, Wissenschaftssoziologie, Allgemeine Soziologie. Veröffentlichungen u. a.: Ethik im Alltag biowissenschaftlicher Forschung. Freiheit und Verantwortung wissenschaftlichen Handelns. In *Politische Ethik II. Bildung und Zivilisation.* Hrsg. Michael Fischer und Heinrich Badura. Frankfurt/M. [u. a.]: Peter Lang 2006, 57–74; Working with mice in immunological research. Attachment, emotions and care. *RECIIS* 2 (2008) 1: 29–37; Animated bodies in immunological practices. Craftmanship, embodied knowledge, emotions and attitudes toward animals. *Human Studies* 34 (2011): 407–429; Scientific practice and the world of working. Beyond Schutz's Wirkwelt. In *Schutzian phenomenology and hermeneutic traditions.* Hrsg. Michael Staudigl und George Berguno. Dordrecht: Springer 2014, 127–147.

Greif, Hajo, Dr., ist FWF-Erwin-Schrödinger-Fellow am Munich Center for Technology in Society der TU München. Forschungsschwerpunkte: Wissenschaftsphilosophie, Philosophie des Geistes, Geschichte und Philosophie der Künstliche-Intelligenz-Forschung, Technik-Ethik. Veröffentlichungen u. a.: *Wer spricht im Parlament der Dinge? Über die Idee einer nicht-menschlichen Handlungsfähigkeit.* Paderborn: mentis 2005; *Vernetzung als soziales und technisches Paradigma.* Wiesbaden: VS Research 2012 (Hrsg. mit Matthias Werner); Laws of Form and the Force of Function: Variations on the Turing Test. In *Revisiting Turing and His Test: Comprehensiveness, Qualia, and the Real World. AISB/IACAP World Congress.* Hrsg. Vincent C. Müller und Aladdin Ayesh. Birmingham: Hove: AISB 2012, 60–64; *Ethics – Society – Politics. Proceedings of the 35th International Wittgenstein Symposium.* Berlin: Walter de Gruyter 2013 (Hrsg. mit Martin G. Weiß).

Hall, Kevin, Dipl. Biochem., M.A., ist wissenschaftlicher Mitarbeiter am Institut für Kulturanthropologie/Europäische Ethnologie der Johann Wolfgang Goethe-Universität Frankfurt am Main. Forschungsschwerpunkte: Infektionskrankheiten und Globalisierung, Global Health, Science & Technology Studies, Surveillance Studies. Veröffentlichungen u. a.: Austria – DNA profiling as a lie detector. In *Suspect Families. DNA Analysis, Family Reunification and Immigration Policies,* Hrsg. Torsten Heinemann, Ilpo Helén, Thomas Lemke, Ursula Naue und Martin G. Weiß. Farnham: Ashgate 2014 (im Erscheinen mit Ursula Naue).

Hörning, Karl H., Prof. Dr., ist Professor emeritus für Soziologie am Institut für Soziologie der RWTH Aachen. Forschungsschwerpunkte: Soziologische Theorien, Techniksoziologie, Kultursoziologie, Arbeitssoziologie. Veröffentlichungen u. a.: *Time Pioneers. Flexible Working Time and New Lifestyles.* Cambridge: Polity Press 1995 (mit Anette Gerhard und Matthias Michailow); *Widerspenstige Kulturen. Cultural Studies als Herausforderung.* Frankfurt/M.: Suhrkamp 1999 (Hrsg. mit Rainer Winter); *Experten des Alltags. Die Wiederentdeckung des praktischen Wissens.* Weilerswist: Velbrück Wissenschaft 2001; *Doing Culture. Neue Positionen zum Verhältnis von Kultur und sozialer Praxis.* Bielefeld: transcript 2004 (Hrsg. mit Julia Reuter).

Hofmann, Peter, Dipl.-Soz., ist wissenschaftlicher Mitarbeiter im DFG-Projekt „Geschlechtliche Differenzierung und Entdifferenzierung pränataler Elternschaft" im Rahmen der DFG-Forschergruppe „Un/Doing Differences. Praktiken der Humankategorisierung" am Institut für Soziologie der Johannes Gutenberg Universität Mainz. Veröffentlichungen u. a.: Die konstruktivistische Wende in der Wissenschaftssoziologie. In *Handbuch Wissenschaftssoziologie*, Hrsg. Sabine Maasen, Mario Kaiser, Martin Reinhart und Barbara Sutter. Wiesbaden: VS Verlag 2012, 85–99 (mit Stefan Hirschauer); *Soziologie der Schwangerschaft. Explorationen pränataler Sozialität.* Stuttgart: Lucius 2014 (mit Stefan Hirschauer, Birgit Heimerl und Anika Hoffmann).

Janda, Valentin, Dipl.-Soz. tech., ist wissenschaftlicher Mitarbeiter mit Lehraufgaben am Institut für Soziologie der TU Berlin. Forschungsschwerpunkte: Design und Designforschung, die Herstellung und Aneignung neuer Objekte und Techniken, Usability-Forschung und Techniksoziologie. Veröffentlichungen u. a.: Usability-Experimente. Das konstruktive Potenzial einer soziologischen Analyse. *Technical University Berlin TUTS Working Papers* Nr. 5/2012.

Kirschner, Heiko, M.A., ist wissenschaftlicher Mitarbeiter am Lehrstuhl für Allgemeine Soziologie der TU Dortmund und wissenschaftliche Hilfskraft im Projekt: „Skopische Medien" des DFG-Schwerpunktprogramms 1505 „Mediatisierte Welten". Forschungsschwerpunkte: Mediatisierung, Wissenssoziologie, Konsumsoziologie sowie Ethnographie und explorativ-interpretative Sozialforschung. Veröffentlichungen u. a.: Skopische Medien als Reflektionsmedien. Zur fortschreitenden Mediatisierung von Poker und eSport. In *Die Mediatisierung sozialer Welten. Synergien empirischer Forschung.* Hrsg. Friedrich Krotz, Cathrin Despotovic und Merle-Marie Kruse. Wiesbaden: Springer VS 2014, 93–114 (mit Niklas Woermann); Fund me! Sondierungen zur Mediatisierung von produktions- und konsumptionsorientierten Handlungsformen im Rahmen des Finanzierungsmodells ‚Crowdfunding'. In *Unter Mediatisierungsdruck. Änderungen und Neuerungen in heterogenen Handlungsfeldern*. Hrsg. Gerd Möll und Tilo Grenz. Wiesbaden: Springer VS 2013, 123–144 (mit Miriam Gothe).

Krebs, Stefan, Dr., ist Postdoc Researcher am Department for Technology & Society Studies der Universität Maastricht. Forschungschwerpunkte: Technik- und Wissenschaftsgeschichte, Sound Studies. Veröffentlichungen u. a.: *Technikwissenschaft als soziale Praxis*. Stuttgart: Franz Steiner Verlag 2009; Die Regeln der Eisenhüttenkunde. Genese und Struktur eines technikwissenschaftlichen Feldes 1870–1914. *NTM. Geschichte und Ethik der Naturwissenschaften, Technik und Medizin* 18 (2010) 1: 29–60; „Dial Gauge versus Sense 1–0". German Auto Mechanics and the Introduction of New Diagnostic Equipment, 1950–1980. *Technology and Culture* 55 (2014) 2: 354–389; *Sound and Safe: A History of Listening Behind the Wheel*. Oxford und New York: Oxford University Press 2014 (mit Karin Bijsterveld, Effje Cleophas und Gijs Mom).

Krey, Björn, Dipl.-soz., ist wissenschaftlicher Mitarbeiter im Arbeitsbereich Soziologische Theorie und Gender Studies am Institut für Soziologie der Johannes Gutenberg Universität Mainz. Forschungsschwerpunkte: Diskursforschung, Interaktions- und Konversationsanalyse, Wissens- und Wissenschaftssoziologie sowie Ethnomethodologie und Praxeologie. Veröffentlichungen u. a.: *Textuale Praktiken und Artefakte. Soziologie schreiben bei Garfinkel, Bourdieu und Luhmann*, Wiesbaden: VS Springer 2011; Das lesende Schreiben und das schreibende Lesen. Zur epistemischen Arbeit an und mit wissenschaftlichen Texten. *Zeitschrift für Soziologie* 42 (2013) 5: 366–384 (mit Kornelia Engert).

Lachmund, Jens, Dr., ist Universitätsdozent an der Universität Maastricht. Forschungsschwerpunkte: Wissenschafts- und Technikforschung, historische Analyse medizinischer Kulturen, Wissenssoziologie der Umwelt und des Naturschutzes, wissenssoziologische Stadtforschung. Veröffentlichungen u. a.: *The Social Construction of Illness. Illness and Medical Knowledge in Past and Present*. Stuttgart: Steiner 1992 (Hrsg. mit Gunnar Stollberg); *Patientenwelten. Krankheit und Medizin in Autobiographien vom späten 18. bis zum frühen 20. Jahrhundert*. Opladen: Leske + Budrich 1995 (mit Gunnar Stollberg); *Der abgehorchte Körper. Zur Historischen Soziologie der medizinischen Untersuchung*. Wiesbaden: Westdeutscher Verlag 1997; *Science and the City*. Sonderheft der Zeitschrift *Osiris* 18, 2003 (Hrsg. mit Sven Dierig und Andrew Mendelsohn); *Greening Berlin. The Co-Production of Science, Politics, and Urban Nature*. Boston: MIT Press 2013.

Lemke, Thomas, Prof. Dr., ist Professor für Soziologie mit dem Schwerpunkt Biotechnologie, Natur und Gesellschaft am Fachbereich Gesellschaftswissenschaften der Johann Wolfgang Goethe Universität Frankfurt am Main. Forschungsschwerpunkte: Gesellschaftstheorie, soziologische Theorie, Biopolitik, politische Soziologie, Wissenschafts- und Techniksoziologie. Veröffentlichungen u. a.: *Foucault, Governmentality, and Critique.* Boulder, CO: Paradigm Publishers 2011; *Perspectives on Genetic Discrimination.* London [u. a.]: Routledge 2013; *Die Natur in der Soziologie.* Frankfurt/M. [u. a.]: Campus 2013.

Lengersdorf, Diana, Prof. Dr., ist Juniorprofessorin für Geschlecht, Technik und Organisation an der Humanwissenschaftlichen Fakultät und GeStiK (Gender Studies in Köln) der Universität zu Köln. Forschungsschwerpunkte: Soziologie der Geschlechterverhältnisse, Arbeits- und Industriesoziologie, Organisationssoziologie, Soziologie sozialer Ungleichheit, Soziologie sozialer Praktiken, Soziologie des Materialen, qualitative Methoden. Veröffentlichungen u. a.: *Arbeitsalltag ordnen. Soziale Praktiken in einer Internetagentur.* Wiesbaden: Springer VS 2011; Wandel von Arbeit – Wandel von Männlichkeiten. *Österreichische Zeitschrift für Soziologie* 35 (2010) 2: 89–103 (mit Michael Meuser); *Wissen – Methode – Geschlecht. Erfassen des fraglos Gegebenen.* Wiesbaden: Springer VS 2014 (Hrsg. mit Cornelia Behnke und Sylka Scholz).

Mölders, Marc, Dr., ist Akademischer Rat an der Fakultät für Soziologie der Universität Bielefeld. Forschungsschwerpunkte: Rechtssoziologie, Wissenschafts- und Technikforschung, Steuerungstheorie. Veröffentlichungen u. a.: *Die Äquilibration der kommunikativen Strukturen. Theoretische und empirische Studien zu einem soziologischen Lernbegriff,* Weilerswist: Velbrück Wissenschaft 2011; Differenzierung und Integration. Zur Aktualisierung einer kommunikationsbasierten Differenzierungstheorie. *Zeitschrift für Soziologie* 41 (2012) 6: 478–494.

Nicolae, Stefan, MA, ist wissenschaftlicher Mitarbeiter am Institut für Soziologie der Universität Trier. Forschungsschwerpunkte: Wissenssoziologie, Science & Technology Studies, Soziologie der Evaluation. Veröffentlichungen u. a.: Der Witz – eine Grenzsituation? Eine Analyse witziger Konstruktion der Wirklichkeit in Anlehnung an Alfred Schütz. In *Angewandte Phänomenologie. Zum Spannungsverhältnis von Konstruktion und Konstitution.* Hrsg. Jochen Dreher. Wiesbaden: Springer 2012, 255–276; Zukunftserinnerungen. Plastination als Inszenierung der Erinnerung. In *Formen und Funktionen sozialen Erinnerns. Sozial- und kulturwissenschaftliche Analysen.* Hrsg. René Lehmann, Florian Öchsner und Gerd Sebald.

Wiesbaden: Springer 2013, 153–167; Laurent Tévenot – L'action au pluriel. Sociologie des régimes d'engagement. In *Lexikon der soziologischen Werke*. 2. Aufl. Hrsg. Georg W. Oesterdiekhoff. Wiesbaden: Springer 2014, 711–712.

Niewöhner, Jörg, Prof. Dr., ist Juniorprofessor am Institut für Europäische Ethnologie und stellvertretender Direktor des Integrativen Forschungsinstitut zu Transformationen von Mensch-Umwelt-Systemen (IRI THESys) an der Humboldt-Universität zu Berlin. Forschungsschwerpunkte: Stadtforschung, Wissenschaftsforschung, Science & Technology Studies. Veröffentlichungen u. a.: *Thick comparison. Reviving the Ethnographic Aspiration*. Amsterdam: Brill 2010 (Hrsg. mit Thomas Scheffer); *Leben in Gesellschaft. Biomedizin – Politik – Sozialwissenschaften*. Bielefeld: transcript 2011 (Hrsg. mit Janina Kehr und Joelle Vailly); *Science and Technology Studies. Eine sozialanthropologische Einführung*. Bielefeld: transcript 2012 (Hrsg. mit Stefan Beck und Estrid Sørensen).

Prainsack, Barbara, Prof. Dr. Mag., ist Professorin für Soziologie am Department of Social Science, Health & Medicine am King's College London. Veröffentlichungen u. a.: *Genetic Suspects: Global Governance of Forensic DNA Profiling and Databasing*. Cambridge, UK: Cambridge University Press 2010 (Hrsg. mit Richard Hindmarsh); *Solidarity. Reflections on an emerging concept in bioethics*. London: Nuffield Council on Bioethics 2011 (mit Alena Buyx); *Tracing Technologies. Prisoners' Views in the Era of CSI*. Farnham: Ashgate 2012 (mit Helena Machado); *Genetics as Social Practice*. Farnham: Ashgate 2014 (Hrsg. mit Silke Schicktanz und Gabriele Werner-Felmayer).

Raasch, Josefine, Dr., ist Postdoctoral Research Fellow in der Mercator Forschergruppe „Räume anthropologischen Wissens: Produktion und Transfer" an der Fakultät für Sozialwissenschaft der Ruhr-Universität Bochum. Forschungsschwerpunkte: Wissensproduktion und -zirkulation, Wissenspraktiken bei und über Kinder und Jugendliche, Dokumentationspraktiken. Veröffentlichungen u. a.: *Dicksein. Wie Kinder damit umgehen*. Marburg: Tectum 2010; Using History to Relate. How teenagers in Germany use history to orient between nationalities. In *History, Memory and Migration: Perceptions of the Past and the Politics of Incorporation*. Hrsg. Irial Glynn und J. Olaf Kleist. London: Palgrave Macmillan 2012, 68–74; *Making History. The enactment of historical knowledge in the classroom*. PhD Thesis. Melbourne: Swinburne University of Technology 2013.

Sagebiel, Felizitas, Apl.-Prof. Dr., ist Professorin für Erziehungs- und Sozialwissenschaften am Institut für Erziehungswissenschaft der Bergischen Universität Wuppertal. Forschungsschwerpunkte: Geschlechterforschung insbes. im Zusammenhang mit Bildung, Organisation und Technik. Veröffentlichungen u. a.: *Motivation – The Gender Perspective of Young People's Image of Science, Engineering and Technology (SET). Proceedings of the Final Conference.* Opladen: Budrich Verlag 2013 (Hrsg.); *Organisationskultur und Macht – Veränderungspotenziale und Gender. Dokumentation der Beiträge zur Abschlusskonferenz „Veränderungspotenziale von Führungsfrauen in Umwelt und Technik".* Berlin [u. a.]: LIT 2013 (Hrsg.).

Şahinol, Melike, Dipl.-Soz.-Wiss., ist wissenschaftliche Mitarbeiterin am Institut für Soziologie der Universität Duisburg-Essen, Forschungsschwerpunkte: Science & Technology Studies, Techniksoziologie, Medizinsoziologie, Wissen(schaft)snetzwerke, Biotechnologiepolitik. Veröffentlichungen u. a.: Wissen – Körper – Technik. Dynamiken im neurowissenschaftlichen und -technologischen Innovationsprozess. In *Der Systemblick auf Innovation – Technikfolgenabschätzung in der Technikgestaltung.* Hrsg. Michael Decker, Armin Grunwald und Martin Knapp. Berlin: Edition Sigma 2012, 425–430; Mysterious numbers in the German discussion of household food waste. In *Vordenken – mitdenken – nachdenken. Technologiefolgenabschätzung im Dienst einer pluralistischen Politik.* Hrsg. Sergio Bellucci, Stephan Bröchler, Michael Decker, Michael Nentwich, Lucienne Rey und Mahshid Sotoudeh. Berlin: Edition Sigma 2014 (mit Nina Langen).

Sørensen, Estrid, Prof. Dr., ist Juniorprofessorin für Kulturpsychologie in der Mercator Forschergruppe „Räume anthropologischen Wissens: Produktion und Transfer" an der Fakultät für Sozialwissenschaft der Ruhr-Universität Bochum. Forschungsschwerpunkte: Computerspiele, Gefährdungsdiskurse und -praktiken, IT-Nutzung, Materialität, Wissenschaftsstudien der Psychologie, Wissenszirkulation. Veröffentlichungen u. a.: *The Materiality of Learning. Technology and Knowledge in Educational Practice.* Cambridge: Cambridge University Press 2009; *Science & Technology Studies. Eine sozialanthropologische Einführung.* Bielefeld: transcript 2012 (Hrsg. mit Stefan Beck und Jörg Niewöhner), *Materiality.* Sonderheft der Zeitschrift *Subjectivity* 6 (2013) 1 (Hrsg. mit Ernst Schraube); Violent Video Games in the German Press. *New Media and Society* 15 (2013) 6: 963–981.

Schmitz, Sigrid, Prof.in Dr.in, ist Professorin für Gender Studies am Institut für Kultur- und Sozialanthropologie an der Fakultät für Sozialwissenschaften der Universität Wien. Forschungsschwerpunkte: Gender und Hirnforschung,

Visualisierungstechnologien, Neurokulturen, Körperdiskurse und ‚Embodying', feministische Epistemologien. Veröffentlichungen u. a.: The Neuro-technological Cerebral Subject. Persistence of Implicit and Explicit Gender Norms in a Network of Change. *Neuroethics* 5 (2012) 3: 261–274; *Gendered NeuroCultures. Feminist and Queer Perspectives on Current Brains Discourses.* Zaglossus: Wien 2014 (Hrsg. mit Grit Höppner); Materiality's agency in technologized brainbodies. In *Mattering: Feminism, Science and Materialism.* Hrsg. Victoria Pitts-Taylor. New York.: NYU Press 2014 (im Erscheinen).

Schubert, Cornelius, Dr., ist Postdoktorand im DFG Graduiertenkolleg „Locating Media" an der Universität Siegen. Forschungsschwerpunkte: Technik-, Medizin-, Organisations- und Innovationssoziologie und qualitative Methoden. Veröffentlichungen u. a.: *Die Praxis der Apparatemedizin. Ärzte und Technik im Operationssaal.* Frankfurt/M.: Campus 2006; *Technografie. Zur Mikrosoziologie der Technik.* Frankfurt/M.: Campus 2006 (Hrsg. mit Werner Rammert); Distributed sleeping and breathing. On the agency of means in medical work. In *Agency without actors? New approaches to collective action.* Hrsg. Jan-Hendrik Passoth, Birgit Peuker und Michael Schillmeier. London: Routledge 2012, 113–129; The means of managing momentum. Bridging technological paths and organisational fields. *Research Policy* 42 (2013) 8: 1389–1405 (mit Jörg Sydow und Arnold Windeler).

Strübing, Jörg, Prof. Dr., ist Professor am Institut für Soziologie der Eberhard Karls Universität Tübingen. Forschungsschwerpunkte: Methoden und Methodologien der qualitativen Sozialforschung, Wissenschafts- und Techniksoziologie. Veröffentlichungen u. a.: Bridging the gap. On the collaboration between symbolic interactionism and distributed artificial intelligence in the field of multi-agent systems research. *Symbolic Interaction* 21 (1998): 441–464; Von ungleichen Schwestern. Was forscht die Wissenschafts- und (was die) Techniksoziologie? In *Soziologische Forschung. Stand und Perspektiven* Hrsg. Barbara Orth, Thomas Schwietring und Johannes Weiss. Opladen: Leske + Budrich 2003, 563–579; *Pragmatistische Wissenschafts- und Technikforschung. Theorie und Methode.* Frankfurt a. M./New York: Campus 2005; *Qualitative Sozialforschung. Eine komprimierte Einführung für Studierende.* München: Oldenbourg 2013; *Grounded Theory. Zur sozialtheoretischen und epistemologischen Fundierung eines pragmatistischen Forschungsstils.* 3. Aufl. Wiesbaden: VS 2014.

Van Loon, Joost, Prof. Dr., ist Professor für Allgemeine Soziologie und Soziologische Theorie an der KU Eichstätt-Ingolstadt. Forschungsschwerpunkte:

Theoretische Soziologie, Kultursoziologie, Mediensoziologie, Raumsoziologie, Risiko-Soziologie; Wissenschafts- und Techniksoziologie. Veröffentlichungen u. a.: *The Risk Society and Beyond*. London: Sage 2000 (Hrsg. mit Barbara Adam und Ulrich Beck); *Risk and Technological Culture. Towards a Sociology of Virulence.* London: Routledge 2002; *Media Technology. Critical Perspectives.* Maidenhead: Open University Press 2008; *Philosophie des Ortes.* Bielefeld: transcript 2014 (Hrsg. mit Annika Schlitte, Thomas Hünefeldt und Daniel Romic).

Weber, Jutta, Prof. Dr., ist Technikforscherin und Professorin für Mediensoziologie am Institut für Medienwissenschaften der Universität Paderborn. Forschungsschwerpunkte: Wissenschafts- und Technikforschung, Technik- und Medientheorie, Cultural Media Studies, Technik und Gender, Surveillance, Military & Critical Security Studies. Veröffentlichungen u. a.: *Umkämpfte Bedeutungen. Naturkonzepte im Zeitalter der Technoscience.* Frankfurt a. M./New York: Campus 2003; *Interdisziplinierung? Über den Wissenstransfer zwischen den Geistes-, Sozial- und Technowissenschaften.* Bielefeld: transcript 2010 (Hrsg.); Neue Episteme. Die biokybernetische Konfiguration der Technowissenschaftskultur. In *Handbuch Wissenschaftssoziologie.* Hrsg. Sabine Maasen, Mario Kaiser, Martin Reinhart und Barbara Sutter. Bielefeld: Springer VS 2012, 409–416; Categorizing Life and Death. The Unmaking of Civilians in US Robot Wars. In *The Intellectual Legacy of Susan Leigh Star.* Hrsg. Geoffrey Bowker, Adele Clarke und Stefan Timmermans. Cambridge, MA: MIT Press 2014 (im Erscheinen mit Cheris Kramarae); Für weitere Infos siehe www.juttaweber.eu

Weiß, Martin G., Ass.-Prof. Dr., ist Assistenz-Professor am Institut für Philosophie der Alpen-Adria-Universität Klagenfurt und Mitglied der Forschungsplattform „Life-Science-Governance" der Universität Wien. Forschungsschwerpunkte: Phänomenologie, Hermeneutik, Italienische Philosophie, Philosophische Postmoderne, Bioethik, Wissenschafts- und Technikforschung. Veröffentlichungen u. a.: *Bios und Zoë. Die menschliche Natur im Zeitalter ihrer technischen Reproduzierbarkeit.* Frankfurt/M.: Suhrkamp 2009 (Hrsg.); *Gianni Vattimo. Einführung.* 3. Aufl. Wien: Passagen 2012; *Ethics, Society, Politics. Proceedings of the 35th International Wittgenstein Symposium.* Berlin/Boston: De Gruyter 2013 (Hrsg. mit Hajo Greif); *Suspect Families. DNA Analysis, Family Reunification and Immigration Policies.* Farnham: Ashgate 2014 (Hrsg. mit Torsten Heinemann, Ilpo Helén, Thomas Lemke und Ursula Naue).

Wieser, Matthias, Ass.-Prof. Dr., ist Assistenz-Professor am Institut für Medien- und Kommunikationswissenschaft der Alpen-Adria-Universität Klagenfurt. Forschungsschwerpunkte: Wissenschafts- und Technikforschung, Medientheorie und -soziologie, Kulturtheorie und -soziologie. Veröffentlichungen u. a.: *Das Netzwerk von Bruno Latour*. Bielefeld: transcript 2012; Wenn das Wohnzimmer zum Labor wird. Medienmessungen als Akteur-Netzwerk. In *Quoten, Kurven und Profile. Zur Vermessung der sozialen Welt*. Hrsg. Josef Wehner und Jan-Henrik Passoth. Wiesbaden: Springer VS 2013, 231–253; *Visuelle Kulturen*. Sonderheft der Zeitschrift *MedienJournal* 37 (2013) 3 (Hrsg. mit Andreas Hudelist).

Wulz, Monika, Dr., ist wissenschaftliche Mitarbeiterin an der Professur für Wissenschaftsforschung der ETH Zürich. Forschungsschwerpunkte: französische Wissenschaftsphilosophie; Geschichte sozialer Erkenntnistheorien 1850–1970. Veröffentlichungen u. a.: *Erkenntnisagenten. Gaston Bachelard und die Reorganisation des Wissens*. Berlin: Kadmos 2010; Vom Nutzen des Augenblicks für die Projekte der Wissenschaft. In *Berichte zur Wissenschaftsgeschichte* 35 (2012): 131–146; „in der Kontingenz der noch zu vollendenden Tatsachen". Genesis, Geltung und Zukunft in der historischen Epistemologie. *Zeitschrift für Kulturphilosophie* 8 (2014) 1: 47–60.

The manufacturer's authorised representative in the EU is Springer Nature Customer Service Centre GmbH, Europaplatz 3, 69115 Heidelberg, Germany. If you have any concerns regarding our products, please contact ProductSafety@springernature.com

Printed and bound by CPI Group (UK) Ltd, Croydon, CR0 4YY

25/03/2026

02078189-0008